新世纪计算机类专业系列教材

离 散 数 学

（第二版）

武　波　黄健斌
尹忠海　毛立强　编著

西安电子科技大学出版社

内容简介

本书系统介绍了离散数学的理论和方法。全书共 7 章，内容包括数理逻辑、集合与关系、代数系统和图论。本书内容丰富、深入浅出，除对概念、性质、方法进行了严密的论述外，还精选了大量例题，便于读者理解书中理论的内涵及应用。书中每一节最后都精选了与本节重点内容相关的典型习题，以便读者巩固已学的知识。

本书可作为高等院校计算机科学与技术、软件工程以及相关专业的本科生教材，也可作为其他需要学习离散数学相关知识的人员的参考读物。

图书在版编目(CIP)数据

离散数学/武波等编著. —2 版

—西安：西安电子科技大学出版社，2013.08(2023.1 重印)

ISBN 978 - 7 - 5606 - 3108 - 0

Ⅰ. ①离…　Ⅱ. ①武…　Ⅲ. ①离散数学—高等学校—教材

Ⅳ. ①O158

中国版本图书馆 CIP 数据核字(2013)第 180141 号

策　　划	臧延新
责任编辑	许青青　臧延新
出版发行	西安电子科技大学出版社(西安市太白南路 2 号)
电　　话	(029)88202421　88201467　　邮　编　710071
网　　址	www.xduph.com　　　电子邮箱　xdupfxb001@163.com
经　　销	新华书店
印刷单位	陕西天意印务有限责任公司
版　　次	2013 年 8 月第 2 版　2023 年 1 月第 8 次印刷
开　　本	787 毫米×1092 毫米　1/16　印张　18.5
字　　数	435 千字
印　　数	17 001～20 000 册
定　　价	48.00 元

ISBN 978 - 7 - 5606 - 3108 - 0/O

XDUP　3400002 - 8

* * * 如有印装问题可调换 * * *

前　言

离散数学是研究离散数量关系的数学分支的统称，它是随着计算机科学的发展和计算机应用的日趋广泛而建立起来的一个数学分支。离散数学为计算机科学研究和工程应用提供了有力的理论工具，其中涉及的很多概念、原理和方法在计算机及相关学科领域都有着重要应用。

离散数学是计算机科学与技术和软件工程专业的一门重要的专业基础课程，它为学习高级语言程序设计、数据结构、数字逻辑设计、操作系统、数据库原理、编译原理、计算机网络、人工智能、信息安全等专业课程提供了必要的数学基础。同时，在培养学生的抽象思维、逻辑推理能力、用数学模型分析和解决问题的能力等方面，离散数学都扮演着重要的角色。

时代在发展，为了适应培养具有国际竞争能力的多层次实用型计算机和软件工程人才的需要，西安电子科技大学参照《中国计算机科学与技术学科教程》和《中国软件工程学科教程》对整个学科的课程体系重新进行了规划和调整。离散数学作为计算机及相关专业的一门核心课程，其教学目标、内容和形式也进行了相应改革。为此，作者决定编写一本适合计算机科学与技术和软件工程专业教学需要的离散数学教材。

离散数学一直以来都以内容抽象和深奥而闻名，作者在编写本书时力求改变这一局面，希望写出一本受广大教师和学生欢迎的教材。

（1）为了紧扣教学目标，作者在认真分析研究的基础上对本书的内容作了适当取舍。对于计算机专业学生必须掌握的重要内容，如数理逻辑、关系、函数、图论、布尔代数，给予强化和突出，对要求相对较低的群、环、域等方面的内容适当压缩、精炼。同时，对于一些扩展性的内容引导学生自学。

（2）本书精选了大量的实例来引导学生理解基本理论和方法的实际用途，这对于明确离散数学的教学目标，发挥离散数学课程的真正作用会起到积极的推动作用。

（3）为了配合课程的双语教学，作者对书中的基本概念和涉及的数学家都给以英文注释，并且在每节后面增加了英文习题，相信对学生掌握基本的离散数学英文术语以及提高英文阅读能力会有所帮助。

全书共分为7章，每一章根据内容体系又分为若干节，各节末均配备了大量相关习题。全书由武波教授统稿，其中第1、2章由毛立强、黄健斌编写，第3、4章由黄健斌编写，第5、6章由尹忠海、武波编写，第7章由武波、黄健斌编写。全书内容讲授约需70学时，其中一些较深奥的内容在目录中以"＊"标注，以供授课教师取舍。

由于作者水平有限，书中不妥之处在所难免，敬请读者不吝赐教。

作　者

2013 年 5 月

第 一 版 前 言

离散数学是随着计算机科学的发展和计算机应用的日趋广泛而建立起来的一个数学分支，它为计算机科学技术和工程应用提供了有力的理论工具，其中涉及的概念、原理和方法在计算机及相关学科领域都有着重要应用。

离散数学作为计算机专业的一门核心数学课程，它为学习高级语言程序设计、数据结构、数字逻辑设计、操作系统、数据库原理、编译原理、计算机网络、人工智能、信息安全等专业课程提供了必要的数学基础。同时，离散数学对于培养学生的抽象思维、逻辑推理能力、用数学模型分析和解决问题的能力等均具有十分重要的作用。本课程不但要培养学生的抽象思维能力，而且要培养学生运用数学方法解决实际问题的能力。然而，从作者多年讲授"离散数学"课程的效果来看，有不少学生在学习完抽象的数学理论后，对于其中相关理论和方法的学习目标和作用并不明确，也不知道这些理论的真正作用。许多专业课教师也反映学生在学习专业课程时不能把离散数学的理论知识与实际应用对应起来，学生应用数学工具的能力较差，这是离散数学教学的一个亟待改进的问题。

为此，我们在编写本教材时，在内容取材和写作风格上作了相应整合与尝试。

(1) 对于学生必须掌握的重要内容，如数理逻辑、关系、函数、图论、组合计数、布尔代数，给予强化和突出，精练了群、环、域方面的内容；

(2) 通过精选大量的实例来引导学生对基本理论和方法的实际用途的理解；

(3) 为了配合软件工程专业的双语教学，我们对书中的基本概念都给以英语注释，而且在每节后面增加了英文习题，促使学生掌握离散数学中的基本英文术语并提高英文阅读能力；

(4) 增加了一些扩展性内容引导学生自学。

全书共分为 7 章，每一章根据内容又分为若干节，各节后均配备了大量相关习题。其中，第 1、2 章数理逻辑部分由毛立强编写，第 3、4 章集合论部分由黄健斌编写，第 5、6 章代数系统部分由尹忠海编写，第 7 章图论部分由武波编写。全书内容讲授约需 70 学时，其中一些较深奥的内容在目录中以"＊"标注，以供授课教师取舍。

本书的出版得到了西安电子科技大学教材基金的资助。感谢西安电子科技大学出版社的大力支持，感谢臧延新和许青青编辑为本书的出版所做的大量工作！

由于作者理论实践水平有限，加之时间仓促，书中的不足之处在所难免，敬请读者不吝指正。

编　者

2007 年 7 月

目　　录

第1章 命 题 逻 辑

1893 年德国数学家弗雷格(Friedrich Ludwig Gottlob Frege)在《算术基本规律》一书中介绍了命题逻辑,标志着符号逻辑系统的诞生。命题逻辑是数理逻辑研究的基本内容之一。

本章讨论命题逻辑的基本概念和理论,重点讨论如何利用数学方法来研究命题的形式结构和推理规律。本章主要内容包括:命题和联结词、命题公式、逻辑等价与蕴含、联结词的完备集、对偶式和范式、命题逻辑的推理理论等。

1.1 命题和联结词

1.1.1 命 题

命题逻辑主要研究前提(premises)和结论(conclusion)之间的逻辑关系。例如,由前提"如果我平时不努力学习离散数学,那么我的期末成绩就会不及格"和"期末成绩出来,我的离散数学及格了"可以推出"我平时努力学习了"的结论。这里前提和结论都是断言(陈述句),具有确定的真假值,它们是推理的基本单位,在数理逻辑中称为命题(proposition)。本节首先给出命题的定义并引入命题的逻辑运算。

定义 1.1.1 一个具有真或假但不能两者都是的断言称为命题。

如果一个命题所表达的判断为真,则称其真值(truth value)为"真",用大写字母 T 或数字 1 表示;如果一个命题所表达的判断为假,则称其真值为"假",用大写字母 F 或数字 0 表示。为简便起见,本书在构建真值表时一般用 0 表示"假",用 1 表示"真"。

由命题的定义可知,命题必须满足以下两个条件:

(1) 命题是表达判断的陈述句。疑问句、祈使句和感叹句等都不是命题。

(2) 命题有确定的真假值,它的真值或者为真,或者为假,两者必居其一。

例 1 判断下列句子哪些是命题。如果是命题,给出真值;如果不是命题,说明原因。

(a) 能整除 7 的正整数只有 1 和 7 本身。

(b) 小明出生那天,北京下雨。

(c) 西安是中国的城市。

(d) $x+y=3$。

(e) 2 是偶数,而 1 是奇数。

(f) "哥德巴赫猜想"是正确的。

(g) 明天是否去春游啊?

(h) 全体起立!

(i) 如果明天不下雨,那么我去郊游。

解 句子(a)是命题,真值为真。

句子(b)是命题,真值由小明出生那天是否下雨唯一确定。

句子(c)是命题,真值为真。

句子(d)不是命题,因为 x 与 y 为变量,无法确定等式的真假。

句子(e)是命题,真值为真。

句子(f)是命题,因为首先它是陈述句,且真值是确定的,不可能出现既是真又是假的结果。只是该命题的真值人们目前还不能分辨。

句子(g)不是命题,该句是疑问句,不是陈述句。

句子(h)不是命题,该句是祈使句,不是陈述句。

句子(i)是命题,该命题是陈述句,且其真值依据明天是否下雨以及我明天是否去郊游而确定。

就像代数中可用字母代表不同数字一样,在数理逻辑中一般使用大写字母或者带上标、下标的大写字母表示命题。例如:

$$P:2 \text{ 是偶数}$$

即用 P 来表示"2 是偶数"这个命题。

在一般的口语和书面语言中,常使用"非"、"和"、"或"、"如果……那么……"等一些联结词来构成更复杂的命题。例如:今天没有下雨;这学期我必修离散数学和大学物理;或者 2>3,或者 5 是素数;如果太阳从西方升起,则雪是黑的。

命题有两种类型:一种是不包含其他更简单命题的命题,称为简单命题(simple proposition)或原子命题,如例 1 中的(a)、(b)、(c)都是简单命题;另一种是由简单命题、联结词组合构成的复杂命题,称为复合命题(compound proposition),如例 1 中的(e)、(i)是复合命题。

1.1.2 联结词

在代数中,用"+"、"×"等运算符连接数字得到代数表达式,例如"3+2"等。同样,在数理逻辑中,也存在运算符,称为逻辑联结词(logic connective),简称联结词。五个常用联结词的定义如下所述。

1. 否定联结词

否定联结词也称为"非"运算,它对单个命题进行操作,是一个一元运算符。

定义 1.1.2 设 P 是命题,P 的否定(negation)是一个复合命题,记做 $\neg P$,称为"非 P"。符号 $\neg$ 用于表示否定联结词。$\neg P$ 为真,当且仅当 P 为假。

下面引入真值表(truth table)来描述复合命题的真值。真值表的左边列出参与运算的命题真值的所有可能组合,复合命题的真值结果列在最右边一列。因此,否定联结词 $\neg$ 的定义如表 1.1.1 所示。

表 1.1.1

P	$\neg P$
0	1
1	0

例 2 给出以下命题的否定命题。

(a) 2 是偶数。

(b) 这些书都是 2011 年出版的。

解 (a) 2 不是偶数。

(b) 这些书并非都是 2011 年出版的。

例 3 在大多数编程语言中都存在"非"运算,其定义与定义 1.1.2 相同。例如,在 Java 语言中,逻辑"非"运算符为"!",表达式 !($x<100$) 为真当且仅当变量 x 不小于 100,即 $x \geqslant 100$。

2. 合取联结词

定义 1.1.3 如果 P 和 Q 是命题,那么"P 并且 Q"是一个复合命题,记做 $P \wedge Q$,称为 P 和 Q 的合取(conjunction)。符号 $\wedge$ 用于表示合取联结词。$P \wedge Q$ 为 T,当且仅当 P、Q 均为 T。

"$\wedge$"是一个二元运算符。合取联结词 $\wedge$ 的定义如表 1.1.2 所示。

表 1.1.2

P	Q	$P \wedge Q$
0	0	0
0	1	0
1	0	0
1	1	1

例 4 设命题 P:我主修软件工程专业,Q:我辅修通信工程专业,给出 P 和 Q 的合取所表示的命题。

解 $P \wedge Q$:我主修软件工程专业并且我辅修通信工程专业。

当且仅当"我主修软件工程专业"和"我辅修通信工程专业"都为真时,$P \wedge Q$ 为真。

合取的概念与自然语言中的"与"、"且"等词的意义近似,但并不完全相同。例如,P:地球是圆的,Q:我去看电影,则 $P \wedge Q$ 表示"地球是圆的且我去看电影"。在自然语言中,这个命题是没有意义的,因为 P 和 Q 没有内在联系。但在数理逻辑中,任意两个命题 P 和 Q 都能进行合取运算,一旦 P、Q 的真值确定后,$P \wedge Q$ 的真值就随之确定。

例 5 在大多数编程语言中,"与"的定义与合取的定义相同。例如 Java 语言中,逻辑"与"运算符为"&&",表达式"$x<10$&&$y>1$"为真当且仅当变量 x 的值小于 10 并且变量 y 的值大于 1。

3. 析取联结词

定义 1.1.4 如果 P 和 Q 是命题,那么"P 或 Q"是一个复合命题,记做 $P \vee Q$,称为 P 和 Q 的析取(disjunction)。符号 $\vee$ 用于表示析取联结词。$P \vee Q$ 为 T,当且仅当 P、Q 至少有一个为 T。

"$\vee$"是一个二元运算。析取联结词 $\vee$ 的定义如表 1.1.3 所示。

表 1.1.3

P	Q	$P \vee Q$
0	0	0
0	1	1
1	0	1
1	1	1

例 6 设命题 P：李明参加全国大学生英语竞赛，Q：李明参加全国大学生数学建模竞赛，给出 P 和 Q 的析取所表示的命题。

解 $P \vee Q$：李明参加全国大学生英语竞赛或者数学建模竞赛。

当且仅当"李明参加全国大学生英语竞赛"为真或"李明参加全国大学生数学建模竞赛"为真或两者同时为真，$P \vee Q$ 为真。

析取的概念和自然语言中"或"的意义相似，但也并不完全相同。自然语言中"或"常见的含义有两种：一种是"可兼或"(inclusive-or)，如例 6 中，"李明参加全国大学生英语竞赛"和"李明参加全国大学生数学建模竞赛"可以都成立；另一种是"不可兼或"(exclusive-or)，例如"人固有一死，或重于泰山，或轻于鸿毛"中的"或"表示非此即彼，不可兼得。这里的析取联结词表示可兼或。与合取类似，析取也可以联结两个没有内在联系的命题。

例 7 在大多数编程语言中，"兼或"的定义与析取的定义相同。例如在 Java 语言中，逻辑"或"运算符为"‖"，表达式"$x<10 \parallel y>1$"为真当且仅当变量 x 小于 10 或者变量 y 大于 1 或者两者都为真。

例 8 许多 Web 搜索引擎(如 Google、Yahoo! 等)都允许用户输入关键词，然后由搜索引擎与网页进行匹配。例如，输入"mathematics"会检索产生一个包含"mathematics"的列表。有些搜索引擎允许用户使用操作符 AND、OR 和 NOT 以及括号进行关键词的组合，这样可以实现更复杂的搜索。例如，为了搜索包含关键词"discrete"和"mathematics"的网页，用户应该输入"discrete AND mathematics"。如果搜索包含关键词"discrete mathematics"或关键词"finite mathematics"的网页，用户可以输入"(discrete OR finite)AND mathematics"。

4. 条件联结词

定义 1.1.5 如果 P 和 Q 是命题，那么"如果 P，那么 Q"是一个复合命题，记做 $P \rightarrow Q$，称为 P 和 Q 的条件命题(conditional proposition)。符号→用于表示条件联结词。当且仅当 P 为 T 且 Q 为 F 时，$P \rightarrow Q$ 为 F。这里，称 P 为假设(hypothesis)或前件(antecedent)，称 Q 为结论(conclusion)或后件(consequent)。

"→"是一个二元运算。条件联结词→的定义如表 1.1.4 所示。

表 1.1.4

P	Q	$P \rightarrow Q$
0	0	1
0	1	1
1	0	0
1	1	1

在自然语言中，"如果……"与"那么……"之间是有因果关系的，否则就没有意义；而在条件命题中，规定为"善意的推定"，即前件为 F 时，不管后件是 T 还是 F，条件命题总为 T。

例 9 给出命题 $P \to Q$ 的文字描述并确定其真值。

(a) 命题 P：天不下雨，Q：草木枯黄。

(b) 命题 P：地球是宇宙的中心，Q：$3+2=6$。

解 (a) 命题 $P \to Q$ 表示"如果天不下雨，那么草木枯黄。"

当且仅当天不下雨（P 为 T）并且草木不枯黄（Q 为 F）时，命题 $P \to Q$ 的真值才为 F，其他情况下命题 $P \to Q$ 的真值均为 T。

(b) 命题 $P \to Q$ 表示"如果地球是宇宙的中心，那么 $3+2=6$。"

尽管命题"$3+2=6$"的真值为 F，但由于命题"地球是宇宙的中心"这个命题的真值为 F，所以有 $P \to Q$ 的真值为 T。

条件命题 $P \to Q$ 可以有多种描述方式，例如："若 P，则 Q"，"P 仅当 Q"，"Q 每当 P"，"P 是 Q 的充分条件(sufficient condition)"，"Q 是 P 的必要条件(necessary condition)"等。

给定条件命题 $P \to Q$，把 $Q \to P$、$\neg P \to \neg Q$、$\neg Q \to \neg P$ 分别称为命题 $P \to Q$ 的逆命题(converse)、否命题(inverse)和逆否命题(converse-negative proposition)。

5. 双条件联结词

定义 1.1.6 如果 P 和 Q 是命题，那么"P 当且仅当 Q"是一个复合命题，记做 $P \leftrightarrow Q$，称为 P 和 Q 的双条件命题(biconditional proposition)。符号 $\leftrightarrow$ 用于表示双条件联结词。$P \leftrightarrow Q$ 为 T，当且仅当 P 和 Q 的真值相同。

"$\leftrightarrow$"是一个二元运算。双条件联结词 $\leftrightarrow$ 的定义如表 1.1.5 所示。

表 1.1.5

P	Q	$P \leftrightarrow Q$
0	0	1
0	1	0
1	0	0
1	1	1

由表 1.1.5 可见，如果 $P \leftrightarrow Q$ 为 T，那么 $P \to Q$ 和 $Q \to P$ 都为 T，反之亦然。所以 $P \leftrightarrow Q$ 也可以称为"P 和 Q 互为充要条件"。

例 10 设命题 P：两个三角形全等，Q：两个三角形的三组对应边相等，R：地球是圆的，S：雪是白的。给出 P 与 Q 以及 R 与 S 的双条件命题。

解 $P \leftrightarrow Q$：两个三角形全等，当且仅当两个三角形的三组对应边相等。

$R \leftrightarrow S$：地球是圆的，当且仅当雪是白的。

习 题

1.1-1 指出下列语句哪些是命题，哪些不是命题。如果是命题，指出它的真值。

(a) 中国的首都是北京。

(b) 你今天有空吗?

(c) 明天我们去郊游。

(d) 上课时请不要大声喧哗!

(e) 月球上有银杏树。

(f) 如果我学习了 C 语言,那么我就会开发软件了。

(g) 太阳系的所有行星都围绕着地球旋转。

(h) 好美的花儿啊!

1.1-2 指出下列语句哪些是命题,哪些不是命题。如果是命题,指出它的真值。

(a) $10+5 \leqslant 12$。

(b) $6x+3=5-7x$。

(c) 小明和小强是兄弟?

(d) 天气真好!

(e) 离散数学是计算机专业的一门必修课。

(f) 请节约用水!

(g) 2022 年中秋节下雨。

1.1-3 写出"如果天不下雨且我有时间,那么我去郊游"的逆命题、否命题和逆否命题。

1.1-4 写出"若明天是晴天,则我去华山"的逆命题、否命题以及逆否命题。

1.1-5 给定命题 P:明天下雨,Q:我的作业做完,R:我去华山。翻译下列复合命题:

(a) 我的作业没有做完。

(b) 如果明天不下雨且我的作业做完,那么我就去华山。

(c) 除非明天下雨,否则我去华山。

(d) 我去华山的充要条件是我的作业做完且明天没有下雨。

1.1-6 符号化下列命题。

(a) 11 不是偶数。

(b) 小王虽然很聪明,但不喜欢学习。

(c) 小王不是不聪明,而是不用功。

(d) 小王的专业是软件工程或者通信工程。

(e) 只有天不下雨,我才骑车去上街。

(f) $1+1 \neq 2$ 当且仅当 3 不是奇数。

(g) 小王是计算机专业的学生,他出生于 1986 年或 1987 年,他是班长。

1.1-7 设 P:2 能整除 5,Q:北京是中国的首都,R:在中国一年分为春、夏、秋、冬四个季节。求下列复合命题的真值。

(a) $((P \vee Q) \rightarrow R) \vee (R \rightarrow (P \wedge Q))$。

(b) $((\neg Q \leftrightarrow P) \rightarrow (P \vee R)) \vee ((\neg P \wedge Q) \wedge \neg R)$。

1.1-8 将下列语句符号化,并求出其真值。

(a) $2+3=5$ 当且仅当 19 是素数。

(b) $2+3 \neq 5$ 当且仅当 19 是素数。

（c）只有 4 是偶数，5 才是偶数。

（d）除非 2＋2＝6，否则地球静止不动。

（e）只有地球静止不动，才有 2＋2＝6。

（f）$\sqrt{3}$ 和 $\sqrt{7}$ 中有且仅有一个是无理数。

1.1-9　Which of sentences (a)～(e) are either true or false (but not both)?

(a) The only positive integers that divide 7 are 1 and 7 itself.

(b) Edsgar Wybe Dijkstra won an ACM Turing Award in 1974.

(c) For every positive integer n, there is a prime number larger than n.

(d) Earth is the only planet in the universe that has life.

(e) Buy two tickets to U2 rock concert for Friday.

1.1-10　Write a command to search the Web for minor league base-ball teams in Illinois that are not in the Midwest League.

1.2　命 题 公 式

1.2.1　命题公式及其符号化

在命题逻辑中，将表示一个确定命题(其真值不是 T 就是 F)的符号称为命题常元 (propositional constant)，一般用 T 或 F 表示；将一个不确定的或可泛指任意命题的符号称为命题变元(propositional variable)。

定义 1.2.1　用于代表取值为真(T、1)或假(F、0)之一的变量，称为命题变元，通常用大写字母或带下标或上标的大写字母表示，如 P、Q、R、P_1、P_2 等。将 T 和 F 称为命题常元。

通常把由命题常元、命题变元、联结词以及括弧组成的式子称为表达式，但是只有按照特定组合规则所形成的表达式才有实际意义。

定义 1.2.2　命题合式公式(简称命题公式)：

（ⅰ）(基础)单个命题常元或命题变元是命题合式公式。

（ⅱ）(归纳)如果 A 和 B 是命题公式，则 $\neg A$、$(A \wedge B)$、$(A \vee B)$、$(A \rightarrow B)$、$(A \leftrightarrow B)$ 是命题合式公式。

（ⅲ）(极小性)只有有限次地应用条款(ⅰ)和(ⅱ)生成的表达式才是命题合式公式。

例 1　(a)验证 $(P \wedge Q) \rightarrow (\neg P \vee (P \leftrightarrow Q))$ 是命题公式。

解　(1) P 是命题公式　　　　　　　　　　　根据条款(ⅰ)

　　　(2) Q 是命题公式　　　　　　　　　　　根据条款(ⅰ)

　　　(3) $P \wedge Q$ 是命题公式　　　　　　　　根据(1)、(2)和条款(ⅱ)

　　　(4) $\neg P$ 是命题公式　　　　　　　　　根据(1)和条款(ⅱ)

　　　(5) $P \leftrightarrow Q$ 是命题公式　　　　　　　根据(1)、(2)和条款(ⅱ)

　　　(6) $\neg P \vee (P \leftrightarrow Q)$ 是命题公式　　　根据(4)、(5)和条款(ⅱ)

　　　(7) $(P \wedge Q) \rightarrow (\neg P \wedge (P \leftrightarrow Q))$ 是命题公式　根据(3)、(6)和条款(ⅱ)

其构造过程如图 1.2.1 所示。

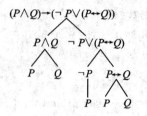

图 1.2.1

(b) 表达式 $\wedge B$、$A \otimes B$、$AB \rightarrow A$、$A \rightarrow B \neg C$ 都不是命题公式,因为它们不能通过定义 1.2.2 的条款生成。

定义 1.2.3 若 B 是命题公式 A 的一个连续段且 B 也是命题公式,则称 B 是 A 的一个子公式。

例如,P、$P \wedge Q$、$\neg P \vee (P \leftrightarrow Q)$ 等均为 $(P \wedge Q) \rightarrow (\neg P \vee (P \leftrightarrow Q))$ 的子公式。

在命题公式中,为了减少括号的使用,可以作以下约定:

(1) 联结词运算的优先次序:¬ 的运算优先级最高,$\wedge$、$\vee$ 的运算优先级次之,$\rightarrow$、$\leftrightarrow$ 的运算优先级最低,不改变运算先后次序的括号可省去。

(2) 相同的联结词,按从左至右顺序计算时,括号可省去。

(3) 最外层的括号可省去。

有了联结词和命题公式的概念,就可以把自然语言描述的命题翻译成命题公式的形式,这是采用符号化推理的基础。

定义 1.2.4 把一个用自然语言叙述的命题写成与之内涵相同的命题公式的形式,称为命题的符号化。

例 2 设 P:明天下雨,Q:明天下雪,R:我去上课,符号化下列命题:

(a) 如果明天下雨或者下雪,那么我不去上课。

(b) 如果明天不是既下雨又下雪,那么我去上课。

(c) 如果明天不下雨并且明天不下雪,那么我去上课。

(d) 当且仅当明天不下雪并且不下雨,我去上课。

(e) 明天,我将雨雪无阻一定去上课。

解 (a) $(P \vee Q) \rightarrow \neg R$。

(b) $\neg (P \wedge Q) \rightarrow R$。

(c) $(\neg P \wedge \neg Q) \rightarrow R$。

(d) $(\neg P \wedge \neg Q) \leftrightarrow R$。

(e) $(P \wedge Q \wedge R) \vee (\neg P \wedge Q \wedge R) \vee (P \wedge \neg Q \wedge R) \vee (\neg P \wedge \neg Q \wedge R)$ 或 R。

例 3 符号化下列命题:

(a) 他虽然不聪明,但很用功。

这句话虽然没有出现前面几个联结词的表达形式,但实际意思是:他不聪明,并且他用功。于是提取出原子命题,设 P:他聪明,Q:他用功,则该句可翻译为:$\neg P \wedge Q$。

(b) 除非你努力,否则你这次考试将不及格。

这句话可以理解为:如果你不努力,那么你这次考试将不及格。设 P:你努力,Q:你这次考试将及格,则该句翻译为:$\neg P \rightarrow \neg Q$。

从以上两例可以看出，命题符号化过程中要注重命题间的逻辑关系，认真分析命题联结词所对应的自然语言中的联结词，不能只凭字面翻译。例如，设 P：小明去上课，Q：小强去上课，则"小明和小强都去上课"可翻译为 $P \land Q$，但"小明和小强是同学"是一个简单命题，不能翻译成 $R \land S$，其中，R：小明是同学，S：小强是同学。

1.2.2 命题公式的赋值

命题公式的真值取决于其所含命题变元的真值，为了讨论命题公式，有必要引入赋值（assign）的概念。

定义 1.2.5 设 p_1，p_2，…，p_n 是命题公式 A 中出现的所有命题变元，如果给 p_1，p_2，…，p_n 指定一组真值，则称为对命题公式 A 赋值（指派或解释）。

不难验证，对于含有 n 个命题变元的公式，由于每个命题变元可以有 $0(F)$、$1(T)$ 两个不同赋值，因此它共有 2^n 个不同赋值。

对含有 n 个命题变元的命题公式，为方便地观察命题公式在不同赋值下的真值，可以采用真值表的方式将命题公式在所有可能赋值下的真值列出来。对于真值表，可以作如下约定：

（1）将公式中出现的 n 个命题变元按字典升序或降序排列。

（2）对 2^n 个不同赋值，按其对应的 n 位二进制数从小到大或从大到小顺序排列。

（3）若公式较复杂，可从里层向外层先列出各子公式的真值，最后列出所求公式的真值。

例 4 构造公式 $(P \land \lnot P) \leftrightarrow (Q \land \lnot Q)$ 的真值表。

解 公式 $(P \land \lnot P) \leftrightarrow (Q \land \lnot Q)$ 的真值表如表 1.2.1 所示。

表 1.2.1

P	Q	$P \land \lnot P$	$Q \land \lnot Q$	$(P \land \lnot P) \leftrightarrow (Q \land \lnot Q)$
0	0	0	0	1
0	1	0	0	1
1	0	0	0	1
1	1	0	0	1

例 5 构造公式 $(P \land Q) \land \lnot Q$ 的真值表。

解 公式 $(P \land Q) \land \lnot Q$ 的真值表如表 1.2.2 所示。

表 1.2.2

P	Q	$P \land Q$	$\lnot Q$	$(P \land Q) \land \lnot Q$
0	0	0	1	0
0	1	0	0	0
1	0	0	1	0
1	1	1	0	0

例 6 构造公式 $(P \to R) \lor (Q \to R)$ 的真值表。

解 公式 $(P \to R) \lor (Q \to R)$ 的真值表如表 1.2.3 所示。

表 1. 2. 3

P	Q	R	$P{\to}R$	$Q{\to}R$	$(P{\to}R)\lor(Q{\to}R)$
0	0	0	1	1	1
0	0	1	1	1	1
0	1	0	1	0	1
0	1	1	1	1	1
1	0	0	0	1	1
1	0	1	1	1	1
1	1	0	0	0	0
1	1	1	1	1	1

由前面命题公式的定义可以看出，由命题常元、命题变元和联结词可以构造出各种不同的命题公式。有些命题公式无论命题变元指定何种赋值，其对应的真值恒为 1(T)；有些命题公式无论命题变元指定何种赋值，其对应的真值恒为 0(F)；而有些命题公式，存在赋值使其真值为 1(T)，也存在赋值使其真值为 0(F)。据此，可以将命题公式划分为三类：重言式(tautology)、矛盾式(contradiction)和偶然式(contingency)。

定义 1. 2. 6 给定一个命题公式，如果在任何赋值下，它的真值都为 T，则称该命题公式为重言式(tautology)或者永真式。

定义 1. 2. 7 给定一个命题公式，如果在任何赋值下，它的真值都为 F，则称该命题公式为矛盾式(contradiction)或者永假式。

定义 1. 2. 8 给定一个命题公式，如果它既不是永真式，也不是永假式，则称该命题公式为偶然式(contingency)。

对于某一个命题公式 A，如果至少存在一种赋值，使得它的真值为 T，则 A 是可满足式(satisfiable)。事实上，重言式和偶然式都是可满足式。如果一个命题公式不是可满足式，那么它是矛盾式。例如，公式 $(P{\to}Q)\land(Q{\to}P){\to}(P{\leftrightarrow}Q)$ 是重言式，也是可满足式；公式 $(P\land Q)\land\neg P$ 是矛盾式；公式 $(P\land Q){\to}R$ 和 $(P{\to}R)\lor(Q{\to}R)$ 是偶然式，也是可满足式。

例 7 试判断公式 $\neg(P\land Q){\leftrightarrow}(\neg P\lor\neg Q)$ 是否为重言式、矛盾式、可满足式。

解 构造公式 $\neg(P\land Q){\leftrightarrow}(\neg P\lor\neg Q)$ 的真值表，如表 1. 2. 4 所示。

表 1. 2. 4

P	Q	$\neg(P\land Q)$	$\neg P\lor\neg Q$	$\neg(P\land Q){\leftrightarrow}(\neg P\lor\neg Q)$
0	0	1	1	1
0	1	1	1	1
1	0	1	1	1
1	1	0	0	1

由表 1. 2. 4 可见，无论给 P、Q 指定何种赋值，$\neg(P\land Q){\leftrightarrow}(\neg P\lor\neg Q)$ 的真值都为 T。

因此，公式$\neg(P \wedge Q) \leftrightarrow (\neg P \vee \neg Q)$是重言式，也是可满足式，但不是矛盾式。

习 题

1.2-1 判定下列表达式哪些是命题公式，哪些不是命题公式，并说明理由。

(a) $Q \rightarrow (R \vee S)$。

(b) $Q \leftrightarrow (R \vee S)$。

(c) $(\neg P \rightarrow Q) \rightarrow (Q \rightarrow P)$。

(d) $RS \rightarrow P$。

(e) $Q \vee \wedge S$。

1.2-2 将下列句子翻译成命题公式。

(a) 我将雨雪无阻去学校。

(b) 如果天不下雨且天不下雪，那么我去学校。

(c) 我去学校当且仅当天下雨但不下雪。

(d) 如果我去学校，那么天不下雪。

(e) 如果天下雨或下雪，那么我不去学校。

1.2-3 设 P:天下雨，Q:天下雪，R:我去学校，以自然语言形式写出以下命题公式。

(a) $Q \leftrightarrow (R \wedge \neg P)$。

(b) $R \wedge Q$。

(c) $(Q \rightarrow R) \wedge (R \rightarrow Q)$。

(d) $\neg(R \vee Q)$。

1.2-4 将下列句子翻译成命题公式。

(a) 如果小李和小王都不去，他就去。

(b) 我们不能既划船又跑步。

(c) 如果你来了，那么他唱不唱歌将看你是否伴奏而定。

(d) 除非你年满 18 周岁，否则只要你身高不足 1.6 米就不能乘坐过山车。

(e) 如果小张和小李都生病了，那么我去出差，否则小王去出差。

1.2-5 设 P:静静在陕西上学，Q:静静在四川上学，说明命题"静静在陕西上学或者在四川上学"既可以符号化为$(P \wedge \neg Q) \vee (\neg P \wedge Q)$，又可以符号化为$P \vee Q$的原因。

1.2-6 给 P 和 Q 赋值为 T，R 和 S 赋值为 F，求出下列命题公式的真值。

(a) $(P \wedge Q \wedge R) \vee \neg((P \vee Q) \wedge (R \vee S))$。

(b) $\neg(P \wedge Q) \vee \neg R \vee ((Q \leftrightarrow \neg P) \rightarrow (R \vee \neg S))$。

(c) $(P \vee (Q \rightarrow (R \wedge \neg P))) \leftrightarrow (R \vee \neg S)$。

(d) $(P \leftrightarrow R) \wedge (Q \vee S)$。

1.2-7 将下列命题符号化，并给出各命题的真值。

(a) 如果 $1+1=2$，那么地球是静止的。

(b) 若 $1+1=2$，则地球是运动的。

(c) 如果地球上没有水，那么人类将无法生存。

(d) 若$\sqrt{2}$是无理数，则地球上没有水。

1.2-8 符号化下列命题，并求其真值。

(a) 只要 3>4，就有 3≤5。

(b) 如果 3>4，那么 3>5。

(c) 只有 3>4，才有 3≤5。

(d) 除非 3>4，否则 3>5。

(e) 3>4 当且仅当 3>5。

1.2-9 当 P、Q 的真值都为 1，R，S 的真值都为 0 时，求下列命题公式的真值。

(a) $(P \lor Q) \land S$。

(b) $((P \rightarrow Q) \lor (\neg R)) \land S$。

(c) $\neg P \land (Q \leftrightarrow S) \land R$。

(d) $(P \rightarrow Q) \leftrightarrow (R \land S)$。

1.2-10 构造下列命题公式的真值表。

(a) $(P \land Q \land R) \lor \neg((P \lor Q) \land (R \lor Q))$。

(b) $Q \land (P \rightarrow Q) \rightarrow P$。

(c) $(P \lor Q \rightarrow Q \land R) \rightarrow P \land \neg R$。

(d) $((\neg P \rightarrow P \land \neg Q) \rightarrow R) \land Q \lor \neg R$。

1.2-11 设 P：2 是偶数，Q：雪是白的，试用自然语言写出：

(a) $P \rightarrow Q$。

(b) 命题(a)的逆命题。

(c) 命题(a)的否命题。

(d) 命题(a)的逆否命题。

1.2-12 分别给出使下列命题公式的真值为真的赋值和为假的赋值。

(a) $(P \lor Q) \rightarrow R$。

(b) $(\neg P \land Q) \land (R \rightarrow S)$。

(c) $(P \leftrightarrow Q) \rightarrow (\neg R \leftrightarrow S)$。

(d) $(\neg P \land Q \land R) \lor (P \land \neg Q \land \neg R)$。

1.2-13 指出下列命题公式哪些是重言式，哪些是矛盾式，哪些是偶然式，哪些是可满足式。

(a) $P \lor (\neg P \land Q)$。

(b) $P \land (\neg P \lor \neg Q)$。

(c) $\neg(P \lor Q) \leftrightarrow (\neg P \land \neg Q)$。

(d) $(\neg P \lor Q) \leftrightarrow (P \rightarrow Q)$。

(e) $P \land (Q \lor R) \leftrightarrow (P \land Q \lor P \land R)$。

(f) $\neg P \lor Q \rightarrow Q$。

(g) $P \land Q \rightarrow Q$。

(h) $(P \land Q \leftrightarrow P) \leftrightarrow (P \leftrightarrow Q)$。

(i) $Q \land (P \rightarrow Q) \rightarrow (P \rightarrow \neg Q)$。

(j) $(P \land \neg(Q \rightarrow P)) \land (Q \land R)$。

1.2-14 Represent the statement symbolically by letting P: There is a hurricane, Q:

It is raining.

(a) There is no hurricane.

(b) There is a hurricane and it is raining.

(c) There is a hurricane, but it is not raining.

(d) There is no hurricane and it is not raining.

(e) Either there is a hurricane or it is raining.

(f) Either there is a hurricane or it is raining, but there is no hurricane.

1.2-15 Represent the statement symbolically by letting P: 4<2, Q: 7<10, R: 6<6.

(a) If 4<2, then 7<10.

(b) If (4<2 and 7<10), then 6<6.

(c) If it is not the case that (6<6 and 7 is not less than 10), then 6<6.

(d) 7<10 if and only if (4<2 and 6 is not less than 6).

1.2-16 Let P, Q and R be the propositions.

P: You get an A on the final exam.

Q: You do every exercise in this book.

R: You get an A in this class.

Write these propositions using P, Q, R and logic connectives.

(a) You get an A in this class, but you do not do every exercise in this book.

(b) You get an A on the final exam, you do every exercise in this book, and you get an A in this class.

(c) To get an A in this class, it is necessary for you to get an A on the final exam.

(d) You get an A on the final exam, but you don't do every exercise in this book, nevertheless, you get an A in this class.

(e) Getting an A on the final exam doing every exercise in this book is sufficient for getting an A in this class.

(f) You will get an A in this class if and only if you either do every exercise in this book or you get an A on the final exam.

1.3 逻辑等价与蕴含

1.3.1 等价

定义 1.3.1 给定两个命题公式 A 和 B，设 P_1, P_2, $\cdots$, P_n 为所有出现在 A 和 B 中的命题变元，但 $P_i(i=1, 2, \cdots, n)$ 不一定在 A 和 B 中同时出现，若对于 P_1, P_2, $\cdots$, P_n 的任一赋值，A 和 B 的真值都相同，则称 A 和 B 逻辑等价(logically equivalent)，记做 $A \Leftrightarrow B$，读做"A 等价于 B"。

要注意符号 $\Leftrightarrow$ 和 $\leftrightarrow$ 的区别：$\leftrightarrow$ 是联结词，而 $\Leftrightarrow$ 表示两个命题公式之间的关系。

例1 构造 $P \rightarrow Q$ 和 $\neg P \vee Q$ 的真值表并判断两个命题公式是否等价。

解 由表 1.3.1 可见，$P \rightarrow Q$ 和 $\neg P \vee Q$ 在每一种赋值情况下，都具有相同的真值，所

以二者是等价的。

表 1.3.1

P	Q	$P \rightarrow Q$	$\neg P \vee Q$
0	0	1	1
0	1	1	1
1	0	0	0
1	1	1	1

例 2 证明：$P \leftrightarrow Q \Leftrightarrow (P \rightarrow Q) \wedge (Q \rightarrow P)$。

证明 构造真值表，如表 1.3.2 所示。

表 1.3.2

P	Q	$P \rightarrow Q$	$Q \rightarrow P$	$P \leftrightarrow Q$	$(P \rightarrow Q) \wedge (Q \rightarrow P)$
0	0	1	1	1	1
0	1	1	0	0	0
1	0	0	1	0	0
1	1	1	1	1	1

由表 1.3.2 可见，$P \leftrightarrow Q$ 和 $(P \rightarrow Q) \wedge (Q \rightarrow P)$ 的真值相同，所以二者是等价的。

证毕

表 1.3.3 列出了一些常见的命题等价公式，这些结论都可以通过构造真值表进行验证。

表 1.3.3

定律	定律描述	定律代号
对合律	$\neg \neg P \Leftrightarrow P$	E_1
等幂律	$P \wedge P \Leftrightarrow P$	E_2
	$P \vee P \Leftrightarrow P$	E_3
交换律	$P \wedge Q \Leftrightarrow Q \wedge P$	E_4
	$P \vee Q \Leftrightarrow Q \vee P$	E_5
结合律	$P \wedge (Q \wedge R) \Leftrightarrow (P \wedge Q) \wedge R$	E_6
	$P \vee (Q \vee R) \Leftrightarrow (P \vee Q) \vee R$	E_7
分配律	$P \wedge (Q \vee R) \Leftrightarrow (P \wedge Q) \vee (P \wedge R)$	E_8
	$P \vee (Q \wedge R) \Leftrightarrow (P \vee Q) \wedge (P \vee R)$	E_9
德·摩根定律	$\neg (P \wedge Q) \Leftrightarrow \neg P \vee \neg Q$	E_{10}
	$\neg (P \vee Q) \Leftrightarrow \neg P \wedge \neg Q$	E_{11}
吸收律	$P \wedge (P \vee Q) \Leftrightarrow P$	E_{12}
	$P \vee (P \wedge Q) \Leftrightarrow P$	E_{13}
蕴含律	$P \rightarrow Q \Leftrightarrow \neg P \vee Q$	E_{14}

定律	定律描述	定律代号
双条件律	$P \leftrightarrow Q \Leftrightarrow (P \rightarrow Q) \wedge (Q \rightarrow P)$	E_{15}
零律	$P \wedge F \Leftrightarrow F$	E_{16}
	$P \vee T \Leftrightarrow T$	E_{17}
同一律	$P \wedge T \Leftrightarrow P$	E_{18}
	$P \vee F \Leftrightarrow P$	E_{19}
矛盾律	$P \wedge \neg P \Leftrightarrow F$	E_{20}
排中律	$P \vee \neg P \Leftrightarrow T$	E_{21}
输出律	$(P \wedge Q) \rightarrow R \Leftrightarrow P \rightarrow (Q \rightarrow R)$	E_{22}
归谬律	$(P \rightarrow Q) \wedge (P \rightarrow \neg Q) \Leftrightarrow \neg P$	E_{23}
逆反律	$P \rightarrow Q \Leftrightarrow \neg Q \rightarrow \neg P$	E_{24}

例 3 验证德·摩根定律(De Morgan's laws):

$$\neg(P \wedge Q) \Leftrightarrow \neg P \vee \neg Q$$
$$\neg(P \vee Q) \Leftrightarrow \neg P \wedge \neg Q$$

证明 构造真值表,如表 1.3.4 所示。

表 1.3.4

P	Q	$\neg(P \wedge Q)$	$\neg P \vee \neg Q$	$\neg(P \vee Q)$	$\neg P \wedge \neg Q$
0	0	1	1	1	1
0	1	1	1	0	0
1	0	1	1	0	0
1	1	0	0	0	0

由表 1.3.4 可知,$\neg(P \wedge Q)$ 与 $\neg P \vee \neg Q$ 逻辑等价,$\neg(P \vee Q)$ 与 $\neg P \wedge \neg Q$ 逻辑等价,故德·摩根定律成立。

证毕

例 4 证明在 Java 语言中,表达式 $x<10 \parallel x>20$ 和 $!(x>=10\&\&x<=20)$ 是等价的。

证明 设 P:$x>=10$,Q:$x<=20$,则表达式 $!(x>=10\&\&x<=20)$ 可写做 $\neg(P \wedge Q)$,而 $x<10$ 可写做 $\neg P$,$x>20$ 可写做 $\neg Q$,于是表达式 $x<10 \parallel x>20$ 可写做 $\neg P \vee \neg Q$。根据德·摩根定律,有 $\neg(P \wedge Q) \Leftrightarrow \neg P \vee \neg Q$,所以表达式 $x<10 \parallel x>20$ 和 $!(x>=10\&\&x<=20)$ 是等价的。

证毕

对于两个命题公式 A、B 是否等价的验证,如果它们所含的命题变元较少,则采用真值表是简单有效的方法,但是如果它们所含的命题变元较多,则真值表方法就显得过于冗长,甚至是不可行的。为此引入了等价变换的方法。

定理 1.3.1(代入规则) 设 A、B 是命题公式,其中 A 是重言式,P 是 A 中的命题变元，如果将 A 中每一处出现的 P 均用 B 代入，则所得命题公式 A' 仍然是一个重言式。

例如，$((P \to Q) \wedge R) \vee \neg((P \to Q) \wedge R)$ 是重言式，这是因为 $A \vee \neg A$ 为重言式，所以用 $(P \to Q) \wedge R$ 代入 A 所得公式 $((P \to Q) \wedge R) \vee \neg((P \to Q) \wedge R)$ 亦为重言式。

定理 1.3.2 设 A、B 是命题公式，则 A 和 B 逻辑等价，当且仅当 $A \leftrightarrow B$ 是一个重言式。

证明（略）

例如，命题公式 $\neg(P \wedge Q) \leftrightarrow (\neg P \vee \neg Q)$ 是一个重言式，所以有 $\neg(P \wedge Q) \Leftrightarrow (\neg P \vee \neg Q)$。

推论 设 A、B、C 是命题公式，且 $A \Leftrightarrow B$，P 为出现在 A 和 B 中的命题变元，将 A 和 B 中每一处出现的 P 用命题公式 C 代入而分别得到 A' 和 B'，则有 $A' \Leftrightarrow B'$。

定理 1.3.3(替换规则) 设 A、X、Y 是命题公式，X 是 A 的子公式，且有 $X \Leftrightarrow Y$。如果将 A 中的 X 用 Y 来替换(不必每一处都替换)，则所得到的公式 B 与 A 等价，即 $B \Leftrightarrow A$。

证明 因为命题公式 A 和 B 中，除了替换部分外均相同，而对于任一赋值，X 和 Y 的真值相同，所以相应地 A 和 B 的真值也相同，即 $B \Leftrightarrow A$。

证毕

定理 1.3.4(传递规则) 设 A、B、C 是命题公式，若 $A \Leftrightarrow B$ 且 $B \Leftrightarrow C$，则有 $A \Leftrightarrow C$。

证明（略）

利用替换规则和传递规则，可以通过等价推演的方法验证两个命题公式是否等价。

例 5 证明 $(P \to Q) \to (Q \vee R) \Leftrightarrow P \vee Q \vee R$。

证明 $(P \to Q) \to (Q \vee R)$

$\Leftrightarrow (\neg P \vee Q) \to (Q \vee R)$ E_{14} 和替换规则

$\Leftrightarrow \neg(\neg P \vee Q) \vee (Q \vee R)$ E_{14}

$\Leftrightarrow (P \wedge \neg Q) \vee (Q \vee R)$ E_{11}、E_1 和替换规则

$\Leftrightarrow ((P \wedge \neg Q) \vee Q) \vee R$ E_7

$\Leftrightarrow ((P \vee Q) \wedge (\neg Q \vee Q)) \vee R$ E_9、E_5 和替换规则

$\Leftrightarrow ((P \vee Q) \wedge T) \vee R$ E_{21} 和替换规则

$\Leftrightarrow P \vee Q \vee R$ E_{18} 和替换规则

证毕

例 6 构造与合式公式 $P \to (P \leftrightarrow Q)$ 等价的，仅含有 $\wedge$ 和 $\neg$ 两种联结词的命题公式。

解 $P \to (P \leftrightarrow Q) \Leftrightarrow \neg P \vee ((P \to Q) \wedge (Q \to P))$

$\Leftrightarrow \neg P \vee ((\neg P \vee Q) \wedge (\neg Q \vee P))$

$\Leftrightarrow (\neg P \vee \neg P \vee Q) \wedge (\neg P \vee \neg Q \vee P)$

$\Leftrightarrow (\neg P \vee Q) \wedge T$

$\Leftrightarrow \neg P \vee Q$

$\Leftrightarrow \neg(P \wedge \neg Q)$

1.3.2 蕴含

定义 1.3.2 设 A、B 是命题公式，如果 $A \to B$ 是一个重言式，则称 A 蕴含(implicate) B，记做 $A \Rightarrow B$。

例 7 证明 $\neg(P \to Q) \Rightarrow P$。

解　由表 1.3.5 可见，$\neg(P \rightarrow Q) \rightarrow P$ 是重言式，所以 $\neg(P \rightarrow Q) \Rightarrow P$。

表 1.3.5

P	Q	$P \rightarrow Q$	$\neg(P \rightarrow Q)$	$\neg(P \rightarrow Q) \rightarrow P$
0	0	1	0	1
0	1	1	0	1
1	0	0	1	1
1	1	1	0	1

证毕

例 8　证明　$P \wedge (P \rightarrow Q) \Rightarrow Q$。

解　由表 1.3.6 可见，$P \wedge (P \rightarrow Q) \rightarrow Q$ 是重言式，所以 $P \wedge (P \rightarrow Q) \Rightarrow Q$。

表 1.3.6

P	Q	$P \wedge Q$	$P \wedge (P \rightarrow Q)$	$(P \wedge (P \rightarrow Q)) \rightarrow Q$
0	0	0	0	1
0	1	0	0	1
1	0	0	0	1
1	1	1	1	1

证毕

例 9　证明　$(P \rightarrow Q) \wedge (Q \rightarrow R) \Rightarrow P \rightarrow R$。

解　由于 $((P \rightarrow Q) \wedge (Q \rightarrow R)) \rightarrow (P \rightarrow R)$

$\Leftrightarrow \neg((\neg P \vee Q) \wedge (\neg Q \vee R)) \vee (\neg P \vee R)$

$\Leftrightarrow (\neg(\neg P \vee Q) \vee \neg(\neg Q \vee R)) \vee (\neg P \vee R)$

$\Leftrightarrow ((P \wedge \neg Q) \vee (Q \wedge \neg R)) \vee (\neg P \vee R)$

$\Leftrightarrow ((P \wedge \neg Q) \vee \neg P) \vee ((Q \wedge \neg R) \vee R)$

$\Leftrightarrow ((P \vee \neg P) \wedge (\neg Q \vee \neg P)) \vee ((Q \vee R) \wedge (\neg R \vee R))$

$\Leftrightarrow (\neg Q \vee \neg P) \vee (Q \vee R)$

$\Leftrightarrow T$

得到 $((P \rightarrow Q) \wedge (Q \rightarrow R)) \rightarrow (P \rightarrow R)$ 是重言式，所以，$(P \rightarrow Q) \wedge (Q \rightarrow R) \Rightarrow P \rightarrow R$。

证毕

表 1.3.7 列出了一些常见的蕴含公式，这些结论都可以通过构造真值表进行验证。

表 1.3.7

定　律	定　律　描　述	定律代号
直推式	$P \Rightarrow P$	I_1
化简式	$P \wedge Q \Rightarrow P$	I_2
	$P \wedge Q \Rightarrow Q$	I_3

定 律	定 律 描 述	定律代号
附加式	$P \Rightarrow P \vee Q$	I_4
	$Q \Rightarrow P \vee Q$	I_5
变形附加式	$\neg P \Rightarrow P \rightarrow Q$	I_6
	$Q \Rightarrow P \rightarrow Q$	I_7
变形附加式	$\neg (P \rightarrow Q) \Rightarrow P$	I_8
	$\neg (P \rightarrow Q) \Rightarrow \neg Q$	I_9
假言推理	$P \wedge (P \rightarrow Q) \Rightarrow Q$	I_{10}
拒取式	$\neg Q \wedge (P \rightarrow Q) \Rightarrow \neg P$	I_{11}
析取三段论	$\neg P \wedge (P \vee Q) \Rightarrow Q$	I_{12}
前提三段论	$(P \rightarrow Q) \wedge (Q \rightarrow R) \Rightarrow P \rightarrow R$	I_{13}
构造性二难推理	$(P \vee Q) \wedge (P \rightarrow R) \wedge (Q \rightarrow S) \Rightarrow R \vee S$	I_{14}
破坏性二难推理	$(\neg R \vee \neg S) \wedge (P \rightarrow R) \wedge (Q \rightarrow S) \Rightarrow \neg P \vee \neg Q$	I_{15}
合取二难推理	$(P \wedge Q) \wedge (P \rightarrow R) \wedge (Q \rightarrow S) \Rightarrow R \wedge S$	I_{16}
逆条件附加	$(P \rightarrow Q) \Rightarrow (Q \rightarrow R) \rightarrow (P \rightarrow R)$	I_{17}
条件归并	$(P \rightarrow Q) \wedge (R \rightarrow S) \Rightarrow (P \wedge R) \rightarrow (Q \wedge S)$	I_{18}
双条件三段论	$(P \leftrightarrow Q) \wedge (Q \leftrightarrow R) \Rightarrow P \leftrightarrow R$	I_{19}
前后件附加	$P \rightarrow Q \Rightarrow (P \vee R) \rightarrow (Q \vee R)$	I_{20}
	$P \rightarrow Q \Rightarrow (P \wedge R) \rightarrow (Q \wedge R)$	I_{21}

下面介绍证明 $A \Rightarrow B$ 的两种常用方法。

肯定前件法：假设 A 为 T，如果能够推出 B 为 T，则 $A \Rightarrow B$。

否定后件法：假设 B 为 F，如果能够推出 A 为 F，则 $A \Rightarrow B$。

例 10 证明 $\neg Q \wedge (P \rightarrow Q) \Rightarrow \neg P$。

证明 肯定前件法：设 $\neg Q \wedge (P \rightarrow Q)$ 为 T，则 $\neg Q$ 为 T 且 $P \rightarrow Q$ 为 T，所以 Q 为 F，P 为 F，于是 $\neg P$ 为 T，所以 $\neg Q \wedge (P \rightarrow Q) \Rightarrow \neg P$ 成立。

否定后件法：设 $\neg P$ 为 F，则 P 为 T。分情况讨论如下：

(a) 当 Q 为 F 时，$P \rightarrow Q$ 为 F，则有 $\neg Q \wedge (P \rightarrow Q)$ 为 F；

(b) 当 Q 为 T 时，$\neg Q$ 为 F，则有 $\neg Q \wedge (P \rightarrow Q)$ 为 F。

所以 $\neg Q \wedge (P \rightarrow Q) \Rightarrow \neg P$ 成立。

证毕

如同联结词 $\leftrightarrow$ 和 $\rightarrow$ 一样，等价关系和蕴含关系之间也有紧密的联系。

定理 1.3.5 设 A 和 B 是任意两个命题公式，$A \Leftrightarrow B$ 当且仅当 $A \Rightarrow B$ 且 $B \Rightarrow A$。

证明 假设 $A \Leftrightarrow B$，则 $A \leftrightarrow B$ 为重言式。因为 $A \leftrightarrow B \Leftrightarrow (A \rightarrow B) \wedge (B \rightarrow A)$，所以 $A \rightarrow B$ 为 T，且 $B \rightarrow A$ 为 T，即 $A \Rightarrow B$ 并且 $B \Rightarrow A$。

假设 $A \Rightarrow B$ 并且 $B \Rightarrow A$，则 $A \rightarrow B$ 为 T，且 $B \rightarrow A$ 为 T，所以 $A \leftrightarrow B$ 为 T，即为重言式。因此，$A \Leftrightarrow B$。

证毕

由该定理可以得到证明两个命题公式等价的另外一种方法，即证明两个命题公式相互蕴含。

下面列出蕴含关系的几个常用性质：

性质 1　设 A、B 和 C 是命题公式，如果 $A \Rightarrow B$ 并且 A 是重言式，则 B 也是重言式。

证明　因为 $A \Rightarrow B$ 并且 A 是重言式，所以 $A \rightarrow B$ 恒为 T 且 A 为 T，推出 B 恒为 T，因此，B 是重言式。

证毕

性质 2　如果 $A \Rightarrow B$ 并且 $B \Rightarrow C$，则 $A \Rightarrow C$，即蕴含关系是传递的。

证明　如果 $A \Rightarrow B$，$B \Rightarrow C$，则 $A \rightarrow B$ 和 $B \rightarrow C$ 是重言式。利用否定后件法，设 C 为 F，则 B 为 F，进而 A 为 F，所以 $A \Rightarrow C$。

证毕

性质 3　如果 $A \Rightarrow B$ 并且 $A \Rightarrow C$，则 $A \Rightarrow B \wedge C$。

证明　如果 $A \Rightarrow B$，$A \Rightarrow C$，则 $A \rightarrow B$ 和 $A \rightarrow C$ 是重言式。利用肯定前件法，设 A 为 T，则 B、C 为 T，所以 $B \wedge C$ 为 T，即 $A \Rightarrow B \wedge C$。

证毕

性质 4　如果 $A \Rightarrow C$ 并且 $B \Rightarrow C$，则 $A \vee B \Rightarrow C$。

证明　如果 $A \Rightarrow B$ 并且 $B \Rightarrow C$，则 $A \rightarrow B$ 并且 $B \rightarrow C$ 恒为 T，利用否定后件法，设 C 为 F，则 A、B 为 F，所以 $A \vee B$ 为 F，故 $A \vee B \Rightarrow C$。

证毕

利用以上定理和性质以及表 1.3.3 中常见的命题等价公式和表 1.3.7 中常见的蕴含公式可以证明一些蕴含公式。

例 11　证明 $\neg Q \wedge (P \rightarrow Q) \Rightarrow \neg P$。

解　　$\neg Q \wedge (P \rightarrow Q)$

$\Rightarrow \neg Q \wedge (\neg P \vee Q)$　　　　　　　　　E_{14}

$\Rightarrow (\neg Q \wedge \neg P) \vee (\neg Q \wedge Q)$　　　　E_8

$\Rightarrow (\neg Q \wedge \neg P) \vee F$　　　　　　　　E_{20}

$\Rightarrow \neg Q \wedge \neg P$　　　　　　　　　　　E_{19}

$\Rightarrow \neg P$　　　　　　　　　　　　　　I_3

习　　题

1.3 - 1　试用真值表证明下列命题定律。

（a）合取运算的结合律。

（b）析取运算的结合律。

（c）合取对析取的分配律。

（d）德·摩根律：$\neg(P \vee Q) \Leftrightarrow \neg P \wedge \neg Q$。

1.3 - 2　证明下列等价公式。

（a）$Q \rightarrow (P \rightarrow R) \Leftrightarrow (P \wedge Q) \rightarrow R$。

(b) $P \rightarrow (Q \rightarrow P) \Leftrightarrow \neg P \rightarrow (P \rightarrow \neg Q)$。

(c) $(A \leftrightarrow B) \leftrightarrow C \Leftrightarrow A \leftrightarrow (B \leftrightarrow C)$。

(d) $\neg (P \wedge Q) \rightarrow (\neg P \vee (\neg P \vee Q)) \Leftrightarrow \neg P \vee Q$。

(e) $\neg (P \leftrightarrow Q) \Leftrightarrow ((P \wedge \neg Q) \vee (\neg P \wedge Q))$。

(f) $(P \rightarrow R) \wedge (Q \rightarrow R) \Leftrightarrow (P \vee Q) \rightarrow R$。

(g) $((P \wedge Q) \rightarrow R) \wedge (Q \rightarrow (S \vee R)) \Leftrightarrow (Q \wedge (S \rightarrow P)) \rightarrow R$。

1.3-3 对下列每个命题公式，找出仅包含 $\neg$ 和 $\wedge$ 的等价公式，并尽可能简单。

(a) $P \vee \neg Q \vee R$。

(b) $P \vee (\neg (Q \vee \neg R) \rightarrow Q)$。

(c) $P \rightarrow (\neg Q \vee P)$。

1.3-4 对下列每个命题公式，找出仅包含 $\neg$ 和 $\vee$ 的等价公式，并尽可能简单。

(a) $P \wedge Q \wedge \neg P$。

(b) $\neg P \wedge (\neg P \vee (Q \vee \neg R)) \wedge Q$。

(c) $\neg P \wedge (R \vee P) \wedge \neg Q$。

1.3-5 证明下列蕴含公式。

(a) $(P \rightarrow Q) \wedge (Q \rightarrow R) \Rightarrow P \rightarrow Q$。

(b) $P \Rightarrow \neg P \rightarrow Q$。

(c) $P \rightarrow (Q \rightarrow R) \Rightarrow (P \rightarrow Q) \rightarrow (P \rightarrow R)$。

1.3-6 不构造真值表证明下列蕴含公式。

(a) $P \wedge (P \rightarrow Q) \Rightarrow Q$。

(b) $P \rightarrow Q \rightarrow Q \Rightarrow P \vee Q$。

(c) $((P \vee \neg P) \rightarrow Q) \rightarrow ((P \vee \neg P) \rightarrow R) \Rightarrow Q \rightarrow R$。

(d) $(Q \rightarrow (P \wedge \neg P)) \rightarrow (R \rightarrow (P \wedge \neg P)) \Rightarrow R \rightarrow Q$。

1.3-7 给出前提：H_1，H_2，$\cdots$，H_n，结论：C，如果 $H_1 \wedge H_2 \wedge \cdots \wedge H_n \Rightarrow C$，则称 C 为前提 H_1，H_2，$\cdots$，H_n 的有效结论。

检验下列论述的有效性。

前提：

如果我学习，那么我离散数学不会不及格。

如果我不沉迷于网络游戏，那么我将学习。

但我离散数学不及格。

结论：

我沉迷于网络游戏。

1.3-8 用符号写出下列各式，并验证论证的有效性。

前提：

如果罗宾恢复了健康，他就能继续工作。

如果罗宾不能继续工作，他就必须出外疗养或卧床在家。

罗宾没有出外疗养的机会，并且不愿意在家里卧床。

结论：

罗宾必须恢复健康。

1.3-9 检验下列论述的有效性。

前提：

如果琼斯学习，那么他的英语四级就能通过。

如果琼斯不玩 DOTA 游戏，那么他将学习。

但是琼斯的英语四级没有通过。

结论：

琼斯玩 DOTA 游戏。

1.3-10 仅使用命题变元 P 和 Q 以及联结词 $\neg$ 和 $\rightarrow$，最多可以写出多少个互不等价的命题公式？

1.3-11 已知 A 是包含命题变元 R、S 的命题公式，其真值表如表 1.3.8 所示。构造仅由命题变元 R、S 以及联结词 $\neg$ 和 $\vee$ 构成的命题公式 B，使得 $A \Leftrightarrow B$。

表 1.3.8

R	S	A
0	0	0
0	1	1
1	0	0
1	1	0

1.3-12 Use truth tables to verity the absorption laws：

(a) $P \wedge (P \vee Q) \Leftrightarrow P$.

(b) $P \vee (P \wedge Q) \Leftrightarrow P$.

1.3-13 Using logically equivalent statements without the direct use of truth tables, show that

(a) $\neg(A \leftrightarrow B) \Leftrightarrow (A \wedge \neg B) \vee (\neg A \wedge B)$.

(b) $P \Leftrightarrow \neg(P \wedge Q) \rightarrow (\neg Q \wedge P)$.

1.3-14 Define the truth table for imp by Table 1.3.9.

Table 1.3.9

P	Q	$PimpQ$
0	0	0
0	1	1
1	0	0
1	1	1

(a) Show that $(P \text{ imp } Q) \wedge (Q \text{ imp } P)$ and $P \leftrightarrow Q$ is not logically equivalent.

(b) Show that $(P \text{ imp } Q) \wedge (Q \text{ imp } P)$ and $P \leftrightarrow Q$ is logically equivalent if we alter imp so that if P is F and Q is F, then P imp is T.

1.3-15 Show that $(P \rightarrow Q) \wedge (Q \rightarrow R) \rightarrow (P \rightarrow R)$ is a tautology.

*1.4 联结词的完备集

1.1 节定义了 5 种联结词,那么是否使用这 5 种联结词就能够表达所有命题呢?本节讨论其他联结词和联结词的完备性理论。

对于一个一元运算符,只作用于一个命题变元,则其可能的运算结果就只有 4 种情况,如表 1.4.1 所示。

表 1.4.1

P	f_1	f_2	f_3	f_4
0	0	0	1	1
1	0	1	0	1

可见,一元运算最多只能定义 4 种,即 $f_1 P \Leftrightarrow F$,$f_2 P \Leftrightarrow P$,$f_3 P \Leftrightarrow \neg P$,$f_4 P \Leftrightarrow T$,所以,无需定义新的一元运算。

对于二元运算,有两个命题变元参与运算,共 4 种赋值,则有 16 种可能的运算结果,如表 1.4.2 所示。

表 1.4.2

P	Q	f_1	f_2	f_3	f_4	f_5	f_6	f_7	f_8	f_9	f_{10}	f_{11}	f_{12}	f_{13}	f_{14}	f_{15}	f_{16}
0	0	0	0	0	0	0	0	0	0	1	1	1	1	1	1	1	1
0	1	0	0	0	1	1	1	1	0	0	0	0	1	1	1	1
1	0	0	0	1	0	0	1	1	0	0	1	1	0	0	1	1
1	1	0	1	0	1	0	1	0	1	0	1	0	1	0	1	0	1

从表 1.4.2 中可以看出,$P f_1 Q \Leftrightarrow F$,$P f_2 Q \Leftrightarrow P \wedge Q$,$P f_4 Q \Leftrightarrow P$,$P f_6 Q \Leftrightarrow Q$,$P f_8 Q \Leftrightarrow P \vee Q$,$P f_{10} Q \Leftrightarrow P \leftrightarrow Q$,$P f_{11} Q \Leftrightarrow \neg Q$,$P f_{12} Q \Leftrightarrow Q \rightarrow P$,$P f_{13} Q \Leftrightarrow \neg P$,$P f_{14} Q \Leftrightarrow P \rightarrow Q$,$P f_{16} Q \Leftrightarrow T$,以上均无需定义新的联结词。其余几个运算可以定义如下新的联结词:

f_3、f_5 定义为条件否定(negation of conditional)$\not\rightarrow$:

$$P f_3 Q \Leftrightarrow P \not\rightarrow Q \Leftrightarrow \neg(P \rightarrow Q), \quad P f_5 Q \Leftrightarrow Q \not\rightarrow P \Leftrightarrow \neg(Q \rightarrow P)$$

f_7 定义为异或(不可兼或)(exclusive-OR, XOR)$\oplus$:

$$P \oplus Q \Leftrightarrow \neg(P \leftrightarrow Q) \Leftrightarrow (P \wedge \neg Q) \vee (\neg P \wedge Q)$$

f_9 定义为或非(NOR)$\downarrow$:

$$P \downarrow Q \Leftrightarrow \neg(P \vee Q)$$

f_{15} 定义为与非(NAND)$\uparrow$:

$$P \uparrow Q \Leftrightarrow \neg(P \wedge Q)$$

关于以上 4 个新定义的联结词,有如下性质:

(1) $P \oplus Q \Leftrightarrow Q \oplus P$。

(2) $(P \oplus Q) \oplus R \Leftrightarrow P \oplus (Q \oplus R)$。

(3) $P \wedge (Q \oplus R) \Leftrightarrow (P \wedge Q) \oplus (P \wedge R)$。

(4) $P \oplus Q \Leftrightarrow (P \land \neg Q) \lor (\neg P \land Q)$。

(5) $P \oplus P \Leftrightarrow F$，$F \oplus P \Leftrightarrow P$，$T \oplus P \Leftrightarrow \neg P$。

(6) $P \uparrow P \Leftrightarrow \neg (P \land P) \Leftrightarrow \neg P$。

(7) $(P \uparrow Q) \uparrow (P \uparrow Q) \Leftrightarrow \neg (P \uparrow Q) \Leftrightarrow P \land Q$。

(8) $(P \uparrow P) \uparrow (Q \uparrow Q) \Leftrightarrow \neg P \uparrow \neg Q \Leftrightarrow P \lor Q$。

(9) $P \downarrow P \Leftrightarrow \neg (P \lor P) \Leftrightarrow \neg P$。

(10) $(P \downarrow Q) \downarrow (P \downarrow Q) \Leftrightarrow \neg (P \downarrow Q) \Leftrightarrow P \lor Q$。

(11) $(P \downarrow P) \downarrow (Q \downarrow Q) \Leftrightarrow \neg P \downarrow \neg Q \Leftrightarrow P \land Q$。

这些性质的证明留作读者练习。

至此，一共定义了 9 个联结词，但这些联结词并非独立的，因为含某些联结词的命题公式可以用含另外一些联结词的命题公式等价表示。

由本节 4 个新定义的联结词可知，它们都可以用 1.1 节定义的 5 个常用联结词表示。又由前面的等价公式 E_{15}：$P \leftrightarrow Q \Leftrightarrow (P \to Q) \land (Q \to P)$ 可知，$\leftrightarrow$ 可以用 $\to$ 和 $\land$ 表示，由 E_{14}：$P \to Q \Leftrightarrow \neg P \lor Q$ 可知，$\to$ 可以用 $\neg$ 和 $\lor$ 表示，于是所有的命题公式都可以用联结词 $\neg$、$\lor$ 和 $\land$ 表示。由德·摩根定律可知，$\lor$ 和 $\land$ 可以互相表示。所以，任意命题公式都可由仅含 $\{\neg, \lor\}$ 或 $\{\neg, \land\}$ 的命题公式来等价地表示。

定义 1.4.1 给定一个联结词集合，如果所有的命题公式都能用其中的联结词等价表示出来，则称该联结词集合为全功能联结词集合，或称该联结词集合是功能完备的 (functionally complete)。

例如，$\{\neg, \lor, \land\}$、$\{\neg, \land\}$ 和 $\{\neg, \lor\}$ 等是全功能联结词集合。

例 1 证明 $\{\nrightarrow, \neg\}$ 是全功能联结词集合。

证明 因为 $P \nrightarrow \neg Q \Leftrightarrow \neg (P \to \neg Q) \Leftrightarrow P \land Q$，所以凡是能够用 $\{\land, \neg\}$ 表示的命题公式都能够用 $\{\nrightarrow, \neg\}$ 表示，又因为 $\{\land, \neg\}$ 是全功能联结词集合，所以 $\{\nrightarrow, \neg\}$ 也是全功能联结词集合。

证毕

例 2 证明 $\{\oplus, \neg\}$ 不是全功能联结词集合。

证明 设 $f(P, Q)$ 表示仅用命题变元 P 和 Q 以及联结词 $\oplus$、$\neg$ 构成的任意命题公式，现证明对 P、Q 的任意 4 种指派，$f(P, Q)$ 的取值封闭在表 1.4.3 所列的 8 种结果之中。

表 1.4.3

P	Q	$f(P, Q)$							
		1	2	3	4	5	6	7	8
0	0	0	0	0	1	1	1	0	1
0	1	0	1	1	1	0	0	0	1
1	0	1	0	1	0	1	0	0	1
1	1	1	1	0	0	0	1	0	1

（a）在未运算前，P、Q 的值分别属于表中 $f(P, Q)$ 结果的 1 列和 2 列，$\neg P$、$\neg Q$ 的值分别属于表中 $f(P, Q)$ 结果的 4 列和 5 列，属于 8 种结果之一。

(b) 1 列、2 列、4 列、5 列中任意两列经过 ⊕ 运算,所得结果属于 3 列、6 列、7 列、8 列之一。

(c) 以上 8 种结果的任意两种经过 ⊕ 运算,仍得到以上 8 种结果之一。

(d) 以上 8 种结果的任意一种经过 ¬ 运算,仍得到以上 8 种结果之一。

所以,对 P 和 Q 的任意赋值,经过 ⊕ 和 ¬ 只能取以上 8 种结果之一,而 $f(P,Q)$ 的可能取值是 $2^4=16$ 种,因此 ⊕ 和 ¬ 不能表示所有的命题公式。例如,$P \vee Q$ 在 P 和 Q 的 4 种赋值下有 3 种真值为 1,而以上 8 种结果中为 1 的情况都是偶数,因此 $f(P,Q)$ 不能表示 $P \vee Q$。

故 $\{\oplus, \neg\}$ 不是全功能联结词集合。

证毕

定义 1.4.2 一个联结词集合是全功能的,并且去掉其中任意一个联结词后均不是全功能的,则称其为极小全功能联结词集合。

例如,$\{\neg, \vee\}$ 或 $\{\neg, \wedge\}$ 都是极小全功能联结词集合,可以验证,$\{\downarrow\}$ 和 $\{\uparrow\}$ 也是极小全功能联结词集合。

例 3 证明 $\{\uparrow\}$ 是极小全功能联结词集合。

证明 由 $\{\neg, \wedge\}$ 是全功能联结词集合,又由 $\neg P \Leftrightarrow P \uparrow P$,$P \wedge Q \Leftrightarrow (P \uparrow Q) \uparrow (P \uparrow Q)$ 得 $\{\uparrow\}$ 是全功能联结词集合。显然,由于 $\{\uparrow\}$ 中只含有一个联结词,故其是极小全功能联结词集合。

证毕

一般地,如果要证明联结词集合 A 是全功能的,可选择一个已知的全功能联结词集合 B,例如 $\{\neg, \vee\}$ 或 $\{\neg, \wedge\}$,若 B 中每一个联结词都能用 A 中的联结词等价表示,则 A 是全功能的。如果要证明 A 是极小全功能联结词集合,则先证明 A 是全功能联结词集合,再证明 A 中去掉任何一个联结词后均不是全功能的。

习 题

1.4-1 对下列各式仅用"或非"($\downarrow$)来表达。

(a) $\neg P$。

(b) $P \vee Q$。

(c) $P \wedge Q$。

(d) $P \rightarrow Q$。

1.4-2 用"与非"($\uparrow$)表达习题 1.4-1 中各式。

1.4-3 把 $P \uparrow Q$ 表示为仅含有"$\downarrow$"的等价公式。

1.4-4 证明 $\neg(P \downarrow Q) \Leftrightarrow \neg P \uparrow \neg Q$,$\neg(P \uparrow Q) \Leftrightarrow \neg P \downarrow \neg Q$。

1.4-5 证明 $\{\neg, \rightarrow\}$ 和 $\{\neg, \nrightarrow\}$ 是极小全功能联结词集合。

1.4-6 已知 $\{\leftrightarrow, \neg\}$ 不是全功能联结词集合,证明 $\{\oplus, \neg\}$ 也不是全功能联结词集合。

1.4-7 设二元联结词 g 的运算如表 1.4.4 所示。

表 1.4.4

P	Q	$g(P, Q)$
1	1	0
1	0	0
0	1	0
0	0	1

（a）证明该联结词是全功能的。

（b）请利用该联结词 g 表示下述公式：

$$A = (P \to Q) \lor R$$

1.4 - 8 Show that $\neg$ and $\lor$ form a functionally complete collection of logical connectives.

1.5 对 偶 式

由 1.4 节可知，所有的命题公式都可以用联结词 $\neg$、$\lor$ 和 $\land$ 表示。从表 1.3.3 还可以看出，大部分等价公式都是成对出现的，不同的只是 $\lor$ 和 $\land$ 互换，T 和 F 互换，如 $P \land Q \Leftrightarrow Q \land P$ 和 $P \lor Q \Leftrightarrow Q \lor P$，$(P \land Q) \land R \Leftrightarrow P \land (Q \land R)$ 和 $(P \lor Q) \lor R \Leftrightarrow P \lor (Q \lor R)$，$\neg(P \land Q) \Leftrightarrow \neg P \lor \neg Q$ 和 $\neg(P \lor Q) \Leftrightarrow \neg P \land \neg Q$，通常将公式的这种特征称为对偶。

定义 1.5.1 设有命题公式 A，其中仅含有联结词 $\neg$、$\lor$ 和 $\land$，如果将 A 中的 $\lor$ 换成 $\land$，$\land$ 换成 $\lor$，常元 F 和 T 也互相替换，所得公式记做 A^*，则称 A^* 为 A 的对偶（dual）公式。

显然，A 也是 A^* 的对偶公式，即对偶是相互的，即 $(A^*)^* = A$。

例 1 写出下列各式的对偶公式。

（a）$(P \lor Q) \land R$。

（b）$(P \land Q) \lor T$。

（c）$P \uparrow Q$。

解 这些公式的对偶公式分别为

（a）$(P \land Q) \lor R$。

（b）$(P \lor Q) \land F$。

（c）因为 $P \uparrow Q \Leftrightarrow \neg(P \land Q)$，所以其对偶公式为 $\neg(P \lor Q) \Leftrightarrow P \downarrow Q$。

定理 1.5.1 设 A 和 A^* 是对偶公式，其中仅含有联结词 $\neg$、$\lor$ 和 $\land$，$P_1, P_2, \cdots, P_n$ 是出现在 A 和 A^* 中的所有命题变元，于是有

$$\neg A(P_1, P_2, \cdots, P_n) \Leftrightarrow A^*(\neg P_1, \neg P_2, \cdots, \neg P_n)$$
$$A(\neg P_1, \neg P_2, \cdots, \neg P_n) \Leftrightarrow \neg A^*(P_1, P_2, \cdots, P_n)$$

（证明过程用到的归纳法将在本书 3.4 节中详细给出。）

定理 1.5.2 设 A 和 B 是命题公式，$P_1, P_2, \cdots, P_n$ 是出现在 A 和 B 中的命题变元，则有：

（1）如果 $A \Leftrightarrow B$，则 $A^* \Leftrightarrow B^*$。

（2）如果 $A \Rightarrow B$，则 $B^* \Rightarrow A^*$。

证明 (1) 因为 $A \Leftrightarrow B$，即 $A(P_1, P_2, \cdots, P_n) \leftrightarrow B(P_1, P_2, \cdots, P_n)$ 永真，所以

$$A(\neg P_1, \neg P_2, \cdots, \neg P_n) \leftrightarrow B(\neg P_1, \neg P_2, \cdots, \neg P_n)$$

亦永真，即

$$A(\neg P_1, \neg P_2, \cdots, \neg P_n) \Leftrightarrow B(\neg P_1, \neg P_2, \cdots, \neg P_n)$$

由定理 1.5.1 有

$$\neg A^*(P_1, P_2, \cdots, P_n) \Leftrightarrow \neg B^*(P_1, P_2, \cdots, P_n)$$

所以 $A^* \Leftrightarrow B^*$。

(2)的证明留作练习。

证毕

本定理称为对偶原理。对偶原理在表 1.3.3 中的很多常见等价公式中均有体现。

习　　题

1.5-1　写出下列命题公式的对偶式。

(a) $(\neg P \vee Q) \wedge R$。

(b) $(P \wedge Q) \vee F$。

(c) $\neg(P \vee Q) \wedge (P \vee \neg(Q \wedge \neg R))$。

(d) $\neg(P \rightarrow R) \rightarrow Q$。

(e) $(P \rightarrow Q) \wedge R$。

(f) $(P \downarrow Q) \uparrow R$。

1.5-2　证明下列各式，并写出与它们对偶的公式。

(a) $P \vee \neg((P \vee \neg Q) \wedge Q) \Leftrightarrow T$。

(b) $(P \vee \neg Q) \wedge (P \vee Q) \wedge (\neg P \vee \neg Q) \Leftrightarrow \neg(\neg P \vee Q)$。

(c) $(\neg(\neg P \vee \neg Q) \vee \neg(\neg P \vee Q)) \Leftrightarrow P$。

(d) $(P \wedge Q) \vee (\neg P \vee (\neg P \vee Q)) \Leftrightarrow \neg P \vee Q$。

1.6　范　　式

命题公式具有各种等价表达形式，为了研究方便，有必要讨论命题公式的规范化。本节介绍命题公式的两种规范化表示形式：主析取范式和主合取范式。

1.6.1　析取范式和合取范式

定义 1.6.1　仅由若干命题变元和若干命题变元之否定通过联结词 $\vee$ 构成的命题公式称为析取式。

例如，R、$\neg P \vee Q \vee R$、$Q \vee \neg R$ 等都是析取式。

定义 1.6.2　仅由若干命题变元和若干命题变元之否定通过联结词 $\wedge$ 组成的命题公式称为合取式。

例如，R、$\neg R$、$S \wedge \neg H$、$P \wedge Q \wedge R$ 等都是合取式。

定义 1.6.3　一个命题公式称为析取范式(disjunctive normal form)，当且仅当它具有

如下形式：

$$A_1 \vee A_2 \vee \cdots \vee A_n \quad (n \geqslant 1)$$

其中，A_1，A_2，$\cdots$，A_n 是合取式。

例如，$(\neg P \wedge Q \wedge R) \vee (Q \wedge \neg R) \vee R$ 是一个析取范式。

定义 1.6.4 一个命题公式称为合取范式（conjunctive normal form），当且仅当它具有如下形式：

$$A_1 \wedge A_2 \wedge \cdots \wedge A_n \quad (n \geqslant 1)$$

其中，A_1，A_2，$\cdots$，A_n 是析取式。

例如，$(\neg P \vee Q \vee R) \wedge (Q \vee \neg R) \wedge R$ 是一个合取范式。

对于任何一个命题公式，都可以求得它的合取范式或者析取范式，步骤如下：

(1) 将公式中的联结词都归约成 $\neg$、$\vee$ 和 $\wedge$。

(2) 利用德·摩根定律将否定联结词 $\neg$ 直接移到各命题变元之前。

(3) 利用分配律、结合律将公式归约成合取范式或者析取范式。

例 1 求 $\neg(P \vee Q) \leftrightarrow (P \wedge Q)$ 的合取范式和析取范式。

解 $\quad \neg(P \vee Q) \leftrightarrow (P \wedge Q)$

$\Leftrightarrow (\neg(P \vee Q) \rightarrow (P \wedge Q)) \wedge ((P \wedge Q) \rightarrow \neg(P \vee Q))$

$\Leftrightarrow ((P \vee Q) \vee (P \wedge Q)) \wedge (\neg(P \wedge Q) \vee \neg(P \vee Q))$

$\Leftrightarrow (P \vee Q) \wedge ((\neg P \vee \neg Q) \vee (\neg P \wedge \neg Q))$

$\Leftrightarrow (P \vee Q) \wedge (\neg P \vee \neg Q)$ 　　　　　　合取范式

$\Leftrightarrow (P \wedge \neg P) \vee (Q \wedge \neg P) \vee (P \wedge \neg Q) \vee (Q \wedge \neg Q)$ 　析取范式

$\Leftrightarrow (\neg P \wedge Q) \vee (P \wedge \neg Q)$ 　　　　　　析取范式

1.6.2 主析取范式

一个命题公式的合取范式或析取范式是存在的，但并不一定是唯一的，为了使任意一个命题公式都能转化成唯一的标准形式，引入主范式的概念。

定义 1.6.5 一个含 n 个命题变元的合取式，如果其中每个变元与其否定不同时存在，但两者之一必须出现且仅出现一次，则称该合取式为极小项（minterm）。

例如，两个命题变元 P 和 Q 组成的极小项为：$P \wedge Q$，$P \wedge \neg Q$，$\neg P \wedge Q$，$\neg P \wedge \neg Q$。三个命题变元 P、Q 和 R 组成的极小项为：$P \wedge Q \wedge R$，$P \wedge Q \wedge \neg R$，$P \wedge \neg Q \wedge R$，$P \wedge \neg Q \wedge \neg R$，$\neg P \wedge Q \wedge R$，$\neg P \wedge Q \wedge \neg R$，$\neg P \wedge \neg Q \wedge R$，$\neg P \wedge \neg Q \wedge \neg R$。

n 个命题变元 P_1，P_2，$\cdots$，P_n 可构成 2^n 个不同的极小项，具有如下形式：

$$\widetilde{P}_1 \wedge \widetilde{P}_2 \wedge \cdots \wedge \widetilde{P}_n$$

其中，$\widetilde{P}_i$ 或者是 P_i，或者是 $\neg P_i$。

为了讨论方便，对极小项 $\widetilde{P}_1 \wedge \widetilde{P}_2 \wedge \cdots \wedge \widetilde{P}_n$ 给出一个 n 位二进制数编码，当 $\widetilde{P}_i$ 是 P_i 时，第 i 位取值为 1，当 $\widetilde{P}_i$ 是 $\neg P_i$ 时，第 i 位取值为 0，进而可将二进制数转换为十进制数。

现以两个变元 P、Q 为例，编码如下：

$$m_0 = m_{00} = \neg P \wedge \neg Q$$

$$m_1 = m_{01} = \neg P \wedge Q$$
$$m_2 = m_{10} = P \wedge \neg Q$$
$$m_3 = m_{11} = P \wedge Q$$

依次类推，含 n 个命题变元 P_1，P_2，$\cdots$，P_n 的极小项的编码为

$$m_0 = m_{00\cdots0} = \neg P_1 \wedge \neg P_2 \wedge \cdots \wedge \neg P_n$$
$$m_1 = m_{00\cdots01} = \neg P_1 \wedge \neg P_2 \wedge \cdots \wedge \neg P_{n-1} \wedge P_n$$
$$\cdots$$
$$m_{2^n-1} = m_{11\cdots1} = P_1 \wedge P_2 \wedge \cdots \wedge P_n$$

表 1.6.1 列出了两个变元 P 和 Q 及其极小项的真值表。由表 1.6.1 可以看出，没有两个极小项是等价的，且每个极小项都恰对应 P 和 Q 的一组赋值使其为真。

表 1.6.1

P	Q	$P \wedge Q$	$P \wedge \neg Q$	$\neg P \wedge Q$	$\neg P \wedge \neg Q$
0	0	0	0	0	1
0	1	0	0	1	0
1	0	0	1	0	0
1	1	1	0	0	0

读者可以验证，这个结论可以推广到三个和三个以上变元的情况。

n 个命题变元 P_1，P_2，$\cdots$，P_n 构成的极小项具有如下性质：

(1) 每一个极小项当其赋值与编码相同时，其真值为 T，在其余 $2^n - 1$ 种赋值下其真值均为 F。

(2) 任意两个不同极小项的合取式永假，即

$$m_i \wedge m_j \Leftrightarrow F \quad (i \neq j)$$

(3) 所有极小项的析取式永真，记为

$$\sum_{i=0}^{2^n-1} m_i \Leftrightarrow m_0 \vee m_1 \vee \cdots \vee m_{2^n-1} \Leftrightarrow T$$

定义 1.6.6 设 P_1，P_2，$\cdots$，P_n 是命题公式 A 中包含的所有命题变元，若由 P_1，P_2，$\cdots$，P_n 的若干极小项析取所构成的析取范式与 A 等价，则称该析取范式为 A 的主析取范式(principle disjunctive normal form)。

对于一个给定的命题公式，可以用构造真值表的方法求得它的主析取范式。

定理 1.6.1 在一个命题公式 A 的真值表中，使 A 的真值为 T 的所有赋值所对应的极小项构成的析取范式即为 A 的主析取范式。

证明 设命题公式 A 的真值表中，m_{i_1}，m_{i_2}，$\cdots$，m_{i_k} 为使命题公式 A 为真的赋值对应的所有极小项，下面只需证明 $m_{i_1} \vee m_{i_2} \vee \cdots \vee m_{i_k} \Leftrightarrow A$。

对于 A 的任一赋值 t，若 t 使得 A 为真，则赋值 t 对应的极小项属于 m_{i_1}，m_{i_2}，$\cdots$，m_{i_k} 之一，因而在该赋值 t 下，$m_{i_1} \vee m_{i_2} \vee \cdots \vee m_{i_k}$ 的真值亦为真；若 t 使得 A 为假，则赋值 t 对应的极小项不属于 m_{i_1}，m_{i_2}，$\cdots$，m_{i_k} 之一，因而在该赋值 t 下，m_{i_1}，m_{i_2}，$\cdots$，m_{i_k} 的真值均为假，即有 $m_{i_1} \vee m_{i_2} \vee \cdots \vee m_{i_k}$ 的真值亦为假。

因此，对于 A 的任一赋值，都有 A 与 $m_{i_1} \vee m_{i_2} \vee \cdots \vee m_{i_k}$ 的真值相同，所以，$m_{i_1} \vee$

$m_{i_2} \vee \cdots \vee m_{i_k} \Leftrightarrow A$。

证毕

例 2 用构造真值表的方法求命题公式 $\neg P \wedge (Q \to R)$ 的主析取范式。

解 构造其真值表如表 1.6.2 所示。

表 1.6.2

P	Q	R	$\neg P \wedge (Q \to R)$
0	0	0	1
0	0	1	1
0	1	0	0
0	1	1	1
1	0	0	0
1	0	1	0
1	1	0	0
1	1	1	0

$\neg P \wedge (Q \to R)$ 的主析取范式为

$$(\neg P \wedge \neg Q \wedge \neg R) \vee (\neg P \wedge \neg Q \wedge R) \vee (\neg P \wedge Q \wedge R)$$

$$\Leftrightarrow m_{000} \vee m_{001} \vee m_{011}$$

$$\Leftrightarrow m_0 \vee m_1 \vee m_3$$

$$\Leftrightarrow \sum (0, 1, 3)$$

一个命题公式的真值表是唯一的,因此一个命题公式的主析取范式也是唯一的。

除了用真值表求一个命题公式的主析取范式外,还可以用常用等价公式进行等价推演的方法,得到它的主析取范式。这是因为任何一个命题公式都可以求得它的析取范式,而析取范式可转化为主析取范式,步骤如下:

(1) 将原命题公式转化为析取范式。

(2) 将每个合取式等价变换为若干极小项的析取(对每个合取式填补没有出现的变元,如缺 P 和 $\neg P$,则合取 $\neg P \vee P$,再应用分配律展开)。

(3) 重复的极小项只保留一个。

例 3 求命题公式 $\neg P \wedge (Q \to R)$ 的主析取范式。

解 $\neg P \wedge (Q \to R)$

$$\Leftrightarrow \neg P \wedge (\neg Q \vee R)$$

$$\Leftrightarrow (\neg P \wedge \neg Q) \vee (\neg P \wedge R)$$

$$\Leftrightarrow (\neg P \wedge \neg Q \wedge (\neg R \vee R)) \vee (\neg P \wedge (\neg Q \vee Q) \wedge R)$$

$$\Leftrightarrow (\neg P \wedge \neg Q \wedge \neg R) \vee (\neg P \wedge \neg Q \wedge R) \vee (\neg P \wedge \neg Q \wedge R) \vee (\neg P \wedge Q \wedge R)$$

$$\Leftrightarrow (\neg P \wedge \neg Q \wedge \neg R) \vee (\neg P \wedge \neg Q \wedge R) \vee (\neg P \wedge Q \wedge R)$$

$$\Leftrightarrow m_{000} \vee m_{001} \vee m_{011}$$

$$\Leftrightarrow m_0 \vee m_1 \vee m_3$$

$$\Leftrightarrow \sum (0, 1, 3)$$

1.6.3　主合取范式

与主析取范式相对应的还有主合取范式。下面介绍主合取范式的相关概念以及求一个命题公式的主合取范式的方法。

定义 1.6.7　一个含 n 个命题变元的析取式，如果其中每个变元与其否定不同时存在，但两者必须出现且仅出现一次，则这样的析取式称为极大项（maxterm）。

例如，两个命题变元 P 和 Q 组成的极大项为：$P \lor Q$，$P \lor \neg Q$，$\neg P \lor Q$，$\neg P \lor \neg Q$。三个命题变元 P、Q 和 R 组成的极大项为：$P \lor Q \lor R$，$P \lor Q \lor \neg R$，$P \lor \neg Q \lor R$，$P \lor \neg Q \lor \neg R$，$\neg P \lor Q \lor R$，$\neg P \lor Q \lor \neg R$，$\neg P \lor \neg Q \lor R$，$\neg P \lor \neg Q \lor \neg R$。

n 个命题变元 P_1，P_2，$\cdots$，P_n 可构成 2^n 个不同的极大项，具有如下形式：

$$\tilde{P}_1 \lor \tilde{P}_2 \lor \cdots \lor \tilde{P}_n$$

其中，$\tilde{P}_i$ 或者是 P_i，或者是 $\neg P_i$。

类似于极小项的讨论，为了方便起见，对极大项 $\tilde{P}_1 \lor \tilde{P}_2 \lor \cdots \lor \tilde{P}_n$ 也给出一个 n 位二进制数编码，当 $\tilde{P}_i$ 是 P_i 时，第 i 位取值为 0，当 $\tilde{P}_i$ 是 $\neg P_i$ 时，第 i 位取值为 1，进而可将二进制数转换为十进制数。

现以两个变元 P、Q 为例进行编码。

$$M_0 = M_{00} = P \lor Q$$
$$M_1 = M_{01} = P \lor \neg Q$$
$$M_2 = M_{10} = \neg P \lor Q$$
$$M_3 = M_{11} = \neg P \lor \neg Q$$

依次类推，含 n 个命题变元 P_1，P_2，$\cdots$，P_n 的极大项的编码为

$$M_0 = M_{00\cdots0} = P_1 \lor P_2 \lor \cdots \lor P_n$$
$$M_1 = M_{00\cdots01} = P_1 \lor P_2 \lor \cdots \lor P_{n-1} \lor \neg P_n$$
$$\cdots$$
$$M_{2^n-1} = M_{11\cdots1} = \neg P_1 \lor \neg P_2 \lor \cdots \lor \neg P_n$$

表 1.6.3 列出了两个变元 P 和 Q 及其极大项的真值表。由表 1.6.3 可以看出，没有两个极大项是等价的，且每个极大项都只对应 P 和 Q 的一组真值赋值，使得该极大项的真值为 F。

表 1.6.3

P	Q	$P \lor Q$	$P \lor \neg Q$	$\neg P \lor Q$	$\neg P \lor \neg Q$
0	0	0	1	1	1
0	1	1	0	1	1
1	0	1	1	0	1
1	1	1	1	1	0

读者可以验证，这个结论可以推广到三个和三个以上变元的情况。

n 个命题变元 P_1，P_2，$\cdots$，P_n 构成的极大项具有如下性质：

(1) 每一个极大项当其真值赋值与编码相同时，其真值为 F，在其余 2^n-1 种指派下其真值均为 T。

（2）任意两个不同极大项的析取式永真。

$$M_i \vee M_j \Leftrightarrow T \quad (i \neq j)$$

（3）所有极大项的合取式永假，记为

$$\prod_{t=0}^{2^n-1} M_i \Leftrightarrow M_0 \wedge M_1 \wedge \cdots \wedge M_{2^n-1} \Leftrightarrow F$$

定义 1.6.8 设 P_1，P_2，$\cdots$，P_n 是命题公式 A 中包含的所有命题变元，若由 P_1，P_2，$\cdots$，P_n 的若干极大项合取所构成的合取范式与 A 等价，则称其为 A 的主合取范式（principle conjunctive normal form）。

对于一个给定的命题公式，也可以用真值表求得它的主合取范式。

定理 1.6.2 在一个命题公式 A 的真值表中，使 A 的真值为 F 的所有赋值所对应的极大项构成的合取范式即为 A 的主合取范式。

证明 （略）

例 4 用构造真值表的方法求命题公式 $\neg P \wedge (Q \rightarrow R)$ 的主合取范式。

解 构造其真值表如表 1.6.4 所示。

表 1.6.4

P	Q	R	$\neg P \wedge (Q \rightarrow R)$
0	0	0	1
0	0	1	1
0	1	0	0
0	1	1	1
1	0	0	0
1	0	1	0
1	1	0	0
1	1	1	0

$\neg P \wedge (Q \rightarrow R)$ 的主合取范式为

$(P \vee \neg Q \vee R) \wedge (\neg P \vee Q \vee R) \wedge (\neg P \vee Q \vee \neg R) \wedge (\neg P \vee \neg Q \vee R)$

$\wedge (\neg P \vee \neg Q \vee \neg R)$

$\Leftrightarrow M_{010} \wedge M_{100} \wedge M_{101} \wedge M_{110} \wedge M_{111}$

$\Leftrightarrow M_2 \wedge M_4 \wedge M_5 \wedge M_6 \wedge M_7$

$\Leftrightarrow \prod (2,4,5,6,7)$

一个命题公式的真值表是唯一的，因此一个命题公式的主合取范式也是唯一的。

除了用真值表求一个命题公式的主合取范式外，也可以用基本等价公式进行等价推演的方法得到它的主合取范式。这是因为任何一个命题公式都可以求得它的合取范式，而合取范式可转化为主合取范式，步骤如下：

（1）将原命题公式转化为合取范式。

（2）将每个析取式等价变换为若干极大项的合取（对每个析取式填补没有出现的变元，如缺 P 和 $\neg P$，则析取 $P \wedge \neg P$，再应用分配律展开）。

（3）重复的极大项只保留一个。

例 5　求命题公式 $\neg P \wedge (Q \to R)$ 的主合取范式。

解　　$\neg P \wedge (Q \to R)$

$\Leftrightarrow \neg P \wedge (\neg Q \vee R)$

$\Leftrightarrow (\neg P \vee (Q \wedge \neg Q) \vee (R \wedge \neg R)) \wedge ((P \wedge \neg P) \vee \neg Q \vee R)$

$\Leftrightarrow (\neg P \vee Q \vee R) \wedge (\neg P \vee \neg Q \vee R) \wedge (\neg P \vee Q \vee \neg R) \wedge (\neg P \vee \neg Q \vee \neg R)$

$\qquad \wedge (P \vee \neg Q \vee R) \wedge (\neg P \vee \neg Q \vee R)$

$\Leftrightarrow (\neg P \vee Q \vee R) \wedge (\neg P \vee \neg Q \vee R) \wedge (\neg P \vee Q \vee \neg R) \wedge (\neg P \vee \neg Q \vee \neg R)$

$\qquad \wedge (P \vee \neg Q \vee R)$

$\Leftrightarrow M_{100} \wedge M_{110} \wedge M_{101} \wedge M_{111} \wedge M_{010}$

$\Leftrightarrow M_4 \wedge M_6 \wedge M_5 \wedge M_7 \wedge M_2$

$\Leftrightarrow \prod (2,4,5,6,7)$

例 4、例 5 中，求得 $\neg P \wedge (Q \to R)$ 的主析取范式为 $\sum (0,1,3)$，主合取范式为 $\prod (2,4,5,6,7)$。不难发现一个现象，代表极小项和极大项的下标是互补的。这种互补性对于所有命题公式都成立，从主析取范式和主合取范式的真值表求法中不难验证这一点。

定理 1.6.3　已知由 n 个不同命题变元构成的命题公式 A 的主析取范式为 $\sum (i_1, i_2, \cdots, i_k)$，其主合取范式为 $\prod (j_1, j_2, \cdots, j_t)$，则有

$$\{i_1, i_2, \cdots, i_k\} \bigcup \{j_1, j_2, \cdots, j_t\} = \{0, 1, 2, \cdots, 2^n - 1\}$$

$$\{i_1, i_2, \cdots, i_k\} \bigcap \{j_1, j_2, \cdots, j_t\} = \varnothing$$

证明　由于命题公式 A 的主析取范式为 $\sum (i_1, i_2, \cdots, i_k)$，主合取范式为 $\prod (j_1, j_2, \cdots, j_t)$，则有 $A \Leftrightarrow \sum (i_1, i_2, \cdots, i_k)$ 且 $A \Leftrightarrow \prod (j_1, j_2, \cdots, j_t)$。由此可得：

$$A \Leftrightarrow m_{i_1} \vee m_{i_2} \vee \cdots \vee m_{i_k}$$

$$A \Leftrightarrow M_{j_1} \wedge M_{j_2} \wedge \cdots \wedge M_{j_t}$$

则有

$$\neg A \Leftrightarrow \neg m_{i_1} \wedge \neg m_{i_2} \wedge \cdots \wedge \neg m_{i_k} \Leftrightarrow M_{i_1} \wedge M_{i_2} \wedge \cdots \wedge M_{i_t}$$

$$\neg A \Leftrightarrow \neg M_{j_1} \vee \neg M_{j_2} \vee \cdots \vee \neg M_{j_t} \Leftrightarrow m_{j_1} \vee m_{j_2} \vee \cdots \vee m_{j_t}$$

因为 $A \vee \neg A \Leftrightarrow (m_{i_1} \vee m_{i_2} \vee \cdots \vee m_{i_k}) \vee (m_{j_1} \vee m_{j_2} \vee \cdots \vee m_{j_t}) \Leftrightarrow T$，故有

$$\{i_1, i_2, \cdots, i_k\} \bigcup \{j_1, j_2, \cdots, j_t\} = \{0, 1, 2, \cdots, 2^n - 1\}$$

又因为

$$A \wedge \neg A \Leftrightarrow (m_{i_1} \vee m_{i_2} \vee \cdots \vee m_{i_k}) \wedge (m_{j_1} \vee m_{j_2} \vee \cdots \vee m_{j_t})$$

$$\Leftrightarrow (m_{i_1} \wedge m_{j_1}) \vee (m_{i_1} \wedge m_{j_2}) \vee \cdots \vee (m_{i_1} \wedge m_{j_t})$$

$$\vee (m_{i_2} \wedge m_{j_1}) \vee (m_{i_2} \wedge m_{j_2}) \vee \cdots \vee (m_{i_2} \wedge m_{j_t})$$

$$\vee \cdots \vee (m_{i_k} \wedge m_{j_1}) \vee (m_{i_k} \wedge m_{j_2}) \vee \cdots \vee (m_{i_k} \wedge m_{j_t})$$

$$\Leftrightarrow F$$

所以有 $i_a \neq j_b$，$a \in \{1, 2, \cdots, k\}$，$b \in \{1, 2, \cdots, t\}$，故有 $\{i_1, i_2, \cdots, i_k\} \bigcap \{j_1, j_2, \cdots, j_t\} = \varnothing$。

证毕

由于通过一个命题公式的主范式可以清楚地获知该命题公式为真和为假的赋值，因此利用命题公式的主范式可以解决一些逻辑推断问题。

例 6 甲、乙、丙、丁 4 人中仅有两人代表单位参加了市里组织的象棋比赛，关于选择了谁参加了比赛，有如下 4 种正确的说法：

（a）甲和乙两人中只有一人参加；

（b）若丙参加了，则丁一定参加；

（c）乙和丁两人中至多参加一人；

（d）若丁不参加，则甲也不参加。

请推断哪两个人参加了此次比赛。

解 设 A：甲参加了比赛，B：乙参加了比赛，C：丙参加了比赛，D：丁参加了比赛，则我们可以将命题符号化为

（a）$A \oplus B \Leftrightarrow (\neg A \wedge B) \vee (A \wedge \neg B)$。

（b）$C \to D$。

（c）$\neg(B \wedge D)$。

（d）$\neg D \to \neg A$。

将命题公式 $((\neg A \wedge B) \vee (A \wedge \neg B)) \wedge (C \to D) \wedge \neg(B \wedge D) \wedge (\neg D \to \neg A)$ 等价变换为主析取范式：

$$((\neg A \wedge B) \vee (A \wedge \neg B)) \wedge (C \to D) \wedge \neg(B \wedge D) \wedge (\neg D \to \neg A)$$
$$\Leftrightarrow (A \wedge \neg B \wedge \neg C \wedge D) \vee (A \wedge \neg B \wedge C \wedge D) \vee (\neg A \wedge B \neg C \wedge \neg D)$$

根据题意条件，有且仅有两个人参加了比赛，故只能是 $A \wedge \neg B \wedge \neg C \wedge D$ 为 T，即有甲和丁参加了此次比赛。

习　　题

1.6-1 把下列各式化为析取范式。

（a）$\neg(P \vee Q) \leftrightarrow (P \to Q)$。

（b）$\neg(P \vee \neg Q) \wedge (S \to R)$。

（c）$\neg(P \vee Q) \leftrightarrow (P \wedge Q)$。

（d）$\neg(P \vee Q) \wedge (P \wedge Q)$。

1.6-2 把下列各式化为合取范式。

（a）$P \wedge (P \to Q)$。

（b）$\neg P \leftrightarrow (\neg Q \vee R)$。

（c）$\neg(P \to Q)$。

（d）$P \to Q \to R$。

1.6-3 求下列各式的主析取范式和主合取范式。

（a）$(\neg P \vee \neg Q) \to (P \leftrightarrow Q)$。

（b）$\neg(P \to Q) \leftrightarrow (P \to \neg Q)$。

（c）$\neg R \wedge (Q \to P) \to (P \to Q \vee R)$。

(d) $(P \land \neg Q \land S) \lor (\neg P \land Q \land R)$。

1.6-4 是否存在命题公式既是主合取范式又是主析取范式？

1.6-5 已知命题公式 A 包含 3 个命题变元 P、Q、R，且使它为真的赋值为 000 011 110 101，求 A 的主合取范式和主析取范式。

1.6-6 设命题公式 $A = (P \rightarrow (P \land Q)) \lor R$。

(a) A 的主析取范式中含有几个极小项？

(b) A 的主合取范式中含有几个极大项？

1.6-7 用主合取范式判定下列命题公式是否等价。

(a) $(P \rightarrow Q) \rightarrow R$ 与 $Q \rightarrow (P \rightarrow R)$。

(b) $(P \rightarrow Q) \rightarrow R$ 与 $(P \rightarrow R) \rightarrow Q$。

(c) $\neg (P \land Q)$ 与 $\neg (P \lor Q)$。

(d) $\neg (P \leftrightarrow Q)$ 与 $((P \lor Q) \land (\neg (P \land Q)))$。

1.6-8 将下列命题公式转化为仅含 $\neg$、$\land$、$\lor$ 联结词的等价命题公式。

(a) $\neg (P \leftrightarrow (Q \rightarrow (Q \land R)))$。

(b) $(P \land Q) \lor \neg R$。

(c) $P \rightarrow (Q \leftrightarrow R)$。

1.6-9 一般地，由 n 个变元可构成各种形式的命题公式，其数量是无限的，但每个命题公式都只有唯一的与其等价的主析（合）取范式。如果两个命题公式有相同的主析（合）取范式，则称其属于一个等价类。试问含有 n 个变元的命题公式有多少个等价类？或者说有多少个不同的主析（合）取范式？或者说有多少个不同的真值表？

1.6-10 用真值表法求 $(P \triangle Q) \rightarrow (P \land \neg (Q \lor \neg R))$ 的主析取范式和主合取范式，其中 $\triangle$ 的定义见表 1.6.5。

表 1.6.5

P	Q	$P \triangle Q$
0	0	1
0	1	0
1	0	0
1	1	0

1.6-11 A、B、C、D 四个人进行比赛，由甲、乙、丙三人估计比赛结果，甲说"A 第一，B 第二"，乙说"C 第二，D 第四"，丙说"A 第二，D 第四"。结果三人估计的结果都只对了一个，则 A、B、C、D 的名次是怎样的？

1.6-12 要派 A、B、C、D 四个人中的两人出差，如果要满足下述三个条件，有几种派法？如何派？

(a) 如果 A 去，那么 C 和 D 中去一人。

(b) B 和 C 不能都去。

(c) C 去，则 D 要留下。

1.6-13 设计一盏电灯的开关电路，该电路由 A、B 和 C 三个开关控制，当且仅当 A 和 C 同时关闭或者 B 和 C 同时关闭时灯亮。设 E 表示灯亮，写出 E 的主合取范式和主析取范式。

1.7 命题逻辑的推理理论

在现实生活和科学研究活动中,经常要进行推理,即从某些假设(hypothesis)或前提(premises)出发,使用一些公认的规则和已知的公理、定理、推论等进行逻辑推演,从而形成结论(conclusion)。其中有一些推理,只需要分析前提和它们之间的联结词,就可以直接得到相关结论。但是在大多数情况下,结论需要复杂的推演过程才能得到。

定义 1.7.1 设 H_1,H_2,$\cdots$,H_n,C 是命题公式,若 $H_1 \wedge H_2 \wedge \cdots \wedge H_n \Rightarrow C$,则称 C 是一组前提 H_1,H_2,$\cdots$,H_n 的有效结论(valid conclusion),或者称 C 可由前提 H_1,H_2,$\cdots$,H_n 逻辑推出。从前提 H_1,H_2,$\cdots$,H_n 推出结论的过程,称为推理(reasoning)、论证(argument)或证明(proof)。

如果 $H_1 \wedge H_2 \wedge \cdots \wedge H_n \Rightarrow C$,说明 H_1,H_2,$\cdots$,H_n 可以逻辑推出 C,即推理是正确的。但推理正确不保证结论 C 一定正确,结论的真假取决于前提 $H_1 \wedge H_2 \wedge \cdots \wedge H_n$ 的真假,前提为真时,结论 C 为真,前提为假时,结论 C 可能为真,也可能为假。

为了方便起见,通常也可将 $H_1 \wedge H_2 \wedge \cdots \wedge H_n \Rightarrow C$ 写做 H_1,H_2,$\cdots$,$H_n \Rightarrow C$。

表 1.3.3 和表 1.3.7 所列的等价公式和蕴含公式都可以作为推理规则使用。另外,在推理过程中还有两条常用的重要推理规则:

(1) P 规则:在推导过程中,前提可以在任何步骤引入。

(2) T 规则:在推导过程中,如果由已经推出的一个或多个公式蕴含 S,则公式 S 可以引入到推导过程中。

判别结论是否有效有各种不同的方法。下面介绍几种常用的证明方法。

方法 1:无义证明法。如果能够证明 P 恒为假,则有 $P \rightarrow Q$ 恒为真,即 $P \Rightarrow Q$。

方法 2:平凡证明法。如果能够证明 Q 恒为真,则有 $P \rightarrow Q$ 恒为真,即 $P \Rightarrow Q$。

方法 3:直接证明法。直接证明法就是从一组前提出发,利用公认的推理规则(表1.3.3所列的等价公式、表 1.3.7 所列蕴含公式、P 规则、T 规则),逻辑演绎得到有效结论。

具体地说,采用直接证明法证明 H_1,H_2,$\cdots$,$H_n \Rightarrow C$ 的过程如下:

构造一个公式序列 A_1,A_2,$\cdots$,A_m,使之满足:

(1) $A_m = C$。

(2) 对于每一个 $A_i(i=1, 2, \cdots, m)$,或者 $A_i = H_j$,$(1 \leqslant j \leqslant n)$,即由 P 规则得到,或者存在 A_{i_1},A_{i_2},$\cdots$,$A_{i_k}(1 \leqslant i_1 < i_2 < \cdots < i_k \leqslant i-1)$,$A_{i_1} \wedge A_{i_2} \wedge \cdots \wedge A_{i_k} \Rightarrow A_i$(表 1.3.7 中的蕴含公式),或者 $A_{i_1} \wedge A_{i_2} \wedge \cdots \wedge A_{i_k} \Leftrightarrow A_i$(表 1.3.3 中的等价公式),即由 T 规则得到。

例 1 证明 $(P \vee Q) \wedge (P \rightarrow R) \wedge (Q \rightarrow S) \Rightarrow S \vee R$。

证明 (1) $P \vee Q$ P

       (2) $\neg P \rightarrow Q$ T,(1),E_{14}

       (3) $Q \rightarrow S$ P

       (4) $\neg P \rightarrow S$ T,(2),(3),I_{13}

       (5) $\neg S \rightarrow P$ T,(4),E_{24}

(6) $P \rightarrow R$	P
(7) $\neg S \rightarrow R$	T，(5)，(6)，I_{13}
(8) $S \lor R$	T，(7)，E_{14}

证毕

例 2 侦察员在调查了某珠宝店的珠宝失窃案现场以及询问了人证之后，得到以下事实：

(a) 是营业员甲或者营业员乙作案。

(b) 若是甲作案，则案发在非营业时间。

(c) 若乙提供的证词可信，则案发时货柜未上锁。

(d) 若乙提供的证词不可信，则案发在营业时间。

(e) 货柜在案发时上锁了。

侦察员推断是营业员乙作案，请判定该推断是否正确。

解 设 P：是营业员甲作的案，Q：是营业员乙作的案，R：案发在营业时间，S：乙提供的证词可信，H：货柜在案发时上锁了。验证 $(P \lor Q) \land (P \rightarrow \neg R) \land (S \rightarrow \neg H) \land (\neg S \rightarrow R) \land H \Rightarrow Q$ 是否成立。

形式推理过程如下：

(1) $\neg S \rightarrow R$	P
(2) $\neg R \rightarrow S$	T，(1)，E_{24}
(3) $P \rightarrow \neg R$	P
(4) $P \rightarrow S$	T，(2)，(3)，I_{13}
(5) $S \rightarrow \neg H$	P
(6) $H \rightarrow \neg S$	T，(5)，E_{24}
(7) H	P
(8) $\neg S$	T，(6)，(7)，I_{10}
(9) $\neg S \rightarrow \neg P$	T，(4)，E_{24}
(10) $\neg P$	T，(8)，(9)，I_{10}
(11) $P \lor Q$	P
(12) Q	T，(10)，(11)，I_{12}

因此侦查员的推断是正确的。

方法 4：归谬法。

定义 1.7.2 设 P_1，P_2，$\cdots$，P_n 是命题公式 H_1，H_2，$\cdots$，H_m 中的所有命题变元，如果存在 P_1，P_2，$\cdots$，P_n 的一种赋值，使得 $H_1 \land H_2 \land \cdots \land H_m$ 的真值为 T，则称命题公式集合 $\{H_1，H_2，\cdots，H_m\}$ 是一致的或相容的，否则称为不一致的或不相容的。

因为当 $\{H_1，H_2，\cdots，H_m\}$ 不相容时，$H_1 \land H_2 \land \cdots \land H_m$ 的真值恒为 F，所以这个定义的另一种等价说法是：设 H_1，H_2，$\cdots$，H_m 是公式，若存在公式 R，使得 H_1，H_2，$\cdots$，$H_n \Rightarrow R \land \neg R$，则称命题公式集合 $\{H_1，H_2，\cdots，H_m\}$ 是不一致的或不相容的，否则称为一致的或相容的。

定理 1.7.1 H_1，H_2，$\cdots$，H_m，C 是公式，如果存在公式 R，使得 H_1，H_2，$\cdots$，H_m，$\neg C \Rightarrow R \land \neg R$，则有 H_1，H_2，$\cdots$，$H_m \Rightarrow C$。

证明 设 H_1，H_2，$\cdots$，H_m，$\neg C \Rightarrow R \wedge \neg R$，则 $\{H_1$，H_2，$\cdots$，H_m，$\neg C\}$ 是不一致的。根据定义，对于任何使 $H_1 \wedge H_2 \wedge \cdots \wedge H_m$ 为真的指派，均使 $\neg C$ 为假，也就是使 C 为真，所以，$(H_1 \wedge H_2 \wedge \cdots \wedge H_m) \rightarrow C$ 为重言式，故有 $H_1 \wedge H_2 \wedge \cdots \wedge H_m \Rightarrow C$，因此，$H_1$，$H_2$，$\cdots$，$H_m \Rightarrow C$。

证毕

这一定理说明，为了从一组前提 H_1，H_2，$\cdots$，H_m 推出结论 C，将结论 C 加以否定，把 H_1，H_2，$\cdots$，H_m，$\neg C$ 作为前提，利用直接证明法推出矛盾，比如 $R \wedge \neg R$，即可得证。因此，通常把这种证明方法称为归谬法或反证法（proof by contradiction）。其中，$\neg C$ 称为假设前提。

例 3 证明 $A \rightarrow B$、$\neg(B \vee C)$ 可推出 $\neg A$。

证明
(1) A	P(假设前提)
(2) $A \rightarrow B$	P
(3) B	T，(1)，(2)，I_{10}
(4) $\neg(B \vee C)$	P
(5) $\neg B \wedge \neg C$	T，(4)，E_{11}
(6) $\neg B$	T，(5)，I_2
(7) $B \wedge \neg B$(矛盾)	T，(3)，(6)，I_1

证毕

例 4 证明 $(P \vee Q) \wedge (P \rightarrow R) \wedge (Q \rightarrow S) \Rightarrow S \vee R$。

证明
(1) $\neg(S \vee R)$	P(假设前提)
(2) $\neg S \wedge \neg R$	T，(1)，E_{11}
(3) $\neg S$	T，(2)，I_2
(4) $Q \rightarrow S$	P
(5) $\neg Q$	T，(3)，(4)，I_{11}
(6) $\neg R$	T，(2)，I_2
(7) $P \rightarrow R$	P
(8) $\neg P$	T，(6)，(7)，I_{11}
(9) $\neg P \wedge \neg Q$	T，(5)，(8)，I_1
(10) $\neg(P \vee Q)$	T，(9)，E_{11}
(11) $P \vee Q$	P
(12) $(P \vee Q) \wedge \neg(P \vee Q)$(矛盾)	T，(10)，(11)，I_1

证毕

方法 5：CP 规则法。

设 H_1，H_2，$\cdots$，H_n，R，C 是命题公式，根据输出律 E_{22} 推知：

$$(H_1 \wedge H_2 \wedge \cdots \wedge H_n) \rightarrow (R \rightarrow C) \Leftrightarrow (H_1 \wedge H_2 \wedge \cdots \wedge H_n \wedge R) \rightarrow C$$

因此，如果能够证明 H_1，H_2，$\cdots$，H_n，$R \Rightarrow C$，则有 H_1，H_2，$\cdots$，$H_n \Rightarrow R \rightarrow C$ 成立。

因此，为了证明 $H_1 \wedge H_2 \wedge \cdots \wedge H_n \Rightarrow (R \rightarrow C)$，可以采用间接的方法，将结论的前件 R 作为附加前提，通过证明 $H_1 \wedge H_2 \wedge \cdots \wedge H_n \wedge R \Rightarrow C$，就能得到 $H_1 \wedge H_2 \wedge \cdots \wedge H_n \Rightarrow (R \rightarrow C)$，这种证明方法称为 CP 规则。其中，$R$ 是附加前提。

例 5 证明 $A \rightarrow (B \rightarrow C)$, $\neg D \vee A$, B 可推出 $D \rightarrow C$。

证明 应用 CP 规则法:

(1) D P(附加前提)

(2) $\neg D \vee A$ P

(3) A T, (1), (2), I_{12}

(4) $A \rightarrow (B \rightarrow C)$ P

(5) $B \rightarrow C$ T, (3), (4), I_{10}

(6) B P

(7) C T, (5), (6), I_{10}

(8) $D \rightarrow C$ CP 规则

证毕

例 6 用 CP 规则法证明 $(P \vee Q) \wedge (P \rightarrow R) \wedge (Q \rightarrow S) \Rightarrow S \vee R$。

证明 因为 $S \vee R \Leftrightarrow \neg S \rightarrow R$, 所以原式可以转化为证明

$$(P \vee Q) \wedge (P \rightarrow R) \wedge (Q \rightarrow S) \Rightarrow \neg S \rightarrow R$$

应用 CP 规则法:

(1) $\neg S$ P(附加前提)

(2) $Q \rightarrow S$ P

(3) $\neg Q$ T, (1), (2), I_{11}

(4) $P \vee Q$ P

(5) P T, (3), (4), I_{12}

(6) $P \rightarrow R$ P

(7) R T, (5), (6), I_{10}

(8) $\neg S \rightarrow R$ CP 规则

证毕

例 7 设有下列情况,证明结论是有效的。

前提:如果 A 参加球赛,那么 B 或 C 也将参加球赛;如果 B 参加球赛,那么 A 不参加球赛;如果 D 参加球赛,那么 C 不参加球赛。

结论:如果 A 参加球赛,那么 D 不参加球赛。

解 设命题 A:A 参加球赛,B:B 参加球赛,C:C 参加球赛,D:D 参加球赛,要证明的是从 $A \rightarrow (B \vee C)$, $B \rightarrow \neg A$, $D \rightarrow \neg C$ 可推出 $A \rightarrow \neg D$。下面运用 CP 规则进行证明。

(1) A P(附加前提)

(2) $A \rightarrow (B \vee C)$ P

(3) $B \vee C$ T, (1), (2), I_{10}

(4) $B \rightarrow \neg A$ P

(5) $\neg B$ T, (1), (4), I_{11}

(6) C T, (3), (5), I_{12}

(7) $D \rightarrow \neg C$ P

(8) $\neg D$ T, (6), (7), I_{11}

(9) $A \rightarrow \neg D$ CP 规则

本例还可以用反证法进行证明，留作读者自己练习。

习　　题

1.7-1　用推理规则证明下列论证的有效性。

(a) $(A \rightarrow B) \wedge (A \rightarrow C)$，$\neg (B \wedge C)$，$D \vee A \Rightarrow D$。

(b) $P \rightarrow Q$，$(\neg Q \vee R) \wedge \neg R$，$\neg (\neg P \wedge S) \Rightarrow \neg S$。

(c) $P \wedge Q \rightarrow R$，$\neg R \vee S$，$\neg S \Rightarrow \neg P \vee \neg Q$。

(d) $B \wedge C$，$(B \leftrightarrow C) \rightarrow (H \vee G) \Rightarrow G \vee H$。

(e) $(P \rightarrow Q) \rightarrow R$，$R \wedge S$，$B \wedge C \Rightarrow R$。

1.7-2　证明下列结论。

(a) $\neg P \vee Q$，$\neg Q \vee R$，$R \rightarrow S \Rightarrow P \rightarrow S$。

(b) $P \rightarrow Q \Rightarrow P \rightarrow P \wedge Q$。

(c) $P \vee Q \rightarrow R \Rightarrow P \wedge Q \rightarrow R$。

(d) $P \rightarrow (Q \rightarrow R)$，$Q \rightarrow (R \rightarrow S) \Rightarrow P \rightarrow (Q \rightarrow S)$。

1.7-3　证明下列前提集合是非一致的。

(a) $P \rightarrow Q$，$P \rightarrow R$，$Q \rightarrow \neg R$，P。

(b) $A \rightarrow (B \rightarrow C)$，$D \rightarrow (B \wedge \neg C)$，$A \wedge D$。

1.7-4　证明下列各式。

(a) $\neg P \vee Q$，$S \rightarrow \neg Q \Rightarrow P \rightarrow \neg S$。

(b) $S \rightarrow \neg Q$，$S \vee R$，$\neg R$，$P \leftrightarrow Q \Rightarrow \neg P$。

(c) $\neg (P \rightarrow Q) \rightarrow \neg (R \vee S)$，$((Q \rightarrow P) \vee \neg R)$，$R \Rightarrow P \leftrightarrow Q$。

1.7-5　证明下列论证的有效性：如果这里有球赛，则交通不畅；如果他们按时到达，则交通顺畅；他们按时到达了。所以这里没有球赛。

1.7-6　对下列每个前提给出两个结论，要求一个是有效的，而另一个不是有效的。

(a) $P \rightarrow Q$，$Q \rightarrow R$。

(b) $(P \wedge Q) \rightarrow R$，$\neg R$，$Q$。

(c) $P \rightarrow (Q \rightarrow R)$，$P$，$Q$。

1.7-7　分别用真值表法、主范式法、逻辑演算法这三种不同的方法证明下列推理是正确的。

前提：若 w 是奇数，则 w 不能被 2 整除；若 w 是偶数，则 w 能被 2 整除。

结论：如果 w 是偶数，则 w 不是奇数。

1.7-8　给出从前提到结论的推理证明过程。

前提：$A \rightarrow (B \wedge C)$，$\neg B \vee D$，$(H \rightarrow \neg E) \rightarrow \neg D$，$B \rightarrow (A \wedge \neg G)$。

结论：$B \rightarrow E$。

1.7-9　判断下列推理是否正确。

前提：如果 w 和 t 的乘积是负数，则 w 和 t 中恰有一个是负数；w 和 t 的乘积不是负数。

结论：w 和 t 都不是负数。

1.7-10　证明以下自然语言描述的推理是正确的。

若小张与小李是计算机系的学生，则小红是汉语言文学系的学生。若小红是汉语言文学系的学生，则她喜欢看古典文学书籍。可是，小红不喜欢看古典文学书籍，小张是计算机系的学生。所以，小李不是计算机系的学生。

1.7-11　证明以下自然语言描述的推理是正确的。

只要 A 曾经到过受害者的房间并且在 10 点以前未离去，A 就是谋杀嫌疑犯。A 曾经到过受害者的房间。如果 A 在 10 点前离开，门卫会看见他。门卫没有看到他。所以，A 是谋杀嫌疑犯。

1.7-12　构造下列推理过程的证明。

(a) 如果今天是周六，我们要去兵马俑和华清池游玩；如果兵马俑游人太多，我们就不去兵马俑游玩；今天是周六；兵马俑游人太多。所以，我们去华清池游玩。

(b) 若静静是艺术生，则她会绘画；如果静静不是艺术生，她一定是文科生；静静不会绘画。所以静静是文科生。

1.7-13　构造下列推理过程的证明。

如果小王喜欢数学，则小田或小强也喜欢数学。如果小田喜欢数学，则他也喜欢物理。小王喜欢数学，可是小田不喜欢物理。所以，小强喜欢数学。

1.7-14　某勘探队有三名队员。有一天取得一块矿样，三人的判断如下：

甲说：这不是铁矿，也不是铜矿。

乙说：这不是铁矿，是锡矿。

丙说：这不是锡矿，是铁矿。

经过鉴定后发现，其中一人的判断完全正确，一人只对了一半，另一人全错了。根据以上情况推断出该矿样的种类。

1.7-15　一研究生宿舍中，小王和其他三个新舍友甲、乙、丙聊天，甲、乙、丙根据小王的口音和行为作出了如下判断：

甲说：小王是上海人，不是江苏人。

乙说：小王是江苏人，不是上海人。

丙说：小王既不是上海人，也不是浙江人。

他们三人中有一个全说对了，有一人全说错了，还有一人说对了一半。

试用命题逻辑推断小王是哪里人。

1.7-16　Give an argument show that the conclusion follows from the hypotheses.

(a) Hypotheses: If there is gas in the car, then I will go to the store. If I go to the store, then I will get a soda. There is gas in the car.

Conclusion: I will get a soda.

(b) Hypotheses: If there is gas in the car, then I will go to the store. If I go to the store, then I will get a soda. I do not get a soda.

Conclusion: There is not gas in the car, or the car transmission is defective.

(c) Hypotheses: If Jill can sing or Dweezle can play, then I will buy the compact disc. Jill can sing. I will buy the compact disc player.

Conclusion: I will buy the compact disc and the compact disc player.

第2章　谓词逻辑

命题逻辑能够对自然语言中的逻辑思维进行精确的形式化描述，并且对一些比较复杂的逻辑推理能够用形式化的方法进行证明。但是，由于命题逻辑以原子命题为演算的基本单位，对简单命题不再进行分解，无法分析命题的内部结构及命题之间的内在联系，导致命题逻辑在表示和推理方面存在局限性。19 世纪末 20 世纪初，德国数学家弗雷格(F. L. G. Frege)、美国数学家皮尔斯(C. S. Peirce)、意大利数学家皮亚诺(G. Peana)等人在命题逻辑的基础上引入谓词和量词，构造了精细的模型，形成了一阶逻辑系统，又称为谓词逻辑，从而奠定了现代数理逻辑最基本的理论基础，并使之成为一门独立的学科。1929 年，库尔特·哥德尔(Kurt Godel)证明了一阶逻辑的完备性。谓词逻辑在知识的表示和推理、定理机器证明、数据库操作等很多方面都有广泛应用。

本章从谓词和量词的概念入手，介绍谓词公式及其翻译、谓词公式的赋值、谓词演算的永真公式以及谓词逻辑的推理理论。

2.1　谓词和量词

2.1.1　谓词

首先看一个推理的例子："前提：所有自然数都有大于它的素数；2^{100} 是自然数。结论：2^{100} 有大于它的素数"。显然，这个推理是正确的，但由于两个前提和结论都是简单命题，因此它在命题逻辑中得不到证明。再如，给定三个简单命题：老张是老师，小李是老师，大周是老师，在命题符号化时，必须用三个不同符号，比如 P：老张是老师，Q：小李是老师，R：大周是老师，不能反映"是老师"这一共同特征。

为了解决命题逻辑存在的以上问题，引入谓词的概念。谓词将简单命题进一步分析，找出所描述的对象以及对象间的关系，抽象出同类命题描述的一般模式。

例 1　(a) 2 是偶数　　　　　　　　　x 是偶数

(b) 5 小于 7　　　　　　　　　　　　x 小于 y

(c) 点 a 在 b 和 c 之间　　　　　　x 在 y 和 z 之间

可以看出，右侧是每个例子的模式，"…是偶数"刻画 x 的性质，"…小于…"刻画 x 和 y 之间的关系，"…在…和…之间"刻画 x、y 和 z 之间的关系。

以上命题中出现的"2"、"5"、"7"等均为具体的个体对象。用于表示具体或特定个体的符号称做个体常元，常用 a、b、c…表示。用于表示任意个体的变量称做个体变元，常用 x、y、z…表示。个体变元的取值范围称为该变元的论域(domain of discourse)或个体域，是一个集合，通常采用大写字母表示。

定义 2.1.1　刻画单个个体的特性或者多个个体间关系的模式称为谓词(predicate)。

通常，一元谓词用于刻画个体的特性，由一个表示个体特性的大写字母（称为特性谓词符、一元谓词符、一元关系符）和一个个体常元或变元组成的表达式表示，如 $P(a)$、$Q(x)$ 等。

二元谓词用于刻画两个个体之间的关系，由一个表示两个个体关系的大写字母（称为二元谓词符、二元关系符）和两个个体常元或变元组成的表达式表示，如 $Q(a,b)$、$Q(x,y)$、$R(a,x)$ 等。

……

n 元谓词用于刻画 n 个个体之间的关系，由一个表示 n 个个体关系的大写字母（称为 n 元谓词符、n 元关系符）和 n 个个体常元或变元组成的表达式表示，如 $R(a_1, a_2, \cdots, a_n)$、$R(x_1, x_2, \cdots, x_n)$ 等。

根据以上约定，谓词就可以简单地描述为是由一个谓词符和若干具有有固定次序的个体常元或变元组成的表达式。带有 $n(n \geqslant 0)$ 个个体的谓词称为 n 元谓词。

例如，"x 是偶数"可以用谓词 $P(x)$ 表示，$P(2)$、$P(3)$ 分别表示"2 是偶数"、"3 是偶数"。"x 小于 y"可以用谓词 $Q(x,y)$ 表示，$Q(5,7)$、$Q(6,5)$ 分别表示"5 小于 7"、"6 小于 5"。"x 在 y 和 z 之间"可以用谓词 $R(x,y,z)$ 表示，$R(a,b,c)$ 表示"a 在 b 和 c 之间"。

设有谓词 $P(x_1, x_2 \cdots, x_n)$，D_1，D_2，$\cdots$，D_n 是个体域集合，其中 $x_1 \in D_1$，$x_2 \in D_2$，$\cdots$，$x_n \in D_n$。n 元谓词 $P(x_1, x_2, \cdots, x_n)$ 是从 $D_1 \times D_2 \times \cdots \times D_n$ 到集合 $\{T, F\}$ 上的一个 n 元函数，因此，也把 $P(x_1, x_2 \cdots, x_n)$ 称做 n 元命题函数，如图 2.1.1 所示。

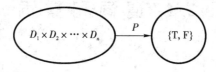

图 2.1.1

当 $n = 0$ 时，谓词 P 就退化为命题。

有时关系符直接采用特殊的习惯符号，如 =、≠、<、>、≤、≥、≤、≥ 等，其表达方式也可采用中缀表示法，如 $x \leqslant y$、$x \neq y$ 等。

谓词也可以用前面介绍的联结词进行组合，这里联结词的意义与命题逻辑完全相同。例如，$S(x)$ 表示"x 是学习委员"，$W(x)$ 表示"x 是离散数学课代表"，则 $S(x) \wedge W(x)$ 表示"x 既是学习委员又是离散数学课代表"。

从谓词的定义可以看出，谓词 $P(x_1, x_2 \cdots, x_n)$ 仅是一个函数，因此它没有真假值。若将谓词符 P 指定为一个确定的 n 元函数，每个个体变元均代入相应个体域中确定的个体常元，则得到一个具有确定真假值的命题。

例 2 用谓词表达以下命题：

(a) 小王是大学生。

(b) 老张是小张的父亲。

(c) 0.7 介于 0 和 1 之间。

解 (a) 设一元谓词 $A(x)$ 表示"x 是大学生"，个体常元 c 表示"小王"，则 $A(c)$ 表示"小王是大学生"。

(b) 设二元谓词 $B(x,y)$ 表示"x 是 y 的父亲"，个体常元 a 表示"老张"，b 表示"小张"，则 $B(a,b)$ 表示"老张是小张的父亲"。

（c）设三元谓词 $G(x,y,z)$ 表示" x 介于 y 和 z 之间"，个体常元 a 表示"0.7"， b 表示"0"， c 表示"1"，则 $G(a,b,c)$ 表示"0.7 介于 0 和 1 之间"。

2.1.2　量词

使用 2.1.1 节所讲的谓词还不能很好地表达日常生活中的所有命题，如"所有的人都要呼吸"、"有些有理数是自然数"等。为了刻画这类表示全称判断或特称判断的命题，需要引入量词（quantifier）。

1. 全称量词 ∀

$\forall x$ 表示"对于所有的 x "、"对于任一 x "或"对于每一个 x "，这里符号 ∀ 称为全称量词（universal quantifier）， x 是量词 ∀ 的作用变元（指导变元）。例如， $\forall x P(x)$ 表示"对于所有的 x 均有 $P(x)$ "， $\forall x \neg P(x)$ 表示"对于所有的 x 均有 $\neg P(x)$ "， $\neg \forall x P(x)$ 表示"并非对于所有的 x 均有 $P(x)$ "， $\neg \forall x \neg P(x)$ 表示"并非对于所有的 x 均有 $\neg P(x)$ "。

2. 存在量词 ∃

$\exists x$ 表示"存在某个 x "或"至少有一个 x "，这里符号 ∃ 称为存在量词（existential quantifier）， x 是量词 ∃ 的作用变元（指导变元）。例如， $\exists x P(x)$ 表示"存在 x 满足 $P(x)$ "， $\exists x \neg P(x)$ 表示"存在 x 满足 $\neg P(x)$ "， $\neg \exists x P(x)$ 表示"不存在 x 满足 $P(x)$ "， $\neg \exists x \neg P(x)$ 表示"不存在 x 满足 $\neg P(x)$ "。

在谓词 $P(x)$ 或 $Q(x,y)$ 等前面加上全称量词 $\forall x$ 或者存在量词 $\exists x$ ，称个体变元 x 被全称量化或存在量化。对于一个谓词，如果为谓词符指定具体含义，为每个个体变元指定论域，则谓词中的所有变元都被量词量化，则该命题成为一个具有真假值的命题。

例 3　（a） $\forall x(x<x+1)$ 。

（b） $\exists x(x<x+1)$ 。

（c） $\exists x(x=3)$ 。

（d） $\forall x(x=3)$ 。

解　如果论域是整数，则（a）、（b）、（c）是真，（d）是假。这里 x 被全称量化或存在量化。

量化后所得命题的真值与变元的论域相关，例如 $\exists x(x=3)$ ，如果论域是整数集合，则其真值为真，如果论域是负整数集合，则其真值为假。事实上，不同个体变元可以采用完全不同的论域，但不同变元一起讨论时用不同的论域会带来不便，于是引入一个统一的个体论域——全总个体域，它包括所有个体变元所能代表的所有可能的个体。以后除非特别说明，否则论域都默认是全总个体域。此时，对个体变元的变化范围，可以用特性谓词来加以限制。

例 4　符号化下列命题。

（a）所有的人都是要死的。

（b）有些人不怕死。

解　设 $F(x)$ 表示" x 是不怕死的"， $D(x)$ 表示" x 是要死的"， $H(x)$ 表示" x 是人"。

如果论域是人类，则（a）符号化为 $\forall x D(x)$ ，（b）符号化为 $\exists x F(x)$ 。

如果论域是全总个体域，则（a）"所有的人都是要死的"实际上等价于"对于一切 x ，如

果 x 是人，那么 x 是要死的"，各概念间的关系如图 2.1.3 所示，应该表示为 $\forall x(H(x)\rightarrow D(x))$，而不能表示为 $\forall x(H(x)\wedge D(x))$，(b)"有些人不怕死"实际上等价于"存在一些 x，x 是人，并且 x 不怕死"，各概念间的关系如图 2.1.3 所示，应该表示为 $\exists x(H(x)\wedge F(x))$，而不能表示为 $\exists x(H(x)\rightarrow F(x))$。

图 2.1.2　　　　　　　　　　　　图 2.1.3

以上例子中的 $H(x)$ 是特性谓词，用以刻画论述个体是"人"这一特性。特性谓词的作用是限定论域为一个满足该谓词的所有个体构成的一个特定的论域。例如，例 4 中特性谓词 $H(x)$ 的作用如图 2.1.4 所示。

图 2.1.4

把特性谓词加入到公式时，有以下两条规则：

规则 1：对于全称量词，特性谓词作为条件式的前件加入；

规则 2：对于存在量词，特性谓词作为合取式的合取项加入。

例 5　在全总个体域上，使用谓词和量词表示下列命题公式。

(a) 所有的有理数都是实数。

(b) 虽然存在一些大于 0 的有理数，但是并不是大于 0 的实数都是有理数。

(c) 对于任何一个有理数，都存在大于该有理数的实数。

解　设 $R(x)$：x 是实数，$Q(x)$：x 是有理数，$G(x,y)$：$x>y$，则

(a) $\forall x(Q(x)\rightarrow R(x))$。

(b) $\exists x(Q(x)\wedge G(x,0))\wedge\neg\forall x((R(x)\wedge G(x,0))\rightarrow Q(x))$。

(c) $\forall x(Q(x)\rightarrow\exists y(R(y)\wedge G(y,x)))$。

需要指出的是，如果论域是有限集合，则对某一个体变元的量化是可以用命题形式表示的。设论域 $D=\{a_1,a_2,\cdots,a_n\}$，则有

$$\forall xP(x)\Leftrightarrow P(a_1)\wedge P(a_2)\wedge\cdots\wedge P(a_n)$$

$$\exists xP(x)\Leftrightarrow P(a_1)\vee P(a_2)\vee\cdots\vee P(a_n)$$

习　　题

2.1-1　用谓词表示下列命题。

(a) 小张不是工人。

(b) 他是田径或球类运动员。

(c) 小亚是非常美丽和聪明的。

(d) m 若是奇数，则 $2m$ 不是奇数。

(e) 每一个有理数都是实数。

(f) 某些实数是有理数。

(g) 并非每一个实数都是有理数。

(h) 直线 A 平行于直线 B，当且仅当直线 A 与直线 B 不相交。

(i) 任意两个大于 0 的偶数 a 和 b 都有大于 1 的公约数。

(j) 并不是所有的实数都能表示成分数。

2.1-2　设个体域 $D=\{0,1,2,\cdots,100\}$，用谓词表示下列命题。

(a) D 中所有的元素都是整数。

(b) D 中所有的元素都是奇数。

(c) D 中所有的偶数都能被 2 整除。

(d) D 中存在能被 4 整除的偶数。

2.1-3　符号化下列命题。

(a) 任意两个偶数 x 和 y 都能被 2 整除。

(b) 存在奇数 x 和 y 有大于 1 的公约数。

(c) 并非所有火车的速度都比所有汽车的速度快。

(d) 所有的整数，不是负整数，就是正整数，或者为 0。

2.1-4　符号化下列命题，分别对个体域 D_1 和 D_2，讨论命题的真值情况。

(a) 对任意 x，均有 $x^2-3=(x+\sqrt{3})(x-\sqrt{3})$。

(b) 存在 x，使得 $x+6>100$。

其中，D_1 为所有整数构成的集合，D_2 为所有实数构成的集合。

2.1-5　设谓词 $P(x)$ 表示"x 是素数"，$E(x)$ 表示"x 是偶数"，$D(x,y)$ 表示"x 能整除 y"，x 的论域为整数集合 **Z**，将下列各式翻译成汉语。

(a) $P(7)$。

(b) $E(2)\wedge P(2)$。

(c) $\forall x(D(2,x)\rightarrow E(x))$。

(d) $\exists x(E(x)\wedge D(3,x))$。

2.1-6　设论域为 $\{1,2\}$，求命题 $\exists x\forall y(x+y=4)$ 的真值。

2.1-7　符号化下列命题，个体域为实数域，并给出命题的真值。

(a) 对所有的 x，存在 y 使得 $x\cdot y=0$。

(b) 存在 x，使得对所有的 y 都有 $x\cdot y=0$。

(c) 对任意 x，都存在 y，使得 $y=x+1$。

(d) 对任意的 x 和 y，都有 $x+y=y+x$。

(e) 对所有的 x 和 y，都有 $x+y=x\cdot y$。

(f) 对任意 x，存在 y 使得 $x^2+y^2<0$。

2.1-8　如果论域是集合 $\{a,b,c\}$，试消去下列公式的量词。

(a) $\forall xP(x)$。

(b) $\forall xR(x) \wedge \forall xS(x)$。

(c) $\forall x(P(x) \rightarrow Q(x))$。

(d) $\forall xP(x) \vee \forall x \neg P(x)$。

2.1-9 在个体域 $D=\{a_1, a_2, \cdots, a_n\}$ 中证明等价式：

$$\exists x(A(x) \rightarrow B(x)) \Leftrightarrow \forall xA(x) \rightarrow \exists xB(x)$$

2.1-10 Let $L(x, y)$ be the propositional function "x loves y", The domain of discourse is the set of all living people. Write each proposition. Which do you think are true?

(a) Someone loves everybody.

(b) Everybody loves everybody.

(c) Somebody loves somebody.

(d) Everybody loves someone.

2.2 谓 词 公 式

有了谓词和量词的概念，利用谓词、量词和联结词形成的表达式可以更为准确和深入地刻画自然语言中的各类命题。但是只有满足一定生成规则的表达式才能有效地表示命题并进行谓词演算和推理。下面介绍谓词演算的合式公式。

与命题公式类似，将不出现逻辑联结词和量词的单个谓词，如 $P(x_1, x_2, \cdots, x_n)$ $(n \geqslant 0)$，称为谓词演算的原子公式。这里单个命题常元和命题变元也是谓词演算的原子公式。

定义 2.2.1 谓词逻辑的合式公式(简称谓词公式)可由下述步骤生成：

（ⅰ）原子公式是谓词公式。

（ⅱ）如果 A 和 B 是谓词公式，则 $\neg A$、$(A \wedge B)$、$(A \vee B)$、$(A \rightarrow B)$、$(A \leftrightarrow B)$ 是谓词公式。

（ⅲ）如果 A 是谓词公式，并且 A 中有未被量化的个体变元 x，则 $\forall xA(x)$ 和 $\exists xA(x)$ 是谓词公式。

（ⅳ）只有有限次应用步骤（ⅰ）、（ⅱ）和（ⅲ）所得到的公式才是谓词公式。

由上述定义可知，任何一个命题公式都是谓词公式。书写谓词公式时，规定与命题逻辑相同，可以将最外层的括号略去，但紧跟量词后面的括号不能略去。

需要注意条款（ⅲ）的适用条件，例如，由 $\forall xP(x, y)$ 可以生成 $\exists y \forall xP(x, y)$，但是不能生成 $\forall x \exists yP(x, y)$。

例 1 证明：$\forall x(F(x) \rightarrow \exists y(B(y) \wedge G(y, x)))$ 是谓词公式。

证明 (1) $F(x)$ （ⅰ）

(2) $B(y)$ （ⅰ）

(3) $G(y, x)$ （ⅰ）

(4) $(B(y) \wedge G(y, x))$ （ⅱ），(2)，(3)

(5) $\exists y(B(y) \wedge G(y, x))$ （ⅲ），(4)

(6) $(F(x) \rightarrow \exists y(B(y) \wedge G(y, x)))$ （ⅱ），(1)，(5)

(7) $\forall x(F(x) \rightarrow \exists y(B(y) \wedge G(y, x)))$ （ⅲ），(6)

证毕

定义 2.2.2 若 B 是谓词公式 A 的一个连续段且 B 也是谓词公式，则称 B 是 A 的一个子公式。

在例 1 中，$F(x)$、$B(y)$、$G(y, x)$、$(B(y) \wedge G(y, x))$、$\exists y(B(y) \wedge G(y, x))$、$(F(x) \rightarrow \exists y(B(y) \wedge G(y, x)))$、$\forall x(F(x) \rightarrow \exists y(B(y) \wedge G(y, x)))$ 等均为 $\forall x(F(x) \rightarrow \exists y(B(y) \wedge G(y, x)))$ 的子公式。

下面举例说明如何用谓词公式表示自然语言表达的命题。

例 2 (a) 没有不犯错误的人。

(b) 尽管有人聪明，但未必所有人都聪明。

(c) 每个人都有些缺点。

(d) 没有最大的实数。

(e) 每个自然数都有唯一一个自然数是它的直接后继。

解 (a) 设 $H(x)$ 表示"x 是人"，$F(x)$ 表示"x 犯错误"，则该命题翻译为

$$\neg \exists x(H(x) \wedge \neg F(x)) \text{或者} \forall x(H(x) \rightarrow F(x))$$

(b) 设 $H(x)$ 表示"x 是人"，$C(x)$ 表示"x 聪明"，则该命题翻译为

$$\exists x(H(x) \wedge C(x)) \wedge \neg \forall x(H(x) \rightarrow C(x))$$

(c) 设 $H(x)$ 表示"x 是人"，$G(y)$ 表示"y 是缺点"，$F(x, y)$ 表示"x 有 y"，则该命题翻译为

$$\forall x(H(x) \rightarrow \exists y(G(y) \wedge F(x, y))) \text{或者} \neg \exists x(H(x) \wedge \forall y(G(y) \rightarrow \neg F(x, y)))$$

(d) 设 $R(x)$ 表示"x 是实数"，$G(x, y)$ 表示"x 大于 y"，则该命题翻译为

$$\forall x(R(x) \rightarrow \exists y(R(y) \wedge G(y, x))) \text{或者} \neg \exists x(R(x) \wedge \forall y(R(y) \rightarrow \neg G(y, x)))$$

(e) 设 $N(x)$ 表示"x 是自然数"，$G(x, y)$ 表示"y 是 x 的直接后继"，则该命题翻译为

$$\forall x(N(x) \rightarrow \exists y(N(y) \wedge G(x, y) \wedge \neg \exists z(N(z) \wedge z \neq y \wedge G(x, z))))$$

或者

$$\forall x(N(x) \rightarrow \exists y(N(y) \wedge G(x, y) \wedge \forall z(N(z) \wedge G(x, z) \rightarrow z = y)))$$

前面提到，在谓词前面加上量词称为量化，量化的作用是约束个体变元。如果给定一个谓词公式，其中含有 $\forall x P(x)$ 或 $\exists x P(x)$，则紧接于量词 $\forall x$ 或 $\exists x$ 之后的最小的子公式称为该量词的辖域(scope)。在 $\forall x$ 或 $\exists x$ 辖域内 x 的一切出现称为约束出现，约束出现的个体变元 x 称为约束变元(bound variable)。个体变元的非约束出现称为自由出现，自由出现的个体变元称为自由变元(free variable)。

例 3 说明下列各式中量词的辖域以及变元受约束的情况。

(a) $\forall x(P(x) \rightarrow Q(x))$。

(b) $\forall x P(x) \rightarrow Q(x)$。

(c) $\exists x(P(x, y) \rightarrow Q(x, y)) \vee P(y, z)$。

(d) $\forall x((P(x) \wedge \exists x Q(x, z)) \rightarrow \exists y R(x, y)) \vee Q(x, y)$

解 (a) $\forall x$ 的辖域是 $(P(x) \rightarrow Q(x))$，x 为约束变元。

(b) $\forall x$ 的辖域是 $P(x)$，$P(x)$ 中的 x 为约束变元，而 $Q(x)$ 中的 x 为自由变元。

(c) $\exists x$ 的辖域是 $(P(x, y) \rightarrow Q(x, y))$，其中 x 是约束变元，y、z 都是自由变元。

(d) $\forall x$ 的辖域是 $((P(x) \wedge \exists x Q(x, z)) \rightarrow \exists y R(x, y))$，$\exists x$ 的辖域是 $Q(x, z)$，$\exists y$ 的辖域是 $R(x, y)$，x、y 是约束变元，$Q(x, y)$ 中的 x、y 不受任何量词的约束。

$Q(x,z)$中的z不受任何量词的约束，z是自由变元。$Q(x,z)$中的x受$\exists x$的约束，而不受$\forall x$的约束；$P(x)$和$R(x,y)$中的x受$\forall x$的约束。

从例 3 可以看出，在一个谓词公式中，一个个体变元可能以约束变元和自由变元两种形式同时出现，也有可能同一个变元出现在不同地方时受到不同量词的约束，这样很容易引起混淆。考虑到公式中个体变元的表示符号是无关紧要的，可以通过对约束变元进行换名或对自由变元进行代入，使得一个变元在一个公式中只以一种形式出现。

约束变元的换名规则如下：

(1) 对某个约束变元换名时，需对量词的作用变元以及该量词辖域内所有受该量词约束的约束变元一起换名。

(2) 换名后的变元符号应是量词辖域内未出现的符号，最好是整个公式中未出现的符号。

例 4　对$\forall x(P(x)\rightarrow R(x,y))\wedge Q(x,y)$中的约束变元进行换名。

解　对于约束变元x可以换名z，得到$\forall z(P(z)\rightarrow R(z,y))\wedge Q(x,y)$，但不能换名为$\forall y(P(y)\rightarrow R(y,y))\wedge Q(x,y)$，因为这样将原来辖域中的自由变元$y$变成了约束变元，也不能换名为$\forall z(P(z)\rightarrow R(x,y))\wedge Q(x,y)$，因为这样原来辖域中的$x$由约束变元变成了自由变元。

自由变元的代入规则如下：

(1) 自由变元代入时，谓词公式中该变元自由出现的每一处都要同时代入。

(2) 代入选用的变元符号是原公式中未出现的符号。

例 5　对$\forall x(P(x)\rightarrow R(x,y))\wedge Q(x,y)$中的自由变元进行代入。

解　对于自由变元x，用w代入得到$\forall x(P(x)\rightarrow R(x,y))\wedge Q(w,y)$。

注意不能代入为$\forall x(P(x)\rightarrow R(x,x))\wedge Q(x,x)$，因为这样将原来辖域中的自由变元$y$变成了约束变元。

习　　题

2.2-1　判断下列表达式是否为谓词公式。

(a) $(\forall x(F(x)\rightarrow Q(x)))$。

(b) $(F(x,y)\rightarrow(\exists xG(x,y)))$。

(c) $(\exists\forall xF(x))$。

(d) $((\forall xA(x))\wedge(\exists x))$。

2.2-2　将下列语句翻译成谓词公式。

(a) 没有有理数不是实数。

(b) 尽管有些有理数大于 0，但并非大于 0 的实数都是有理数。

(c) 对于任一正实数，都存在大于该实数的实数。

(d) 没有一个实数大于等于任何实数。

(e) 有唯一的素偶数。

2.2-3　设$G(x)$：x是金子，$F(x)$：x闪光，将命题"是金子都闪光，但闪光的不都是金子"翻译成谓词公式。

2.2-4　设论域为一个班的学生，$I(x)$ 表示"x 上过 Internet"，$T(x, y)$ 表示"x 和 y 在 Internet 上交谈过"，$N(x, y)$ 表示"x 和 y 不是同一个学生"，将下列命题符号化：

(a) 并非班上每个同学都上过 Internet。

(b) 对于班上的任一同学，如果没有上过 Internet，他就未曾与班上任何学生在 Internet 上交谈过。

(c) 班上有学生上过 Internet，但从未与本班其他学生在 Internet 上交谈过。

(d) 至少有两个学生与班上所有的学生在 Internet 上交谈过。

2.2-5　指出下列公式中的约束变元和自由变元，并指明量词的辖域。

(a) $\forall x(P(x) \wedge Q(x)) \rightarrow \forall x P(x) \wedge Q(x)$。

(b) $\forall x(P(x) \wedge \exists x Q(x)) \vee (\forall x P(x) \rightarrow Q(x))$。

(c) $\forall x \exists y(P(x, y) \leftrightarrow Q(x, y)) \wedge \exists x S(x) \wedge S(x)$。

(d) $(P(x, y) \vee \neg \exists y Q(y)) \wedge \forall x \forall y R(x, y, z)$。

2.2-6　对下列谓词公式中的约束变元进行换名。

(a) $\forall x \exists y(P(x, z) \rightarrow Q(y)) \leftrightarrow S(x, y)$。

(b) $(\forall x P(x) \rightarrow (R(x) \vee Q(x)) \wedge \exists x R(x)) \rightarrow \exists z Q(x, z)$。

2.2-7　对下列谓词公式中的自由变元进行代入。

(a) $(\exists y A(x, y) \rightarrow \forall x B(x, x)) \wedge \exists x \forall z S(x, y, z)$。

(b) $(\forall y P(x, y) \wedge \exists z Q(x, z)) \vee \forall x R(x, y)$。

2.2-8　What is meaning of each statement? Represent the statement symbolically.

(a) From Dear Abby：All men do not cheat on their wives.

(b) Economist Robert J. Samuelson：Every environmental problem is not a tragedy.

(c) Headline over a Martha Stewart column：All lampshades can't be cleaned.

(d) Headline over a story about subsidized housing：Everyone can't afford home.

(e) From Newsweek：Formal investigations are a sound practice in the right circumstances，but every circumstance is not right.

2.3　谓词演算的永真公式

2.3.1　谓词公式的赋值

谓词公式中通常包括谓词符、个体变元、个体常元、命题变元和联结词。

定义 2.3.1　对于一个谓词公式，若给它指定一个个体域 E，再给所有谓词符均指派出确定的涵义（具体的函数、特性或关系），给所有命题变元指派出确定命题（或者指定 T 或 F），并为所有自由变元分别指派 E 上确定的个体，则称为对谓词公式的一个赋值（指派或解释）。

谓词公式经过赋值之后就变成了具有确定真值的命题。

定义 2.3.2　设 A 是谓词公式，如果对于特定论域 E 上的任何赋值，A 的真值都为真，则称谓词公式 A 在 E 上永真；如果对于特定论域 E 上的任何赋值，A 的真值都为假，则称谓词公式 A 在 E 上永假；若特定论域 E 上存在一种赋值，使得 A 的真值都为真，则称谓词公式 A 在 E 上可满足。

定义 2.3.3 设 A 是谓词公式，如果对于任何赋值，A 的真值都为真，则称谓词公式 A 是永真式；如果对于任何赋值，A 的真值都为假，则称谓词公式 A 是永假式；若存在一种赋值，使得 A 的真值为真，则称谓词公式 A 是可满足式。

由定义可知，对于任意谓词公式 A，若 A 是永真式，则 A 在特定论域 E 上永真；若 A 是永假式，则 A 在特定论域 E 上永假；若 A 在特定论域 E 上可满足，则 A 是可满足式。

下面通过一个具体的实例来说明谓词公式的赋值过程。

例 1 给定谓词公式 $P(x) \land \exists x P(x)$，指定论域 $D = \{3, 4\}$，给定两种赋值：

(1) $P(x)$ 表示 x 是质数，$x = 4$；

(2) $P(x)$ 表示 x 是合数，$x = 4$。

求 $P(x) \land \exists x P(x)$ 在 (1)、(2) 两种不同赋值下的真值，并判断 $P(x) \land \exists x P(x)$ 是否为永真式。

解 构造谓词公式 $P(x) \land \exists x P(x)$ 的真值表，见表 2.3.1。

表 2.3.1

$P(x)$	x	$P(x) \land \exists x P(x)$
x 是质数	4	$0 \land 1 \Leftrightarrow 0$
x 是合数	4	$1 \land 1 \Leftrightarrow 1$

由此可见，$P(x) \land \exists x P(x)$ 在论域 $\{3, 4\}$ 上不是永真式，它是一个可满足式。

显然，一个谓词公式可能存在很多种不同的赋值。即使在一个有限特定论域上，一个谓词公式的赋值虽然是有限的，但是当论域较大，谓词符和自由变元的数量较多时，很难用真值表进行真值的判定。因此，在谓词逻辑中，判断谓词公式的永真性、永假性、可满足性以及公式间的等价性往往是比较困难的。

定义 2.3.4 给定任意两个谓词公式 A 和 B，若对于任何赋值，A 和 B 的真值均相同，则称谓词公式 A 和 B 等价，记为 $A \Leftrightarrow B$。

定义 2.3.5 给定任意两个谓词公式 A 和 B，若 $A \rightarrow B$ 是永真式，则称 A 蕴含 B，记为 $A \Rightarrow B$。

类似于命题逻辑，对于谓词公式 A、B、C，有如下结论：

(1) $A \Leftrightarrow B$ 当且仅当 $A \leftrightarrow B$ 是重言式；

(2) $A \Leftrightarrow B$ 当且仅当 $A \Rightarrow B$ 且 $B \Rightarrow A$；

(3) $A \Leftrightarrow B$ 且 $B \Leftrightarrow C$，则 $A \Leftrightarrow C$；

(4) $A \Rightarrow B$ 且 $B \Rightarrow C$，则 $A \Rightarrow C$。

命题逻辑中的代入规则、替换规则在谓词逻辑中同样适用。

2.3.2 谓词演算的基本永真式

下面介绍谓词演算中常用的一些逻辑等价式和蕴含式。

1. 命题逻辑的等价式和蕴含式在谓词逻辑中的推广应用

对于命题逻辑中的任一等价公式（蕴含式），对其应用代入规则，即用谓词逻辑的任意公式代入命题逻辑等价公式（蕴含式）的某个命题变元，所得结果是谓词逻辑的一个等价公式（蕴含式）。例如，由表 1.3.3 中的 E_{10} 可以得到：$\lnot(\forall x P(x) \land \exists x Q(x)) \Leftrightarrow \lnot \forall x P(x)$

$\vee \neg \exists x Q(x)$。

2. 量词的否定律

(1) $\neg \forall x P(x) \Leftrightarrow \exists x \neg P(x)$。

(2) $\neg \exists x P(x) \Leftrightarrow \forall x \neg P(x)$。

证明　(1) 设论域为 D，t 是任一赋值。如果 t 使得 $\neg \forall x P(x)$ 为真，则 t 使得 $\forall x P(x)$ 为假，即存在个体 $a \in D$，使得 $P(a)$ 为假，从而有 $\neg P(a)$ 为真，故有 $\exists x \neg P(x)$ 为真。如果 t 使得 $\neg \forall x P(x)$ 为假，则 t 使得 $\forall x P(x)$ 为真，即对于任一个体 $a \in D$，均有 $P(a)$ 为真，从而有 $\neg P(a)$ 为假，故有 $\exists x \neg P(x)$ 为假。综上所述，$\neg \forall x P(x) \Leftrightarrow \exists x \neg P(x)$ 成立。

这里再给出等价公式 $\neg \forall x P(x) \Leftrightarrow \exists x \neg P(x)$ 在一个有限论域上的证明。设有限论域 $D = \{a_1, a_2, \cdots, a_n\}$，则有

$$\neg \forall x P(x) \Leftrightarrow \neg (P(a_1) \wedge P(a_2) \wedge \cdots \wedge P(a_n))$$
$$\Leftrightarrow \neg P(a_1) \vee \neg P(a_2) \vee \cdots \vee \neg P(a_n)$$
$$\Leftrightarrow \exists x \neg P(x)$$

同理可证(2)。

证毕

这两个公式说明全称量词和存在量词可以相互表达。

3. 量词辖域的扩张与收缩律

(1) $\forall x (P(x) \wedge Q) \Leftrightarrow \forall x P(x) \wedge Q$。

(2) $\forall x (P(x) \vee Q) \Leftrightarrow \forall x P(x) \vee Q$。

(3) $\exists x (P(x) \wedge Q) \Leftrightarrow \exists x P(x) \wedge Q$。

(4) $\exists x (p(x) \vee Q) \Leftrightarrow \exists x P(x) \vee Q$。

(5) $\exists x P(x) \rightarrow Q \Leftrightarrow \forall x (P(x) \rightarrow Q)$。

(6) $\forall x P(x) \rightarrow Q \Leftrightarrow \exists x (P(x) \rightarrow Q)$。

(7) $Q \rightarrow \exists x P(x) \Leftrightarrow \exists x (Q \rightarrow P(x))$。

(8) $Q \rightarrow \forall x P(x) \Leftrightarrow \forall x (Q \rightarrow P(x))$。

其中，Q 是不含自由变元 x 的谓词公式。

证明（5）　$\exists x P(x) \rightarrow Q \Leftrightarrow \neg \exists x P(x) \vee Q$
$$\Leftrightarrow \forall x \neg P(x) \vee Q$$
$$\Leftrightarrow \forall x (\neg P(x) \vee Q)$$
$$\Leftrightarrow \forall x (P(x) \rightarrow Q)$$

证毕

其他留作练习。

4. 量词的分配律

(1) $\forall x (P(x) \wedge Q(x)) \Leftrightarrow \forall x P(x) \wedge \forall x Q(x)$。

(2) $\exists x (P(x) \vee Q(x)) \Leftrightarrow \exists x P(x) \vee \exists x Q(x)$。

(3) $\forall x P(x) \vee \forall x Q(x) \Rightarrow \forall x (P(x) \vee Q(x))$。

(4) $\exists x (P(x) \wedge Q(x)) \Rightarrow \exists x P(x) \wedge \exists x Q(x)$。

(5) $\forall x (P(x) \rightarrow Q(x)) \Rightarrow \forall x P(x) \rightarrow \forall x Q(x)$。

(6) $\exists x (P(x) \rightarrow Q(x)) \Leftrightarrow \forall x P(x) \rightarrow \exists x Q(x)$。

(7) $\forall x(P(x)\leftrightarrow Q(x))\Rightarrow \forall xP(x)\leftrightarrow \forall xQ(x)$。

(8) $\exists xP(x)\rightarrow \forall xQ(x)\Rightarrow \forall x(P(x)\rightarrow Q(x))$。

证明 (1) 设 t 是谓词公式 $\forall x(P(x)\wedge Q(x))$ 的任一赋值,其论域为 D。

如果 t 使得 $\forall x(P(x)\wedge Q(x))$ 为真,则对于任一个体 $a\in D$,使得 $P(a)\wedge Q(a)$ 为真,即 $P(a)$ 和 $Q(a)$ 的真值均为真,从而有 $\forall xP(x)$ 和 $\forall xQ(x)$ 均为真,即 $\forall xP(x)\wedge \forall xQ(x)$ 为真。

如果 t 使得 $\forall x(P(x)\wedge Q(x))$ 为假,则存在个体 $a\in D$,使得 $P(a)\wedge Q(a)$ 为假,即 $P(a)$ 或 $Q(a)$ 的真值为假,从而有 $\forall xP(x)$ 或 $\forall xQ(x)$ 为假,即 $\forall xP(x)\wedge \forall xQ(x)$ 为假。

综上所述,$\forall x(P(x)\wedge Q(x))\Leftrightarrow \forall xP(x)\wedge \forall xQ(x)$ 成立。

(5) 任给一个赋值 t,设其个体域为 D。

假设在 t 下,$\forall x(P(x)\rightarrow \forall xQ(x)$ 的真值为 F,则 $\forall xP(x)$ 为 T,$\forall xQ(x)$ 为 F。由 $\forall xQ(x)$ 为 F,得到存在 $a\in D$,使得 $Q(a)$ 为 F,又因为 $\forall xP(x)$ 为 T,有 $P(a)$ 为 T,从而推出 $P(a)\rightarrow Q(a)$ 为 F,即 $\forall x(P(x)\rightarrow Q(x))$ 为 F。由否定后件法得到,$\forall x(P(x)\rightarrow Q(x))\Rightarrow \forall xP(x)\rightarrow \forall xQ(x)$。

(8) $\exists xP(x)\rightarrow \forall xQ(x)\Leftrightarrow \neg\exists xP(x)\vee \forall xQ(x)$

$$\Leftrightarrow \forall x\neg P(x)\vee \forall xQ(x)$$
$$\Rightarrow \forall x(\neg P(x)\vee Q(x))$$
$$\Leftrightarrow \forall x(P(x)\rightarrow Q(x))$$

其他公式的证明留作读者练习。

证毕

5. 多重量词律

对于多个量词的情况,量词出现的先后次序不能随意调换。为了便于说明,这里只讨论两个量词的情况,更多量词的使用方法与此类似。

若设 $P(x,y)$ 表示 x 和 y 是同乡,x 的论域为一班学生,y 的论域为二班学生,则 $\forall x\forall yP(x,y)$ 表示"一班每个学生和二班每个学生都是同乡",$\forall y\forall xP(x,y)$ 表示"二班每个学生和一班每个学生都是同乡",二者都表示"一班和二班所有的学生都是同乡",含义相同,所以 $\forall x\forall yP(x,y)\Leftrightarrow \forall y\forall xP(x,y)$。

$\exists x\exists yP(x,y)$ 表示"一班的某些学生和二班的某些学生是同乡",例如,一班的小明和二班的小强是同乡,也可以说"二班的某些学生和一班的某些学生是同乡",即 $\exists y\exists xP(x,y)$,所以 $\exists x\exists yP(x,y)\Leftrightarrow \exists y\exists xP(x,y)$。

$\forall x\exists yP(x,y)$ 表示"对于一班任意学生,二班至少有一个学生和他是同乡",$\exists y\forall xP(x,y)$ 则表示"二班存在某个学生,和一班所有学生是同乡"。显然,二者的含义是不同的,如果后者为真,则前者也为真,即 $\exists y\forall xP(x,y)\Rightarrow \forall x\exists yP(x,y)$,但是如果前者为真,后者不一定为真,即 $\forall x\exists yP(x,y)\not\Rightarrow \exists y\forall xP(x,y)$,所以二者不等价。

对于二元谓词前置量词,可以有以下 8 个等价公式和蕴含公式。其关系如图 2.3.1 所示。

(1) $\forall x\forall yP(x,y)\Leftrightarrow \forall y\forall xP(x,y)$。

(2) $\forall x\forall yP(x,y)\Rightarrow \exists y\forall xP(x,y)$。

(3) $\forall y\forall xP(x,y)\Rightarrow \exists x\forall yP(x,y)$。

(4) $\exists x\forall yP(x,y)\Rightarrow \forall y\exists xP(x,y)$。

(5) $\exists y\forall xP(x,y)\Rightarrow \forall x\exists yP(x,y)$。

(6) $\forall x \exists y P(x, y) \Rightarrow \exists y \exists x P(x, y)$。

(7) $\forall y \exists x P(x, y) \Rightarrow \exists x \exists y P(x, y)$。

(8) $\exists x \exists y P(x, y) \Leftrightarrow \exists y \exists x P(x, y)$。

可见，全称量词和存在量词在谓词公式中出现的次序不能随意改变。

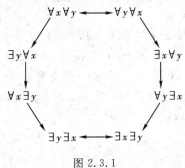

图 2.3.1

谓词逻辑中常用的等价公式和蕴含公式如表 2.3.2 所示，此表是表 1.3.3 和表 1.3.7 的扩充。

表 2.3.2

公式代码	常用的等价公式和蕴含公式	
E_{25}	$\neg \forall x P(x) \Leftrightarrow \exists x \neg P(x)$	
E_{26}	$\neg \exists x P(x) \Leftrightarrow \forall x \neg P(x)$	
E_{27}	$\forall x(P(x) \wedge Q) \Leftrightarrow \forall x P(x) \wedge Q$	
E_{28}	$\forall x(P(x) \vee Q) \Leftrightarrow \forall x P(x) \vee Q$	
E_{29}	$\exists x(P(x) \wedge Q) \Leftrightarrow \exists x P(x) \wedge Q$	
E_{30}	$\exists x(P(x) \vee Q) \Leftrightarrow \exists x P(x) \vee Q$	Q 中不含自由变元 x
E_{31}	$\forall x P(x) \rightarrow Q \Leftrightarrow \exists x(P(x) \rightarrow Q)$	
E_{32}	$\exists x P(x) \rightarrow Q \Leftrightarrow \forall x(P(x) \rightarrow Q)$	
E_{33}	$Q \rightarrow \forall x P(x) \Leftrightarrow \forall x(Q \rightarrow P(x))$	
E_{34}	$Q \rightarrow \exists x P(x) \Leftrightarrow \exists x(Q \rightarrow P(x))$	
E_{35}	$\forall x(P(x) \wedge Q(x)) \Leftrightarrow \forall x P(x) \wedge \forall x Q(x)$	
E_{36}	$\exists x(P(x) \vee Q(x)) \Leftrightarrow \exists x P(x) \vee \exists x Q(x)$	
E_{37}	$\exists x(P(x) \rightarrow Q(x)) \Leftrightarrow \forall x P(x) \rightarrow \exists x Q(x)$	
I_{22}	$\forall x P(x) \Rightarrow P(y)$，$y$ 是论域中的任一确定个体	
I_{23}	$P(y) \Rightarrow \exists x P(x)$，$y$ 是论域中某个确定个体	
I_{24}	$\forall x P(x) \Rightarrow \exists x P(x)$	
I_{25}	$\exists x(P(x) \wedge Q(x)) \Rightarrow \exists x P(x) \wedge \exists x Q(x)$	
I_{26}	$\forall x P(x) \vee \forall x Q(x) \Rightarrow \forall x(P(x) \vee Q(x))$	
I_{27}	$\forall x(P(x) \rightarrow Q(x)) \Rightarrow \forall x P(x) \rightarrow \forall x Q(x)$	
I_{28}	$\exists x P(x) \rightarrow \forall x Q(x) \Rightarrow \forall x(P(x) \rightarrow Q(x))$	

利用表 1.3.3、表 1.3.7 和表 2.3.2 中常用的等价公式和蕴含公式，结合替换规则和传递规则，可以比较方便地推导证明谓词逻辑中的一些等价公式和蕴含公式。

习　　题

2.3-1　设 $P(x)$ 表示"x 是素数"，$D(x,y)$ 表示"x 可整除 y"，$E(x,y)$ 表示"$x+y=xy$"，设论域为 $\{2,3\}$，求谓词公式 $\forall x \exists y(\neg P(x) \vee D(x,y) \rightarrow E(x,y))$ 的真值。

2.3-2　考虑下列赋值。论域 $D=\{1,2\}$，指定常数 $a=1$，$b=2$，指定函数 $f(1)=2$，$f(2)=1$，指定谓词 $P(1,1)$ 为 T，$P(1,2)$ 为 T，$P(2,1)$ 为 F，$P(2,2)$ 为 F，求下列公式的真值。

(a) $P(a, f(a)) \wedge P(b, f(b))$。

(b) $\forall x \exists y P(y, x)$。

(c) $\forall x \forall y(P(x, y) \rightarrow P(f(x), f(y)))$。

2.3-3　判断下列蕴含关系是否成立，如果成立，进行证明，如果不成立，试找出使其为假的一个赋值。

(a) $\forall x(P(x) \rightarrow Q(x)) \Rightarrow \forall x P(x) \rightarrow \forall x Q(x)$。

(b) $\forall x P(x) \rightarrow \forall x Q(x) \Rightarrow \forall x(P(x) \rightarrow Q(x))$。

(c) $\exists x P(x) \rightarrow \forall x Q(x) \Rightarrow \forall x(P(x) \rightarrow Q(x))$。

(d) $\forall x(P(x) \rightarrow Q(x)) \Rightarrow \exists x P(x) \rightarrow \forall x Q(x)$。

2.3-4　证明 $P(x) \wedge \forall x Q(x) \Rightarrow \exists x(P(x) \wedge Q(x))$。

2.3-5　证明任何自然数都是整数，存在自然数，所以存在整数。个体域为实数域。

2.3-6　证明 $\forall x(P(x) \rightarrow Q(x)) \wedge \exists x(P(x) \wedge H(x)) \Rightarrow \exists x(Q(x) \wedge H(x))$。

2.3-7　判断下列推证是否正确。

$$\forall x(P(x) \rightarrow Q(x)) \Leftrightarrow \forall x(\neg P(x) \vee Q(x))$$
$$\Leftrightarrow \forall x \neg(P(x) \wedge \neg Q(x))$$
$$\Leftrightarrow \neg \exists x(P(x) \wedge \neg Q(x))$$
$$\Leftrightarrow \neg(\exists x P(x) \wedge \exists x \neg Q(x))$$
$$\Leftrightarrow \neg \exists x P(x) \vee \neg \exists x \neg Q(x)$$
$$\Leftrightarrow \neg \exists x P(x) \vee \forall x Q(x)$$
$$\Leftrightarrow \exists x P(x) \rightarrow \forall x Q(x)$$

2.3-8　证明 $\forall x \forall y(P(x) \rightarrow Q(y)) \Leftrightarrow \exists x P(x) \rightarrow \forall y Q(y)$。

2.3-9　对于一个公式，如果所有量词都非否定地集中出现在整个公式的最前端，它们的辖域为整个公式，则称该公式为前束范式，如 $\forall x \forall y \exists z(Q(x,y) \rightarrow R(z))$。应用量词否定公式和量词辖域的扩张公式，结合改名规则，任何一个谓词公式都可以变换为前束范式。例如：

$$\neg \forall x(\exists y A(x,y) \rightarrow \exists x \forall y(B(x,y) \wedge \forall y(A(y,x) \rightarrow B(x,y))))$$
$$\Leftrightarrow \exists x \neg(\neg \exists y A(x,y) \vee \exists x \forall y(B(x,y) \wedge \forall y(A(y,x) \rightarrow B(x,y))))$$
$$\Leftrightarrow \exists x(\exists y A(x,y) \wedge \forall x \exists y(\neg B(x,y) \vee \exists y \neg(A(y,x) \rightarrow B(x,y))))$$
$$\Leftrightarrow \exists x(\exists y A(x,y) \wedge \forall u \exists r(\neg B(u,r) \vee \exists z \neg(A(z,u) \rightarrow B(u,z))))$$
$$\Leftrightarrow \exists x \exists y \forall u \exists r \exists z(A(x,y) \wedge(\neg B(u,r) \vee \neg(A(z,u) \rightarrow B(u,z))))$$

请将下列各式化成前束范式。

(a) $\forall x(P(x) \rightarrow \exists yQ(x, y))$。

(b) $\forall x \forall y(\exists z(P(x, z) \land P(y, z)) \rightarrow \exists uQ(x, y, u))$。

(c) $\exists x(\neg \exists yP(x, y) \rightarrow (\exists zQ(z) \rightarrow R(x)))$。

(d) $\forall x(P(x, y) \lor \forall yR(y, z)) \rightarrow \forall zQ(x, z)$。

(e) $\neg(\forall x \exists yP(a, x, y) \rightarrow \exists x(\neg \forall yQ(y, b) \rightarrow R(x)))$。

2.3-10　将下列命题符号化，要求符号化的命题公式为前束范式。

(a) 有的汽车比有的火车跑得快。

(b) 有的火车比所有的汽车跑得快。

(c) 不是所有的火车都比所有的汽车跑得快。

(d) 有的飞机比有的汽车跑得慢是不对的。

2.3-11　(a) Use a truth table to prove that if P and Q are propositions, one of $P \rightarrow Q$ or $Q \rightarrow P$ is true.

(b) Let $P(x)$ be the propositional function "x is a rational number" and let $Q(x)$ be the propositional function "x is a positive number". The domain of disclosure is the set of all real numbers. Comment on the following argument, which allegedly proves that all rational numbers are positive or all positive real number are rational. By part(a)

$$\forall x((P(x) \rightarrow Q(x)) \lor (Q(x) \rightarrow P(x)))$$

is true. In words：For all x, if x is rational, then x is positive; or if x is positive, the x is rational. Therefore, all rational numbers are positive or all positive real numbers are rational.

2.4　谓词逻辑的推理理论

类似于命题逻辑关于推理的基本概念，在谓词逻辑中，设 $H_1, H_2, \cdots, H_n, C$ 是谓词公式，若 $H_1 \land H_2 \land \cdots \land H_n \Rightarrow C$，则称 C 是一组前提 $H_1, H_2, \cdots, H_n$ 的有效结论(valid conclusion)，或者称 C 可由前提 $H_1, H_2, \cdots, H_n$ 逻辑地推出。从前提 $H_1, H_2, \cdots, H_n$ 推出结论的过程，称为推理(reasoning)、论证(argument)或证明(proof)。

谓词逻辑的推理方法可以看做是命题逻辑推理方法的扩充。命题逻辑的推理规则，如 P 规则、T 规则和 CP 规则，以及证明方法在谓词逻辑中同样适用。但是在谓词逻辑中，某些前提和结论可能是带量词约束的，在推理过程中有时需要消去或引入量词。下面介绍消去和引入量词的四种常用推理规则。

(1) 存在指定规则(existential specification)，简记为 ES。

$$\frac{\exists xP(x)}{\therefore P(a)}$$

其中，P 是谓词，a 是论域中使得 $P(a)$ 的真值为真的个体。存在指定规则的含义是：如果 $\exists xP(x)$ 为真，则该论域中存在个体常元 a，使得 $P(a)$ 的真值为真。这里应该将 $\exists x$ 辖域内所有变元 x 统一指定为个体常元 a。

在实际应用本规则时，通常指定为论域中某一确定的个体 a，前提是所指定的个体使得谓词的真值为真。例如，设 $P(x)$：x 是食草动物，论域为全体动物，则对 $\exists xP(x)$ 应用 ES 可以得到 $P(\text{山羊})$，但不能得到 $P(\text{老虎})$。

（2）全称指定规则（universal specification），简记为 US。

$$\frac{\forall xP(x)}{\therefore P(y)}$$

这里 P 是谓词，y 在 $P(y)$ 中是自由变元。

如果 $\forall xP(x)$ 为真，那么 x 的论域的每个确定个体 a 必然满足 $P(a)$ 的真值为真，故全称指定规则也可以指定到确定的个体常元，即

$$\frac{\forall xP(x)}{\therefore P(a)}$$

需要注意的是，当对谓词公式 $\exists xP(x)$ 和 $\forall xQ(x)$ 均应用指定规则指定为同一个体时，应该先进行存在指定，再进行全称指定。因为 $\exists xP(x)$ 和 $\forall xQ(x)$ 两者都成立时，若 $P(a)$ 为真，则 $Q(a)$ 为真，但若 $Q(a)$ 为真，并不一定满足 $P(a)$ 为真。

（3）存在推广规则（existential generalization），简记为 EG。

$$\frac{P(a)}{\therefore \exists xP(x)}$$

存在推广规则的意义是：如果论域内某一确定个体 a 能使 $P(a)$ 的真值为真，那么一定有 $\exists xP(x)$ 为真。应用 EG 并不要求将个体常元 a 出现的每一处都推广为 x。例如，由"$1=1$"可以推广为"存在 x，使得 $x=x$"，也可以推广为"存在 x，使得 $x=1$"。但要求推广后的 x 都受存在量词的约束。

（4）全称推广规则（universal generalization），简记为 UG。

$$\frac{\Gamma \Rightarrow P(x)}{\therefore \Gamma \Rightarrow \forall xP(x)}$$

这里 Γ 是已知公理和前提的合取，Γ 中没有变元 x 的自由出现。该规则的意义是：如果从 Γ 可推出 $P(x)$，那么从 Γ 也可以推出 $\forall xP(x)$。或者说，如果能够从已知的公理和前提证明对于论域中的任一个体 x 都使 $P(x)$ 为真，则可以得到 $\forall xP(x)$ 为真。下面的例子很好地说明了全称推广规则的内涵。

例 1 证明线段中垂线上所有的点到线段两端点的距离相等。

证明 如图 2.4.1 所示，从线段 AB 的中垂线上任意选取一点 X，连接点 X 到线段两个端点，则 $|XA|$ 和 $|XB|$ 即为 X 到两端点的距离。由于线段的中垂线过线段的中点 O，并且与线段垂直，因此有 $|OA|=|OB|$。

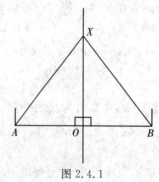

图 2.4.1

根据勾股定理知

$$|XA| = \sqrt{|OA|^2 + |OX|^2} = \sqrt{|OB|^2 + |OX|^2} = |XB|$$

证毕

应用命题逻辑中给出的基本推理规则和证明方法,结合谓词逻辑的等价公式和蕴含公式以及上述 4 条规则,就可以完成谓词逻辑的推理证明。

例 2　证明苏格拉底三段论:

"所有的人都是要死的";

"苏格拉底是人";

"所以,苏格拉底是要死的"。

证明　设论域为全总个体域,$H(x)$:x 是人,$D(x)$:x 是要死的,s:苏格拉底。现要证明以下蕴含公式:$\forall x(H(x) \rightarrow D(x))$,$H(s) \Rightarrow D(s)$。

(1) $\forall x(H(x) \rightarrow D(x))$	P
(2) $H(s) \rightarrow D(s)$	US,(1)
(3) $H(s)$	P
(4) $D(s)$	T,(3),(4),I

证毕

例 3　证明 $\forall x(C(x) \rightarrow W(x) \wedge R(x)) \wedge \exists x(C(x) \wedge Q(x)) \Rightarrow \exists x(Q(x) \wedge R(x))$。

证明

(1) $\exists x(C(x) \wedge Q(x))$	P
(2) $\forall x(C(x) \rightarrow W(x) \wedge R(x))$	P
(3) $C(a) \wedge Q(a)$	ES,(1)
(4) $C(a) \rightarrow W(a) \wedge R(a)$	US,(2)
(5) $C(a)$	T,(3),I
(6) $W(a) \wedge R(a)$	T,(4),(5),I
(7) $R(a)$	T,(6),I
(8) $Q(a)$	T,(3),I
(9) $Q(a) \wedge R(a)$	T,(7),(8),I
(10) $\exists x(Q(x) \wedge R(x))$	EG,(9)

注意:这里步骤(3)和(4)的次序不能颠倒。

证毕

例 4　证明 $\forall x(P(x) \vee Q(x)) \Rightarrow \forall xP(x) \vee \exists xQ(x)$。

证明　方法一(反证法):

(1) $\neg(\forall xP(x) \vee \exists xQ(x))$	P(假设前提)
(2) $\neg \forall xP(x) \wedge \neg \exists xQ(x)$	T,(1),E
(3) $\neg \forall xP(x)$	T,(2),I
(4) $\neg \exists xQ(x)$	T,(2),I
(5) $\exists x \neg P(x)$	T,(3),E
(6) $\neg P(a)$	ES,(5)
(7) $\forall x \neg Q(x)$	T,(4),E

• **57** •

(8) $\neg Q(a)$	US,(7)
(9) $\neg P(a) \wedge \neg Q(a)$	T,(6),(8),I
(10) $\neg(P(a) \vee Q(a))$	T,(9),E
(11) $\forall x(P(x) \vee Q(x))$	P
(12) $P(a) \vee Q(a)$	US,(11)
(13) $\neg(P(a) \vee Q(a)) \wedge (P(a) \vee Q(a))$ (矛盾)	T,(10),(12),I

方法二(CP 规则):

原式变换为 $\forall x(P(x) \vee Q(x)) \Rightarrow \neg \forall x P(x) \rightarrow \exists x Q(x)$。

(1) $\neg \forall x P(x)$	P(附加前提)
(2) $\exists x \neg P(x)$	T,(1),E
(3) $\neg P(a)$	ES,(2)
(4) $\forall x(P(x) \vee Q(x))$	P
(5) $P(a) \vee Q(a)$	US,(4)
(6) $Q(a)$	T,(3),(5),I
(7) $\exists x Q(x)$	EG,(6)
(8) $\neg \forall x P(x) \rightarrow \exists x Q(x)$	CP 规则

证毕

例 5 指出下列推理中的错误,并说明理由。

(1) $\forall x(A(x) \rightarrow B(x))$	P 前提引入
(2) $A(y) \rightarrow B(y)$	US,(1)
(3) $\exists x A(x)$	P 前提引入
(4) $A(y)$	ES,(3)
(5) $B(y)$	T,(2),(4),I
(6) $\exists x B(x)$	T,(5),EG

解 (4)中 ES(存在指定规则)使用错误。因为既要使用全称指定规则(US),又要使用存在指定规则(ES),并且指定为相同的变元,所以应先作 ES 后作 US。

正确的推理过程如下:

(1) $\exists x A(x)$	P
(2) $A(a)$	ES,(1)
(3) $\forall x(A(x) \rightarrow B(x))$	P
(4) $A(a) \rightarrow B(a)$	US,(3)
(5) $B(a)$	T,(2),(4),I
(6) $\exists x B(x)$	EG,(5)

例 6 判断下面推理是否正确,并证明你的结论。

前提: $\forall x(P(x) \rightarrow R(x))$, $\forall x(Q(x) \rightarrow \neg R(x))$。

结论: $\forall x(Q(x) \rightarrow \neg P(x))$。

解 推理是正确的。证明过程如下:

(1) $\forall x(Q(x) \rightarrow \neg R(x))$	P
(2) $Q(y) \rightarrow \neg R(y)$	US,(1)

(3) $\forall x(P(x) \rightarrow R(x))$	P
(4) $P(y) \rightarrow R(y)$	US, (3)
(5) $\neg R(y) \rightarrow \neg P(y)$	T, (4), E
(6) $Q(y) \rightarrow \neg P(y)$	T, (2), (5), I
(7) $\forall x(Q(x) \rightarrow \neg P(x))$	UG, (6)

例 7 证明下列推理的有效性。

前提：$\exists x(S(x) \wedge \forall y(T(y) \rightarrow L(x, y)))$，$\forall x(S(x) \rightarrow \forall y(P(y) \rightarrow \neg L(x, y)))$。

结论：$\forall x(T(x) \rightarrow \neg P(x))$。

解

(1) $\exists x(S(x) \wedge \forall y(T(y) \rightarrow L(x, y)))$	P
(2) $S(a) \wedge \forall y(T(y) \rightarrow L(a, y))$	ES, (1)
(3) $S(a)$	T, (2), I
(4) $\forall y(T(y) \rightarrow L(a, y))$	T, (2), I
(5) $T(y) \rightarrow L(a, y)$	US, (4)
(6) $\forall x(S(x) \rightarrow \forall y(P(y) \rightarrow \neg L(x, y)))$	P
(7) $S(a) \rightarrow \forall y(P(y) \rightarrow \neg L(a, y))$	US, (6)
(8) $\forall y(P(y) \rightarrow \neg L(a, y))$	T, (3), (7), I
(9) $P(y) \rightarrow \neg L(a, y)$	US, (8)
(10) $L(a, y) \rightarrow \neg P(y)$	T, (9), E
(11) $T(y) \rightarrow \neg P(y)$	T, (5), (10), I
(12) $\forall x(T(x) \rightarrow \neg P(x))$	UG, (11)

例 8 判定下面推证是否有效：所有事业有成就的人都是勤劳的人；存在一些勤劳的人，他们爱好业余写作；所以，有些事业有成就的人爱好业余写作。

解 设 $S(x)$：x 是事业有成就的人，$Q(x)$：x 是勤劳的人，$Z(x)$：x 爱好业余写作，则符号化为

$$\forall x(S(x) \rightarrow Q(x))，\exists x(Q(x) \wedge Z(x)) \Rightarrow \exists x(S(x) \wedge Z(x))$$

经过分析，该论证是无效的。这里可以通过找出一个反例进行说明。

取论域 $D = \{$李甲，王乙$\}$，$S($李甲$) = 1$，$S($王乙$) = 0$，$Q($李甲$) = 1$，$Q($王乙$) = 1$，$Z($李甲$) = 0$，$Z($王乙$) = 1$，则 $\forall x(S(x) \rightarrow Q(x))$ 为真，$\exists x(Q(x) \wedge Z(x))$ 为真，所以前提为真，而 $\exists x(S(x) \wedge Z(x))$ 为假，不是永真式。

例 9 设论域是某班所有学生，用给定的命题及谓词将以下句子符号化，并推证其结论。

(a) 如果今天有选修课，有些学生就不能按时到会；当且仅当所有学生都按时到会，干部选举才能准时进行。所以，如果干部选举准时进行，那么今天没有选修课。（P：今天没有选修课，Q：干部选举准时进行，$A(x)$：x 按时到会。）

(b) 每个研究生或者是推荐免试者，或者是统考选拔者，所有的推荐免试者的本科课程都学得好，但并非所有研究生本科课程都学得好。所以一定有研究生是统考选拔者。（$P(x)$：x 是研究生，$Q(x)$：x 本科课程学得好，$A(x)$：x 是推荐免试者，$B(x)$：x 是统考选拔者。）

解 (a) 命题可符号化为

$$\neg P \rightarrow \exists x \neg A(x), \ \forall xA(x) \leftrightarrow Q \Rightarrow Q \rightarrow P$$

(1) $\neg P \rightarrow \exists x \neg A(x)$	P
(2) $P \lor \exists x \neg A(x)$	T, (1), E
(3) $\exists x(\neg A(x) \lor P)$	T, (2), E
(4) $\neg A(a) \lor P$	ES, (3)
(5) $A(a) \rightarrow P$	T, (4), E
(6) $\forall xA(x) \leftrightarrow Q$	P
(7) $(\forall xA(x) \rightarrow Q) \land (Q \rightarrow \forall xA(x))$	T, (6), E
(8) $Q \rightarrow \forall xA(x)$	T, (7), I
(9) $\forall x(Q \rightarrow A(x))$	T, (8), E
(10) $Q \rightarrow A(a)$	US, (9)
(11) $Q \rightarrow P$	T, (5), (8), I

(b) 命题可以符号化为

$$\forall x(P(x) \rightarrow (A(x) \lor B(x))), \ \forall x(A(x) \rightarrow Q(x))$$
$$\neg \forall x(P(x) \rightarrow Q(x)) \Rightarrow \exists x(P(x) \land B(x))$$

(1) $\neg \forall x(P(x) \rightarrow Q(x))$	P
(2) $\exists x \neg(P(x) \rightarrow Q(x))$	T, (1), E
(3) $\neg(P(a) \rightarrow Q(a))$	ES, (2)
(4) $P(a) \land \neg Q(a)$	T, (3), E
(5) $P(a)$	T, (4), I
(6) $\neg Q(a)$	T, (4), I
(7) $\forall x(P(x) \rightarrow (A(x) \lor B(x)))$	P
(8) $P(a) \rightarrow (A(a) \lor B(a))$	US, (7)
(9) $A(a) \lor B(a)$	T, (5), (8), I
(10) $\forall x(A(x) \rightarrow Q(x))$	P
(11) $A(a) \rightarrow Q(a)$	US, (10)
(12) $\neg A(a)$	T, (6), (11), I
(13) $B(a)$	T, (9), (12), I
(14) $P(a) \land B(a)$	T, (5), (13), I
(15) $\exists x(P(x) \land B(x))$	EG, (14)

习   题

2.4-1 证明下列各式。

(a) $\forall x(\neg A(x) \rightarrow B(x))$, $\forall x \neg B(x) \Rightarrow \exists xA(x)$。

(b) $\exists xA(x) \rightarrow \forall xB(x) \Rightarrow \forall x(A(x) \rightarrow B(x))$。

(c) $\forall x(A(x) \rightarrow B(x))$, $\forall x(C(x) \rightarrow \neg B(x)) \Rightarrow \forall x(C(x) \rightarrow \neg A(x))$。

(d) $\forall x(A(x) \lor B(x))$, $\forall x(B(x) \rightarrow \neg C(x))$, $\forall xC(x) \Rightarrow \forall xA(x)$。

2.4-2 用CP规则证明下列各式。

(a) $\forall x(A(x) \rightarrow B(x)) \Rightarrow \forall xA(x) \rightarrow \forall xB(x)$。

(b) $\forall x(A(x) \lor B(x)) \Rightarrow \forall xA(x) \lor \exists xB(x)$。

2.4-3　将下列推断符号化并给出形式证明。

天鹅都会飞，而癞蛤蟆不会飞，所以癞蛤蟆不是天鹅。

2.4-4　将下列推理形式化，判断结论的正确性，并证明你的结论。

没有小于 0 的自然数，2 大于 0，因此 2 是自然数。

2.4-5　证明下列各式。

(a) $\exists xP(x) \rightarrow \forall x(P(x) \lor Q(x) \rightarrow R(x))$，$\exists xP(x)$，$\exists xQ(x)$
$$\Rightarrow \exists x\exists y(R(x) \land R(y))。$$

(b) $\forall x(P(x) \rightarrow (Q(y) \land R(x)))$，$\exists xP(x) \Rightarrow Q(y) \land \exists x(P(x) \land R(x))$。

(c) $\forall x(H(x) \rightarrow A(x)) \Rightarrow \forall x(\forall y(H(y) \land N(x, y)) \rightarrow \exists y(A(y) \land N(x, y)))$。

2.4-6　指出下列推理中的错误，并说明理由。

(1) $\forall x\exists yP(x, y)$	P 前提引入
(2) $\exists yP(z, y)$	T，(1)，US
(3) $P(z, c)$	T，(2)，ES
(4) $\forall xP(x, c)$	T，(3)，UG
(5) $\exists y\forall xP(x, y)$	T，(4)，EG

2.4-7　翻译以下句子并推证其结论。

(a) 所有有理数是实数。某些有理数是整数。因此某些实数是整数。

(b) 凡是大学生都是刻苦的。小王不刻苦。所以小王不是大学生。

(c) 任何人如果他喜欢步行，他就不喜欢乘汽车，每一个人或者喜欢乘汽车，或者喜欢骑自行车。有的人不爱骑自行车。所以有的人不爱步行。

2.4-8　翻译以下句子并推证结论。

(a) 每个大学生不是文科学生就是理工科学生。有的大学生是优等生，小张不是理工科学生，但他是优等生。所以，如果小张是大学生，他就是文科学生。

(b) 有些学生相信所有的科学家。任何学生都不相信巫师。所以，科学家都不是巫师。

2.4-9　构造下列推理的证明。

每个科学工作者都是刻苦认真钻研的，每个刻苦认真钻研而且聪明的人在他的事业中都将获得成功。小王是科学工作者，并且是聪明的。所以，小王在他的事业中将获得成功。（其中，个体域为整个人类集合）

2.4-10　Give an argument show that the conclusion follows from the hypotheses.

(a) Hypotheses: Everyone in the class has a graphing calculator. Everyone who has a graphing calculator understands the trigonometric functions. Conclusion: Ralphie, who is in the class, understands the trigonometric functions.

(b) Hypotheses: Ken, a member of the Titans, can hit the ball a long way. Everyone who can hit the ball a long way can make a lot of money. Conclusion: Some members of the Titans can make a lot of money.

(c) Hypotheses: Everyone in the discrete mathematics class loves proofs. Someone in the discrete mathematics class has never taken calculus. Conclusion: Someone who loves proofs has never taken calculus.

第3章 集合与关系

集合论（set theory）起源于分析数学。19 世纪初，德国数学家格奥·康托尔（Georg Cantor）创立了朴素集合论。但是，1902 年英国数学家伯特兰·罗素（Bertrand Russel）发现了朴素集论会导致"悖论"，使得集合论的发展一度陷入危机。1904—1908 年，法国数学家恩斯特·策梅罗（Ernst Zermelo）和亚伯拉罕·弗伦克尔（Abraham Fraenkel）合作提出了一套公理，解决了朴素集合论的以上问题，并在此基础上形成了公理集合论。现在，集合论已成为现代数学的基础。

本章首先介绍集合的基本概念、集合的表示方法、集合的运算以及集合的笛卡儿积；然后引入二元关系的概念，介绍集合上二元关系的特性和闭包运算；最后讨论两种常用的二元关系，即等价关系和序关系。

3.1 集合的概念与表示

集合是一个原概念，很难严格定义，只能对它给予直观描述。所谓集合，就是若干（有穷或者无穷多）个具有某种共同性质的事物的全体。组成集合的单个事物称为该集合的元素（element），或称为成员（member）。例如，所有整数构成整数集合，而每个整数就是整数集合中的一个元素。又如，计算机 CPU 中所能执行的指令构成一个指令集合，而每条指令就是这个指令集合中的一个元素。

通常用大写英文字母 A，B，C，…（可以带下标或上标，如 A_1，A_2）等来代表一个集合，而用小写字母 a，b，c，…（可以带下标或上标，如 a_1，a_2）等表示元素。在不引起混淆的情况下，有时一些特定的集合往往采用特殊的字母来表示。例如，$\mathbf{N}$ 表示自然数集合 $\{0, 1, 2, 3, \cdots\}$，$\mathbf{Z}$ 表示整数集合，$\mathbf{R}$ 表示实数集合，$\mathbf{Q}$ 表示有理数集合，$\mathbf{Z}^+$、$\mathbf{Z}^-$ 分别表示正整数和负整数集合。

一个集合由其中所包含的元素唯一确定。若元素 a 在集合 A 中，记为 $a \in A$，称 a 属于 A 或 a 是 A 的成员。反之，若元素 a 不在集合 A 中，记为 $a \notin A$，称 a 不属于 A 或 a 不是 A 的成员。对于任一元素它要么属于某个集合，要么不属于该集合，两者必居其一。

为了度量一个有限集合 A 的大小，用 $|A|$ 表示其包含的元素的个数。对于无限集合大小的度量问题将在第 4 章进行讨论。需要特别说明的是，集合的元素可以是一个集合。例如，$A = \{a, \{b, c\}\}$，须指出 $|A| = 2$，$b \in \{b, c\}$，但 $b \notin A$。

通常可以用以下几种方法来表示一个集合。

1. 列举法

列举法是将集合中的元素在一对大括号"{}"中一一列举出来。例如，$A = \{a, b, c\}$ 表示集合 A 由 a、b、c 三个元素组成。又如，$D = \{0, 1, 2, \cdots, 99\}$ 表示集合 D 由前 100 个自然数组成。当集合中的元素较多且有一定规律时，为了避免书写麻烦，可以先列出集合中的一些元素,用省略号表示其他元素,如果是有限集合还要在最后列举出末尾元素。

需要注意的是,如果没有特别说明,集合中的元素不能重复列举且元素间无次序之分。

例 1 用列举法表示下列集合。

(a) 小于 20 的素数集合 A。

(b) 构成单词 morning 的字母集合 B。

(c) 正偶数集合 E^+。

(d) 命题的真值构成的集合 D。

解 (a) $A=\{2, 3, 5, 7, 11, 13, 17, 19\}$。

(b) $B=\{m, o, r, n, i, g\}$。

(c) $E^+=\{2, 4, 6, \cdots, 2n, 2(n+1), \cdots\}$。

(d) $D=\{T, F\}$。

例 2 设有列举法表示的集合 $A=\{2, 4, 8, \cdots\}$,那么 $16\in A$ 吗?

解 无法确定。例如,若 $A=\{2, 4, 8, \cdots, 2^n, \cdots\}$,则 $16\in A$;若 $A=\{2, 4, 8, \cdots, 2+n(n-1), \cdots\}$,则 $16\notin A$。

列举法一般适合表示元素个数较少的有限集合。当用列举法表示元素个数较多的有限集或无限集时,一定要充分表达集合中元素的规律和特征。

2. 描述法

描述法使用自然语言或谓词描述集合中元素的共同特征。例如,$A=\{x\,|\,x$ 是中国的省份$\}$,$B=\{y\,|\,y=a$ 或 $y=b\}$。当用谓词描述集合中元素的共同特征时,集合的表示形式为 $S=\{x\,|\,P(x)\}$,其中 $P(x)$ 是一元谓词,对于变元 x 的论域 D 中的任一个体 a,如果 $P(a)$ 为真,那么 $a\in S$,否则 $a\notin S$。

例 3 用描述法表示下列集合。

(a) $\{1, 2, 3, \cdots, 99\}$。

(b) 奇数集合。

(c) 能被 3 整除的整数集合。

(d) 重言式集合。

解 (a) $\{x\,|\,x\in \mathbf{Z}\wedge x>0\wedge x<100\}$,其中 $\mathbf{Z}$ 是整数集合。

(b) $\{x\,|\,\exists y(y\in \mathbf{Z}\wedge x=2y+1)\}$。

(c) $\{x\,|\,\exists y(y\in \mathbf{Z}\wedge x=3y)\}$。

(d) $\{A\,|\,A$ 是命题公式或谓词公式,且 $A\Leftrightarrow T\}$。

3. 归纳定义法

这种方法将在 3.4 节详细讨论。

下面讨论集合与集合之间的关系。

外延性公理 两个集合 A、B 相等,记为 $A=B$,当且仅当它们有相同的元素。用与其等价的谓词公式可表示为

$$A=B\Leftrightarrow \forall x(x\in A\leftrightarrow x\in B)$$

若两个集合 A 和 B 不相等,通常记为 $A\neq B$。除相等关系外,包含也是集合间常见的一种关系。

定义 3.1.1 设 A、B 是任意的两个集合，若集合 A 的每个元素都是集合 B 的元素，则称 A 为 B 的子集（subset）或称 B 包含 A，记为 $A \subseteq B$ 或 $B \supseteq A$，用逻辑公式表示为

$$A \subseteq B \Leftrightarrow \forall x(x \in A \rightarrow x \in B)$$

如果集合 A 不是集合 B 的子集，通常记为 $A \nsubseteq B$。

定义 3.1.2 如果集合 A 的每一个元素都属于 B，但集合 B 中至少有一个元素不属于 A，则称 A 为 B 的真子集（proper subset），记为 $A \subset B$，用逻辑公式表示为

$$A \subset B \Leftrightarrow \forall x(x \in A \rightarrow x \in B) \wedge \exists y(y \in B \wedge y \notin A) \Leftrightarrow (A \subseteq B) \wedge (A \neq B)$$

通常在研究和讨论问题时，所涉及的事物或者对象总限定在一定范围内，为了方便起见，有必要引入两种特殊的集合：全集和空集。

定义 3.1.3 在一定范围内所有事物组成的集合称为该范围内的全集（universal set），记为 U，用逻辑公式表示为

$$U = \{x \mid P(x) \vee \neg P(x)\}$$

其中，$P(x)$ 是任意的谓词。

全集由所讨论的事物范围确定。如在讨论实数时，全体实数组成全集 $U = \mathbf{R}$，此时所提到的任一集合 A 必须是 U 的子集，而不能是 $\{a, b, c\}$、$\{$老虎，灯泡$\}$ 等。又如，在初等数论中，全体整数组成全集 $U = \mathbf{Z}$。

定义 3.1.4 不含任何元素的集合称为空集（empty set），记为 $\varnothing$，用逻辑公式表示为

$$\varnothing = \{x \mid P(x) \wedge \neg P(x)\}$$

其中，$P(x)$ 是任意的谓词。根据空集的定义，显然有 $|\varnothing| = 0$。

定理 3.1.1 空集是任一集合的子集且是任何非空集合的真子集。

证明 任取集合 A，由于对任意的元素 x，$x \in \varnothing$ 恒为假，则有 $\forall x(x \in \varnothing \rightarrow x \in A)$ 为真，故有 $\varnothing \subseteq A$ 成立。

若 A 不为空集，则存在元素 $a \in A$ 且 $a \notin \varnothing$，故有 $\varnothing \subset A$。

证毕

定理 3.1.2 设 A、B、C 是集合，若 $A \subseteq B$ 且 $B \subseteq C$，则 $A \subseteq C$。

证明 任取 $x \in A$，因为 $A \subseteq B$，所以 $x \in B$。又因为 $B \subseteq C$，所以有 $x \in C$。故有 $A \subseteq C$。

证毕

定理 3.1.3 集合 A 和集合 B 相等的充分必要条件是 A 和 B 互为子集。

证明 $A = B \Leftrightarrow \forall x(x \in A \leftrightarrow x \in B)$
$\Leftrightarrow \forall x((x \in A \rightarrow x \in B) \wedge (x \in B \rightarrow x \in A))$
$\Leftrightarrow \forall x(x \in A \rightarrow x \in B) \wedge \forall x(x \in B \rightarrow x \in A)$
$\Leftrightarrow (A \subseteq B) \wedge (B \subseteq A)$

证毕

推论 对于任意集合 A，均有 $A \subseteq A$。

定理 3.1.4 空集是唯一的。

证明 设有两个空集 $\varnothing$ 和 $\varnothing'$，根据定理 3.1.1，有 $\varnothing \subseteq \varnothing'$ 且 $\varnothing' \subseteq \varnothing$，再根据定理 3.1.3，故 $\varnothing' = \varnothing$。

证毕

文氏图(Venn diagram)是一种可以直观地表示集合之间关系的图形化工具,它是英国数学家约翰·韦恩(John Venn)于 1881 年首先发明的。在文氏图中,用矩形表示全集 U,在表示全集的矩形内部用圆、椭圆或其他几何图形表示集合,在表示集合的图形内部用点来表示集合中的元素。例如,图 3.1.1 表示了全集 U 的一个子集 A 和两个元素 x 和 y,其中 x 画在集合 A 的椭圆内部,这表示元素 x 属于集合 A,而 y 画在集合 A 的椭圆外部,这表示元素 y 属于 U 而不属于集合 A。

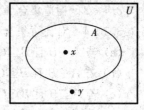

图 3.1.1 文氏图示意

又如,图 3.1.2 所示的文氏图显示了集合 A 与集合 B 的四种不同关系。其中,图(a)表示集合 A 和 B 相等,图(b)表示集合 B 是 A 的真子集,图(c)表示集合 A 和 B 不等且交集不为空集,图(d)表示 A 和 B 的交集为空集。

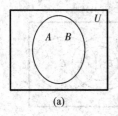 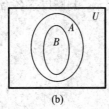 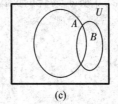 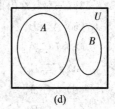

(a)　　　　　(b)　　　　　(c)　　　　　(d)

图 3.1.2

定义 3.1.5　给定集合 A,以 A 的所有子集为元素组成的集合称为集合 A 的幂集(power set),记为 $\rho(A)$。

例 4　设 $A=\varnothing$,$B=\{1, 2, 3\}$,$C=\{1, \{2, 3\}\}$。求 A、B 和 C 的幂集。

解　　　$\rho(A)=\{\varnothing\}$

$\rho(B)=\{\varnothing, \{1\}, \{2\}, \{3\}, \{1, 2\}, \{1, 3\}, \{2, 3\}, \{1, 2, 3\}\}$

$\rho(C)=\{\varnothing, \{1\}, \{2, 3\}, \{1, \{2, 3\}\}\}$

例 5　设 $|A|=n$,求 A 的幂集 $\rho(A)$ 中所包含元素的个数。

解　由 A 中 0 个元素组成的子集有 C_n^0 个。

由 A 中任意 1 个元素组成的子集有 C_n^1 个。

……

由 A 中的 n 个元素组成的子集有 C_n^n 个。

故

$$|\rho(A)|=C_n^0+C_n^1+C_n^2+\cdots+C_n^n=2^n。$$

习　　题

3.1-1　列出下列集合中的所有元素。

(a) 小于 9 的所有正整数构成的集合。

(b) $\{x \mid x$ 是整数,$x^2<14\}$。

(c) 大于 0 小于 20 的素数集合。

3.1-2　用描述法表示下列集合。

(a) 在实数集合上，所有一元一次方程的解组成的集合。

(b) 直角坐标系中，单位圆周上的点构成的集合。

(c) 能够被 3 或 7 整除的正整数集合。

3.1-3 构造集合 A、B、C，满足 $A \in B$，$B \in C$，$A \subset C$。

3.1-4 对任意集合 A、B、C，确定下列命题是否为真，并证明之。

(a) 若 $A \in B$ 且 $B \subseteq C$，则 $A \in C$。

(b) 若 $A \in B$ 且 $B \subseteq C$，则 $A \subseteq C$。

(c) 若 $A \subseteq B$ 且 $B \in C$，则 $A \in C$。

(d) 若 $A \subseteq B$ 且 $B \in C$，则 $A \subseteq C$。

(e) 若 $A \in B$ 且 $B \not\subseteq C$，则 $A \notin C$

(f) 若 $A \subseteq B$ 且 $B \in C$，则 $A \notin C$。

3.1-5 给出图 3.1.3 所示集合的文氏图表示，判断以下各命题是否正确。

(a) $A \subseteq B$。

(b) $B \subseteq A$。

(c) $C \subseteq B$。

(d) $x \in A$。

(e) $x \in B$。

(f) $y \in B$。

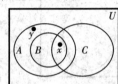

图 3.1.3

3.1-6 求下列集合的幂集及其幂集中元素的个数。

(a) $\{\varnothing, a, \{b\}\}$。

(b) $\{\{a, \{b\}\}\}$。

(c) $\varnothing$。

3.1-7 乡村里唯一的一位理发师宣称：他仅给村子里不给自己刮脸的人刮脸。谁给这位理发师刮脸？为什么这是一个悖论？

3.1-8 设论域是由所有集合所组成的集合，并定义集合 $S = \{A \mid A \notin A\}$，即集合 S 是所有不以自身为元素的集合所组成的集合。

(a) 证明：如果 $S \in S$，则会推出矛盾。

(b) 证明：如果 $S \notin S$，则也会推出矛盾。

由 (a)、(b) 可知，S 的定义中存在悖论，请问如何避免这种悖论？

3.1-9 Let $A = \{1, 2, 3, 4, 5\}$. Which of the following sets are equal to A?

(a) $\{4, 1, 5, 3, 2\}$.

(b) $\{1, 2, 3, 4\}$.

(c) $\{1, 2, 3, 4, 5, 6\}$.

(d) $\{x \mid x \text{ is an integer and } x^2 < 26\}$.

(e) $\{x \mid x \text{ is a positive integer and } x \leqslant 5\}$.

3.1-10 List all the subsets of $\{C, C++, PASCAL, Ada\}$.

3.1-11 Find the set of smallest cardinality that contains the given sets as subsets.

(a) $\{a, b, c\}$, $\{a, d, e, f\}$, $\{b, c, e, g\}$.

(b) $\{1, 2\}$, $\{2, 4, 5\}$, $\varnothing$.

(c) $\{x \mid x \equiv 1 \pmod{3}, x \in \mathbf{N}\}$，$\{x \mid x \equiv 2 \pmod{3}, x \in \mathbf{N}\}$.

3.2 集合的基本运算

两个集合可以以多种方式结合产生新的集合。例如，由主讲离散数学的教师集合和主讲数据结构的教师集合相结合，可以构成主讲离散数学和数据结构的教师集合，主讲离散数学或数据结构的教师集合等。集合的结合方式可以通过集合的基本运算来定义。下面讨论集合的几种基本运算及其性质。

1. 集合的交

定义 3.2.1 对于任意两个集合 A 和 B，由所有属于集合 A 且属于集合 B 的元素组成的集合称为 A 和 B 的交集（intersection），记为 $A \cap B$。

$$A \cap B = \{x \mid x \in A \wedge x \in B\}$$

集合交运算的文氏图表示如图 3.2.1 所示。

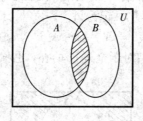

图 3.2.1

例 1 设 $A = \{a, b, c, e, f\}$，$B = \{b, e, f, r, s\}$ 和 $C = \{a, t, u, v\}$。求 $A \cap B$、$B \cap C$ 和 $A \cap C$。

解 $A \cap B = \{b, e, f\}$，$B \cap C = \varnothing$，$A \cap C = \{a\}$。

2. 集合的并

定义 3.2.2 对于任意两个集合 A 和 B，由所有属于集合 A 或属于集合 B 的元素组成的集合称为 A 和 B 的并集（union），记为 $A \cup B$。

$$A \cup B = \{x \mid x \in A \vee x \in B\}$$

集合并运算的文氏图表示如图 3.2.2 所示。

例 2 设 $A = \{a, b, c\}$，$B = \varnothing$ 和 $C = \{a, u, v\}$。求 $A \cup B$、$B \cup C$ 和 $A \cup C$。

解 $A \cup B = \{a, b, c\}$，$B \cup C = \{a, u, v\}$，$A \cup C = \{a, b, c, u, v\}$。

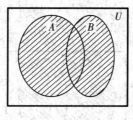

图 3.2.2

3. 集合的补

定义 3.2.3 对于任意两个集合 A 和 B，由所有属于集合 A 而不属于集合 B 的元素组

成的集合称为集合 B 在 A 中的相对补集（complement of B with respect to A），记为 $A-B$。

$$A-B=\{x \mid x\in A \wedge x\notin B\}$$

$A-B$ 也称为集合 A 与 B 的差。集合差运算的文氏图表示如图 3.2.3 所示。

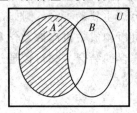

图 3.2.3

例 3　设 $A=\{a,b,c\}$，$B=\{a,u,v\}$。求 $A-B$ 和 $B-A$。

解　$A-B=\{b,c\}$，$B-A=\{u,v\}$。

定义 3.2.4　如果 U 是包含集合 A 的全集，则属于 U 而不属于 A 的元素组成的集合称为集合 A 的补（complement of A），记为 $\overline{A}$。

$$\overline{A}=U-A=\{x \mid x\in U \wedge x\notin A\}$$

集合 A 的补集 $\overline{A}$ 是集合 A 相对于全集 U 的补，也称 A 的绝对补。集合绝对补运算的文氏图表示如图 3.2.4 所示。

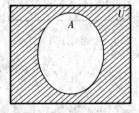

图 3.2.4

例 4　设 $U=\mathbf{Z}$，$A=\{x \mid x\in \mathbf{Z} \wedge x>4\}$，求 $\overline{A}$。

解　$\overline{A}=\{x \mid x\in \mathbf{Z} \wedge x\leqslant 4\}$。

4. 集合的对称差

定义 3.2.5　对于任意两个集合 A 和 B，由属于集合 A 而不属于集合 B 以及属于集合 B 而不属于集合 A 的所有元素组成的集合称为集合 A 与 B 的对称差（symmetric difference），记为 $A\oplus B$。

$$A\oplus B=(A-B)\cup(B-A)=\{x \mid (x\in A \wedge x\notin B) \vee (x\in B \wedge x\notin A)\}$$

集合对称差运算的文氏图表示如图 3.2.5 所示。

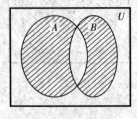

图 3.2.5

例 5 设 $A=\{a, b, c, d\}$，$B=\{a, c, e, f, g\}$。求 $A \oplus B$。

解 $A \oplus B=\{b, d, e, f, g\}$。

5. 集合的环积

定义 3.2.6 对于任意两个集合 A 和 B，由属于集合 A 且属于集合 B，以及既不属于集合 A 又不属于集合 B 的所有元素组成的集合，称为集合 A 与 B 的环积，记为 $A \otimes B$。

$$A \otimes B=\overline{A \oplus B}=(A \cap B) \cup (\overline{A} \cap \overline{B})=\{x \mid (x \in A \wedge x \in B) \vee (x \notin A \wedge x \notin B)\}$$

集合的环积运算的文氏图表示如图 3.2.6 所示。

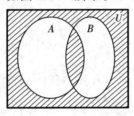

图 3.2.6

以上定义的集合运算满足若干性质，表 3.2.1 给出了其中 11 条基本性质。

表 3.2.1

序号	性 质	描 述
(1)	对合律	$\overline{\overline{A}}=A$
(2)	等幂律	$A \cup A=A$，$A \cap A=A$
(3)	交换律	$A \cup B=B \cup A$，$A \cap B=B \cap A$
(4)	结合律	$A \cup (B \cup C)=(A \cup B) \cup C$，$A \cap (B \cap C)=(A \cap B) \cap C$
(5)	分配律	$A \cap (B \cup C)=(A \cap B) \cup (A \cap C)$，$A \cup (B \cap C)=(A \cup B) \cap (A \cup C)$
(6)	吸收律	$A \cup (A \cap B)=A$，$A \cap (A \cup B)=A$
(7)	德·摩根律	$\overline{A \cup B}=\overline{A} \cap \overline{B}$，$\overline{A \cap B}=\overline{A} \cup \overline{B}$
(8)	零 律	$A \cup U=U$，$A \cap \varnothing=\varnothing$
(9)	同一律	$A \cup \varnothing=A$，$A \cap U=A$
(10)	矛盾律	$A \cap \overline{A}=\varnothing$
(11)	排中律	$A \cup \overline{A}=U$

上述性质均可以用文氏图给出直观证明，也可以利用外延公理证明，或者通过论证等式两边集合互为子集进行证明。下面我们仅证明第 (7) 条德·摩根律，其他留作练习。

证明 (a) 先证明 $\overline{A \cup B}=\overline{A} \cap \overline{B}$。

$$\overline{A \cup B}=\{x \mid x \notin A \cup B\}=\{x \mid x \notin A \wedge x \notin B\}$$
$$=\{x \mid x \in \overline{A} \wedge x \in \overline{B}\}$$
$$=\overline{A} \cap \overline{B}$$

(b) 再证明 $\overline{A \cup B}=\overline{A} \cap \overline{B}$。

将等式 $\overline{A \cup B}=\overline{A} \cap \overline{B}$ 中的 A 和 B 分别用 $\overline{A}$ 和 $\overline{B}$ 代换，则有 $\overline{\overline{A} \cup \overline{B}}=A \cap B$，然后将等式两边求补可得 $\overline{A} \cup \overline{B}=\overline{A \cap B}$。

证毕

定理 3.2.1 设 A 和 B 是全集 U 的任意子集，若 $A \subseteq B$，则

(a) $\overline{B} \subseteq \overline{A}$；

(b) $B - A = B \cap \overline{A}$；

(c) $(B - A) \cup A = B$。

证明 (a) $A \subseteq B \Leftrightarrow (\forall x)(x \in A \rightarrow x \in B)$

$\Leftrightarrow (\forall x)(x \notin B \rightarrow x \notin A)$

$\Leftrightarrow (\forall x)(x \in \overline{B} \rightarrow x \in \overline{A})$

$\Leftrightarrow \overline{B} \subseteq \overline{A}$

(b) 留作练习。

(c) $(B - A) \cup A = (B \cap \overline{A}) \cup A = (B \cup A) \cap (\overline{A} \cup A)$

$= (B \cup A) \cap U$

$= B \cup A$

因为 $A \subseteq B$，就有 $(B \cup A) = B$，所以 $(B - A) \cup A = B$。

证毕

例 6 分别用集合相等的充要条件、公式等价推演和文氏图三种不同的方法证明 $(A - B) \cup (B - A) = (A \cup B) - (A \cap B)$。

证明 方法 1. 集合相等的充要条件是两集合互为子集。

任取 $x \in ((A - B) \cup (B - A))$，则必有 $x \in (A - B)$ 或 $x \in (B - A)$ 成立。

(a) 若 $x \in (A - B)$，则 $x \in A$ 且 $x \notin B$，故有 $x \in A \cup B$ 且 $x \notin A \cap B$，即

$$x \in ((A \cup B) - (A \cap B)) \tag{1}$$

(b) 若 $x \in (B - A)$，则 $x \in B$ 且 $x \notin A$，故有 $x \in A \cup B$ 且 $x \notin A \cap B$，即

$$x \in ((A \cup B) - (A \cap B)) \tag{2}$$

由 (1)、(2) 可得：

$$(A - B) \cup (B - A) \subseteq (A \cup B) - (A \cap B)$$

同理可得：

$$(A \cup B) - (A \cap B) \subseteq (A - B) \cup (B - A)$$

因此有

$$(A - B) \cup (B - A) = (A \cup B) - (A \cap B)$$

方法 2. 由交、并、差的集合的代数性质，通过等价推演，进行等式的证明。

$$(A - B) \cup (B - A) = (A \cap \overline{B}) \cup (B \cap \overline{A})$$

$$= (A \cup B) \cap (\overline{B} \cup B) \cap (A \cup \overline{A}) \cap (\overline{B} \cup \overline{A})$$

$$= (A \cup B) \cap (\overline{B} \cup \overline{A})$$

$$= (A \cup B) \cap (\overline{A \cap B})$$

$$= (A \cup B) - (A \cap B)$$

方法 3. 观察两式的文氏图。等式的左边可以表示为图 3.2.5 中的阴影部分，等式的右边可以看做文氏图中由 $A \cup B$ 删去 $A \cap B$ 而得，它也表示图 3.2.5 中的阴影部分，故本题的集合等式成立。

证毕

习 题

3.2-1 设集合 $U=\{0,1,2,3,4,5,6,7,8,9\}$，$U$ 的子集 $A=\{2,4,5,6,8\}$，$B=\{1,4,5,9\}$，$C=\{x\,|\,x\in\mathbf{Z}^{+}\ \text{且}\ 2\leqslant x\leqslant5\}$。求：

(a) $\overline{A\cap B}$。

(b) $C-B$。

(c) $(C\cap B)\cup\overline{A}$。

(d) $(\overline{B-A})\cap(A-B)$。

(e) $\overline{C\cup B}$。

3.2-2 给出以下各式的文氏图。

(a) $\overline{A}\cap\overline{B}$。

(b) $A-(\overline{B\cup C})$。

(c) $(A\oplus B)\otimes C$。

3.2-3 分别用公式表示图 3.2.7 所示各文氏图中的阴影部分。

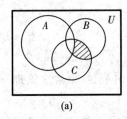 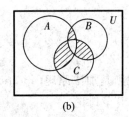 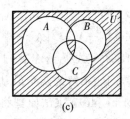

(a)　　　　　　　　　(b)　　　　　　　　　(c)

图 3.2.7

3.2-4 判定以下命题是否正确，并说明理由。

(a) 若 $A\cup B=A\cup C$，则必有 $B=C$。

(b) 若 $A\cap B=A\cap C$，则必有 $B=C$。

3.2-5 设 A 和 B 是全集 U 的子集，证明下列各式中的每个关系式彼此等价。

(a) $A\subseteq B$，$\overline{B}\subseteq\overline{A}$，$A\cup B=B$，$A\cap B=A$。

(b) $A\cap B=\varnothing$，$A\subseteq\overline{B}$，$B\subseteq\overline{A}$。

(c) $A\cup B=U$，$\overline{A}\subseteq B$，$\overline{B}\subseteq A$。

(d) $A=B$，$A\oplus B=\varnothing$。

3.2-6 指出下列各式成立的充要条件，并加以证明。

(a) $A\cap B=A\cup B$ 当且仅当_____。

(b) $A-B=B$ 当且仅当_____。

(c) $(A-B)\cup(A-C)=A$ 当且仅当_____。

(d) $(A-B)\cup(A-C)=\varnothing$ 当且仅当_____。

(e) $(A-B)\cap(A-C)=A$ 当且仅当_____。

(f) $(A-B)\cap(A-C)=\varnothing$ 当且仅当_____。

3.2-7 任意集合 A、B、C，证明：$(A\cap B)\cup C=A\cap(B\cup C)$ 当且仅当 $C\subseteq A$。

3.2-8 给出 $A\oplus B=B$ 成立的充要条件，并证明你的结论。

3.2-9　Let U be the set of real numbers, $A=\{x \mid x$ is a solution of $x^2-1=0\}$, and $B=\{0,1,-2\}$. Compute

(a) $\overline{A}$.

(b) $\overline{B}$.

(c) $\overline{A \cap B}$.

(d) $\overline{A \cup B}$.

3.2-10　(a) Draw a Venn diagram to represent the situation $A \subseteq C$ and $B \subseteq C$.

(b) To prove $A \cup B \subseteq C$, we should choose an element from which set?

(c) Prove that if $A \subseteq C$ and $B \subseteq C$, then $A \cup B \subseteq C$.

＊3.3　容斥原理

集合的运算可用于解决有限集合的计数问题。根据集合运算的定义,显然有以下各式成立。

(a) $|A_1 \cup A_2| \leqslant |A_1| + |A_2|$。

(b) $|A_1 \cap A_2| \leqslant \min(|A_1|, |A_2|)$。

(c) $|A_1 - A_2| \geqslant |A_1| - |A_2|$。

(d) $|A_1 \oplus A_2| = |A_1| + |A_2| - 2|A_1 \cap A_2|$。

计数问题求解的两个最基本规则是加法原理(addition principle)和乘法原理(multiplication principle)。乘法原理将在 3.5 节讨论。

加法原理: 如果 $A_1, A_2, \cdots, A_n$ 是 n 个两两互不相交的集合,那么这 n 个集合的并集的元素个数为这 n 个集合中的元素个数之和。

$$|A_1 \cup A_2 \cup \cdots \cup A_n| = |A_1| + |A_2| + \cdots + |A_n|$$

例 1　某学校的通信工程、电子工程和软件工程三个专业分别开设有 20、25 和 30 门不同的专业课程,若一同学要从中挑选一门选修课,问共有多少种可能的选择?

解　该同学可从通信工程专业开设的 20 门专业课中任选一门作为选修课,也可从电子工程专业开设的 25 门专业课中任选一门作为选修课,还可从软件工程专业开设的 30 门专业课中任选一门作为选修课。因此共有 $20+25+30=75$ 种可能的选择。

下面讨论的容斥原理(inclusion-exclusion principle)是一个广泛使用的计数原理,它用来处理集合间含有公共元素的情况。

定理 3.3.1　设 A_1 和 A_2 是有限集合,其元素个数分别为 $|A_1|$ 和 $|A_2|$,则 $|A_1 \cup A_2| = |A_1| + |A_2| - |A_1 \cap A_2|$。

证明　(1) 若 $A_1 \cap A_2 = \varnothing$,即 $|A_1 \cap A_2| = 0$,则根据加法原理有

$$|A_1 \cup A_2| = |A_1| + |A_2|$$

这时显然公式成立。

(2) 若 $A_1 \cap A_2 \neq \varnothing$,根据 $(A_1 - A_2) \cup (A_1 \cap A_2) = A_1$

且

$$(A_1 - A_2) \cap (A_1 \cap A_2) = \varnothing$$

可得

$$|A_1| = |A_1 - A_2| + |A_1 \cap A_2|$$

同理有

$$|A_2| = |A_2 - A_1| + |A_1 \cap A_2|$$

而 $A_1 \cup A_2$ 可以表示 $A_1 - A_2$、$A_2 - A_1$ 和 $A_1 \cap A_2$ 这三个两两互不相交的集合的并集，所以有

$$|A_1 \cup A_2| = |A_1 - A_2| + |A_2 - A_1| + |A_1 \cap A_2| = |A_1| + |A_2| - |A_1 \cap A_2|$$

证毕

定理 3.3.1 也可以通过图 3.3.1 验证。

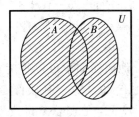

图 3.3.1

例 2 以 1 开始或者以 00 结束的 8 位不同的二进制符号串有多少个？

解 设以 1 开始的 8 位不同的二进制符号串集合为 A，以 00 结束的 8 位不同的二进制符号串集合为 B，现要求 $|A \cup B|$ 的值。依题意可知：

$$|A| = 2^7 = 128, \quad |B| = 2^6 = 64$$

而 $A \cap B$ 表示以 1 开始且以 00 结束的 8 位二进制符号串集合，所以 $|A \cap B| = 2^5 = 32$。所以

$$|A \cup B| = |A| + |B| - |A \cap B| = 128 + 64 - 32 = 160$$

将以上两个集合的结论推广到任意三个集合 A_1、A_2、A_3 的情况，有以下公式：

$$\begin{aligned}
|A_1 \cup A_2 \cup A_3| &= |A_1 \cup A_2| + |A_3| - |(A_1 \cup A_2) \cap A_3| \\
&= |A_1| + |A_2| - |A_1 \cap A_2| + |A_3| - |(A_1 \cap A_3) \cup (A_2 \cap A_3)| \\
&= |A_1| + |A_2| + |A_3| - |A_1 \cap A_2| - |A_1 \cap A_3| - |A_2 \cap A_3| \\
&\quad + |A_1 \cap A_2 \cap A_3|
\end{aligned}$$

以上计算公式可以用图 3.3.2 验证。

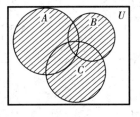

图 3.3.2

例 3 设 X 是由从 1 到 250 的正整数构成的集合，X 中有多少个元素能被 2、3、5 中至少一个整除？

解 设 A 表示 X 中能被 2 整除的元素构成的集合，B 表示 X 中能被 3 整除构成的集合，C 表示 X 中能被 5 整除的元素构成的集合，$[x_1, x_2, \cdots, x_n]$ 表示 $x_1, x_2, \cdots,$ x_n 的最小公倍数，现要求 $|A \cup B \cup C|$ 的值。依题意可知：

$$|A| = \lfloor 250/2 \rfloor = 125, \quad |B| = \lfloor 250/3 \rfloor = 83, \quad |C| = \lfloor 250/5 \rfloor = 50$$
$$|A \cap B| = \lfloor 250/[2,3] \rfloor = 41$$
$$|A \cap C| = \lfloor 250/[2,5] \rfloor = 25$$
$$|B \cap C| = \lfloor 250/[3,5] \rfloor = 16$$
$$|A \cap B \cap C| = \lfloor 250/[2,3,5] \rfloor = 8$$
$$|A \cup B \cup C| = |A| + |B| + |C| - |A \cap B| - |A \cap C| - |B \cap C| + |A \cap B \cap C|$$
$$= 125 + 83 + 50 - 41 - 25 - 16 + 8$$
$$= 184$$

所以 X 中有 184 个元素能被 2、3、5 中至少一个整除。

例 4 75 个儿童到公园游玩，他们在那里可以骑旋转木马，乘过山车，坐海盗船，每人每种项目至多玩一次。已知其中有 20 人这三种项目都玩过，有 55 人至少玩过其中两种项目。每种项目乘坐一次的费用是 5 元，他们总共付费为 700 元，请问有多少儿童一种项目都没玩过？

解 令 $A_1 = \{$骑过旋转木马的儿童$\}$，$A_2 = \{$乘过过山车的儿童$\}$，$A_3 = \{$坐过海盗船的儿童$\}$。现要求 $|\overline{A_1 \cup A_2 \cup A_3}|$ 的值。

依题意和容斥原理知：

$$|A_1 \cap A_2 \cap A_3| = 20$$
$$|A_1 \cap A_2| + |A_1 \cap A_3| + |A_2 \cap A_3| - 2|A_1 \cap A_2 \cap A_3| = 55$$
$$|A_1| + |A_2| + |A_3| = 700/5 = 140$$
$$|A_1 \cap A_2| + |A_1 \cap A_3| + |A_2 \cap A_3| = 55 + 2|A_1 \cap A_2 \cap A_3| = 95$$
$$|A_1 \cup A_2 \cup A_3| = |A_1| + |A_2| + |A_3| - |A_1 \cap A_2| - |A_1 \cap A_3|$$
$$- |A_2 \cap A_3| + |A_1 \cap A_2 \cap A_3|$$
$$= 140 - 95 + 20 = 65$$
$$|\overline{A_1 \cup A_2 \cup A_3}| = (75 - |A_1 \cup A_2 \cup A_3|) = 10$$

所以有 10 名儿童一种项目都没玩过。

利用数学归纳法，可以将上述结论推广到任意 n 个集合的情况。

定理 3.3.2(容斥原理) 设 $A_1, A_2, \cdots, A_n$ 是有限集合，那么有

$$|A_1 \cup A_2 \cup \cdots \cup A_n| = \sum_{i=1}^{n} |A_i| - \sum_{1 \leqslant i < j \leqslant n} |A_i \cap A_j|$$
$$+ \sum_{1 \leqslant i < j < k \leqslant n} |A_i \cap A_j \cap A_k| - \cdots + (-1)^{n+1} |A_1 \cap A_2 \cap \cdots \cap A_n|$$

证明 用数学归纳法。

(1) 当 $n = 2$ 时，结论成立，即
$$|A_1 \cup A_2| = |A_1| + |A_2| - |A_1 \cap A_2|$$

(2) 假设当 $n = k - 1$ $(k \geqslant 3)$ 时结论成立。

(3) 现证明当 $n = k$ 时结论也成立。

$$|A_1 \bigcup A_2 \bigcup \cdots \bigcup A_{k-1} \bigcup A_k|$$
$$= |A_1 \bigcup A_2 \bigcup \cdots \bigcup A_{k-1}| + |A_k| - |(A_1 \bigcup A_2 \bigcup \cdots \bigcup A_{k-1}) \bigcap A_k|$$
$$= |A_1 \bigcup A_2 \bigcup \cdots \bigcup A_{k-1}| + |A_k| - |(A_1 \bigcap A_k) \bigcup (A_2 \bigcap A_k) \bigcup \cdots \bigcup (A_{k-1} \bigcap A_k)|$$
$$= \sum_{i=1}^{k-1} |A_i| - \sum_{1 \leqslant i \leqslant j \leqslant k-1} |A_i \bigcap A_j| + \sum_{1 \leqslant i < t \leqslant k-1} |A_i \bigcap A_j \bigcap A_t| - \cdots$$
$$+ (-1)^k |A_1 \bigcap A_2 \bigcap \cdots \bigcap A_{k-1}| + |A_k|$$
$$- \left(\sum_{i=1}^{k-1} |A_i \bigcap A_k| - \sum_{1 \leqslant i < j \leqslant k-1} |A_i \bigcap A_j \bigcap A_k| \right)$$
$$+ \cdots + (-1)^k |A_1 \bigcap A_2 \bigcap \cdots \bigcap A_k|$$
$$= \sum_{i=1}^{k} |A_i| - \sum_{1 \leqslant i < j \leqslant k} |A_i \bigcap A_j| + \sum_{1 \leqslant i < j < t \leqslant k} |A_i \bigcap A_j \bigcap A_t| - \cdots$$
$$+ (-1)^{k+1} |A_1 \bigcap A_2 \bigcap \cdots \bigcap A_k|$$

证毕

习　题

3.3-1　某班学生有 50 人，会 C 语言的有 40 人，会 Java 语言的有 35 人，会 Perl 语言的有 10 人，以上三种语言都会的有 5 人，都不会的没有。上述三种语言中会且仅会两种语言的有几人？

3.3-2　求出在 1～250 之间，能被 2、3、7 中至少一个数整除的数的个数。

3.3-3　某班有 60 名学生，其中 25 人订杂志甲，26 人订杂志乙，26 人订杂志丙，11人订杂志甲和乙，9 人订杂志甲和丙，8 人订杂志乙和丙，还有 8 人未订任何杂志。

(a) 求三种杂志都订的学生人数。

(b) 求只订一种杂志的学生人数。

3.3-4　一个班的学生共 25 人，其中 14 人会用 C 语言编程，12 人会用 Java 编程，6人既会用 C 语言又会用 Java 编程，5 人既会用 C＋＋又会用 C 语言编程，还有 2 人以上三种语言均会。已知会用 C＋＋编程的共 6 人且他们均会另一种语言。求这三种语言均不会的人数。

3.3-5　In a survey of 260 graduated students，the following data were obtained：

64 had taken a course of formal logic，94 had taken a course of operating systems，58 had taken a course of compiler construction principles，28 had taken both a formal logic and a compiler construction principles course，26 had taken both a formal logic and a operating systems course，22 had taken both a operating systems and a compiler construction principles course，14 had taken all three types of courses.

(a) How many graduated students were surveyed who had taken none of the three types of courses?

(b) Of the graduated students surveyed，how many had taken only a course of operating systems?

3.4 归 纳 证 明

3.4.1 集合的归纳定义

有些集合很难用3.1节中所介绍的列举法和描述法进行定义,如命题合式公式集合、C语言程序集合等。为此,这里再介绍另一种定义集合的方法——归纳定义(inductive definition)。

一个集合 S 的归纳定义由三部分组成:

(1) 基础条款:指出某些事物属于 S,其功能是给集合 S 指定初始元素,使得定义的集合 S 非空。

(2) 归纳条款:指出由集合 S 中的已有元素构造新元素的方法。归纳条款的形式总是断言:如果事物 x, y, $\cdots$ 是集合 S 中的元素,那么用某些方法组合它们所得的新元素也在集合 S 中。它的功能是给出从已知元素构造其他元素的规则。

(3) 极小性条款:断言一个事物除非能有限次应用基础条款和归纳条款构成,否则它不在集合 S 中。

集合归纳定义的极小性条款还有其他一些常见的形式,例如,"集合 S 是满足基础条款和归纳条款的最小集合","若 T 是 S 的子集,T 又满足基础条款和归纳条款,那么 $T=S$"。这些极小性条款虽然形式不同,但都指明了所定义的集合是满足基础条款和归纳条款的最小集合,即所谓的极小性。

例 1 给出能被3整除的正整数集合 S 的归纳定义。

解 集合 S 的归纳定义为

(1)(基础)$3 \in S$。

(2)(归纳)若 x, $y \in S$,则 $x+y \in S$。

(3)(极小性)当且仅当能够有限次应用条款(1)和条款(2)得出的元素才在集合 S 中。

例 2 设 Σ 是一个有限非空的字符集合。由 Σ 中有限个字符拼接起来所得的字符序列称为 Σ 上的字符串。一个字符串中所包含的字符的个数称为该字符串的长度。长度为0的字符串称为空串,记为 ε。Σ^+ 是 Σ 上所有非空有限长度字符串的集合,Σ^* 是所有有限长度字符串的集合,给出 Σ^+ 和 Σ^* 的归纳定义。

解 (1) Σ^+ 的定义如下:

①(基础)如果 $a \in \Sigma$,那么 $a \in \Sigma^+$。

②(归纳)如果 $x \in \Sigma^+$,$y \in \Sigma^+$,那么 $xy \in \Sigma^+$(xy 表示由字符串 x 和 y 联结构成的串)。

③(极小性)集合 Σ^+ 仅包含能有限次应用条款①和条款②所构成的串。

(2) Σ^* 的定义如下:

①(基础)空串 $\varepsilon \in \Sigma^*$。

②(归纳)如果 $a \in \Sigma$,$x \in \Sigma^*$,那么 $ax \in \Sigma^*$(ax 表示由字符 a 和字符串 x 联结构成的串)。

③(极小性)没有一个串属于 Σ^*,除非它能有限次应用条款①和条款②构成。

显然,$\Sigma^* = \Sigma^+ \bigcup \{\varepsilon\}$。

例 3 设 $\Sigma = \{0, 1\}$,求 Σ^+ 和 Σ^*。

解　$\Sigma^+=\{0,1,00,01,10,11,000,001,\cdots\}$

$\Sigma^*=\{\varepsilon,0,1,00,01,10,11,000,001,\cdots\}$

3.4.2　自然数集合

自然数集合 **N** 被广泛运用，但是要给出一个严格的定义是比较困难的。这里介绍美国数学家约翰·冯·诺依曼(John Von Neumann)的定义方法，他巧妙地采用空集和后继集合的概念找到了自然数集合的一个构造。

设 A 是任意集合，A 的后继集合记为 A'，定义 $A'=A\cup\{A\}$。自然数集合 **N** 可进行以下归纳定义：

(1)（基础）$\varnothing\in\mathbf{N}$；

(2)（归纳）如果 $A\in\mathbf{N}$，那么 $A'\in\mathbf{N}$；

(3)（极小性）如果 $S\subseteq\mathbf{N}$ 且满足条款(1)和(2)，那么 $S=\mathbf{N}$。

自然数集合可以直观地表示为以 $\varnothing$ 为起点，另一端无限延伸的一条链，其结构如图3.4.1所示。习惯上，将自然数集合的最小元素 $\varnothing$ 用 0 标记，0 的后继集合 $\{\varnothing\}$ 用 1 标记，1 的后继集合 $\{\varnothing,\{\varnothing\}\}$ 用 2 标记，以此类推，从而产生了人们所熟悉的自然数集合 $\mathbf{N}=\{0,1,2,3,\cdots\}$。进一步，可以在 **N** 上定义各种运算。例如，对于加法运算，任取 $n\in\mathbf{N}$，$n+1=n'$。

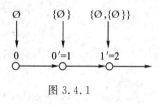

图 3.4.1

3.4.3　归纳法

对于形如 $\forall xP(x)$ 的命题，如果其论域是归纳定义的集合，则用归纳法往往是较为有效的证明方法。

归纳法证明的一般步骤如下：

(1) 基础步骤。对于基础条款中指定的每个初始元素 t，证明命题 $P(t)$ 为真。

(2) 归纳步骤。证明如果事物 $x,y,\cdots$ 有 P 性质，那么用归纳条款指定的方法组合它们所得的新元素也具有 P 性质。

例 4　设 A 是仅含联结词 $\neg$、$\wedge$ 和 $\vee$ 的命题合式公式，$n\in\mathbf{Z}^+$，$P_1,P_2,\cdots,P_n$ 是 A 中出现的所有命题变元，A^* 是 A 的对偶式。证明：$\neg A(P_1,P_2,\cdots,P_n)\Leftrightarrow A^*(\neg P_1,\neg P_2,\cdots,\neg P_n)$。

分析：该题要证明对偶原理对于所有仅含联结词 $\neg$、$\wedge$ 和 $\vee$ 的命题合式公式都成立，首先给出命题合式公式集合 S 的归纳定义。

(a)（基础）命题常元 T，F $\in S$，单个命题变元 $P_i\in S(1\leqslant i\leqslant n)$。

(b)（归纳）若 $A_1,A_2\in S$，则 $\neg A_1$，$(A_1\wedge A_2)$，$(A_1\vee A_2)\in S$。

(c)（极小性）仅当能有限次应用条款(a)和条款(b)所构成的式子才属于 S。

归纳证明的步骤就建立在以上归纳定义的基础之上。

证明　(a) 基础步骤：

若 $A(P_1,P_2,\cdots,P_n)$ 为 T，则 $A^*(\neg P_1,\neg P_2,\cdots,\neg P_n)$ 为 F。

若 $A(P_1,P_2,\cdots,P_n)$ 为 F，则 $A^*(\neg P_1,\neg P_2,\cdots,\neg P_n)$ 为 T。

若 $A(P_1,P_2,\cdots,P_n)$ 为 $P_i(1\leqslant i\leqslant n)$，则 $A^*(\neg P_1,\neg P_2,\cdots,\neg P_n)$ 为 $\neg P_i$。

所以当 A 是由单个命题常元或命题变元构成的命题合式公式时，$\neg A(P_1, P_2, \cdots, P_n) \Leftrightarrow A^*(\neg P_1, \neg P_2, \cdots, \neg P_n)$ 成立。

(b) 归纳步骤：

设 $A_1(P_1, P_2, \cdots, P_n)$、$A_2(P_1, P_2, \cdots, P_n)$ 是命题合式公式，且满足

$$\neg A_1(P_1, P_2, \cdots, P_n) \Leftrightarrow A_1^*(\neg P_1, \neg P_2, \cdots, \neg P_n)$$
$$\neg A_2(P_1, P_2, \cdots, P_n) \Leftrightarrow A_2^*(\neg P_1, \neg P_2, \cdots, \neg P_n)$$

① 对于 $A(P_1, P_2, \cdots, P_n) \Leftrightarrow \neg A_1(P_1, P_2, \cdots, P_n)$，有

$$\neg A(P_1, P_2, \cdots, P_n) \Leftrightarrow \neg(\neg A_1(P_1, P_2, \cdots, P_n))$$
$$\Leftrightarrow \neg A_1^*(\neg P_1, \neg P_2, \cdots, \neg P_n)$$
$$\Leftrightarrow A^*(\neg P_1, \neg P_2, \cdots, \neg P_n)$$

② 对于 $A(P_1, P_2, \cdots, P_n) \Leftrightarrow A_1(P_1, P_2, \cdots, P_n) \wedge A_2(P_1, P_2, \cdots, P_n)$，有

$$\neg A(P_1, P_2, \cdots, P_n)$$
$$\Leftrightarrow \neg(A_1(P_1, P_2, \cdots, P_n) \wedge A_2(P_1, P_2, \cdots, P_n))$$
$$\Leftrightarrow \neg A_1(P_1, P_2, \cdots, P_n) \vee \neg A_2(P_1, P_2, \cdots, P_n)$$
$$\Leftrightarrow A_1^*(\neg P_1, \neg P_2, \cdots, \neg P_n) \vee A_2^*(\neg P_1, \neg P_2, \cdots, \neg P_n)$$
$$\Leftrightarrow A^*(\neg P_1, \neg P_2, \cdots, \neg P_n)$$

③ 对于 $A(P_1, P_2, \cdots, P_n) \Leftrightarrow A_1(P_1, P_2, \cdots, P_n) \vee A_2(P_1, P_2, \cdots, P_n)$，有

$$\neg A(P_1, P_2, \cdots, P_n)$$
$$\Leftrightarrow \neg(A_1(P_1, P_2, \cdots, P_n) \vee A_2(P_1, P_2, \cdots, P_n))$$
$$\Leftrightarrow \neg A_1(P_1, P_2, \cdots, P_n) \wedge \neg A_2(P_1, P_2, \cdots, P_n)$$
$$\Leftrightarrow A_1^*(\neg P_1, \neg P_2, \cdots, \neg P_n) \wedge A_2^*(\neg P_1, \neg P_2, \cdots, \neg P_n)$$
$$\Leftrightarrow A^*(\neg P_1, \neg P_2, \cdots, \neg P_n)$$

故对仅含联结词 $\neg$、$\wedge$ 和 $\vee$ 的任何命题合式公式 A，均有 $\neg A(P_1, P_2, \cdots, P_n) \Leftrightarrow A^*(\neg P_1, \neg P_2, \cdots, \neg P_n)$ 成立。

证毕

3.4.4 数学归纳法

数学归纳法(mathematical induction)被广泛地用来证明形如 $\forall x P(x)$ 的命题，其中 x 的论域常常是自然数集、正整数集等，例如，用来证明算法的复杂度，计算机程序的正确性，关于图和树等离散结构满足的等式或不等式。数学归纳法的有效性源于自然数集的归纳定义。

下面分别介绍数学归纳法第一原理和数学归纳法第二原理。

数学归纳法第一原理其实是自然数集合 $\mathbf{N}$ 上的一个推理规则，其形式如下：

$$\frac{P(0), \forall n(P(n) \rightarrow P(n+1))}{\therefore \forall x P(x)}$$

为了证明 $\forall n(P(n) \rightarrow P(n+1))$，根据谓词逻辑中的全称推广规则，只需任取 n 证明 $P(n) \rightarrow P(n+1)$ 成立即可，当然 n 必须是任意选取的。

用数学归纳法第一原理进行证明的一般步骤如下：

(1)（归纳基础）证明 $P(0)$ 为真（可以用任何方法）。

(2)（归纳假设）任取 $n(n \geqslant 0)$，假设 $P(n)$ 为真。

（3）（归纳推理）由 $P(n)$ 为真，推出 $P(n+1)$ 也为真。

当用数学归纳法第一原理进行证明时，首先证明 $P(0)$ 为真，这时可以用任何有效的证明方法和规则；其次证明"若 $P(n)$ 为真，则 $P(n+1)$ 必为真"。这样因为有 $P(0)$ 为真且有 $P(n) \rightarrow P(n+1)$ 为真，所以 $P(1)$ 为真，由 $P(1)$ 为真可得 $P(2)$ 也为真，以此类推，即对任意的自然数 k 都有 $P(k)$ 为真。

作为一个形象的例子，我们来考虑由一张牌开始，无穷向后延长的一列多米诺骨牌，每两张牌都等距直立放置。假设我们能够证明若任意的第 k 张牌被撞倒，则它将会撞倒第 $k+1$ 张牌。现在我们撞倒第一张牌，第一张牌倒后第二张牌跟着被撞倒，第二张牌被撞倒后第三张牌也跟着被撞倒…… 如此下去，所有的牌都会被撞倒，如图 3.4.2 所示。

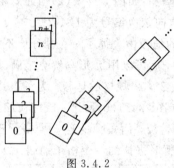

图 3.4.2

数学归纳法第一原理的推理规则可以有各种变形。例如，如果我们希望证明对某整数 k，谓词 P 对所有 $x \geqslant k$ 成立，这时，基础步骤必须换为证明 $P(k)$，推理规则变为

$$\frac{P(k), \forall n(P(n) \rightarrow P(n+1))}{\therefore \forall x((x \geqslant k) \rightarrow P(x))}$$

例 5　证明：对于任意正整数 n，都有 $1+2+3+\cdots+n = \dfrac{n(n+1)}{2}$。

证明　（1）（归纳基础）当 $n=1$ 时，因为 $1=(1\times 2)/2$，所以公式成立。

（2）（归纳假设）假设当 $n=k$ 时，有 $1+2+3+\cdots+k = \dfrac{k(k+1)}{2}$ 成立。

（3）（归纳推理）当 $n=k+1$ 时，有

$$1+2+3+\cdots+k+(k+1) = k(k+1)/2+(k+1) = \frac{(k+1)(k+2)}{2}$$

也成立。所以对于任意正整数 n，都有 $1+2+3+\cdots+n = \dfrac{n(n+1)}{2}$。

证毕

例 6　L 形马赛克瓷砖由三块方砖构成，其形状如图 3.4.3(a) 所示。证明：可以用 L 形马赛克铺满去掉一个格子的任何具有 $2^n \times 2^n (n \in \mathbf{Z}^+)$ 个格子的方形地板。

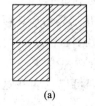

(a)　　　　　　　　　　　　　　　　　(b)

图 3.4.3

证明 设 $P(n)$ 是命题：可以用 L 形的马赛克瓷砖铺满去掉一个格子的任何具有 $2^n \times 2^n$ 个格子的方形地板。

(1)（归纳基础）当 $n=1$ 时，$P(1)$ 为真。因为如图 3.4.3(b) 所示，从 2×2 的地板中去掉这 4 个格子中的任意一个，都可以用一块 L 形的马赛克瓷砖将它铺满。

(2)（归纳假设）任取 $k \in \mathbf{Z}^+$，假设 $P(k)$ 为真，即可以用 L 形马赛克铺满去掉一个格子的任何具有 $2^k \times 2^k$ 个格子的方形地板。

(3)（归纳推理）当 $n=k+1$ 时，要考虑去掉一个格子的 $2^{k+1} \times 2^{k+1}$ 规格的地板。

因为 $2^{k+1} \times 2^{k+1} = 2 \times 2^k \times 2 \times 2^k = 4 \times (2^k \times 2^k)$，也就是说可以将 $2^{k+1} \times 2^{k+1}$ 规格的地板分割成 4 块 $2^k \times 2^k$ 规格的地板。如图 3.4.4(a) 所示，将该地板分成 4 块大小相同的 $2^k \times 2^k$ 规格的地板，按顺时针方向依次编号为 $1^\#$、$2^\#$、$3^\#$、$4^\#$。

由于这块 $2^{k+1} \times 2^{k+1}$ 规格的地板中去掉了一个格子，不妨设去掉的这个格子在 $1^\#$ 中。根据归纳假设，$1^\#$ 去掉 1 个格子后可以用 L 形马赛克铺满。

还剩下 $2^\#$、$3^\#$、$4^\#$ 这三块 $2^k \times 2^k$ 规格的地板。为了将其铺满，在这三块地板毗邻处暂时在每一块中去掉 1 个格子（如图 3.4.4(b) 所示），根据归纳假设，可以用 L 形马赛克铺满 $2^\#$、$3^\#$、$4^\#$ 各去掉 1 个格子的地板，而去掉的这 3 个格子正好与一块 L 形马赛克瓷砖吻合，最后用一块 L 形马赛克将暂时去掉的 3 个格子铺满，故 $P(k+1)$ 也为真。

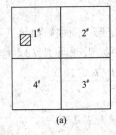 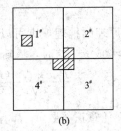

图 3.4.4

因此，可以用 L 形马赛克铺满去掉一个格子的任何具有 $2^n \times 2^n$ 个格子的方形地板。

证毕

通过以上例子我们发现，进行数学归纳法证明时，关键是在推导 $P(n+1)$ 的结论时要想方设法运用归纳假设 $P(n)$ 成立的条件。通常的方法是将 $n+1$ 规模的问题分解成若干个 n 规模的问题。在将 $n+1$ 规模问题分解成若干个 n 规模问题时，如果分解方法并不是对所有的 $n+1$ 都成立，那么数学归纳法将会失效。

例 7 设 m 是正整数，现有 m 颗白珍珠和 m 颗黑珍珠，将这 $2m$ 颗珍珠随意穿在一个圆环上，证明可以在圆环上找到一个位置，从这个位置出发顺时针方向依次收集圆环上的所有珍珠，使得在每一时刻收集到的白珍珠的数目总是大于等于黑珍珠的数目。

证明 (1) 当 $m=1$ 时，圆环上有 1 颗白珍珠和 1 颗黑珍珠，如果我们从那颗白珍珠所在的位置开始收集，显然有收集到的白珍珠的数目总是大于等于黑珍珠的数目。

(2) 假设当 $m=k (k>0)$ 时，命题成立。

(3) 当 $m=k+1$ 时，圆环上有 $k+1$ 颗白珍珠和 $k+1$ 颗黑珍珠。我们可以证明在这 $2(k+1)$ 颗珍珠中，必有 1 颗白珍珠和 1 颗黑珍珠按顺时针方向邻接。

令 t 为圆环上的任一颗白珍珠，如果 t 顺时针方向邻接的 1 颗珍珠 t' 是黑珍珠，那么就找到了这样一对珍珠(t,t')；否则，t顺时针方向邻接的是 1 颗白珍珠。现令$t=t'$，重复上述过程，因为圆环上存在黑珍珠，所以必然能够找到这样一对珍珠(t,t')，如图 3.4.5所示。

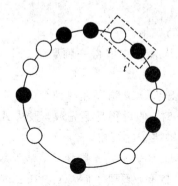

图 3.4.5

现将(t,t')从圆环上取下来，这样圆环上还剩下k颗白珍珠和k颗黑珍珠。根据归纳假设可知，可以在圆环上找到一个位置p，从p出发顺时针方向依次收集圆环上的$2k$颗珍珠，使得在每一时刻收集到的白珍珠的数目总是大于等于黑珍珠的数目。

然后将(t,t')放回原位，仍然从p出发顺时针方向依次收集圆环上的$2(k+1)$颗珍珠，能够使得在每一时刻收集到的白珍珠的数目总是大于等于黑珍珠的数目。

证毕

可以看出，数学归纳法第一原理在证明$n+1$规模成立时，为了尽量避免分解中的错误，通常采用"从$n+1$个元素集合中取出 1 个元素让问题变成n规模，应用归纳假设后再将取出元素放回去"的策略。

数学归纳法第二原理的形式如下：
$$\frac{P(0),\forall n((P(0)\wedge P(1)\wedge\cdots\wedge P(n-1))\to P(n))}{\therefore \forall xP(x)}$$

数学归纳法第二原理与数学归纳法第一原理证明过程的主要区别体现在归纳假设和归纳推理这两个步骤上，采用数学归纳法第二原理时，为了证明归纳推理$P(n)$成立，仅假设$P(n-1)$成立还不够，需要以$\forall k((k<n)\to P(k))$为假设前提。证明的一般步骤如下：

(1)（归纳基础）证明$P(0)$为真（可以用任何方法）。

(2)（归纳假设）假设对任意的$k<n$，均有$P(k)$为真。

(3)（归纳推理）证明$P(n)$也为真。

例 8　证明对于任一大于 1 的正整数均可表示成若干个素数积的形式。

证明　(1)（归纳基础）当$n=2$时，2 本身就是素数，因此 2 就是素数积的形式。

(2)（归纳假设）假设当$n>2$时，对于任何$k<n$，k均能表示成若干个素数积的形式。

(3)（归纳推理）考察n时，若n是素数，那么n就是素数积的形式；否则，n是合数，存在正整数a,b，$2\leq a\leq b<n$，且有$n=a\times b$。

根据归纳假设，a和b均可以表示成若干个素数积的形式，设a和b的素数积的表示形式分别为$a=T_1$，$b=T_2$，则有$n=T_1\times T_2$。因此n也可以表示成素数积的形式。

证毕

例 9 A 和 B 两个火炉里分别烤有数目相等的两堆栗子，一只猴和一只猫等在火炉旁。栗子烤熟后，规定猴和猫可以轮流从炉中掏取若干颗栗子吃（大于 0 颗），猴只能从 A 炉中取栗，猫只能从 B 炉中取栗，并且吃到所有栗子中的最后一颗者获胜。证明存在一种策略，确保后取者总能取胜。

证明 对每堆栗子数 n 进行归纳。

(1) 当 $n=1$ 时，假设猴先从 A 炉中取得一颗栗子吃下，那么猫将从 B 炉中取得最后一颗栗子吃下，猫后取而获胜。

(2) 设 $k \in \mathbf{Z}^+$，假设对于任何 $n<k$ 均存在一种策略，使得后取者总能取胜。

(3)（归纳推理）考察 $n=k$ 时，假设仍是猴先取，猴从 A 炉中掏取 $t(0<t\leqslant k)$ 颗栗子。猫可以采取在 B 炉中也掏取 t 颗栗子的策略。

① 若 $t=n$，则猫将一次掏取 B 炉中的 n 颗栗子，从而取得最后一颗栗子而获胜。

② 若 $t<n$，则猫从 B 炉中掏取 t 颗栗子后，A 炉和 B 炉中都剩下 $n-t$ 颗栗子。

因为 $n-t<n$，现又是猴先取，根据归纳假设，均存在一种策略，使得后取者猫总能取胜。

证毕

习 题

3.4-1 给出下列集合的归纳定义。

(a) 所有有限长度二进制数的集合，例如该集合包括 0101、11000。

(b) 以 a 开头的有限长度的英文字母串组成的集合。

(c) 所有不能被 3 整除的正整数组成的集合。

3.4-2 用归纳法证明：对于任何 $n>0$，有
$$\neg(A_1 \vee A_2 \vee \cdots \vee A_n) \Leftrightarrow (\neg A_1 \wedge \neg A_2 \wedge \cdots \wedge \neg A_n)$$
其中，A_1，A_2，$\cdots A_n$ 是命题公式。

3.4-3 用数学归纳法证明：当 n 为正整数时有
$$1 \times 2 + 2 \times 3 + \cdots + n(n+1) = n(n+1)(n+2)/3$$

3.4-4 证明对所有的正整数 n 均有 $2^n \cdot 2^n - 1$ 能被 3 整除。

3.4-5 现有 2 分和 5 分两种不同面值的邮票，试证明可以用这两种邮票组成 4 分及以上的任意邮资。

3.4-6 仅用 5 分和 6 分两种不同面值的邮票，可以构成价值为多少的邮资？请分别用数学归纳法第一原理和第二原理证明你的结论。

3.4-7 考虑下列伪代码书写的函数 S：

```
S(int i){

int c=0, j=0;

while(j! =i){

c=c+i;

j=j+1

}
```

```
                return c;
            }
```

用数学归纳法证明对任意输入的自然数 i，该函数返回 i 的平方。

3.4-8　为了证明对所有的正整数 n，$P(n)$ 为真，采用以下步骤证明：

(a) 证明 $P(1)$ 和 $P(2)$ 均为真；

(b) 假设对任意的 $n>0$，$P(n)$ 和 $P(n+1)$ 都为真；

(c) 可证明 $P(n+2)$ 为真。

这个证明形式是有效的吗？请说明理由。

3.4-9　皇帝的马厩里养了一群马，一天一个自称是数学家的人带着一群大臣去参观皇帝的良马。为了显示自己的数学才能，他指着马厩中的五颜六色的马对大臣们说："从这群马中任意挑出若干匹马，这些马的颜色必然是相同的"，大臣们纷纷摇头表示不信。数学家接着说："不信我用数学归纳法证明给大家看"，接着他就开始证明起来。

设 $P(n)$ 表示"从马厩里任意挑出 n 匹马，这些马的颜色都是相同的"，现要证明 $(\forall n)P(n)$ 成立，论域为正整数集合。

(a) 当 $n=1$ 时，从马厩里任意挑出一匹马，这匹马当然和自己颜色相同，因此 $P(1)$ 成立。

(b) 假设当 $n=k$ 时，有 $P(k)$ 成立，即"从马厩里任意挑出 k 匹马，这些马的颜色都是相同的"。

(c) 当 $n=k+1$ 时，现从马厩里任意挑出 $k+1$ 匹马，我们将这 $k+1$ 匹马分别标上 $1^{\#}$，$2^{\#}$，$\cdots$，$(k+1)^{\#}$，并将这 $k+1$ 匹马分为前 k 匹（$1^{\#}\sim k^{\#}$ 号）和后 k 匹（$2^{\#}\sim(k+1)^{\#}$）。根据归纳假设有，前 k 匹马的颜色是相同的，后 k 匹马的颜色也是相同的。考虑第 $k^{\#}$ 马，它属于前 k 匹马，因此前 k 匹马的颜色与第 $k^{\#}$ 马的颜色相同；同时，第 $k^{\#}$ 马也属于后 k 匹马中之一，因此，后 k 匹马的颜色与第 $k^{\#}$ 马的颜色也相同。这样，前 k 匹和后 k 匹马的颜色都与第 $k^{\#}$ 马的颜色相同，所以这 $k+1$ 匹马的完全颜色相同。

因此，从马厩里任意挑出 n 匹马，这些马的颜色都是相同的。

问题：这个证明过程有何错误之处？

3.4-10　Prove $3^n < n!$ while n be a positive integer greater than 6.

3.4-11　Assume that a chocolate bar consists of n squares arranged in a rectangular pattern. The bar or a smaller rectangular piece of the bar can be broken along a vertical or a horizontal line separating the squares. Assuming that only one piece can be broken at a time, determine how many breaks you must successively make to break the bar into n separate squares. Using induction to prove your answer.

3.5　集合的笛卡儿积

在生活中有许多事物是成对出现的，事物出现的不同顺序所表示的意义往往是不同的。例如，$\langle 2,4\rangle$，$\langle 4,2\rangle$ 表示了平面上两个不同的点。

定义 3.5.1　两个元素 a 和 b 组成的具有固定次序的序列称为序偶（ordered pair）或二元组（ordered 2-tuples），记为 $\langle a,b\rangle$。对于序偶 $\langle a,b\rangle$，a 称为第 1 元素，b 称为第 2 元素。

有了序偶的概念，就可以将一趟列车的运行区间用一个序偶的形式表示，例如，K126=〈西安，长春〉。同样，平面上横坐标为 x、纵坐标为 y 的点可以表示为〈x,y〉。

定义 3.5.2 两个序偶〈a,b〉和〈c,d〉相等，记为〈a,b〉=〈c,d〉，当且仅当 $a=c$ 且 $b=d$。

定义 3.5.3 设 A 和 B 是两个集合，称集合

$$A\times B=\{\langle a,b\rangle \mid a\in A,\ b\in B\}$$

为 A 和 B 的笛卡儿积(Cartesian product)或叉集(product set)。

例如，$\mathbf{R}\times\mathbf{R}$ 表示实平面。任取〈x,y〉$\in\mathbf{R}\times\mathbf{R}$，〈$x,y$〉表示实平面中的一个点。

例 1 设 $A=\{a,b\}$，$B=\{0,1,2\}$，$C=\varnothing$。求 $A\times B$、$A\times A$、$B\times A$ 和 $A\times C$。

解 $A\times B=\{\langle a,0\rangle,\langle a,1\rangle,\langle a,2\rangle,\langle b,0\rangle,\langle b,1\rangle,\langle b,2\rangle\}$

$A\times A=\{\langle a,a\rangle,\langle a,b\rangle,\langle b,a\rangle,\langle b,b\rangle\}$

$B\times A=\{\langle 0,a\rangle,\langle 1,a\rangle,\langle 2,a\rangle,\langle 0,b\rangle,\langle 1,b\rangle,\langle 2,b\rangle\}$

$A\times C=\varnothing$

以上序偶和笛卡儿积的概念可以推广到任意 n 个集合上。

定义 3.5.4 设 $A_1,A_2,\cdots,A_n$ 是 n 个集合，称集合

$$A_1\times A_2\times\cdots\times A_n=\{\langle a_1,a_2,\cdots,a_n\rangle \mid a_i\in A_i,\ 1\leqslant i\leqslant n\}$$

为集合 $A_1,A_2,\cdots,A_n$ 的笛卡儿积。其中，〈$a_1,a_2,\cdots,a_n$〉是由 n 个元素 $a_1,a_2,\cdots,a_n$ 组成的 n 元组(ordered n-tuples)，$a_i(1\leqslant i\leqslant n)$ 是该 n 元组的第 i 个元素且 $a_i\in A_i$。若对一切 i，$A_i=A$，则 $\underbrace{A\times A\times\cdots\times A}_{n\uparrow}$ 可简记为 A^n。

n 元组可以看成是一个二元组，规定〈$a_1,a_2,\cdots,a_n$〉=〈〈$a_1,a_2,\cdots,a_{n-1}$〉，a_n〉，其第一元素是 $n-1$ 元组。例如，〈x,y,z〉代表〈〈x,y〉,z〉，而不代表〈x，〈y,z〉〉。

例 2 设 $A=\{a,b\}$，$B=\{0,1,2\}$，$C=\{\alpha,\beta\}$，求 $A\times B\times C$。

解 $A\times B\times C=\{\langle a,0,\alpha\rangle,\langle a,0,\beta\rangle,\langle a,1,\alpha\rangle,\langle a,1,\beta\rangle,\langle a,2,\alpha\rangle,\langle a,2,\beta\rangle,$
$\langle b,0,\alpha\rangle,\langle b,0,\beta\rangle,\langle b,1,\alpha\rangle,\langle b,1,\beta\rangle,\langle b,2,\alpha\rangle,\langle b,2,\beta\rangle\}$

定理 3.5.1 设 A、B、C 是任意集合，则有

(1) $A\times(B\cup C)=(A\times B)\cup(A\times C)$。

(2) $A\times(B\cap C)=(A\times B)\cap(A\times C)$。

(3) $(A\cup B)\times C=(A\times C)\cup(B\times C)$。

(4) $(A\cap B)\times C=(A\times C)\cap(B\times C)$。

证明 (1) ① 任取〈x,y〉$\in A\times(B\cup C)$，则 $x\in A$ 且 $y\in B\cup C$，即 $x\in A$ 且($y\in B$ 或 $y\in C$)，故有($x\in A$，$y\in B$)或($x\in A$，$y\in C$)，得到〈x,y〉$\in A\times B$ 或〈x,y〉$\in A\times C$，因此有〈x,y〉$\in(A\times B)\cup(A\times C)$，所以 $A\times(B\cup C)\subseteq(A\times B)\cup(A\times C)$。

② 任取〈x,y〉$\in(A\times B)\cup(A\times C)$，则有〈$x,y$〉$\in A\times B$ 或〈x,y〉$\in A\times C$，即 $x\in A$ 且 $y\in B$ 或 $x\in A$ 且 $y\in C$，得到 $x\in A$ 且($y\in B$ 或 $y\in C$)，从而由 $x\in A$ 且 $y\in B\cup C$ 可得〈x,y〉$\in A\times(B\cup C)$。所以 $(A\times B)\cup(A\times C)\subseteq A\times(B\cup C)$。

由以上①和②得知，$A\times(B\cup C)=(A\times B)\cup(A\times C)$。

(3) 〈x,y〉$\in(A\cup B)\times C\Leftrightarrow x\in(A\cup B)\wedge y\in C$

$$\Leftrightarrow(x\in A\vee x\in B)\wedge y\in C$$

$$\Leftrightarrow (x \in A \wedge y \in C) \vee (x \in B \wedge y \in C)$$
$$\Leftrightarrow (\langle x, y \rangle \in A \times C) \vee (\langle x, y \rangle \in B \times C)$$
$$\Leftrightarrow \langle x, y \rangle \in (A \times C) \bigcup (B \times C)$$

所以 $(A \bigcup B) \times C = (A \times C) \bigcup (B \times C)$。

(2)和(4)的证明留作练习。

证毕

由定理 3.5.1 可知, 笛卡儿积运算对集合的交、并运算都是可分配的。

定理 3.5.2 如果 $A_i (i = 1, 2, \cdots, n)$ 都是有限集合, 那么

$$|A_1 \times A_2 \times \cdots \times A_n| = |A_1| \cdot |A_2| \cdot \cdots \cdot |A_n|$$

证明 (略)

以上定理就是 3.3 节曾经提到的关于集合计数的乘法原理。乘法原理还可以描述为: 如果一项工作需要 t 步完成, 第一步有 n_1 种不同的选择, 第二步有 n_2 种不同的选择, 以此类推, 第 t 步有 n_t 种不同的选择, 则完成这项工作不同的选择共有 $n_1 \times n_2 \times \cdots \times n_t$ 种。

例 3 某计算机系统的标识符是由英文字母开始, 后跟连字符(-)或下划线(_), 最后以数字结尾的 3 位符号串。在不考虑大小写的情况下, 该系统中最多可以定义多少个标识符?

解 开始的英文字母有 26 种选择, 第二位有 2 种选择, 末位的数字共有 10 种选择, 因此该系统中最多可定义 $26 \times 2 \times 10 = 520$ 个标识符。

例 4 考虑以下一段 C 语言编写的函数, 调用该函数后取得的返回值是多少?

```
long K()
{long k=0;
    for(i₁=0;i₁<1;i₁++)
    for(i₂=0;i₂<2;i₂+)
    ...
    for(i₁₀=0;i₁₀<10;i₁₀++)
        k+=2;
return k;
}
```

解 该函数由 10 个 for 循环组成, k 的初始值等于 0, 最内层 for 循环每循环一次则让 k 的值加 2。由于总共执行了 $1 \times 2 \times \cdots \times 10 = 3\ 628\ 800$ 次 $k+=2$, 因此循环结束后 $k = 7\ 257\ 600$。

习　题

3.5-1　设 $A = \{0, 1\}$, $B = \{1, 2\}$, 求 $A \times B$、$A \times \{1\} \times B$、$A \times A \times B$、$A \times B \times B$。

3.5-2　设 $A = \{a, b\}$, 求 $A \times \rho(A)$。

3.5-3　设 A 为某大学计算机系开设课程的集合, B 为该大学计算机系所有教授的集合, 则 $A \times B$ 表示什么?

3.5-4　如果 $A \subseteq B$ 且 $C \subseteq D$, 证明 $A \times C \subseteq B \times D$。

3.5-5　A car manufacturer makes three different types of car frames and two types of engines.

  Frame type：sedan，coupe，van

  Engine type：gas，diesel

List all possible models of cars.

  3.5－6 Let $A=\{a\,|\,a$ is a real number $-2\leqslant a\leqslant 3\}$ and $B=\{\,b\,|\,b$ is a real number $1\leqslant b\leqslant 5\}$. Sketch the two sets in the Cartesian plane.

  (a) $A\times B$.

  (b) $B\times A$.

3.6 二 元 关 系

  关系是一个基本概念，例如兄弟关系、上下级关系、整除关系、大小关系、自然数的模 k 相等关系等。关系在计算机科学和软件工程中也经常出现，例如程序与变量之间的关系、函数之间的调用关系等。由于序偶可以表达两个客体之间的联系，n 元组可以表达 n 个客体之间的联系，因此，运用序偶和 n 元组可以方便地讨论关系的定义、运算和性质。

3.6.1 关系的定义

  定义 3.6.1 两个集合 A 和 B 的笛卡儿积 $A\times B$ 的任一子集 R，称为集合 A 到 B 上的二元关系（a relation from A to B）。二元关系 R 是由序偶构成的集合，若 $\langle x,y\rangle\in R$，则称 x 与 y 有 R 关系，也记为 xRy；否则，$\langle x,y\rangle\notin R$，称 x 与 y 没有 R 关系，也记为 $x\cancel{R}y$。

  设 R 是集合 A 到 B 的二元关系。集合 A 称为 R 的前域（predomain），集合 B 称为 R 的陪域（codomain）。集合 $\{x\,|\,(\exists y)(\langle x,y\rangle\in R)\}$ 称为 R 的定义域（domain），记为 $\mathrm{dom}R$。集合 $\{y\,|\,(\exists x)(\langle x,y\rangle\in R)\}$ 称为 R 的值域（range），记为 $\mathrm{ran}R$。显然，$\mathrm{dom}R\subseteq A$ 和 $\mathrm{ran}R\subseteq B$。

  集合 A 到 B 的二元关系 R 的示意图如图 3.6.1 所示。

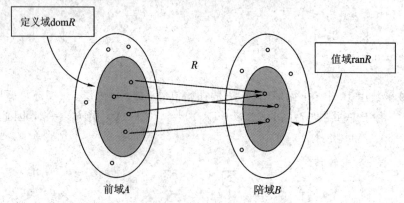

图 3.6.1

  例 1 设 $H=\{a,b,c,d\}$ 表示一个家庭，其中，a：父亲，b：母亲，c：儿子，d：女儿。构造从集合 H 到 H 上的以下二元关系，并指出其定义域和值域。

  (a) R_1：同一家庭成员关系；

  (b) R_2：互不相识的关系；

  (c) R_3：长辈关系。

解 （a）$R_1 = H \times H$，$\mathrm{dom}R_1 = \{a, b, c, d\}$，$\mathrm{ran}R_1 = \{a, b, c, d\}$。

（b）$R_2 = \varnothing$，$\mathrm{dom}R_2 = \varnothing$，$\mathrm{ran}R_2 = \varnothing$。

（c）$R_3 = \{\langle a, c\rangle, \langle a, d\rangle, \langle b, c\rangle, \langle b, d\rangle\}$，$\mathrm{dom}R_3 = \{a, b\}$，$\mathrm{ran}R_3 = \{c, d\}$。

例 2 设集合 A 和 B 是有限集合，$|A| = m$，$|B| = n$，A 到 B 上有多少个不同的二元关系？

解 $A \times B$ 的每个子集对应一个 A 到 B 的二元关系，因此 A 到 B 上不同的二元关系数目等于 $A \times B$ 的子集个数，即 $|\rho(A \times B)| = 2^{mn}$。

定义 3.6.2 n 个集合 A_1，A_2，$\cdots$，A_n 的笛卡儿积 $A_1 \times A_2 \times \cdots \times A_n$ 的任一子集 R 称为 A_1，A_2，$\cdots$，A_n 上的一个 n 元关系（relation）。

定义 3.6.3 设 R 是 $A_1 \times A_2 \times \cdots \times A_n$ 的子集，若 $R = \varnothing$，则称 R 为 A_1，A_2，$\cdots$，A_n 上的空关系，若 $R = A_1 \times A_2 \times \cdots \times A_n$，则称 R 为 A_1，A_2，$\cdots$，A_n 上的全域关系。

3.6.2 关系的表示

二元关系是一种集合，除了可以采用集合的表示方法外，下面再介绍另外两种常用表示方法：关系矩阵（relation metrix）和关系图（relation graph）。

1. 关系矩阵

给定两个有限集 $A = \{a_1, a_2, \cdots, a_m\}$，$B = \{b_1, b_2, \cdots, b_n\}$。$R$ 为 A 到 B 上的一个二元关系，则可以用以下 0-1 矩阵 $\boldsymbol{M}_R = [r_{ij}]_{m \times n}$ 来表示 R：

$$
\boldsymbol{M}_R = \begin{array}{c} \\ a_1 \\ a_2 \\ \vdots \\ a_m \end{array} \overset{\displaystyle \begin{array}{cccc} b_1 & b_2 & \cdots & b_n \end{array}}{\begin{bmatrix} r_{11} & r_{12} & \cdots & r_{1n} \\ r_{21} & r_{22} & \cdots & r_{2n} \\ \vdots & \vdots & \vdots & \vdots \\ r_{m1} & r_{m2} & \cdots & r_{mn} \end{bmatrix}}
$$

其中：

$$
r_{ij} = \begin{cases} 1 & \text{若} \langle a_i, b_j\rangle \in R \\ 0 & \text{若} \langle a_i, b_j\rangle \notin R \end{cases}
$$

关系矩阵与集合 A 和 B 上的元素排列顺序是有关的，不同的排序会得到不同的关系矩阵，但通过有限次的行列变换总能得到相同的关系矩阵。当没有标明元素的顺序时，默认是集合 A 和 B 的元素的列举顺序。

2. 关系图

设有限集合 $A = \{a_1, a_2, \cdots, a_m\}$ 和 $B = \{b_1, b_2, \cdots, b_n\}$，$R$ 为 A 到 B 上的一个二元关系。R 的关系图的作法是：首先在平面上作 m 个结点分别代表 a_1，a_2，$\cdots$，a_m，然后另作 n 个结点分别代表 b_1，b_2，$\cdots$，b_n。如果 $a_i R b_j$，则画一条从结点 a_i 到结点 b_j 的有向弧，如图 3.6.2 所示。

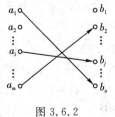

图 3.6.2

例 3 设 $X=\{x_1,x_2,x_3,x_4\}$，$Y=\{y_1,y_2,y_3\}$，$R=\{\langle x_1,y_1\rangle,\langle x_1,y_3\rangle,$
$\langle x_2,y_2\rangle,\langle x_3,y_1\rangle,\langle x_4,y_2\rangle,\langle x_4,y_3\rangle\}$。写出 R 的关系矩阵并画出其关系图。

解 R 的关系矩阵和关系图如图 3.6.3 所示。

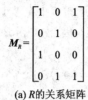

(a) R的关系矩阵

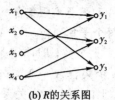

(b) R的关系图

图 3.6.3

例 4 设 $A=\{1,2,4,7,8\}$，$B=\{2,3,5,7\}$，定义 A 到 B 的二元关系 $R=\{\langle a,b\rangle$ | 5 能整除 $a+b\}$。分别用列举法、关系图和关系矩阵描述 R。

解 $R=\{\langle 2,3\rangle,\langle 7,3\rangle,\langle 8,2\rangle,\langle 8,7\rangle\}$。$R$ 的关系矩阵和关系图分别如图 3.6.4 所示。

(a) R的关系矩阵

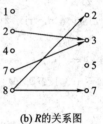

(b) R的关系图

图 3.6.4

3.6.3 关系的运算

由于二元关系是以序偶为元素组成的集合，因此，所有的集合运算对于二元关系同样适用。设 R 和 S 都是集合 A 到 B 的二元关系，则有：

(1) $R\cup S=\{\langle x,y\rangle\ |\ (xRy)\vee(xSy)\}$。

(2) $R\cap S=\{\langle x,y\rangle\ |\ (xRy)\wedge(xSy)\}$。

(3) $R-S=\{\langle x,y\rangle\ |\ (xRy)\wedge(x\cancel{S}y)\}$。

(4) $\overline{R}=\{\langle x,y\rangle\ |\ x\cancel{R}y\}=A\times B-R$。

(5) $R\oplus S=(R-S)\cup(S-R)$。

例 5 设 $A=\{4,6,9,10\}$，R_1 和 R_2 是 A 到 A 的两个二元关系，且

$$R_1=\{\langle a,b\rangle\ |\ \frac{a-b}{2}$$ 是正整数 $\}$

$$R_2=\{\langle a,b\rangle\ |\ \frac{a-b}{3}$$ 是正整数 $\}$

试求 $R_1\cup R_2$，$R_1\cap R_2$，R_1-R_2，$\overline{R_1}$。

解 $R_1=\{\langle 6,4\rangle,\langle 10,4\rangle,\langle 10,6\rangle\}$，$R_2=\{\langle 9,6\rangle,\langle 10,4\rangle\}$。因此

$$R_1\cup R_2=\{\langle 6,4\rangle,\langle 10,4\rangle,\langle 10,6\rangle,\langle 9,6\rangle\}$$
$$R_1\cap R_2=\{\langle 10,4\rangle\}$$
$$R_1-R_2=\{\langle 6,4\rangle,\langle 10,6\rangle\}$$

$$\overline{R_1}=A\times A-R_1=\{\langle 4,4\rangle,\langle 4,6\rangle,\langle 4,9\rangle,\langle 4,10\rangle,\langle 6,6\rangle,\langle 6,9\rangle,\langle 6,10\rangle,$$

$\langle 9,4\rangle$，$\langle 9,6\rangle$，$\langle 9,9\rangle$，$\langle 9,10\rangle$，$\langle 10,9\rangle$，$\langle 10,10\rangle\}$

例 6　设 A 和 B 分别是学校的所有教师和所有课程构成的集合。设 $R_1=\{\langle a,b\rangle\mid a\in A,b\in B,$ 且 a 主讲 $b\}$，$R_2=\{\langle a,b\rangle\mid a\in A,b\in B,$ 且 a 辅导 $b\}$，解释关系 $R_1\bigcup R_2$、$R_1\bigcap R_2$、$R_1\oplus R_2$ 的含义。

解　$R_1\bigcup R_2$ 由这样的序偶 $\langle a,b\rangle$ 组成，即 b 是由教师 a 主讲或者辅导的课程。

$R_1\bigcap R_2$ 由这样的序偶 $\langle a,b\rangle$ 组成，即 b 是由教师 a 主讲并且辅导的课程。

$R_1\oplus R_2$ 由这样的序偶 $\langle a,b\rangle$ 组成，即教师 a 仅主讲但没有辅导课程 b 或者教师 a 仅辅导但没有主讲课程 b。

二元关系还有两种特殊的运算：复合运算（composite operation）和逆运算（inverse operation）。

定义 3.6.4　设 R 为集合 A 到 B 的二元关系，S 为集合 B 到 C 的二元关系，令
$$R\circ S=\{\langle a,c\rangle\mid a\in A\wedge c\in C\wedge(\exists b)(b\in B\wedge\langle a,b\rangle\in R\wedge\langle b,c\rangle\in S)\}$$
则称 $R\circ S$ 为 R 与 S 的复合关系。

显然，$R\circ S$ 是一个从 A 到 C 的二元关系。图 3.6.5 描述了两个关系 R 和 S 进行复合运算的过程。$R\circ S$ 由这样的序偶 $\langle a,c\rangle$ 构成，即存在集合 B 中的元素 b，有 aRb 和 bRc，形象地说，就是"存在从元素 a 出发，经过 B 中某元素 b 到达 c 的有向路径"。

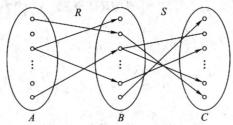

图 3.6.5

例 7　设 $A=\{1,2,3,4\}$，$B=\{2,3,4\}$，$C=\{1,2,3\}$，$R=\{\langle x,y\rangle\mid x\in A\wedge y\in B\wedge x+y=6\}=\{\langle 2,4\rangle,\langle 3,3\rangle,\langle 4,2\rangle\}$，$S=\{\langle y,z\rangle\mid y\in B\wedge z\in C\wedge y-z=1\}=\{\langle 2,1\rangle,\langle 3,2\rangle,\langle 4,3\rangle\}$，求 $R\circ S$。

解　$R\circ S=\{\langle 2,3\rangle,\langle 3,2\rangle,\langle 4,1\rangle\}=\{\langle x,z\rangle\mid x+z=5\}$

例 8　设 $A=\{0,1,2,\cdots,12\}$，R 是 A 到 A 上二元关系，$R=\{\langle x,y\rangle\mid x,y\in A\wedge x+3y=12\}$，求 $R\circ R$。

解
$$R=\{\langle 0,4\rangle,\langle 3,3\rangle,\langle 6,2\rangle,\langle 9,1\rangle,\langle 12,0\rangle\}$$
$$R\circ R=\{\langle 3,3\rangle,\langle 12,4\rangle\}$$

求两个二元关系的复合关系还可以通过关系的矩阵运算来实现。

设 $A=\{a_1,a_2,\cdots,a_m\}$，$B=\{b_1,b_2,\cdots,b_n\}$，$C=\{c_1,c_2,\cdots,c_p\}$。R 是从 A 到 B 的二元关系，S 是 B 到 C 的二元关系，则 R 的关系矩阵 $\boldsymbol{M}_R=[a_{ij}]$ 是 $m\times n$ 矩阵，S 的关系矩阵 $\boldsymbol{M}_S=[b_{ij}]$ 是 $n\times p$ 矩阵，则
$$\boldsymbol{M}_{R\cdot S}=[c_{ij}]_{m\times p}=\boldsymbol{M}_R\odot\boldsymbol{M}_S$$
其中，$\odot$ 是布尔乘法运算，$c_{ij}=\bigvee\limits_{k=1}^{n}(a_{ik}\wedge b_{kj})(i=1,2,\cdots,m;j=1,2,\cdots,p)$。

例 9　设 $A=B=C=\{1,2,3,4\}$，$R=\{\langle 1,2\rangle,\langle 3,4\rangle,\langle 2,2\rangle\}$ 和 $S=\{\langle 4,2\rangle,$

$\langle 2,4\rangle,\langle 3,1\rangle\}$分别是从 A 到 B 和从 B 到 C 的二元关系，求 $R\circ S$ 和 $\boldsymbol{M}_{R\cdot S}$。

解
$$R\circ S=\{\langle 1,4\rangle,\langle 3,2\rangle,\langle 2,4\rangle\}$$

$$\boldsymbol{M}_{R\cdot S}=\boldsymbol{M}_R\odot\boldsymbol{M}_S=\begin{bmatrix}0&1&0&0\\0&1&0&0\\0&0&0&1\\0&0&0&0\end{bmatrix}\odot\begin{bmatrix}0&0&0&0\\0&0&0&1\\1&0&0&0\\0&1&0&0\end{bmatrix}=\begin{bmatrix}0&0&0&1\\0&0&0&1\\0&1&0&0\\0&0&0&0\end{bmatrix}$$

定理 3.6.1 设 R 是从集合 A 到 B 的二元关系，S 为 B 到 C 的二元关系，T 为 C 到 D 的二元关系，则有

$$(R\circ S)\circ T=R\circ(S\circ T)$$

证明 任取 $\langle a,d\rangle\in(R\circ S)\circ T$，由复合运算的定义可知，存在 $c\in C$ 使得

$$\langle a,c\rangle\in R\circ S\quad 且\quad \langle c,d\rangle\in T$$

又对于 $\langle a,c\rangle\in R\circ S$，存在 $b\in B$ 使得

$$\langle a,b\rangle\in R\quad 且\quad \langle b,c\rangle\in S$$

由 $\langle b,c\rangle\in S$ 和 $\langle c,d\rangle\in T$ 可得 $\langle b,d\rangle\in S\circ T$，又由 $\langle a,b\rangle\in R$ 可得

$$\langle a,d\rangle\in R\circ(S\circ T)$$

故有

$$(R\circ S)\circ T\subseteq R\circ(S\circ T)$$

同理可证：

$$R\circ(S\circ T)\subseteq(R\circ S)\circ T$$

综上所述，可得

$$(R\circ S)\circ T=R\circ(S\circ T)$$

证毕

定理 3.6.1 表明关系的复合运算满足结合律。

定义 3.6.5 设 R 为集合 A 到 B 的二元关系，令 $R^{-1}=\{\langle b,a\rangle\mid\langle a,b\rangle\in R\}$，则称 R^{-1} 为 R 的逆关系。显然，R^{-1} 是集合 B 到 A 上的二元关系。

例 10 设 $A=\{a,b,c,d\}$，$B=\{1,2,3\}$，$R=\{\langle a,2\rangle,\langle b,1\rangle,\langle c,3\rangle,\langle d,1\rangle\}$ 是从 A 到 B 的一个二元关系，求 R、R^{-1} 的关系矩阵、关系图，并观察关系矩阵、关系图，分析 R^{-1} 与 R 之间的联系。

解 $R^{-1}=\{\langle 2,a\rangle,\langle 1,b\rangle,\langle 3,c\rangle,\langle 1,d\rangle\}$，给出 R 与 R^{-1} 的关系矩阵，再给出 R 与 R^{-1} 的关系图，如图 3.6.6 所示。

$$\boldsymbol{M}_R=\begin{bmatrix}0&1&0\\1&0&0\\0&0&1\\1&0&0\end{bmatrix},\ \boldsymbol{M}_{R^{-1}}=\begin{bmatrix}0&1&0&1\\1&0&0&0\\0&0&1&0\end{bmatrix}$$

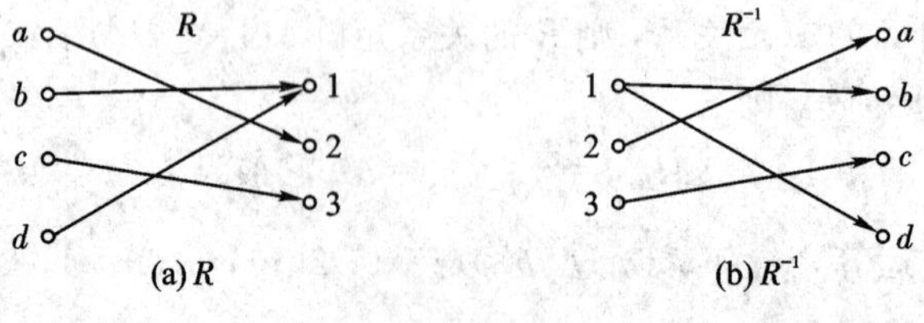

图 3.6.6

由此可以看出，R^{-1} 与 R 的关系矩阵互为转置矩阵，而 R 与 R^{-1} 的关系图的唯一不同之处在于箭头是反向的。

定理 3.6.2 设 R、R_1、R_2 均为从 A 到 B 的二元关系，则有

(1) $(R^{-1})^{-1} = R$。

(2) $(R_1 \bigcup R_2)^{-1} = R_1^{-1} \bigcup R_2^{-1}$。

(3) $(R_1 \bigcap R_2)^{-1} = R_1^{-1} \bigcap R_2^{-1}$。

(4) $(\overline{R})^{-1} = \overline{R^{-1}}$，其中，$\overline{R} = (A \times B) - R$，$\overline{R^{-1}} = (B \times A) - R^{-1}$。

(5) $(R_1 - R_2)^{-1} = R_1^{-1} - R_2^{-1}$。

证明 (2) 任取 $a \in A$，$b \in B$，则有

$$\langle b, a \rangle \in (R_1 \bigcup R_2)^{-1} \Leftrightarrow \langle a, b \rangle \in R_1 \bigcup R_2$$
$$\Leftrightarrow \langle a, b \rangle \in R_1 \vee \langle a, b \rangle \in R_2$$
$$\Leftrightarrow \langle b, a \rangle \in R_1^{-1} \vee \langle b, a \rangle \in R_2^{-1}$$
$$\Leftrightarrow \langle b, a \rangle \in R_1^{-1} \bigcup R_2^{-1}$$

(4) 任取 $a \in A$，$b \in B$，则有

$$\langle b, a \rangle \in (\overline{R})^{-1} \Leftrightarrow \langle a, b \rangle \in \overline{R} \Leftrightarrow \langle a, b \rangle \notin R \Leftrightarrow \langle b, a \rangle \notin R^{-1} \Leftrightarrow \langle b, a \rangle \in \overline{R^{-1}}$$

证毕

(1)、(3)证明留作练习。

定理 3.6.3 设 R 为 A 到 B 的二元关系，S 是从 B 到 C 的二元关系，那么

$$(R \circ S)^{-1} = S^{-1} \circ R^{-1}$$

证明 (1) 任取 $\langle c, a \rangle \in (R \circ S)^{-1}$，则有 $\langle a, c \rangle \in (R \circ S)$，由关系复合运算的定义可知，存在 $b \in B$，使得 $\langle a, b \rangle \in R$ 且 $\langle b, c \rangle \in S$，则有 $\langle b, a \rangle \in R^{-1}$，$\langle c, b \rangle \in S^{-1}$。

由 $\langle c, b \rangle \in S^{-1}$ 和 $\langle b, a \rangle \in R^{-1}$ 可得 $\langle c, a \rangle \in S^{-1} \circ R^{-1}$，故有 $(R \circ S)^{-1} \subseteq S^{-1} \circ R^{-1}$。

(2) 任取 $\langle c, a \rangle \in S^{-1} \circ R^{-1}$，由关系复合运算的定义可知，存在 $b \in B$，使得 $\langle c, b \rangle \in S^{-1}$ 且 $\langle b, a \rangle \in R^{-1}$，即 $\langle b, c \rangle \in S$ 且 $\langle a, b \rangle \in R$，由此可得 $\langle a, c \rangle \in R \circ S$，即 $\langle c, a \rangle \in (R \circ S)^{-1}$。

故有 $S^{-1} \circ R^{-1} \subseteq (R \circ S)^{-1}$。

由(1)、(2)得到，$(R \circ S)^{-1} = S^{-1} \circ R^{-1}$。

证毕

习　　题

3.6-1 列出集合 $A = \{a, b\}$ 到 $B = \{\alpha, \beta\}$ 上所有的二元关系。

3.6-2 设 $A = \{4, 5, 35, 49\}$，$B = \{7, 8, 15\}$，A 到 B 的二元关系定义为 $R = \{\langle a, b \rangle \mid a$ 与 b 互素$\}$。试写出 R 的关系矩阵，画出 R 的关系图。

3.6-3 设 n 是正整数，A_1，A_2，$\cdots$，A_n 是有限集合，从 A_1，A_2，$\cdots$，A_n 上能够定义多少个不同的 n 元关系？

3.6-4 设 $P = \{\langle 1, 2 \rangle, \langle 2, 3 \rangle, \langle 3, 4 \rangle, \langle 4, 1 \rangle\}$ 和 $Q = \{\langle 1, 3 \rangle, \langle 2, 4 \rangle, \langle 3, 1 \rangle\}$，求 $P \bigcap Q$，$P \bigcup Q$，$\text{dom}P \bigcap \text{dom}Q$，$\text{dom}(P \bigcap Q)$，$\text{ran}R \bigcap \text{ran}Q$，$\text{ran}(P \bigcap Q)$。

3.6-5 设有集合 $A = \{2, 3, 4\}$，$B = \{4, 6, 7\}$，$C = \{8, 9, 12\}$。R_1 是从 A 到 B 的二

元关系，R_2 是从 B 到 C 的二元关系，分别定义为

$$R_1 = \{\langle a, b \rangle \mid a \text{ 是素数且 } a \mid b\}$$

$$R_2 = \{\langle b, c \rangle \mid b \mid c\}$$

其中，$x \mid y$ 表示 x 整除 y。试分别用关系图和关系矩阵这两种方法求复合关系 $R_1 \circ R_2$。

3.6－6　Find the domain, range, matrix and graph of the relation R from A to B.

(a) $A = \{1, 2, 3, 4, 8\}$, $B = \{1, 4, 6, 9\}$，对于 $a \in A$, $b \in B$, aRb if and only if $a \mid b$.

(b) $A = \{1, 2, 3, 4\}$, $B = \{1, 4, 6, 8, 9\}$，对于 $a \in A$, $b \in B$, aRb if and only if $b = a^2$.

(c) $A = \{1, 2, 3, 4, 5\} = B$，对于 $a \in A$, $b \in B$, aRb if and only if $a \leqslant b$.

3.6－7　Let R be the relation from $\mathbf{Z}$ to $\mathbf{Z}$ defined by aRb if and only if there exists a k in $\mathbf{Z}^+$ so that $a = b^k$. Which the following belong to R?

(a) $\langle 4, 16 \rangle$.

(b) $\langle 1, 7 \rangle$.

(c) $\langle 8, 2 \rangle$.

(d) $\langle 3, 3 \rangle$.

(e) $\langle 2, 8 \rangle$.

(f) $\langle 2, 32 \rangle$.

3.7　集合上的二元关系及其特性

3.7.1　集合上的二元关系

同一集合元素间的关系是常见的，下面将讨论这类关系。

定义 3.7.1　集合 A 与 A 的笛卡儿积 $A \times A$ 的子集称为 A 上的二元关系。

例如，国家男子乒乓球队由 7 名选手组成，主教练要从现役国手中挑选三对男子双打选手参加世界乒乓球锦标赛。设集合 A 为国家乒乓球男队，共由 7 名运动员组成，令 $A = \{$甲, 乙, 丙, 丁, 戊, 己, 庚$\}$，$A \times A$ 则包含了所有可能的男子双打配对组合，如图 3.7.1 所示。

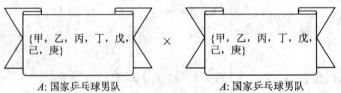

图 3.7.1

主教练根据挑选男双队员的一些规则和经验，最终选择了甲与丙、己与戊、乙与丁这 3 对组合去参加世界乒乓球锦标赛。这样，$R = \{\langle$甲, 丙$\rangle, \langle$己, 戊$\rangle, \langle$乙, 丁$\rangle\}$ 就构成 A 上的一个"双打配对"关系。

由于集合 A 上的二元关系的前域和陪域是同一个集合，因此其关系矩阵是方阵，其关系图可以将两组结点合并为一组。

定义 3.7.2 设 A 是任一集合，称 A 上的二元关系 $\{\langle a,a\rangle \mid a\in A\}$ 为集合 A 上的相等关系，记为 I_A。

例 1 设 $A=\{1,2,3,4,5\}$，A 上的二元关系 $R=\{\langle 1,5\rangle,\langle 1,4\rangle,\langle 2,3\rangle,\langle 3,1\rangle,$ $\langle 3,4\rangle,\langle 4,4\rangle\}$。

(a) 求 A 上的相等关系 I_A。

(b) 写出 R 的关系矩阵。

(c) 画出 R 的关系图。

解 (a) $I_A=\{\langle 1,1\rangle,\langle 2,2\rangle,\langle 3,3\rangle,\langle 4,4\rangle,\langle 5,5\rangle\}$。

(b) $\boldsymbol{M}_R=\begin{bmatrix} 0 & 0 & 0 & 1 & 1 \\ 0 & 0 & 1 & 0 & 0 \\ 1 & 0 & 0 & 1 & 0 \\ 0 & 0 & 0 & 1 & 0 \\ 0 & 0 & 0 & 0 & 0 \end{bmatrix}$。

(c) R 的关系图如图 3.7.2 所示。

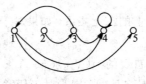

图 3.7.2

设 R 是集合 A 上的二元关系，$R\circ R$，$R\circ R\circ R$，$\cdots$，$\underbrace{R\circ R\circ\cdots\circ R}_{n\text{个}}$ 均为集合 A 上的二元关系。由于关系的复合运算满足结合律，因此可以定义 R 的幂次如下所述。

定义 3.7.3 设 R 是集合 A 上的二元关系，$n\in \mathbf{Z}^+$，称 $\underbrace{R\circ R\circ\cdots\circ R}_{n\text{个}}$ 为 R 的 n 次幂，记为 R^n。

设 R 是集合 A 上的二元关系，约定 $R^0=\{\langle x,x\rangle \mid x\in A\}=I_A$。

定理 3.7.1 设 R 是集合 A 上的二元关系，$m,n\in \mathbf{N}$，那么有

(1) $R^m\circ R^n=R^{m+n}$。

(2) $(R^m)^n=R^{mn}$。

该定理的证明留作练习。

定理 3.7.2 设 R 是集合 A 上的一个二元关系。若存在 $i,j\in \mathbf{N}$，$i<j$ 且使 $R^i=R^j$，则有

(1) 对所有的 $k\geqslant 0$，$R^{i+k}=R^{j+k}$。

(2) 对所有的 $k,m\geqslant 0$，$R^{i+md+k}=R^{i+k}$，其中 $d=j-i$。

(3) 记 $S=\{R^0,R^1,R^2,\cdots,R^{j-1}\}$，对于任意 $n\in \mathbf{N}$，均有 $R^n\in S$。

证明 (1)、(2)留作练习。

(3) 任取 $n\in \mathbf{N}$，如果 $n<j$，那么根据 S 的定义，$R^n\in S$。假设 $n\geqslant j$，那么我们能将 n 表示为 $i+md+k$，这里 $0\leqslant k<d$。由(2)可知，$R^n=R^{i+md+k}=R^{i+k}$，因为 $i+k<j$，故 $R^n\in S$。

证毕

例 2 设 $A=\{a,b,c,d\}$，A 上的二元关系 $R=\{\langle a,b\rangle,\langle b,c\rangle,\langle c,d\rangle,\langle c,b\rangle\}$。求 R^5 和 R^8。

解 $R^0=\{\langle a,a\rangle,\langle b,b\rangle,\langle c,c\rangle,\langle d,d\rangle\}$

        $R^2=\{\langle a,c\rangle,\langle b,b\rangle,\langle b,d\rangle,\langle c,c\rangle\}$

        $R^3=\{\langle a,b\rangle,\langle a,d\rangle,\langle b,c\rangle,\langle c,b\rangle,\langle c,d\rangle\}$

        $R^4=\{\langle a,c\rangle,\langle b,b\rangle,\langle b,d\rangle,\langle c,c\rangle\}$

由于 $R^4=R^2$，所以任取 $n\in\mathbf{N}$，$R^n\in\{R^0,R^1,R^2,R^3\}$。

$$R^5=R^4\circ R=R^2\circ R=R^3$$

$$R^8=R^{2+2\times3}=R^2$$

3.7.2   二元关系的特性

下面介绍二元关系的几种常见的特殊性质。

1. 自反性

定义 3.7.4   设 R 是集合 A 上的二元关系，如果对于 A 中的每一元素 x 都有 xRx，则称 R 在 A 上是自反的（reflexive）。

$$R \text{ 是自反的} \Leftrightarrow (\forall x)(x\in A\to xRx)$$

例如，实数集上的"$\leqslant$"关系是自反的，因为对于任意实数 x，均有 $x\leqslant x$。

2. 反自反性

定义 3.7.5   设 R 是集合 A 上的二元关系，如果对于 A 中的每一元素 x 都有 $x\not{R}x$，则称 R 在 A 上是反自反的（irreflexive）。

$$R \text{ 是反自反的} \Leftrightarrow (\forall x)(x\in A\to x\not{R}x)$$

例如，实数集上的"$>$"关系是反自反的。

例 3   设 $A=\{a,b,c,d\}$，A 上的二元关系 R_1、R_2 和 R_3 的关系图分别如图 3.7.3(a)、(b)、(c)所示。这些关系中哪些是自反的？哪些是反自反的？

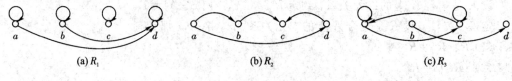

       (a) R_1 (b) R_2 (c) R_3

图 3.7.3

解 R_1 是自反的，R_2 是反自反的，R_3 既不是自反的也不是反自反的。

关于自反性与反自反性的特征总结如表 3.7.1 所示。

表 3.7.1

性质	定 义	集合	关系图	关系矩阵
自反性	$\forall x\in A,\langle x,x\rangle\in R$	$I_A\subseteq R$	每个结点上都有自回路	主对角线上元素均为 1
反自反性	$\forall x\in A,\langle x,x\rangle\notin R$	$R\cap I_A=\varnothing$	每个结点上都无自回路	主对角线上元素均为 0

根据自反与反自反的定义可知，只有空集 $\varnothing$ 上的空关系既是自反的又是反自反的。

如果 R 的关系图中有的结点上有自回路，有的结点上没有自回路，那么 R 既不是自反的，又不是反自反的。

3. 对称性

定义 3.7.6　设 R 是集合 A 上的二元关系，如果对于任意 x，$y \in A$，每当 xRy 必有 yRx，则称 R 在 A 上是对称的(symmetric)。

$$R \text{ 是对称的} \Leftrightarrow (\forall x)(\forall y)(x \in A \land y \in A \land xRy \to yRx)$$

例如，三角形集合上的三角形相似关系是对称的。

4. 反对称性

定义 3.7.7　设 R 是集合 A 上的二元关系，如果对于任意 x，$y \in A$，每当 xRy 且 yRx，必有 $x = y$，则称 R 在 A 上是反对称的(antisymmetric)。

$$R \text{ 是反对称的} \Leftrightarrow (\forall x)(\forall y)(x \in A \land y \in A \land xRy \land yRx \to x = y)$$
$$\Leftrightarrow (\forall x)(\forall y)(x \in A \land y \in A \land x \neq y \land xRy \to y\overline{R}x)$$

例如，集合的 $\subseteq$ 关系是反对称的。

例 4　设 $A = \{a, b, c, d\}$，A 上的二元关系 R_1、R_2、R_3 和 R_4 的关系图分别如图 3.7.4 (a)、(b)、(c)、(d)所示。这些关系中哪些是对称的？哪些是反对称的？

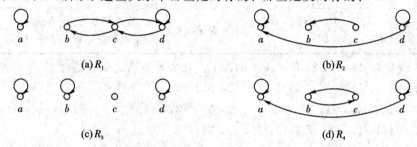

图 3.7.4

解　R_1 是对称的，R_2 是反对称的，R_3 既是对称的又是反对称的，R_4 既不是对称的又不是反对称的。

关于对称性与反对称性的特征总结如表 3.7.2 所示。

表 3.7.2

性质	定　义	集合	关系图	关系矩阵
对称性	若 $\langle a, b \rangle \in R$，则 $\langle b, a \rangle \in R$	$R = R^{-1}$	任意两个不同的结点间要么没有弧，要么有方向相反的一对弧	对称矩阵 $\boldsymbol{M}_R = \boldsymbol{M}_R^{\mathrm{T}}$
反对称性	若 $\langle a, b \rangle \in R$，$\langle b, a \rangle \in R$，则 $a = b$	$R \cap R^{-1} \subseteq I_A$	任意两结点间至多有一条弧	

根据对称与反对称的定义可知，如果 R 的关系图上仅含零个或多个自回路，那么 R 既是对称的，又是反对称的。如果 R 的关系图上，既存在两个不同的结点，其间有单向弧，又存在两个不同的结点，其间有方向相反的一对弧，那么 R 既不是对称的，又不是反对称的。

5. 传递性

定义 3.7.8　设 R 是集合 A 上的二元关系，若对于任意 $x, y, z \in A$，当 xRy 且 yRz 时

必有 xRz，则称关系 R 在 A 上是传递的(transitive)。

R 是传递的$\Leftrightarrow(\forall x)(\forall y)(\forall z)(x \in A \wedge y \in A \wedge z \in A \wedge xRy \wedge yRz \rightarrow xRz)$

例如，整数集上的关系$\leqslant$、$<$、$>$、$=$都是传递的。

例 5 设 $A = \{a, b, c, d\}$，A 上的二元关系 R_1 和 R_2 的关系图分别如图 3.7.5(a)、(b)所示，请问 R 是传递的吗？

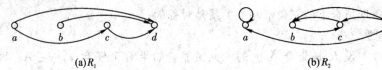

(a)R_1　　　　　　　　　　　　　　　(b)R_2

图 3.7.5

解 R_1 是传递的，R_2 不是传递的。

表 3.7.3 给出了满足传递性的二元关系的定义和特征。

表 3.7.3

性质	定义	集合	关系图	关系矩阵
传递性	若$\langle a, b \rangle \in R$，$\langle b, c \rangle \in R$， 则$\langle a, c \rangle \in R$	$R \circ R \subseteq R$	若 a 到 b 有弧，b 到 c 有弧，则 a 到 c 有弧	

例 6 设集合 $A = \{1, 2, 3\}$，A 上的以下二元关系各满足哪些特性？

(a) $R_1 = \{\langle 1, 1 \rangle, \langle 1, 2 \rangle, \langle 1, 3 \rangle, \langle 3, 3 \rangle\}$。

(b) $R_2 = \{\langle 1, 1 \rangle, \langle 1, 2 \rangle, \langle 2, 1 \rangle, \langle 2, 2 \rangle, \langle 3, 3 \rangle\}$。

(c) $R_3 = \{\langle 1, 1 \rangle, \langle 1, 2 \rangle, \langle 2, 2 \rangle, \langle 2, 3 \rangle\}$。

(d) $R_4 = \varnothing$。

(e) $R_5 = A \times A$。

解 (a) R_1 是反对称和传递的。

(b) R_2 是自反、对称和传递的。

(c) R_3 是反对称的。

(d) R_4 是反自反、对称、反对称和传递的。

(e) R_5 是自反、对称和传递的。

例 7 设 $A = \{a, b, c\}$，构造 A 上的一个二元关系 R，使其不满足自反性、反自反性、对称性、反对称性和传递性。

解 令 $R = \{\langle a, a \rangle, \langle b, b \rangle, \langle b, c \rangle, \langle c, b \rangle, \langle c, a \rangle\}$，$R$ 的关系图如图 3.7.6 所示。

(a) 因为$\langle c, c \rangle \notin R$，所以 R 不满足自反性。

(b) 因为$\langle a, a \rangle \in R$，所以 R 不满足反自反性。

(c) 因为$\langle c, a \rangle \in R$ 且$\langle a, c \rangle \notin R$，所以 R 不满足对称性。

(d) 因为$\langle b, c \rangle \in R$ 且$\langle c, b \rangle \in R$，所以 R 不满足反对称性。

(e) 因为$\langle b, c \rangle \in R$ 且$\langle c, a \rangle \in R$，但$\langle b, a \rangle \notin R$，所以 R 不满足传递性。

图 3.7.6

习　　题

3.7-1　设 $A=\{1,2,3,4\}$，A 上的二元关系 $R=\{\langle a,b\rangle\mid a$ 整除 $b\}$。

（a）给出 R 的列举法表示。

（b）给出 R 的关系矩阵 $\boldsymbol{M}_R$。

（c）画出 R 的关系图。

3.7-2　设 $A=\{5,4,35,49\}$，A 上的二元关系 R 定义为 $R=\{\langle a,b\rangle\mid a+b<54\}$。

（a）写出 R 中的所有序偶。

（b）画出 R 的关系图。

（c）说明 R 满足哪些特性。

3.7-3　设 $A=\{1,2,3,4\}$，A 上的恒等关系 I_A 满足哪些特性？

3.7-4　设 A 是所有拥有上海户口的人构成的集合，确定以下 A 上二元关系的特性。

（a）$R_1=\{\langle a,b\rangle\mid a$ 比 b 高$\}$。

（b）$R_2=\{\langle a,b\rangle\mid a$ 与 b 的生日是同一天$\}$。

（c）$R_3=\{\langle a,b\rangle\mid a$ 和 b 有共同的祖父$\}$。

（d）$R_4=\{\langle a,b\rangle\mid a$ 的身份证号比 b 的身份证号大$\}$。

3.7-5　试确定下列关系的特性。

（a）集合 $A=\{1,2,3,4\}$，A 上的二元关系 $R=\{\langle 1,1\rangle,\langle 1,3\rangle,\langle 2,2\rangle,\langle 3,3\rangle,$ $\langle 4,4\rangle\}$。

（b）$S=\{\langle x,y\rangle\mid x\in\mathbf{R}\wedge y\in\mathbf{R}\wedge x\times y>0\}$，$R$ 是实数集。

（c）$T=\{\langle x,y\rangle\mid x\in\mathbf{R}\wedge y\in\mathbf{R}\wedge(0\equiv\mid x-y\mid\bmod 4)\wedge(\mid x-y\mid<10)\}$，$\mathbf{R}$ 是实数集。

3.7-6　设 A 是由 4 个元素构成的集合，当 A 上的二元关系 R_1、R_2、R_3、R_4 的关系图分别如图 3.7.7(a)、(b)、(c)、(d)所示时，R_1、R_2、R_3、R_4 分别具有哪些特性？

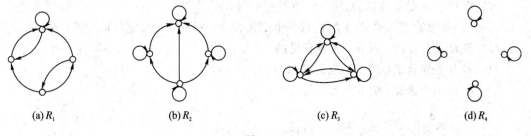

(a) R_1　　　　(b) R_2　　　　(c) R_3　　　　(d) R_4

图 3.7.7

3.7-7　集合 $A=\{a,b,c\}$，以关系图的形式构造 A 上的二元关系 R_1 和 R_2，使其分别满足：

（a）R_1 既不是对称的，又不是反对称的。

（b）R_2 既不是自反的，又不是反自反的，但它是传递的。

3.7-8　集合 $A=\{a,b,c\}$，R 是 A 上的二元关系，如果 R 是反对称的，那么 $R\bigcap R^{-1}$ 的关系矩阵中最多有多少个非零元素？

3.7-9　下面给出了一个关于论断"对任意的集合 A 上的二元关系 R，若 R 是对称和传递的，则 R 一定是自反的"的论证：

(a) 因为 R 是对称的，所以如果有 $\langle x, y \rangle \in R$，那么有 $\langle y, x \rangle \in R$。

(b) 因为 R 是传递的，所以如果有 $\langle x, y \rangle \in R$ 和 $\langle y, x \rangle \in R$，那么有 $\langle x, x \rangle \in R$，故 R 是自反的。

该论证正确吗？请说明理由。

3.7 – 10　设 R 是 A 上的二元关系，证明：

(a) R 是自反的，当且仅当 $I_A \subseteq R$。

(b) R 是反自反的，当且仅当 $I_A \cap R = \varnothing$。

(c) R 是对称的，当且仅当 $R = R^{-1}$。

(d) R 是反对称的，当且仅当 $R \cap R^{-1} \subseteq I_A$。

(e) R 是传递的，当且仅当 $R \cdot R \subseteq R$。

3.7 – 11　设 R 和 S 是集合 A 上的任意两个二元关系，判断以下命题的真假，并证明之。

(a) 若 R 和 S 都是自反的，则 $R \circ S$ 也是自反的。

(b) 若 R 和 S 都是反自反的，则 $R \circ S$ 也是反自反的。

(c) 若 R 和 S 都是对称的，则 $R \circ S$ 也是对称的。

(d) 若 R 和 S 都是反对称的，则 $R \circ S$ 也是反对称的。

(e)若 R 和 S 都是传递的，则 $R \circ S$ 也是传递的。

3.7 – 12　设 A 是集合，$R \subseteq A \times A$，$S \subseteq A \times A$，R 和 S 均是传递的，那么：

(a) $R \cup S$ 是否一定是传递的？

(b) $R \cup S$ 是否一定不是传递的？

试证明你的判断。

3.7 – 13　设 R 和 S 是集合 A 上的任意两个二元关系，证明：

(a) 若 R 和 S 都是自反的，则 $R \cap S$ 也是自反的。

(b) 若 R 和 S 都是对称的，则 $R \cap S$ 也是对称的。

(c) 若 R 和 S 都是传递的，则 $R \cap S$ 也是传递的。

3.7 – 14　设 R 是集合 A 上的任意一个二元关系，判断下列命题的正确性，并证明之。

(a) 若 R 是自反的，则 R^{-1} 也是自反的。

(b) 若 R 是对称的，则 R^{-1} 也是对称的。

(c) 若 R 是传递的，则 R^{-1} 也是传递的。

3.7 – 15　设 $A = \{a, b, c\}$，问：

(a) A 上有多少个二元关系既是自反的又是对称的？

(b) A 上有多少个二元关系是反对称的？

(c) A 上有多少个二元关系既不是对称的，也不是反对称的？

3.7 – 16　A relation R on a set A is asymmetric, if $\langle a, b \rangle \in R$ then $\langle b, a \rangle \notin R$. Let $A = \{1, 2, 3\}$ and $R = \{\langle 1, 2 \rangle, \langle 2, 2 \rangle, \langle 2, 3 \rangle\}$. Is R symmetric, asymmetric, or antisymmetric?

3.7 – 17　Prove that if a relation R on a set A is transitive, then R^2 is also transitive.

3.8 关系的闭包运算

前面已经介绍了集合上二元关系的五种特性。对于一个集合上的二元关系，可以通过增加必要的序偶，使之满足自反、对称或传递性。为此，这里引入关系的闭包（closure）运算。

定义 3.8.1 设 R 是集合 A 上的二元关系，如果 A 上另外一个二元关系 R' 满足：

(1) R' 是自反的（对称的、传递的）；

(2) $R' \supseteq R$；

(3) 对于 A 上的任何自反的（对称的、传递的）关系 R''，若 $R'' \supseteq R$，有 $R'' \supseteq R'$，则称 R' 是 R 的自反（对称、传递）闭包。

集合 A 上二元关系 R 的自反闭包（reflexive closure）、对称闭包（symmetric closure）、传递闭包（transitive closure）分别记为 $r(R)$、$s(R)$、$t(R)$。由定义可知，R 的自反闭包 $r(R)$（对称闭包 $s(R)$、传递闭包 $t(R)$）是包含 R 的最小的、自反的（对称的、传递的）关系。

定理 3.8.1 设 R 是集合 A 上的二元关系，则有

(1) R 是自反的当且仅当 $r(R) = R$。

(2) R 是对称的当且仅当 $s(R) = R$。

(3) R 是传递的当且仅当 $t(R) = R$。

证明 (2)必要性。若 R 是对称的，令 $R' = R$，显然，R' 满足定义 3.8.1 中关于对称闭包的约束条件(1)、(2)、(3)，所以，$s(R) = R' = R$。

充分性。若 $s(R) = R$，因为 $s(R)$ 是对称的，所以 R 也是对称的。

同理可证(1)和(3)。

证毕

例 1 设 $A = \{a, b\}$，分别求以下 A 上的二元关系的自反、对称和传递闭包。

(a) $R = \{\langle a, a \rangle, \langle b, b \rangle\}$。

(b) $S = A \times A$。

(c) $T = \varnothing$。

解 (a) 因为 R 是自反、对称和传递的，所以有
$$r(R) = s(R) = t(R) = R = \{\langle a, a \rangle, \langle b, b \rangle\}$$

(b) S 也是自反、对称和传递的，因此
$$r(S) = s(S) = t(S) = S = A \times A = \{\langle a, a \rangle, \langle a, b \rangle, \langle b, a \rangle, \langle b, b \rangle\}$$

(c) T 不是自反的，但是对称和传递的，因此，$s(T) = t(T) = T = \varnothing$，而根据自反闭包的定义，$r(T) = \{\langle a, a \rangle, \langle b, b \rangle\}$。

由定理 3.8.1 可知，如果 R 本身就是自反（对称、传递）的，那么 R 的自反（对称、传递）闭包就等于 R，反过来说，若 R 不是自反（对称、传递）的，那么有 $r(R) \neq R$，$s(R) \neq R$，$t(R) \neq R$。在这种情况下，如何求关系 R 的闭包呢？

定理 3.8.2 设 R 是集合 A 上的二元关系，那么有

(1) $r(R) = R \cup I_A$。

(2) $s(R) = R \cup R^{-1}$。

(3) $t(R) = \bigcup_{i=1}^{\infty} R^i$。

证明 (1) 令 $R' = R \cup I_A$。

① 任取 $x \in A$，$\langle x, x \rangle \in I_A$，则 $\langle x, x \rangle \in R \cup I_A$，故 R' 是自反的。

② 显然 $R' \supseteq R$。

③ 任取 A 上的自反关系 R''，且 $R'' \supseteq R$，现证明 $R'' \supseteq R'$。

任取 $\langle x, y \rangle \in R'$，则有 $\langle x, y \rangle \in R$ 或 $\langle x, y \rangle \in I_A$。

若 $\langle x, y \rangle \in R$，则有 $\langle x, y \rangle \in R''$。

若 $\langle x, y \rangle \in I_A$，则 $x = y$，又因为 R'' 是自反的，所以 $\langle x, y \rangle \in R''$。

故有 $R'' \supseteq R'$。

由此可知，$r(R) = R' = R \cup I_A$。

(2) 令 $R' = R \cup R^{-1}$。

① $R'^{-1} = (R \cup R^{-1})^{-1} = R^{-1} \cup R = R'$，所以 R' 是对称的。

② 显然 $R' \supseteq R$。

③ 任取 A 上的对称关系 R''，且 $R'' \supseteq R$，现证明 $R'' \supseteq R'$。

任取 $\langle x, y \rangle \in R'$，由 $R' = R \cup R^{-1}$ 知，得到 $\langle x, y \rangle \in R$ 或 $\langle x, y \rangle \in R^{-1}$。

若 $\langle x, y \rangle \in R$，则 $\langle x, y \rangle \in R''$。

若 $\langle x, y \rangle \in R^{-1}$，则 $\langle y, x \rangle \in R$，$\langle y, x \rangle \in R''$，因为 R'' 是对称的，所以 $\langle x, y \rangle \in R''$。

故有 $R'' \supseteq R'$。

由此可知，$s(R) = R' = R \cup R^{-1}$。

(3) 令 $R' = \bigcup_{i=1}^{\infty} R^i$。

① 任取 $\langle x, y \rangle \in R'$，$\langle y, z \rangle \in R'$，那么必存在正整数 s、t，使得 $\langle x, y \rangle \in R^s$，$\langle y, z \rangle \in R^t$，则有 $\langle x, z \rangle \in R^s \circ R^t = R^{s+t} \subseteq \bigcup_{i=1}^{\infty} R^i$，所以 $\langle x, z \rangle \in R'$，即 R' 是传递的。

② $R \subseteq \bigcup_{i=1}^{\infty} R^i = R'$。

③ 任取 A 上的传递关系 R''，且 $R'' \supseteq R$，现证明 $R'' \supseteq R'$。

任取 $\langle x, y \rangle \in R'$，则存在某正整数 k 使得 $\langle x, y \rangle \in R^k$，而 $R^k = \underbrace{R \circ R \circ \cdots \circ R}_{k个}$，由复合运

算的定义可知：A 中存在元素 $x_1, x_2, \cdots, x_{k-1}$，使得 $\langle x, x_1 \rangle \in R$，$\langle x_1, x_2 \rangle \in R$，$\cdots$，$\langle x_{k-1}, y \rangle \in R$。因为 $R'' \supseteq R$，所以有 $\langle x, x_1 \rangle \in R''$，$\langle x_1, x_2 \rangle \in R''$，$\cdots$，$\langle x_{k-1}, y \rangle \in R''$。

又因为 R'' 是传递的，所以 $\langle x, y \rangle \in R''$，从而有 $R'' \supseteq R'$。

综上所述有 $t(R) = R' = \bigcup_{i=1}^{\infty} R^i$。

证毕

例 2 设 $A = \{a, b, c\}$，A 上的二元关系 $R = \{\langle a, b \rangle, \langle b, c \rangle, \langle c, a \rangle\}$，求 $r(R)$、$s(R)$ 和 $t(R)$，并给出各闭包的关系矩阵和关系图。

解 R 的关系图如图 3.8.1 所示。

图 3.8.1

(a) 求自反闭包 $r(R)$。
$$r(R)=R\bigcup I_A=\{\langle a,b\rangle,\langle b,c\rangle,\langle c,a\rangle,\langle a,a\rangle,\langle b,b\rangle,\langle c,c\rangle\}$$

$$\boldsymbol{M}_{r(R)}=\begin{bmatrix}1&1&0\\0&1&1\\1&0&1\end{bmatrix}$$

$r(R)$ 的关系图如图 3.8.2 所示。

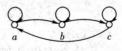

图 3.8.2

(b) 求对称闭包 $s(R)$。
$$s(R)=R\bigcup R^{-1}=\{\langle a,b\rangle,\langle b,c\rangle,\langle c,a\rangle,\langle b,a\rangle,\langle c,b\rangle,\langle a,c\rangle\}$$

$$\boldsymbol{M}_{s(R)}=\begin{bmatrix}0&1&1\\1&0&1\\1&1&0\end{bmatrix}$$

$s(R)$ 的关系图如图 3.8.3 所示。

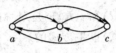

图 3.8.3

(c) 求传递闭包 $t(R)$。
$$R=\{\langle a,b\rangle,\langle b,c\rangle,\langle c,a\rangle\}$$
$$R^2=\{\langle a,c\rangle,\langle b,a\rangle,\langle c,b\rangle\}$$
$$R^3=\{\langle a,a\rangle,\langle b,b\rangle,\langle c,c\rangle\}=I_A=R^0$$

因此有
$$R^4=R,\ R^5=R^2,\ \cdots,\ R^{3n+1}=R,\ R^{3n+2}=R^2,\ R^{3n+3}=R^3$$
$$t(R)=R\cup R^2\cup R^3\cup\cdots=R\cup R^2\cup R^3$$
$$=\{\langle a,b\rangle,\langle b,c\rangle,\langle c,a\rangle,\langle a,c\rangle,\langle b,a\rangle,\langle c,b\rangle,\langle a,a\rangle,\langle b,b\rangle,\langle c,c\rangle\}$$

$$\boldsymbol{M}_{t(R)}=\begin{bmatrix}1&1&1\\1&1&1\\1&1&1\end{bmatrix}$$

$t(R)$ 的关系图如图 3.8.4 所示。

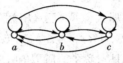

图 3.8.4

定理 3.8.3 设 R 是有限集合 A 上的二元关系且 $|A|=n$，那么有
$$t(R)=R\cup R^2\cup\cdots\cup R^n$$

证明 已知 $t(R)=R\cup R^2\cup\cdots\cup R^n\cup\cdots$，现证明 $R\cup R^2\cup\cdots\cup R^n=R\cup R^2\cup\cdots$

$\bigcup R^n \bigcup \cdots$。

(1) 显然有 $R \bigcup R^2 \bigcup \cdots \bigcup R^n \subseteq R \bigcup R^2 \bigcup \cdots \bigcup R^n \bigcup \cdots$。

(2) 证明 $R \bigcup R^2 \bigcup \cdots \bigcup R^n \bigcup \cdots \subseteq R \bigcup R^2 \bigcup \cdots \bigcup R^n$，为此，需要证明对于任何 x，$y \in A$，如果 $\langle x, y \rangle \in R \bigcup R^2 \bigcup \cdots \bigcup R^n \bigcup \cdots$，必存在正整数 $k \leqslant n$，使得 $\langle x, y \rangle \in R^k$。采用反证法：

假设 k 是满足 $\langle x, y \rangle \in R^k$ 的最小正整数（因为 $\langle x, y \rangle \in R \bigcup R^2 \bigcup \cdots \bigcup R^n \bigcup \cdots$，必存在正整数 s，使得 $\langle x, y \rangle \in R^s$），且 $k > n$，则 A 中存在元素序列 $x = a_0, a_1, \cdots, a_{k-1}$，$a_k = y$，使得

$$\langle x, a_1 \rangle, \langle a_1, a_2 \rangle, \cdots, \langle a_{k-1}, y \rangle \in R$$

由于 $|A| = n$，则 $a_0, a_1, \cdots, a_{k-1}, a_k$ 中必有相同者，不妨设 $a_i = a_j (0 \leqslant i < j \leqslant k)$，于是 $\langle x, a_1 \rangle, \langle a_1, a_2 \rangle, \cdots, \langle a_{i-1}, a_i \rangle, \langle a_j, a_{j+1} \rangle, \cdots, \langle a_{k-1}, y \rangle \in R$，得到 $\langle x, a_i \rangle \in R^i$，$\langle a_j, y \rangle \in R^{k-j}$，$\langle x, y \rangle \in R^{i+(k-j)}$，即 $\langle x, y \rangle \in R^t$，其中 $t = i + (k-j) = k - (j-i) < k$。这与 k 的最小性矛盾，于是 $k \leqslant n$。故有 $R \bigcup R^2 \bigcup \cdots \bigcup R^n \bigcup \cdots \subseteq R \bigcup R^2 \bigcup \cdots \bigcup R^n$ 成立。

综上所述，$t(R) = R \bigcup R^2 \bigcup \cdots \bigcup R^n$。

证毕

定理 3.8.4 设 R 是集合 A 上的二元关系，则有

(1) 如果 R 是自反的，那么 $s(R)$ 和 $t(R)$ 也是自反的。

(2) 如果 R 是对称的，那么 $r(R)$ 和 $t(R)$ 也是对称的。

(3) 如果 R 是传递的，那么 $r(R)$ 也是传递的。

证明过程留作练习。

集合 A 上的二元关系 R 的闭包运算可以进行复合运算，例如 $ts(R) = t(s(R))$ 表示 R 的对称闭包的传递闭包，通常简称为 R 的对称传递闭包，而 $tsr(R)$ 则表示 R 的自反对称传递闭包。R 的传递闭包有时用 R^+ 表示，而 R 的自反传递闭包 $tr(R)$ 用 R^* 表示。

定理 3.8.5 设 R 是集合 A 上的二元关系，则有

(1) $sr(R) = rs(R)$。

(2) $tr(R) = rt(R)$。

(3) $ts(R) \supseteq st(R)$。

证明 (1) 已知 $(R \bigcup I_A)^{-1} = R^{-1} \bigcup I_A^{-1}$，$I_A^{-1} = I_A$，因此

$$sr(R) = s(R \bigcup I_A) = (R \bigcup I_A) \bigcup (R \bigcup I_A)^{-1} = R \bigcup I_A \bigcup R^{-1} \bigcup I_A$$
$$= (R \bigcup R^{-1}) \bigcup I_A = s(R) \bigcup I_A = rs(R)$$

(2) 对于任意 $n \in \mathbf{N}$，有 $I_A^n = I_A$ 且 $(R \bigcup I_A)^n = \overset{n}{\underset{i=1}{\bigcup}} R^i \bigcup I_A$，因此

$$tr(R) = t(R \bigcup I_A) = \overset{\infty}{\underset{i=1}{\bigcup}} (R \bigcup I_A)^i = \overset{\infty}{\underset{i=1}{\bigcup}} R^i \bigcup I_A = t(R) \bigcup I_A = rt(R)$$

(3) 不难证明，如果 $R_1 \supseteq R_2$，那么 $s(R_1) \supseteq s(R_2)$ 且 $t(R_1) \supseteq t(R_2)$，因为 $s(R) \supseteq R$，所以有 $ts(R) \supseteq t(R)$，于是有 $sts(R) \supseteq st(R)$。

根据定理 3.8.3(2) 可知 $ts(R)$ 是对称的，所以有 $sts(R) = ts(R)$。

故有 $ts(R) \supseteq st(R)$ 成立。

证毕

但是，$ts(R) = st(R)$ 不一定成立。例如，设 $R = \{\langle a, a \rangle, \langle a, b \rangle\}$ 是集合 $A = \{a, b\}$ 上的二元关系，$st(R) = \{\langle a, a \rangle, \langle a, b \rangle, \langle b, a \rangle\}$，而 $ts(R) = \{\langle a, a \rangle, \langle a, b \rangle, \langle b, a \rangle,$

$\langle b,b\rangle\}$，$ts(R)\neq st(R)$。

以上定理说明，自反闭包运算与对称或传递闭包运算的先后顺序互换后不影响运算的结果，但是对称闭包运算与传递闭包运算的先后顺序不能随意互换。

习　　题

3.8-1　设集合 $A=\{a,b,c,d\}$，A 上的二元关系 $R=\{\langle a,a\rangle,\langle a,b\rangle,\langle b,a\rangle,$ $\langle b,c\rangle,\langle c,d\rangle,\langle a,c\rangle\}$，其关系图如图 3.8.5 所示。

图 3.8.5

求 $r(R)$、$s(R)$、$t(R)$，并分别画出各闭包的关系图。

3.8-2　设 R 是集合 A 上的二元关系，如果 R 是传递的，那么 $s(R)$ 是传递的吗？证明你的结论。

3.8-3　设 R 是集合 A 上的二元关系，运用定理 3.1.3，证明 $t(R)=\bigcup\limits_{i=1}^{\infty}R^i$。

3.8-4　设集合 $A=\{a_1,a_2,a_3,a_4,a_5\}$，$A$ 上的二元关系 $R=\{\langle a_i,a_{i+1}\rangle\mid 1\leqslant i\leqslant 4\}$。

(a) 求 $t(R)$。

(b) 求 $tsr(R)$。

(c) 给出 $t(R)$ 的归纳定义。

3.8-5　设 R_1 和 R_2 是集合 A 上的二元关系，且 $R_1\subseteq R_2$，证明：

(a) $r(R_1)\subseteq r(R_2)$。

(b) $s(R_1)\subseteq s(R_2)$。

(c) $t(R_1)\subseteq t(R_2)$。

3.8-6　设 R_1 和 R_2 是集合 A 上的二元关系，证明：

(a) $r(R_1\bigcup R_2)=r(R_1)\bigcup r(R_2)$。

(b) $s(R_1\bigcup R_2)=s(R_1)\bigcup s(R_2)$。

(c) $t(R_1)\bigcup t(R_2)\subseteq t(R_1\bigcup R_2)$。

3.8-7　集合 $A=\{3,4,5,6,9,10\}$，A 上的二元关系 R 的关系图如图 3.8.6 所示。

(a) 描述属于该二元关系的序偶的特征。

(b) 写出 R 的关系矩阵 $\boldsymbol{M}_R$。

(c) 计算 R 的传递闭包 $t(R)$。

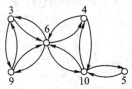

图 3.8.6

3.8－8　Let $A=\{1,2,3,4\}$, and let $R=\{\langle 1,2\rangle,\langle 2,3\rangle,\langle 3,4\rangle,\langle 2,1\rangle\}$. Use two different methods to find the transitive closure of R.

3.8－9　Suppose that the relation R is reflexive, show that $R^*=tr(R)$ is reflexive.

3.8－10　Suppose that the relation R is symmetric, show that R^* is symmetirc.

3.9　等 价 关 系

等价是数学中一个非常重要的概念，例如，直线的平行关系、命题公式集合上的等价关系、整数集合上的模 k 同余关系。等价关系在计算机科学中也有重要的应用，例如程序间的功能等价。以下将讨论集合的划分、等价关系以及二者之间的关系。

3.9.1　集合的划分

在集合的研究中，除了集合的运算、集合之间的比较之外，有时要把一个集合分成若干子集加以讨论。

定义 3.9.1　给定非空集合 A 和集合簇 $\pi=\{A_1,A_2,\cdots,A_m\}$，如果

(1) $A_i\subseteq A$ 且 $A_i\neq\varnothing(1\leqslant i\leqslant m)$；

(2) $A=\bigcup\limits_{i=1}^{m}A_i$；

(3) $A_i\bigcap A_j=\varnothing(1\leqslant i,j\leqslant m$ 且 $i\neq j)$，

那么称 π 是 A 的一个划分(partition)。若 π 满足条件(1)、(2)，则称 π 是集合 A 的一个覆盖(cover)。

通俗地说，如果一组两两不相交的非空集合的并集等于 A，那么以这组集合为元素的集合称为 A 的划分。如果一组非空集合的并集等于 A，那么以这组集合为元素的集合称为 A 的覆盖。

例 1　设 $A=\{1,2,3\}$，判断以下集合簇是 A 的覆盖还是 A 的划分。

$$\pi_1=\{\{1\},\{1,2\}\},\pi_2=\{\{1,2\},\{2,3\}\},\pi_3=\{\{1\},\{1,2\},\{1,3\}\}$$
$$\pi_4=\{\{1\},\{2,3\}\},\pi_5=\{\{1,2,3\}\},\pi_6=\{\{1\},\{2\},\{3\}\}$$
$$\pi_7=\rho(A)-\{\varnothing\}$$

解　π_1 不是 A 的覆盖，也不是 A 的划分；π_2、π_3、π_7 是 A 的覆盖，但不是 A 的划分；π_4、π_5、π_6 既是 A 的覆盖，又是 A 的划分。

定义 3.9.2　一个集合 A 的划分 π 中的元素 A_i 称为该划分的块(block)。

定义 3.9.3　设 π 为非空集合 A 的一个划分，若 π 为有限集合，则称划分的块数 $|\pi|$ 为划分的秩。若 π 为无限集合，称 π 的秩是无限的。

对于有限集合 A，秩为 1 的划分称为 A 的最小划分，秩为 $|A|$ 的划分称为 A 的最大划分。

3.9.2　等价关系和等价类

定义 3.9.4　设 R 是集合 A 上的一个二元关系，若 R 是自反、对称和传递的，则称 R 为等价关系(equivalence relation)。

例 2　设 R 为软件工程系所有学生构成的集合上的"同住一个寝室关系"，验证 R 是等

价关系。

解　任意一个学生与自己同住一个寝室，因此 R 是自反的；如果 aRb，即 a 学生与 b 学生同住一个寝室，则 b 学生与 a 学生也同住一个寝室，因此有 bRa，所以 R 是对称的；如果有 aRb 和 bRc，即 a 学生与 b 学生同住一个寝室，b 学生与 c 学生同住一个寝室，则 a 学生与 c 学生也同住一个寝室，即有 aRc 成立，所以 R 是传递的。

因此 R 是等价关系。一个有趣的现象是这个等价关系将软件工程系的所有学生以寝室为单位进行了划分。

例 3　$A = \{a, b, c, d\}$，A 上的二元关系 $R = \{\langle a, a \rangle, \langle a, b \rangle, \langle b, a \rangle, \langle b, b \rangle, \langle c, c \rangle, \langle c, d \rangle, \langle d, c \rangle, \langle d, d \rangle\}$，验证关系 R 是等价关系。

解　(a) 因为 $I_A \subseteq R$，所以 R 是自反的。

(b) 因为 $R^{-1} = \{\langle a, a \rangle, \langle b, a \rangle, \langle a, b \rangle, \langle b, b \rangle, \langle c, c \rangle, \langle d, c \rangle, \langle c, d \rangle, \langle d, d \rangle\} = R$，所以 R 是对称的。

(c) 因为 $R \circ R = \{\langle a, a \rangle, \langle a, b \rangle, \langle b, a \rangle, \langle b, b \rangle, \langle c, c \rangle, \langle c, d \rangle, \langle d, c \rangle, \langle d, d \rangle\} \subseteq R$，所以 R 是传递的。

综上所述，R 是等价关系，其关系图如图 3.9.1 所示。

图 3.9.1

例 4　设 $\mathbf{Z}$ 为整数集，$A \subseteq \mathbf{Z}$，$k \in \mathbf{Z}^+$，A 上的二元关系 $R = \{\langle x, y \rangle \mid x = y (\bmod k)\}$，证明 R 是等价关系。

证明　如果 $A = \varnothing$，那么 $R = \varnothing$，R 是自反、对称和传递的，故 R 是等价关系。

如果 $A \neq \varnothing$，则有：

(a) 任取 $a \in A$，有 $a - a = 0 \cdot k$，于是 $a = a (\bmod k)$，即 $\langle a, a \rangle \in R$，所以 R 是自反的。

(b) 任取 $\langle a, b \rangle \in R$，则有 $a = b (\bmod k)$，即存在 $m \in \mathbf{Z}$，使得 $a - b = m \cdot k$，于是有 $b - a = (-m) \cdot k$，因此 $b = a (\bmod k)$，即 $\langle b, a \rangle \in R$，所以 R 是对称的。

(c) 任取 $\langle a, b \rangle \in R$，$\langle b, c \rangle \in R$，则有 $a = b (\bmod k)$ 和 $b = c (\bmod k)$，即存在 m_1，$m_2 \in \mathbf{Z}$，使得 $a - b = m_1 \cdot k$ 和 $b - c = m_2 \cdot k$，将等式两边相加得

$$a - c = (m_1 + m_2) \cdot k$$

因此 $a = c (\bmod k)$，即 $\langle a, c \rangle \in R$，所以 R 是传递的。

综上所述，R 是等价关系。

证毕

定义 3.9.5　设 R 是非空集合 A 上的等价关系，对于任意 $a \in A$，称集合 $[a]_R = \{x \mid x \in A, xRa\}$ 为 a 关于 R 的等价类(equivalence class)，a 称为等价类 $[a]_R$ 的代表元素。如果等价类个数有限，则 R 的不同等价类的个数叫做 R 的秩，否则秩是无限的。

等价类 $[a]_R$ 是所有与 a 具有 R 关系的元素构成的集合。由等价类的定义可知，$[a]_R$ 是非空的，因为 $a \in [a]_R$。

定理 3.9.1　设 R 是非空集合 A 上的等价关系，对于 $a, b \in A$ 有 aRb，当且仅当 $[a]_R = [b]_R$。

证明　充分性。若 $[a]_R = [b]_R$，因为 $a \in [a]_R$，所以 $a \in [b]_R$，故 aRb。

必要性。若 aRb，对任意 $x \in [a]_R$，有 xRa，由传递性可知 xRb，即 $x \in [b]_R$，所以 $[a]_R \subseteq [b]_R$，同理可证 $[b]_R \subseteq [a]_R$。

故 $[a]_R = [b]_R$。

证毕

定义 3.9.6 设 R 是集合 A 上的等价关系，由 R 确定的所有等价类组成的集合，称为集合 A 上关于 R 的商集(quotient set)，记为 A/R。

$$A/R = \{[x]_R \mid x \in A\}$$

例 5 设 $A = \{1, 2, 3, 4, 5, 8\}$，R 是 A 上的"模 3 同余"关系。

(a) 求关于 R 的所有等价类。

(b) 求 A/R。

解 $R = \{\langle 1, 1 \rangle, \langle 1, 4 \rangle, \langle 2, 2 \rangle, \langle 2, 5 \rangle, \langle 2, 8 \rangle, \langle 3, 3 \rangle, \langle 4, 1 \rangle, \langle 4, 4 \rangle, \langle 5, 2 \rangle, \langle 5, 5 \rangle, \langle 5, 8 \rangle, \langle 8, 2 \rangle, \langle 8, 5 \rangle, \langle 8, 8 \rangle\}$，$R$ 是一个等价关系，其关系图如图 3.9.2 所示。

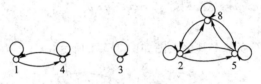

图 3.9.2

(a) A 上关于 R 有三个等价类：

$$[1]_R = [4]_R = \{1, 4\}$$
$$[2]_R = [5]_R = [8]_R = \{2, 5, 8\}$$
$$[3]_R = \{3\}$$

(b) $A/R = \{\{1, 4\}, \{2, 5, 8\}, \{3\}\}$。

定理 3.9.2 设 R 是非空集合 A 上的等价关系，则有

(1) 任取 $x \in A$，$[x]_R \neq \varnothing$。

(2) 任取 $x, y \in A$，或者 $[x]_R = [y]_R$，或者 $[x]_R \cap [y]_R = \varnothing$。

(3) $\bigcup\limits_{x \in A} [x]_R = A$。

证明 (1) 任取 $x \in A$，因为 $\langle x, x \rangle \in R$，所以 $x \in [x]_R$，即 $[x]_R \neq \varnothing$。

(2) 任取 $x, y \in A$，或者 $[x]_R = [y]_R$，或者 $[x]_R \cap [y]_R = \varnothing$，等价于任取 $x, y \in A$，如果 $[x]_R \cap [y]_R \neq \varnothing$，则 $[x]_R = [y]_R$。

设 $[x]_R \cap [y]_R \neq \varnothing$，则存在 $z \in A$ 且 $z \in [x]_R \cap [y]_R$，即 $z \in [x]_R$ 且 $z \in [y]_R$，因此有 $\langle z, x \rangle \in R$ 且 $\langle z, y \rangle \in R$。由定理 3.9.1 可知，$[x]_R = [z]_R = [y]_R$。

(3) 因为对任意 $x \in A$，$[x]_R \subseteq A$，所以有 $\bigcup\limits_{x \in A} [x]_R \subseteq A$。

任取 $x \in A$，因为 $x \in [x]_R$，而 $[x]_R \subseteq \bigcup\limits_{x \in A} [x]_R$，所以 $x \in \bigcup\limits_{x \in A} [x]_R$，即 $A \subseteq \bigcup\limits_{x \in A} [x]_R$。由此可知，$\bigcup\limits_{x \in A} [x]_R = A$。

证毕

设 R 是集合 A 上的一个等价关系，定理 3.9.2 表明 A 上关于 R 的商集 A/R 就是集合 A 的一个划分，通常称为由 R 诱导的 A 的划分。例如，例 4 中的"模 3 同余"关系诱导的 A 的划分 $\pi = A/R = \{\{1, 4\}, \{2, 5, 8\}, \{3\}\}$。

定理 3.9.3 设 π 是非空集合 A 的一个划分，则 A 上的二元关系 $R = \bigcup\limits_{B \in \pi} B \times B$ 是 A 上的等价关系（称为由划分 π 诱导的 A 上的等价关系）。

证明 R 可以等价描述为：
$$R = \{\langle a, b \rangle \mid a, b \in A \text{ 且 } a, b \text{ 属于划分 } \pi \text{ 的同一块}\}$$

(1) 因为任取 $a \in A$，a 属于 π 的某一块，则必有 aRa，故 R 是自反的。

(2) 若 aRb，则 a 与 b 属于 π 的同一块，可得 b 与 a 也属于 π 的同一块，即有 bRa，故 R 是对称的。

(3) 若 aRb 且 bRc，则有 a 与 b 属于 π 的同一块且 b 与 c 也属于 π 的同一块，可得 a 与 c 属于 π 的同一块，即有 aRc，故 R 是传递的。

综上所述，R 是等价关系。

证毕

定理 3.9.4 设 R_1 和 R_2 是非空集合 A 上的等价关系，则 $R_1 = R_2$ 当且仅当 $A/R_1 = A/R_2$。

证明 $A/R_1 = \{[a]_{R_1} \mid a \in A\}$，$A/R_2 = \{[a]_{R_2} \mid a \in A\}$。

必要性。若 $R_1 = R_2$，任取 $a \in A$，则有
$$[a]_{R_1} = \{x \mid x \in A, xR_1a\} = \{x \mid x \in A, xR_2a\} = [a]_{R_2}$$
故有 $A/R_1 = \{[a]_{R_1} \mid a \in A\} = \{[a]_{R_2} \mid a \in A\} = A/R_2$。

充分性。若 $A/R_1 = A/R_2$，任取 $\langle a, b \rangle \in R_1$，由于 $\{[a]_{R_1} \mid a \in A\} = \{[a]_{R_2} \mid a \in A\}$，则对任意 $[a]_{R_1} \in A/R_1$，必然存在 $[c]_{R_2} \in A/R_2$，使得 $[a]_{R_1} = [c]_{R_2}$，则有
$$\langle a, b \rangle \in R_1 \Rightarrow \langle b, a \rangle \in R_1 \Rightarrow a \in [a]_{R_1} \wedge b \in [a]_{R_1} \Rightarrow a \in [c]_{R_2} \wedge b \in [c]_{R_2}$$
$$\Rightarrow \langle a, c \rangle \in R_2 \text{ 且 } \langle b, c \rangle \in R_2 \Rightarrow \langle a, c \rangle \in R_2 \text{ 且 } \langle c, b \rangle \in R_2 \Rightarrow \langle a, b \rangle \in R_2$$
所以 $R_1 \subseteq R_2$。

同理可证，$R_2 \subseteq R_1$。

因此，$R_1 = R_2$。

证毕

定理 3.9.5 设 R 是非空集合 A 上的任意一个等价关系，π 是 A 的任意一个划分，那么 R 诱导出 π 当且仅当 π 诱导出 R。

证明留作习题。

以上定理表明任意集合 A 上的等价关系与该集合的划分之间是一一对应的。

例 6 设 $A = \{a, b, c\}$，求 A 上所有的等价关系。

解 因为 A 上的等价关系与 A 的划分是一一对应的，因此可以先求 A 上所有的划分，然后再求由这些划分分别诱导的等价关系。

A 上有以下五种不同的划分，如图 3.9.3 所示。

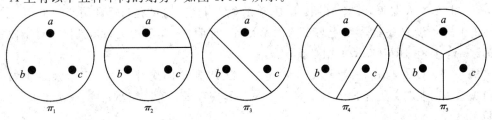

图 3.9.3

由这五种划分所诱导的等价关系分别为

$$R_1 = \{a, b, c\} \times \{a, b, c\}$$

$$= \{\langle a, a\rangle, \langle a, b\rangle, \langle a, c\rangle, \langle b, a\rangle, \langle b, b\rangle, \langle b, c\rangle, \langle c, a\rangle, \langle c, b\rangle, \langle c, c\rangle\}$$

$$R_2 = (\{a\} \times \{a\}) \bigcup (\{b, c\} \times \{b, c\}) = \{\langle a, a\rangle, \langle b, b\rangle, \langle b, c\rangle, \langle c, b\rangle, \langle c, c\rangle\}$$

$$R_3 = (\{b\} \times \{b\}) \bigcup (\{a, c\} \times \{a, c\}) = \{\langle b, b\rangle, \langle a, a\rangle, \langle a, c\rangle, \langle c, a\rangle, \langle c, c\rangle\}$$

$$R_4 = (\{c\} \times \{c\}) \bigcup (\{a, b\} \times \{a, b\}) = \{\langle c, c\rangle, \langle a, a\rangle, \langle a, b\rangle, \langle b, a\rangle, \langle b, b\rangle\}$$

$$R_5 = (\{a\} \times \{a\}) \bigcup (\{b\} \times \{b\}) \bigcup (\{c\} \times \{c\}) = \{\langle a, a\rangle, \langle b, b\rangle, \langle c, c\rangle\}$$

习　题

3.9-1　R 为集合 A 上的二元关系，下列哪些是等价关系？若不是，说明哪些条件不满足。

(a) $A = \{a, b, c, d\}$，$R = \{\langle a, a\rangle, \langle b, a\rangle, \langle b, b\rangle, \langle c, c\rangle, \langle d, d\rangle, \langle d, c\rangle\}$。

(b) $A = \{1, 2, 3, 4, 5\}$，$R = \{\langle 1, 1\rangle, \langle 1, 2\rangle, \langle 1, 3\rangle, \langle 2, 1\rangle, \langle 2, 2\rangle, \langle 3, 1\rangle,$ $\langle 2, 3\rangle, \langle 3, 3\rangle, \langle 4, 4\rangle, \langle 3, 2\rangle, \langle 5, 5\rangle\}$。

3.9-2　设 $A = \{1, 2, 3\}$，A 上的二元关系 R 和 S 的关系图分别如图 3.9.4(a)、(b) 所示。

(a)R　　　　　　　　(b)S

图 3.9.4

(a) 判断 R 和 S 是否是等价关系。

(b) 总结出通过关系图判断一个关系是否是等价关系的规则。

3.9-3　设集合 $A = \{1, 2, 3, 4, 5\}$，$\pi = \{\{1, 2\}, \{3\}, \{4, 5\}\}$ 是集合 A 的一个划分。

(a) 求由划分 π 所诱导的 A 上的等价关系 R。

(b) 构造 A 上的一个等价关系 S，使得 $|S| = 7$。

3.9-4　设 R 是 A 上的二元关系，定义 $S = \{\langle a, b\rangle \mid$ 存在 $c \in A$，使得 $\langle a, c\rangle \in R$ 且 $\langle c, b\rangle \in R\}$，证明：若 R 是 A 上的等价关系，则 $S = R$。

3.9-5　设 R 是集合 A 上的二元关系，对于任意的 $a, b, c \in A$，若有 aRb 和 bRc，则必有 cRa，那么称 R 是循环的。证明：R 是等价关系当且仅当 R 是自反和循环的。

3.9-6　设 R 是集合 A 上自反的二元关系，证明：R 是等价关系当且仅当对于任意的 $a, b, c \in A$，若有 aRb 和 aRc，则必有 bRc。

3.9-7　设 A 与 B 是两个集合，给定一个从 A 到 B 的映射 $f: A \to B$ 以及 B 上的一个等价关系 R。现定义集合 $S = \{\langle x, y\rangle \mid x, y \in A, \langle f(x), f(y)\rangle \in R\}$，试证明 S 是 A 上的等价关系。

3.9-8　给定集合 $X = \{a, b, c, d, e, f\}$，R 是 X 上的二元关系，其矩阵如下：

$$\begin{bmatrix} 0 & 0 & 1 & 0 & 0 & 0 \\ 0 & 0 & 0 & 1 & 0 & 0 \\ 0 & 0 & 0 & 0 & 0 & 0 \\ 0 & 0 & 0 & 0 & 0 & 0 \\ 1 & 0 & 0 & 0 & 0 & 0 \\ 0 & 0 & 0 & 0 & 0 & 1 \end{bmatrix}$$

R 的对称传递闭包 $ts(R)$ 是否是 X 上的等价关系？说明原因。

3.9-9　已知 R_1 和 R_2 是 A 上的等价关系，试证明

(a) $R_1 \bigcap R_2$ 也是 A 上的等价关系。

(b) 对 $a \in A$，$[a]_{R_1 \cap R_2} = [a]_{R_1} \bigcap [a]_{R_2}$。

3.9-10　已知 R_1 和 R_2 是 A 上的等价关系，且商集为

$$A/R_1 = \{\{a, b, c\}, \{d, e, g\}, \{f\}\}$$
$$A/R_2 = \{\{a, c\}, \{b, d, e\}, \{f, g\}\}$$

先画出 $R_1 \bigcap R_2$ 的关系图，再写出商集 $A/(R_1 \bigcap R_2)$。

3.9-11　设 R_1 和 R_2 为集合 A 上的等价关系，且 $R_1 \circ R_2 = R_2 \circ R_1$，试证：

(a) $R_1 \circ R_2$ 是 A 上的等价关系。

(b) $r(R_1 \bigcup R_2) = R_1 \circ R_2$。

3.9-12　设 $A = \{1, 2, 3, 4\}$，在 $\rho(A)$ 上定义二元关系如下：

$$R = \{\langle S, T \rangle \mid S, T \in \rho(A), |S| = |T|\}$$

(a) 证明 R 是 $\rho(A)$ 上的等价关系。

(b) 写出商集 $\rho(A)/R$。

3.9-13　设 R 是集合 A 上的二元关系。

(a) 求 A 上包含 R 的最小等价关系 E 的表达式。

(b) 证明 E 的最小性。

(c) 以 $A = \{1, 2, 3, 4, 5, 6\}$，$R = \{\langle 1, 2 \rangle, \langle 1, 3 \rangle, \langle 4, 4 \rangle, \langle 4, 5 \rangle\}$ 为例验证你的结果。

3.9-14　设 $A = \{a, b, c, d, e, f\}$，R 是 A 上的等价关系，且由 R 诱导的 A 的划分的秩为 4，确定所有满足条件的 R。

3.9-15　设 $A = \{a, b, c, d, e\}$，请回答下列问题，并阐述理由。

(a) A 上共有多少个二元关系？

(b) 上述二元关系中，有多少个是等价关系？

3.9-16　设 A 为含有 4 个元素的非空有限集合，则 A 上有多少个不同的等价关系？其中所诱导划分的秩为 2 的等价关系有多少个？

3.9-17　证明定理 3.9.5。

3.9-18　If $\{\{a, c, e\}, \{b, d\}\}$ is a partition of the set $A = \{a, b, c, d, e\}$, determine the corresponding equivalence relation R.

3.9-19　Let $A = \{a, b, c, d, e\}$ and R be the relation on A defined by

$$M_R = \begin{bmatrix} 1 & 1 & 1 & 0 & 1 \\ 1 & 1 & 1 & 0 & 1 \\ 1 & 1 & 1 & 0 & 1 \\ 0 & 0 & 0 & 1 & 0 \\ 1 & 1 & 1 & 0 & 1 \end{bmatrix}$$

Compute A/R.

3.10　序　关　系

有时集合的元素间存在一定的次序关系，例如实数间的大小关系、课程间的先后衔接关系等。序关系在计算机科学及软件工程领域中也有广泛应用，例如函数间的调用与被调用关系、类之间的继承关系等。

3.10.1　偏序集合的概念与表示

定义 3.10.1　如果集合 A 上的二元关系 R 是自反的、反对称的和传递的，那么称 R 为 A 上的偏序(partial order)，通常用符号"$\leqslant$"表示，称序偶$\langle A, \leqslant \rangle$为偏序集合(partially ordered set 或 poset)。

为了叙述简便，通常用 $x \prec y$ 表示 $x \leqslant y$ 且 $x \neq y$。

例 1　判断下列集合是否为偏序集合。

(a) $\langle \mathbf{Z}, \leqslant \rangle$，其中$\leqslant$是整数集合上的小于等于关系。

(b) $\langle \rho(A), \subseteq \rangle$，其中 A 是一个集合，$\subseteq$是子集关系。

(c) $\langle \mathbf{Z}, | \rangle$，其中$|$是整除关系。

解　(a)、(b)、(c)给出的二元关系$\leqslant$、$\subseteq$和$|$都是自反的、反对称的和传递的，因此都是偏序关系，各集合均为偏序集合。

定义 3.10.2　在偏序集合$\langle A, \leqslant \rangle$中，对于元素 $a, b \in A$，如果 $a \leqslant b$ 或者 $b \leqslant a$，则称 a 与 b 是可比的(comparable)，否则称 a 与 b 是不可比的(incomparable)。

定义 3.10.3　在偏序集合$\langle A, \leqslant \rangle$中，对于 $x, y \in A$，如果 $x \prec y$ 且没有其他元素 $z \in A$ 满足 $x \prec z \prec y$，则称 y 盖住 x。

$\langle A, \leqslant \rangle$上的盖住集 $\mathrm{Cov}A$ 定义为

$$\mathrm{Cov}A = \{\langle x, y \rangle \mid x, y \in A, y \text{ 盖住 } x\}$$

例 2　集合 $A = \{a, b, c\}$，偏序集合$\langle \rho(A), \subseteq \rangle$中，判断 A 的以下子集是否盖住$\{a\}$。

(a) $\varnothing$。

(b) $\{b, c\}$。

(c) $\{a, b\}$。

(d) $\{a, b, c\}$。

解　(a) $\varnothing$不盖住$\{a\}$。

(b) $\{a\}$与$\{b, c\}$是不可比较的，因此$\{b, c\}$不盖住$\{a\}$。

(c) $\{a, b\}$盖住$\{a\}$。

(d) 因为$\{a\} \subset \{a, b\} \subset \{a, b, c\}$，所以$\{a, b, c\}$不盖住$\{a\}$。

例 3 A 是 12 的所有因子构成的集合，设 $\leqslant$ 为 A 上的整除关系，求 $\mathrm{Cov}A$。

解 $A=\{1,2,3,4,6,12\}$

$\langle A,\leqslant\rangle=\{\langle 1,1\rangle,\langle 1,2\rangle,\langle 1,3\rangle,\langle 1,4\rangle,\langle 1,6\rangle,\langle 1,12\rangle,\langle 2,2\rangle,\langle 2,4\rangle,\langle 2,6\rangle,\langle 2,12\rangle,\langle 3,3\rangle,\langle 3,6\rangle,\langle 3,12\rangle,\langle 4,4\rangle,\langle 4,12\rangle,\langle 6,6\rangle,\langle 6,12\rangle,\langle 12,12\rangle\}$

$\mathrm{Cov}A=\{\langle 1,2\rangle,\langle 1,3\rangle,\langle 2,4\rangle,\langle 2,6\rangle,\langle 3,6\rangle,\langle 4,12\rangle,\langle 6,12\rangle\}$

对于给定的偏序集合 $\langle A,\leqslant\rangle$，它的盖住关系是唯一的，且由有限集合 A 及 A 上的盖住关系可以恢复原偏序关系。因此，我们可以用盖住关系图来表示偏序集合。这种方法是由德国数学家赫尔姆·哈斯(Helmut Hasse)首先提出来的，所以通常称为哈斯图(Hasse diagram)。设 $\langle A,\leqslant\rangle$ 是偏序集合，哈斯图的作图规则如下：

(1) 用称为结点的小圆圈表示 A 中的元素。

(2) 对于 $x,y\in A$，如果 $x\leqslant y$ 且 $x\neq y$，则将代表 y 的结点画在代表 x 的结点的上方。

(3) 若 $\langle x,y\rangle\in\mathrm{Cov}A$，则在 x 与 y 之间用直线连接。

哈斯图其实是一种简化的关系图，它能够直观地表示偏序集合中元素之间的"大小"关系。

例 4 设 $A=\{a,b\}$，画出偏序集合 $\langle\rho(A),\subseteq\rangle$ 的哈斯图。

解 $\langle\rho(A),\subseteq\rangle$ 的关系图如图 3.10.1(a)所示。$\rho(A)$ 上关于 $\subseteq$ 的盖住集 $\mathrm{Cov}\rho(A)=\{\langle\varnothing,\{a\}\rangle,\langle\varnothing,\{b\}\rangle,\langle\{a\},\{a,b\}\rangle,\langle\{b\},\{a,b\}\rangle\}$。因此，$\langle\rho(A),\subseteq\rangle$ 的哈斯图如图 3.10.1(b)所示。

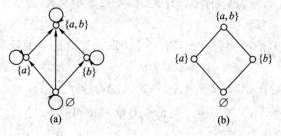

图 3.10.1

可以看出，哈斯图也可在原偏序关系的关系图上通过以下步骤得到：

(1) 画出偏序关系图，并要求所有箭头朝上。

(2) 移去所有自回路。

(3) 删除所有可以由传递性导出的边。

(4) 删除所有箭头。

例 5 设 $A=\{2,3,6,12,24,36\}$，"|"是 A 上的整除关系，画出|的哈斯图。

解 A 关于 | 的盖住集 $\mathrm{Cov}A=\{\langle 2,6\rangle,\langle 3,6\rangle,\langle 6,12\rangle,\langle 12,24\rangle,\langle 12,36\rangle\}$，$\langle A,|\rangle$ 的哈斯图如图 3.10.2 所示。

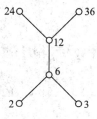

图 3.10.2

定义 3.10.4 设 $\langle A, \leqslant \rangle$ 是一个偏序集合，$B \subseteq A$。如果 B 中的任意两个元素都是可比的，那么称 B 为 $\langle A, \leqslant \rangle$ 中的链(chain)，B 中元素的个数称为该链的长度。如果 B 中的任意两个不同的元素都是不可比的，那么称 B 为 $\langle A, \leqslant \rangle$ 中的反链(anti-chain)。

显然，任意两个可比的元素均构成一条链。通常约定，若 A 的子集 B 只有单个元素，则这个子集 B 既是链又是反链。例如，例 5 中 $\{12\}$、$\{2, 6, 12\}$ 和 $\{3, 6, 12, 36\}$ 都是链，而 $\{12\}$、$\{2, 3\}$ 和 $\{24, 36\}$ 都是反链。

3.10.2 偏序集合中的特殊元素

定义 3.10.5 设 $\langle A, \leqslant \rangle$ 是偏序集合，且 $B \subseteq A$。如果 $b \in B$，且 B 中不存在元素 x，使得 $x \neq b$ 且 $b \leqslant x$，那么 b 称为 B 的极大元(maximal element)。

定义 3.10.6 设 $\langle A, \leqslant \rangle$ 是偏序集合，且 $B \subseteq A$。如果 $b \in B$，且 B 中不存在元素 x，使得 $x \neq b$ 且 $x \leqslant b$，那么 b 称为 B 的极小元(minimal element)。

定义 3.10.7 设 $\langle A, \leqslant \rangle$ 是偏序集合，且 $B \subseteq A$。如果 $b \in B$，若对任一元素 $x \in B$，均有 $x \leqslant b$，则称 b 为 B 中的最大元(greatest element)。

定义 3.10.8 设 $\langle A, \leqslant \rangle$ 是偏序集合，且 $B \subseteq A$。如果 $b \in B$，若对任一元素 $x \in B$，均有 $b \leqslant x$，则称 b 为 B 中的最小元(least element)。

定理 3.10.1 设 $\langle A, \leqslant \rangle$ 是偏序集合，$B \subseteq A$，如果 B 有最大(最小)元，那么它是唯一的。

证明留作练习。

可以看出，如果 B 的极大(小)元只有一个，那么它就是 B 的最大(小)元，否则 B 中没有最大(小)元。

例 6 已知偏序集合 $\langle A_1, \leqslant \rangle$、$\langle A_2, \leqslant \rangle$、$\langle A_3, \leqslant \rangle$、$\langle A_4, \leqslant \rangle$ 分别如图 3.10.3(a)、(b)、(c)、(d) 所示。问 A_1、A_2、A_3、A_4 是否有最大元和最小元？

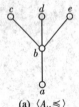 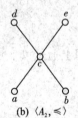 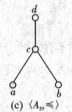 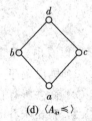

(a) $\langle A_1, \leqslant \rangle$　　(b) $\langle A_2, \leqslant \rangle$　　(c) $\langle A_3, \leqslant \rangle$　　(d) $\langle A_4, \leqslant \rangle$

图 3.10.3

解 (a) A_1 无最大元，有最小元 a。

(b) A_2 无最大元和最小元。

(c) A_3 有最大元 d，无最小元。

(d) A_4 有最大元 d，最小元 a。

例 7 已知偏序集合 $\langle A, | \rangle$，其中，$A = \{2, 4, 5, 10, 12, 20, 25\}$，给出 A 的极大元、极小元。

解 首先画出 $\langle \{2, 4, 5, 10, 12, 20, 25\}, | \rangle$ 的哈斯图，如图 3.10.4 所示。

A 的极大元：12，20，25。

A 的极小元：2，5。

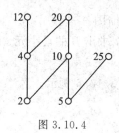

图 3.10.4

定义 3.10.9 设 $\langle A, \leqslant \rangle$ 是偏序集合，且 $B \subseteq A$。$a \in A$，若对于 B 中的任意元素 b，均有 $b \leqslant a$，称 a 为 B 的上界。

定义 3.10.10 设 $\langle A, \leqslant \rangle$ 是偏序集合，且 $B \subseteq A$。$a \in A$，若对于 B 中的任意元素 b，均有 $a \leqslant b$，称 a 为 B 的下界。

定义 3.10.11 设 $\langle A, \leqslant \rangle$ 是偏序集合，且 $B \subseteq A$。a 为 B 的上界，若对 B 的任意上界 a'，均有 $a \leqslant a'$，称 a 为 B 的最小上界(least upper bound, lub)或上确界。

定义 3.10.12 设 $\langle A, \leqslant \rangle$ 是偏序集合，且 $B \subseteq A$。a 为 B 的下界，若对 B 的任意下界 a'，均有 $a' \leqslant a$，称 a 为 B 的最大下界(greatest lower bound, glb)或下确界。

定理 3.10.2 设 $\langle A, \leqslant \rangle$ 是偏序集合，$B \subseteq A$，若 B 有最小上界(最大下界)，那么它是唯一的。

证明 设 b_1、b_2 是 B 的最小上界，根据定义，$b_1 \leqslant b_2$，$b_2 \leqslant b_1$，又 $\leqslant$ 满足反对称性，所以 $b_1 = b_2$，因此，若 B 有最小上界，则它是唯一的。

同理可证，若 B 有最大下界，则它是唯一的。

证毕

例 8 $A = \{1, 2, \cdots, 12\}$，$\leqslant$ 为 A 上的整除关系，$\langle A, \leqslant \rangle$ 的哈斯图如图 3.10.5 所示，求 $B = \{2, 4, 6\}$，$C = \{4, 6, 9\}$，$D = \{1, 2, 5, 10\}$ 的特殊元素。

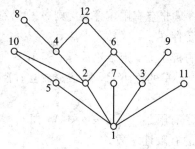

图 3.10.5

解 B、C、D 中的特殊元素如表 3.10.1 所示。

表 3.10.1

集合	极大元	极小元	最大元	最小元	上界	下界	最小上界	最大下界
$\{2, 4, 6\}$	4, 6	2	×	2	12	1, 2	12	2
$\{4, 6, 9\}$	4, 6, 9	4, 6, 9	×	×	×	1	×	1
$\{1, 2, 5, 10\}$	10	1	10	1	10	1	10	1

例 9 设 $A = \{x \mid x$ 为 54 的因子$\}$，$R \subseteq A \times A$，且 $\forall x, y \in A$，xRy 当且仅当 x 整除 y。

（a）画出偏序集合$\langle A,R\rangle$的哈斯图。

（b）取 A 的子集 $B=\{2,3,9\}$，求出 B 的最小元、最大元、极小元、极大元、最小上界和最大下界。

解 （a）$\langle A,R\rangle$的哈斯图如图 3.10.6 所示。

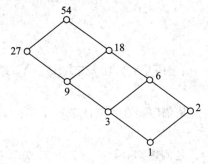

图 3.10.6

（b）B 中无最大元和最小元，B 的极小元素集合为$\{2,3\}$，极大元素集合为$\{2,9\}$，B的最小上界为 18，最大下界为 1。

定理 3.10.3 设$\langle A,\leqslant\rangle$是偏序集合，$B\subseteq A$。

(1) 若 b 是 B 的最大元，则 b 是 B 的极大元。

(2) 若 b 是 B 的最大元，则 b 是 B 的最小上界。

(3) $b\in B$，b 是 B 的上界，当且仅当 b 是 B 的最小上界。

(4) 若 b 是 B 的最小元，则 b 是 B 的极小元。

(5) 若 b 是 B 的最小元，则 b 是 B 的最大下界。

(6) $b\in B$，b 是 B 的下界，当且仅当 b 是 B 的最大下界。

证明留作练习。

定理 3.10.4 设$\langle A,\leqslant\rangle$是非空有限偏序集，则 A 中必存在极大元和极小元。

证明 以下只证明极小元存在。

任取 $a_1\in A$，若 a_1 为 A 的极小元，则结论成立；若 a_1 不是 A 的极小元，则存在 $a_2\in A$，使得 $a_1\neq a_2$ 且 $a_2\leqslant a_1$。若 a_2 为 A 的极小元，则结论成立；否则存在 $a_3\in A$，使得 $a_3\neq a_2$，$a_3\neq a_1$ 且 $a_3\leqslant a_2$。

重复上述过程，因为 A 是有限集，一定有 $a_i\in A$，使 $a_i\leqslant a_{i-1}\leqslant\cdots\leqslant a_2\leqslant a_1$，且 a_i 为 A 的极小元，否则将与集合 A 的有限性矛盾。

证毕

定理 3.10.5 设$\langle A,\leqslant\rangle$是一个偏序集合，如果 A 中最长链的长度为 n，则 A 中元素能划分为 n 个互不相交的反链。

证明 对$\langle A,\leqslant\rangle$中的最长链的长度 n 进行归纳。

当 $n=1$ 时，表示 A 中任意两个不同的元素均不可比，则 A 自身就是一个反链，命题成立。

假设 $n=k$ 时，A 中元素可以划分为 k 个互不相交的反链。

当 $n=k+1$ 时，设$\langle A,\leqslant\rangle$中某个最长链 L 的长度为 $k+1$，则 L 中必存在唯一的极大元 e 且它是 A 中的极大元。令 A_{k+1} 为 A 中所有极大元构成的集合，则 $e\in A_{k+1}$。因为 A_{k+1} 中任意两个不同的元素均不可比，所以 A_{k+1} 构成一个反链。不难证明，$\langle A,\leqslant\rangle$的每条最长链有且仅有一个元素(即极大元)属于 A_{k+1}。

从链 L 中去掉极大元 e 所得的链 $L-\{e\}$ 仍然是 $\langle A-A_{k+1}, \leqslant \rangle$ 中的最长链,其长度为 k。

根据归纳假设, $A-A_{k+1}$ 能划分为 k 个互不相交的反链 $A_1, A_2, \cdots, A_k$。那么,这 k 个互不相交的反链加上 A_{k+1} 就构成了 $k+1$ 个互不相交的反链,且 $\{A_1, A_2, \cdots, A_k, A_{k+1}\}$ 是 A 的一个划分。

证毕

3.10.3　线序和良序

定义 3.10.13　在偏序集合 $\langle A, \leqslant \rangle$ 中,如果任取 $a,b\in A$,都有 $a\leqslant b$ 或者 $b\leqslant a$,那么称 $\leqslant$ 为 A 上的线序(linear oder)或全序,称 $\langle A, \leqslant \rangle$ 为线序集合(linearly ordered sets),称 A 为链。

线序集合中任意两个元素都是可比的,因此其哈斯图是一条链。

例 10　判断以下序偶是否是线序集合。

(a) $\langle \mathbf{N}, \leqslant \rangle$,其中 $\mathbf{N}$ 是自然数集合。

(b) $\langle \{\varnothing, \{a\}, \{a, b\}, \{a, b, c\}\}, \subseteq \rangle$。

解　(a)、(b)都是线序集合。

定义 3.10.14　如果 A 上的二元关系 R 是一个线序,且 A 的每一非空子集都有最小元,那么称 R 为 A 上的良序(well order),称 $\langle A, R \rangle$ 为良序集合(well ordered set)。

例 11　判断以下序偶是否是良序集合。

(a) $\langle \mathbf{N}, \leqslant \rangle$。

(b) $\langle \mathbf{Z}, \leqslant \rangle$。

(c) $\langle [0, 1], \leqslant \rangle$。

解　(a) $\langle \mathbf{N}, \leqslant \rangle$ 是良序集合。

(b) $\langle \mathbf{Z}, \leqslant \rangle$ 不是良序集合,因为 $\mathbf{Z}$ 本身就没有最小元。

(c) $\langle [0, 1], \leqslant \rangle$ 不是良序集合,因为 $(0, 1]$ 无最小元。

定理 3.10.6　每一有限线序集合都是良序集合。

证明过程留作练习。

习　　题

3.10-1　设集合 $A=\{a, b, c, d\}$, A 上的偏序关系 $R=\{\langle a, a\rangle, \langle a, b\rangle, \langle a, c\rangle,$ $\langle a, d\rangle, \langle b, b\rangle, \langle c, b\rangle, \langle c, c\rangle, \langle c, d\rangle, \langle d, d\rangle\}$。

(a) 画出 R 的哈斯图。

(b) 给出 A 的极大元、极小元、最大元和最小元。

3.10-2　设 $\langle A, \leqslant \rangle$ 是偏序集合,其中 $A=\{1, 2, 3, \cdots, 11\}$, $\langle A, \leqslant \rangle$ 的哈斯图如图 3.10.7 所示。设 $B=\{6, 2, 10\}$,求 B 的最大元、最小元、上界、下界、最小上界和最大下界。

3.10-3　已知一个偏序集合 $\langle A, \leqslant \rangle$ 的哈斯图如图 3.10.8 所示。

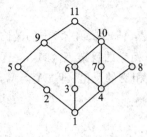

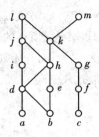

图 3.10.7　　　　　　　　　　图 3.10.8

(a) 试求 A 的极大元、极小元。

(b) A 有最大元、最小元吗？

(c) 求 $\{a, b, c\}$ 的上界及最小上界。

(d) 求 $\{f, g, h\}$ 的下界及最大下界。

3.10-4　设偏序集合 $\langle A, \leqslant \rangle$ 的哈斯图如图 3.10.9 所示。A 的子集 $B = \{3, 6\}$，求 B 的极大元、极小元、最大元、最小元、最小上界和最大下界。

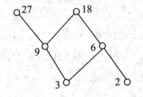

图 3.10.9

3.10-5　设 A 为集合，$B = \rho(A) - \{\varnothing\} - \{A\}$，且 $B \neq \varnothing$。求偏序集 $\langle B, \subseteq \rangle$ 中 B 的极大元、极小元、最大元和最小元。

3.10-6　设 R 是集合 A 上的偏序，证明 $R \cap R^{-1}$ 是等价关系。

3.10-7　分别构造满足下列条件的非空偏序集合。

(a) 其中某些子集无最小元。

(b) 它不是线序集合，其中某些子集无最大元。

(c) 它有一子集有上界，但没有最小上界。

3.10-8　用谓词公式描述偏序集合 $\langle A, \leqslant \rangle$ 上存在极大元素的概念，并证明：若 A 是非空有限集合，则 A 中一定有极大元素。

3.10-9　如果集合 A 上的二元关系 R 是反自反的和传递的，那么 R 叫做 A 上的拟序，通常用符号"$\prec$"表示，$\langle A, \prec \rangle$ 称为拟序集合。

(a) 证明拟序一定是反对称的。

(b) 举例说明拟序与偏序的关系。

3.10-10　设 R 是 X 上的二元关系。R^+ 为 R 的传递闭包 $t(R)$，R^* 为 R 的自反传递闭包 $tr(R)$。

(a) 证明 R 是偏序，当且仅当 $R \cap R^{-1} = I_X$ 和 $R = R^*$。

(b) 证明 R 是拟序的，当且仅当 $R \cap R^{-1} = \varnothing$ 和 $R = R^+$。

3.10-11　设字母表 $\Sigma = \{a_1, a_2, \cdots, a_n\}$，定义 Σ 上的线序 $\leqslant$ 为 $a_1 \leqslant a_2 \leqslant \cdots \leqslant a_n$，$\Sigma$ 上的任意长度的符号串集合 $\Sigma^* = \{\varepsilon\} \cup \Sigma \cup \Sigma^2 \cup \Sigma^3 \cup \cdots$，其中 ε 是空串。定义 Σ^* 上的词典序 $\leqslant'$

如下：

任取 $x, y \in \Sigma^*$，令 $x = x_1 x_2 x_3 \cdots x_m$，$y = y_1 y_2 y_3 \cdots y_n$，其中 $x_i, y_j \in \Sigma (i = 1, 2, \cdots, m; j = 1, 2, \cdots, n)$。

(1) 当 $x_1 \neq y_1$ 时，若 $x_1 \prec y_1$ 则 $x \preccurlyeq' y$，否则 $y \preccurlyeq' x$。

(2) 存在 $k < \min\{m, n\}$，使得 $x_i = y_i (i = 1, 2, 3, \cdots, k)$，且 $x_{k+1} \neq y_{k+1}$，若 $x_{k+1} \prec y_{k+1}$ 则 $x \preccurlyeq' y$，否则 $y \preccurlyeq' x$。

(3) $k = \min\{m, n\}$，且 $x_i = y_i (i = 1, 2, 3, \cdots, k)$。此时若 $m \leqslant n$，则 $x \preccurlyeq' y$；若 $n \leqslant m$，则 $y \preccurlyeq' x$。

考虑小写英文字母集合 $\Sigma = \{a, b, c, \cdots, z\}$ 及定义在 Σ^* 上的词典序 $\preccurlyeq'$。比较以下字符串的序关系 $\preccurlyeq'$：

(a) display 与 discrete。

(b) girl 与 girls。

3.10-12 设字母表 $\Sigma = \{a_1, a_2, \cdots, a_n\}$，定义 Σ 上的线序 $\preccurlyeq$ 为 $a_1 \preccurlyeq a_2 \preccurlyeq \cdots \preccurlyeq a_n$，$\Sigma$ 上的任意长度的符号串集合 $\Sigma^* = \{\varepsilon\} \cup \Sigma \cup \Sigma^2 \cup \Sigma^3 \cup \cdots$，其中 ε 是空串。$\preccurlyeq$ 是 Σ^* 上的词典序，定义 Σ^* 上的标准序 $\preccurlyeq'$ 如下：

任取 $x, y \in \Sigma^*$，设 $\|x\|$ 表示符号串 x 包含的字母个数，即 x 的长度。

(1) 若 $\|x\| \leqslant \|y\|$，则 $x \preccurlyeq' y$；若 $\|y\| \leqslant \|x\|$，则 $y \preccurlyeq' x$。

(2) 若 $\|x\| = \|y\|$，且在 Σ^* 的词典序中 $x \preccurlyeq y$，则 $x \preccurlyeq' y$；若 $\|x\| = \|y\|$，且在 Σ^* 的词典序中 $y \preccurlyeq x$，则 $y \preccurlyeq' x$。

设 $\Sigma = \{0, 1\}$ 且 $0 \preccurlyeq 1$，试写出 Σ^* 上的标准序。

3.10-13 词典序和标准序是良序吗？为什么？

3.10-14 给出下列小写英文字符串分别按词典序和标准序的排列。

(a) quack, quick, quicksilver, quicksand, quicking.

(b) open, opener, opera, operand, opened.

(c) zoo, zero, zoom, zoology, zoological.

3.10-15 Determine the Hasse diagram of the partial order having the given digraph (Figure 3.10.10).

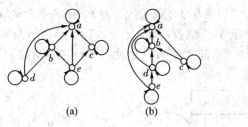

(a)   (b)

Figure 3.10.10

3.10-16 A relation R on a set A is called a quasiorder if it is transitive and irreflexive. Let $\rho(S)$ be the power set of a set S, and consider the following relation R on $\rho(S)$: $\langle U, T \rangle \in R$ if and only if $U \subset T$. Show that R is a quasiorder.

第4章 函数与无限集合

　　函数是数学中最重要的基本概念之一，能够刻画和研究现实世界中数量关系之间相互依存和变化的客观规律及其实质。用数学解决现实问题时，常常要抽象出问题的数学特征，建立一个恰当的函数关系，再利用函数的性质达到解决问题的目的。函数概念经历了300多年的提炼、变革和发展，众多欧美数学家，包括笛卡儿、莱布尼兹、牛顿、贝努里、欧拉、高斯、柯西、傅里叶、罗巴切夫斯基、狄里克莱、维布伦、豪斯道夫等，从集合、代数直至对应、关系的角度不断赋予函数概念以新的思想，形成了函数的现代定义形式，从而推动了整个数学的发展和应用。函数在计算机和软件工程科学专业都有广泛的应用。

　　本章将函数作为一种特殊的二元关系来讨论。首先介绍函数的基本概念、特殊函数类、鸽巢原理以及函数的复合运算和逆运算，然后以函数作为工具讨论无限集合的基数及其比较。

4.1 函　　数

4.1.1 函数的定义

　　定义 4.1.1　设 X 和 Y 是集合，f 是从 X 到 Y 上的二元关系，如果对于每一个 $x \in X$ 都有唯一的 $y \in Y$，使得 $\langle x, y \rangle \in f$，则称 f 为从 X 到 Y 的函数（a function from X to Y），记为 $f: X \to Y$。函数的形式化定义为

$$f: X \to Y \Leftrightarrow \forall x(x \in X \to \exists y(y \in Y \wedge \langle x, y \rangle \in f \wedge \forall z(z \in Y \wedge \langle x, z \rangle \in f \to y = z)))$$

　　函数又称做映射（mapping）或变换（transformation）。

　　定义 4.1.2　设 f 为从集合 X 到 Y 的函数，任取 $x \in X$，若 $\langle x, y \rangle \in f$，则称 y 为在 f 下 x 的函数值（value）或像（image），记为 $f(x) = y$，而 x 则称为 y 的原像（preimage）。若 $X' \subseteq X$，称 $f(X') = \{f(x) \mid x \in X'\}$ 为函数 f 下 X' 的像。特别地，称整个前域的像 $f(X)$ 为函数的值域。

　　设 f 为从集合 X 到 Y 的函数，图 4.1.1 描述了函数 f 的基本特征。其中函数 f 的前域为集合 X，陪域为集合 Y，函数 f 的定义域 $\mathrm{dom}\,f = X$，值域 $\mathrm{ran}\,f = f(X) = \{f(x) \mid x \in X\}$，显然有 $\mathrm{ran}\,f \subseteq Y$。

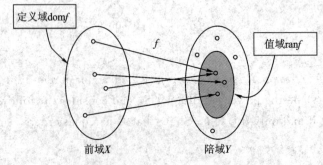

图 4.1.1

函数区别于一般二元关系的两个特征如下：

(1) 函数 f 的定义域 $\mathrm{dom}\, f = X$。

(2) 对于每一个 $x \in X$，在 Y 中有且仅有唯一的一个元素 y，满足 $\langle x, y\rangle \in f$，即对 y_1，$y_2 \in Y$，有

$$f(x) = y_1 \wedge f(x) = y_2 \Rightarrow y_1 = y_2$$

一个关于某个具体函数的描述，如果满足函数的定义，则称这个函数描述是良定的（well defined）。

例 1　判断图 4.1.2 所示的 4 个关系中哪些能构成函数。

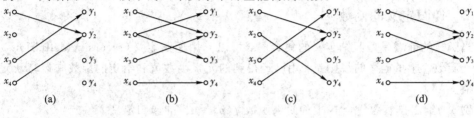

图 4.1.2

解　(a) 不是函数，因为 x_2 没有像。(b) 也不是函数，因为 x_2 有两个像。(c)、(d) 是函数。

例 2　判断下列关系中哪些能构成函数。

(a) f 是 $\mathbf{N}$ 上的二元关系，且 $f = \{\langle x_1, x_2\rangle | x_1, x_2 \in \mathbf{N}, x_1 + x_2 < 10\}$。

(b) f 是 $\mathbf{R}$ 上的二元关系，且 $f = \{\langle y_1, y_2\rangle | y_1, y_2 \in \mathbf{R}, y_2^2 = y_1\}$

(c) f 是 $\mathbf{N}$ 上的二元关系，且 $f = \{\langle x_1, x_2\rangle | x_1, x_2 \in \mathbf{N}, x_2$ 为小于 x_1 的素数个数$\}$。

解　(a) 不能。因为 $\mathrm{dom}\, f \neq \mathbf{N}$，且存在 x_1 对应多个 x_2。

(b) 不能。若 $y_1 > 0$，则 y_2 可取 $\pm\sqrt{y_1}$ 两个元素；若 $y_1 < 0$，则 y_2 无解。

(c) 能。因为 $\mathrm{dom}\, f = \mathbf{N}$，且对每个 $x_1 \in \mathbf{N}$，都有唯一的元素 $x_2 \in \mathbf{N}$ 与之对应。

例 3　以下哪些关于函数的描述是良定的？

(a) $f: \mathbf{N} \to \mathbf{Q}$，$f(x) = 1/x$。

(b) $g: \{1, 2, 3\} \to \{p, q, r\}$，$g = \{\langle 1, q\rangle, \langle 2, r\rangle, \langle 3, p\rangle\}$。

(c) $f: \mathbf{N} \to \mathbf{Z}$，$(f(x))^2 = x + 1$。

(d) $h: \mathbf{R} \times \mathbf{R} \to \mathbf{R} \times \mathbf{R}$，$h(\langle x, y\rangle) = \langle y+1, x+1\rangle$。

解　(a) 不是良定的，在 0 处无定义；(b) 是良定的；(c) 不是良定的，每个 $x \in \mathbf{N}$ 存在 $\pm\sqrt{x+1}$ 两个元素与之对应；(d) 是良定的。

设 X 和 Y 都是有限集合，且有 $|X| = m$，$|Y| = n$。根据函数的定义，对于集合 X 中的每个元素，在 Y 中有且仅有一个元素与之对应。考虑这样一类 X 到 Y 的二元关系 f：

$$f = \{\langle x_1, \square\rangle, \langle x_2, \square\rangle, \cdots, \langle x_m, \square\rangle\}$$

对于每个 $\square$ 所在的位置都可以用集合 Y 中的任何一个元素替代，即有 n 种不同的取法，这样的组合共有 n^m 种，因此 X 到 Y 上有 n^m 个不同的函数。故通常用 Y^X 表示 X 到 Y 的所有函数构成的集合，即 $Y^X = \{f | f: X \to Y\}$。

定义 4.1.3　$f: A \to B$，$g: C \to D$，如果 $A = C$，$B = D$，且对于所有的 $x \in A$，有 $f(x) = g(x)$，则称函数 f 和 g 相等，记为 $f = g$。

定义 4.1.4 当函数 f 的前域 X 是 n 个集合的笛卡儿积时，即 $X=\overset{n}{\underset{i=1}{\times}}X_i$ 时，称 f 为 n 元函数，$\langle x_1,x_2,\cdots,x_n\rangle\in X$，在函数 f 下的映像记为 $f(x_1,x_2,\cdots,x_n)$。

例 4 设函数 $f:\mathbf{N}\times\mathbf{N}\to\mathbf{N}$，$f(x,y)=x+2y+1$。

(a) 求 $\langle 2,0\rangle$ 在函数 f 下的像；

(b) 求 $\mathrm{dom}f$ 和 $\mathrm{ran}f$。

解 (a) $f(2,0)=2+2\times0+1=3$。

(b) $\mathrm{dom}f=\mathbf{N}\times\mathbf{N}$，不存在 $\langle x,y\rangle\in\mathbf{N}\times\mathbf{N}$ 使得 $f(x,y)=0$，则 $\mathrm{ran}f=\mathbf{Z}^+$。

4.1.2 递归定义的函数

当函数的前域是用归纳定义的集合时，可以采用递归定义（recursive definitions）的方法定义函数。递归定义的规则是：用已经得到的元素函数值和给定的函数来计算新元素的函数值。

例 5 给出自然数集合 $\mathbf{N}$ 上的阶乘函数 $f(n)=n!$ 的递归定义。

解 设 $f:\mathbf{N}\to\mathbf{N}$。

(a)（基础）$f(0)=1$。

(b)（归纳）$n\in\mathbf{N}$，$f(n+1)=(n+1)f(n)$。

例 6 给出自然数集合 $\mathbf{N}$ 上的斐波那契函数的递归定义。

解 设 $f:\mathbf{N}\to\mathbf{N}$ 是斐波那契函数。

(a)（基础）$f(0)=0$，$f(1)=1$。

(b)（归纳）$n\in\mathbf{N}$，$f(n+2)=f(n+1)+f(n)$。

因此，$f(0)=0$，$f(1)=1$，$f(2)=1$，$f(3)=2$，$f(4)=3$，$f(5)=5$。

例 7 以下是麦卡锡"91 函数"，它是递归定义的。

设 $f:\mathbf{N}\to\mathbf{N}$，已知

$$f(x)=\begin{cases}x-10 & \text{当 }x>100\text{ 时}\\ f(f(x+11)) & \text{当 }0\leqslant x\leqslant100\text{ 时}\end{cases}$$

求 f 的函数值。

解 $f(90)=f(f(101))=f(91)=f(f(102))=f(92)=\cdots=f(99)$
$=f(f(110))=f(100)=f(f(111))=f(101)=91$

因此，当 $90\leqslant x\leqslant100$ 时有 $f(x)=91$。

当 $0\leqslant x<90$ 时，存在 $k\in\mathbf{Z}^+$，使得 $90\leqslant x+11k\leqslant100$，因此
$f(x)=f(f(x+11))=\cdots=f^{k+1}(x+11k)=f^k(f(x+11k))$，因为 $90\leqslant x+11k\leqslant100$，所以 $f(x+11k)=91$，故 $f(x)=f^k(f(x+11k))=f^k(91)=f^{k-1}(f(91))=f^{k-1}(91)=\cdots=f(91)=91$。

综上可得：

$$f(x)=\begin{cases}x-10 & \text{当 }x>100\text{ 时}\\ 91 & \text{当 }0\leqslant x\leqslant100\text{ 时}\end{cases}$$

例 8 阿克曼（Ackerman）函数 $f:\mathbf{N}^2\to\mathbf{N}$ 的递归定义如下：

$$\begin{cases} f(0,\,n)=n+1 & \text{当 } n \geqslant 0 \text{ 时} \\ f(m,\,0)=f(m-1,\,1) & \text{当 } m>0 \text{ 时} \\ f(m,\,n)=f(m-1,\,f(m,\,n-1)) & \text{当 } m>0,\,n>0 \text{ 时} \end{cases}$$

(a) 求 $f(2,\,1)$。

(b) 证明 $f(2,\,n)=2n+3$。

解　(a) ① $f(2,\,1)=f(1,\,f(2,\,0))$。

② $f(2,\,0)=f(1,\,1)$。

③ $f(1,\,1)=f(0,\,f(1,\,0))$。

④ $f(1,\,0)=f(0,\,1)=2$。

⑤ $f(1,\,1)=f(0,\,2)=3$。

⑥ $f(2,\,0)=3$。

⑦ $f(2,\,1)=f(1,\,3)$。

⑧ $f(1,\,3)=f(0,\,f(1,\,2))$。

⑨ $f(1,\,2)=f(0,\,f(1,\,1))=f(0,\,3)=4$。

⑩ $f(1,\,3)=f(0,\,f(1,\,2))=f(0,\,4)=5$。

⑪ $f(2,\,1)=5$。

(b) **证明**　① 当 $m=0$, $n \geqslant 0$ 时，$f(0,\,n)=n+1$。

② 当 $m=1$ 时，有

若 $n=0$，则 $f(1,\,0)=f(0,\,1)=2$。

若 $n=1$，则 $f(1,\,1)=f(0,\,f(1,\,0))=f(1,\,0)+1=3$。

假设 $f(1,\,k)=k+2(k \geqslant 1)$，则有

$$f(1,\,k+1)=f(0,\,f(1,\,k))=f(1,\,k)+1=(k+2)+1=(k+1)+2$$

因此，当 $m=1$ 时有 $f(1,\,n)=n+2$。

(3) 当 $m=2$ 时，有

若 $n=0$，则

$$f(2,\,0)=f(1,\,1)=3=2\times0+3$$

假设 $n=k(k \geqslant 0)$ 时，有 $f(2,\,k)=2k+3$。

若 $n=k+1$，则

$$f(2,\,k+1)=f(1,\,f(2,\,k))=f(2,\,k)+2=2k+3+2=2(k+1)+3$$

因此，当 $m=2$ 时有 $f(2,\,n)=2n+3$。

证毕

在归纳定义的集合上进行函数的递归定义时，所得未必是一个函数，特别是当前域的归纳定义使得某些元素可以由多种方法构造时，更容易出现这种情况。因此，用递归定义函数时，常需要证明这个函数定义是良定的。

例 9　设 $\Sigma=\{a,\,b,\,c\}$，集合 Σ^+ 的定义如下：

(1) (基础) $a \in \Sigma^+$, $b \in \Sigma^+$, $c \in \Sigma^+$。

(2) (归纳) 如果 $x \in \Sigma^+$, $y \in \Sigma^+$，那么 $xy \in \Sigma^+$。

(3) (极小性) Σ^+ 是满足条款(a)、(b)的最小集合。

设 f 是从 Σ^+ 到自然数集合 **N** 上的一个函数，f 的递归定义如下：

(a)（基础）$f(a)=2$，$f(b)=1$，$f(c)=3$。

(b)（归纳）x，$y\in\Sigma^+$，$f(xy)=f(x)^{f(y)}$。

试证明 f 不是良定的。

证明 对于串 $abc\in\Sigma^+$，它可以有以下两种不同的构造方法：

(a) 令 $x=a$，$y=bc$，则 $xy=abc$。

(b) 令 $x=ab$，$y=c$，则 $xy=abc$。

根据 f 的递归定义，求 abc 在 f 下的值：

$$f(abc)=f(a)^{f(bc)}=2^{1^3}=2，\quad f(abc)=f(ab)^{f(c)}=(2^1)^3=8$$

所以 f 不是良定的。

证毕

习 题

4.1-1 判断下列关系中哪些能构成函数。若能，写出其定义域和值域。

(a) f_1 是 **N** 上二元关系，且 $f_1=\{\langle x，y\rangle\mid x+y=10，x，y\in\mathbf{N}\}$。

(b) f_2 是 **R** 上二元关系，且 $f_2=\{\langle x，y\rangle\mid x=y^2，x，y\in\mathbf{R}\}$。

(c) f_3 是 **N** 上二元关系，且 $f_3=\{\langle x，y\rangle\mid y=x+1，x，y\in\mathbf{N}\}$。

(d) f_4 是 **R** 上二元关系，且 $f_4=\{\langle x，|x|\rangle\mid x\in\mathbf{R}\}$。

4.1-2 设集合 $A=\{a，b，c\}$，$B=\{0，1\}$。

(a) 写出 A 到 B 的所有函数。

(b) 写出 B 到 A 的所有函数。

4.1-3 设 f 和 g 都是 X 到 Y 的函数。

(a) 证明：$f\bigcap g$ 也是 X 到 Y 的函数当且仅当 $f=g$。

(b) $f\bigcup g$ 是 X 到 Y 的函数吗？证明你的结论。

4.1-4 证明以下递归定义的函数不是良定的。

(a) 设 f：$\mathbf{N}\to\mathbf{N}$，$f(x)=\begin{cases}0 & \text{当 }x=0\text{ 时}\\ f(x-2)+1 & \text{当 }x\geqslant2\text{ 时}\end{cases}$。

(b) 设 f：$\mathbf{Z}^+\to\mathbf{Z}^+$，$f(x)=\begin{cases}1 & \text{当 }x=1\text{ 时}\\ f(x/2)+1 & \text{当 }x\text{ 是大于 1 的奇数时}\\ f(x-2)+1 & \text{当 }x\text{ 是大于 1 的偶数时}\end{cases}$。

(c) 设 f：$\mathbf{Z}^+\to\mathbf{Z}^+$，$f(x)=\begin{cases}2 & \text{当 }x=1\text{ 时}\\ f(f(x-1))+1 & \text{当 }x>1\text{ 时}\end{cases}$。

4.1-5 递归地定义一个类似于麦卡锡"91 函数"的函数。

4.1-6 设 f 和 g 都是定义在正整数集合 $\mathbf{Z}^+$ 到 $\mathbf{Z}^+$ 上的函数，并且满足以下条件：

(1) $f(1)\leqslant g(1)$。

(2) 对任意的正整数 n，有 $f(n)-f(n-1)\leqslant g(n)-g(n-1)$。

试证明：

(a) $f(n)\leqslant g(n)$。

(b) $1+\dfrac{1}{2^2}+\dfrac{1}{3^2}+\cdots+\dfrac{1}{n^2}\leqslant2-\dfrac{1}{n}$，$n\geqslant2$（提示：利用结论(a)）。

4.1-7 求解 $h(n)$，它满足下列关系：

$$\begin{cases} h^2(n)-2h^2(n-1)=1 & \text{当 } n>0 \text{ 时} \\ h(0)=2 & \text{当 } n=0 \text{ 时} \end{cases}$$

4.1-8 阿克曼(Ackerman)函数的一个变种 $f: \mathbf{N}^2 \to \mathbf{N}$ 的递归定义如下：

$$\begin{cases} f(0,n)=2n & \text{当 } n\geqslant0 \text{ 时} \\ f(m,0)=0 & \text{当 } m\geqslant1 \text{ 时} \\ f(m,1)=2 & \text{当 } m\geqslant1 \text{ 时} \\ f(m,n)=f(m-1,f(m,n-1)) & \text{当 } m\geqslant1,n\geqslant2 \text{ 时} \end{cases}$$

(a) 求 $f(2,1)$。

(b) 求 $f(3,3)$。

(c) 求 $f(m,2)$ 的值，其中 $m\geqslant1$。

(d) 证明：当 $n\geqslant1$ 时，$f(1,n)=2^n$。

(e) 证明：当 $m>0$，$n>0$ 时，有 $f(m,n+1)\geqslant f(m,n)$ 和 $f(m+1,n)\geqslant f(m,n)$ 成立。

4.1-9 Let $A=\{a,b,c,d\}$ and $B=\{1,2,3\}$. Determine whether the relation R from A to B is a function. If it is a function, give its range.

(a) $R=\{\langle a,3\rangle, \langle b,2\rangle, \langle c,1\rangle\}$.

(b) $R=\{\langle a,2\rangle, \langle b,3\rangle, \langle c,3\rangle, \langle d,1\rangle\}$.

4.1-10 Let P be the propositional function defined by $P(x,y)=(x \vee y) \wedge \neg y$. Evaluate each of the following.

(a) $P(T,T)$.

(b) $P(F,T)$.

(c) $P(T,F)$.

(d) $P(F,F)$.

4.2 特 殊 函 数 类

根据函数映射的特征产生了三种特殊的函数类：单射、满射和双射。

定义 4.2.1 设 f 是从集合 X 到 Y 的函数。

(1) 任取 $x_1,x_2\in X$，如果 $x_1\neq x_2$，那么 $f(x_1)\neq f(x_2)$，则称 f 为单射函数(injective function)，简称单射，也称内射(into mapping)、入射、一对一映射等。

(2) 若任取 $y\in Y$，存在 $x\in X$，使得 $f(x)=y$，则称 f 为满射函数(surjective function)，简称满射，也称到上映射(onto mapping)。

(3) 若 f 既是单射又是满射，则称 f 为双射函数(bijective function)，简称双射，也称一一对应的映射。

例 1 判断下列函数的类型。

(a) $s: \mathbf{N} \to \mathbf{N}$，$s(x)=x+2$。

(b) $f: \mathbf{N} \to \mathbf{N}$, $f(x) = x \pmod{10}$。

(c) $f: \mathbf{N} \to \mathbf{N}$, $f(x) = \begin{cases} x-1 & \text{当 } x \text{ 是奇数时} \\ x+1 & \text{当 } x \text{ 是偶数时} \end{cases}$。

(d) $h: \mathbf{R} \to \mathbf{R}$, $h(x) = x^3 + 2x^2$。

(e) $a, b \in R$ 且 $a \neq b$, $g: [0,1] \to [a,b]$, $g(x) = (b-a)x + a$。

(f) $f: \mathbf{N} \to \rho(\mathbf{N})$, $f(x) = \{x\}$。

解 (a) s 是单射而非满射，因为 0 和 1 没有原像。

(b) f 既非单射也非满射。

(c) f 是双射。

(d) h 是满射而非单射。

(e) g 是双射。

(f) f 是单射而非满射。因为在 $\rho(\mathbf{N})$ 中 $\mathbf{N}$ 上的每个元素在函数 f 下都有唯一的像，但 $\rho(\mathbf{N})$ 中有些元素没有原像，例如 $\{0,1\}$。

定理 4.2.1 设 X 和 Y 是有限集合，f 是从集合 X 到 Y 的函数。

(1) 若 f 是单射，则必有 $|X| \leqslant |Y|$。

(2) 若 f 是满射，则必有 $|X| \geqslant |Y|$。

(3) 若 f 为双射，则必有 $|X| = |Y|$。

证明 (1) 因为 f 是单射，所以 $|f(X)| = |X|$。又因为 $f(X) \subseteq Y$，所以有 $|f(X)| \leqslant |Y|$，故有 $|X| \leqslant |Y|$。

(2) 假设 $|X| < |Y|$，因为 $|f(X)| \leqslant |X|$，所以有 $|f(X)| < |Y|$，即 $f(X) \subset Y$，这与 f 是满射矛盾。

(3) 可由(1)、(2)直接得出。

证毕

定理 4.2.2 设 X 和 Y 是有限集合，f 是从集合 X 到 Y 的函数。若 $|X| = |Y|$，则 f 是单射，当且仅当 f 是满射。

证明 必要性。若 f 是单射函数，则有 $|f(X)| = |X|$。又因为 $|X| = |Y|$，所以有 $|f(X)| = |Y|$。因为 $|Y|$ 是有限的，且根据函数的定义 $f(X) \subseteq Y$，故 $f(X) = Y$，因此 f 是一个满射函数。

充分性。若 f 是满射函数，假设 f 不是单射函数，则存在 $a, b \in X$，$a \neq b$ 且 $f(a) = f(b)$。所以有 $|X| > |f(X)|$，而 $|X| = |Y|$，因此有 $|Y| > |f(X)|$。因为 $|Y|$ 是有限的，故 $f(X) \subset Y$。这与 f 是满射函数矛盾。

证毕

定义 4.2.2 对于函数 $f: X \to Y$，若存在元素 $c \in Y$，对于任意 $x \in X$ 都有 $f(x) = c$，则称 f 为常函数(constant function)。

定义 4.2.3 对于函数 $f: X \to X$，若对于任意 $x \in X$ 都有 $f(x) = x$，则称 f 为 X 上的恒等函数(identity function)，记为 I_X。

定义 4.2.4 对于函数 $f: X \to X$，若 f 是双射的，则称 f 为集合 X 上的一个置换(permutation)或排列。X 上的恒等函数是 X 上的一个置换，亦称为恒等置换或幺置换。当 X 是有限集合，且 $|X| = n$ 时，称 X 上的置换是 n 次置换，当 X 是无限集合时，称 X 上的置

换是无限次的置换。

X 上的 n 次置换常写成

$$P=\begin{pmatrix} x_1 & x_2 & \cdots & x_n \\ f(x_1) & f(x_2) & \cdots & f(x_n) \end{pmatrix}$$

的形式。

例 2 设 X 是有限集合，且有 $|X|=n$，则 X 上有多少个不同的置换？

解 X 上的置换数等于 X 中元素的不同排列数 $n!$。

习　题

4.2-1 判断下列函数是否为单射、满射、双射。

(a) $f:\mathbf{N}\rightarrow\mathbf{N}$, $f(x)=2x$。

(b) $f:\mathbf{Z}\rightarrow\mathbf{N}$, $f(x)=|x+1|$。

(c) $f:\mathbf{Z}\rightarrow\mathbf{Z}$, $f(x)=\begin{cases} x-2 & \text{当 } x \text{ 是奇数时} \\ x+2 & \text{当 } x \text{ 是偶数时} \end{cases}$。

(d) $\mathbf{N}_6=\{0,1,2,3,4,5\}$, $f:\mathbf{N}_6\rightarrow\mathbf{N}_6$, $f(x)=2x \pmod 6$。

(e) $\mathbf{N}_5=\{0,1,2,3,4\}$, $f:\mathbf{N}_5\rightarrow\mathbf{N}_5$, $f(x)=2x \pmod 5$。

(f) $f:\mathbf{N}_6\rightarrow\mathbf{N}_6$, $f(x)=5x \pmod 6$。

4.2-2 设函数 $f:\mathbf{R}\times\mathbf{R}\rightarrow\mathbf{R}$, $f(a,b)=a$，判断 f 是否为单射、满射、双射。

4.2-3 设 f 是从集合 A 到 B 的函数，定义函数 $g:B\rightarrow\rho(A)$，对于任意的 $b\in B$，有
$$g(b)=\{x\,|\,x\in A \wedge f(x)=b\}$$

(a) 证明：如果 f 是满射，则 g 是单射。

(b) 如果 f 是单射，则 g 是满射吗？证明你的结论。

4.2-4 设集合 $A=\{1,2,3\}$, $B=\{1,2\}$。

(a) 写出 A 到 B 上所有的满射函数。

(b) 写出 B 到 A 上所有的单射函数。

4.2-5 设 $\mathbf{N}$ 为自然数集合，指出下列函数是否为单射、满射或双射，并说明理由，然后计算 $f_1(\mathbf{N}\times\{1\})$, $f_2(\{0,1,2\})$。

(a) $f_1:\mathbf{N}\times\mathbf{N}\rightarrow\mathbf{N}$, $f_1(\langle x,y\rangle)=x+y+1$。

(b) $f_2:\mathbf{N}\rightarrow\mathbf{N}\times\mathbf{N}$, $f_2(x)=\langle x,x+1\rangle$。

4.2-6 设 A、B、C、D 是任意集合，f 是从 A 到 B 的双射，g 是从 C 到 D 的双射，令 $h:A\times C\rightarrow B\times D$ 且任取 $\langle a,c\rangle\in A\times C$, $h(\langle a,c\rangle)=\langle f(a),g(c)\rangle$，那么 h 是双射吗？请证明你的判断。

4.2-7 设 k、n 是互素的两个正整数，$\mathbf{N}_k=\{0,1,\cdots,k-1\}$，定义函数 $f:\mathbf{N}_k\rightarrow\mathbf{N}_k$, $f(x)=(n\cdot x)\pmod k$，证明 f 是双射。

4.2-8 设 f 是从集合 A 到 B 的双射函数，定义集合 A 的幂集到集合 B 的幂集上的函数如下：
$$g:\rho(A)\rightarrow\rho(B)$$
其中 $g(S)=\{f(x)\,|\,x\in S\}$。证明：g 是双射。

4.2 - 9   In each part, sets A and B, a function from A to B are given. Determine whether the function is one to one or onto (or both or neither).

(a) $A=B=\mathbf{Z}$；$f(a)=a-1$.

(b) $A=\mathbf{R}$, $B=\{x\,|\,x \text{ is real and } x\geqslant 0\}$；$f(a)=a^2$.

(c) $A=B=\mathbf{R}\times\mathbf{R}$；$f(a, b)=\langle a+b, a-b\rangle$.

4.2 - 10   Given an example of a function from $\mathbf{N}$ to $\mathbf{N}$ that is

(a) one-to-one but not onto.

(b) onto but not one-to-one.

(c) both onto and one-to-one.

(d) neither onto nor one-to-one.

*4.3 鸽 巢 原 理

鸽巢原理（pigeonhole principle）又称为抽屉原理，是 19 世纪由德国数学家狄利克莱（Dirichlet）首先提出的。鸽巢原理虽然简单，但能够解决许多存在性的应用问题。

定理 4.3.1   如果让 m 只鸽子飞入 $n(n<m)$ 个鸽巢内，那么至少有一个鸽巢飞入两只或更多的鸽子。

证明   假设没有一个鸽巢中飞入两只或更多的鸽子，那么每个鸽巢中至多飞入一只鸽子，因此鸽子总数至多为 n 只，这与鸽子总数 m 大于 n 矛盾。因此，至少有一个鸽巢中飞入两只或更多的鸽子。

证毕

用数学语言来表述鸽巢原理就是：设 X 和 Y 是任意两个有限集合，如果 $|X|>|Y|$，那么对于任意一个从 X 到 Y 的映射 f，必定存在 x_1，$x_2\in X$ 使得 $f(x_1)=f(x_2)$。

下面介绍鸽巢原理的具体应用。

例 1   任意 367 个人中至少有 2 人生日（出生的月和日）相同。

解   因为只有 366 个可能的生日，所以根据鸽巢原理，任意 367 个人中至少有两个人的生日相同。

使用鸽巢原理的关键是确定鸽子和鸽巢及其数目。

例 2   证明：从 1 到 8 这 8 个整数中任意取 5 个数，则至少有两个数之和等于 9。

证明   把 1 到 8 这 8 个数按两两一组，分为 4 组：$\{1, 8\}$，$\{2, 7\}$，$\{3, 6\}$，$\{4, 5\}$。任意取 5 个数，其中的每个数都属于这 4 个集合中的一个。由于只有 4 个集合，因此根据鸽巢原理，至少 2 个数属于同一个集合，这两者之和等于 9。

证毕

例 3   证明集合 $\{1, 2, 3, \cdots, 30\}$ 中任取 16 个不同的数，则一定有一个数是另一个数的倍数。

证明   解决这个问题的关键是如何构造 15 个或更少的"鸽巢"，将 1 到 30 这些数分别分配到不同的鸽巢中。如果每个"鸽巢"中所有的数之间相互都能够整除，那么任取集合中的 16 个不同数，至少有两个来自同一个"鸽巢"，它们相互之间必能整除。

我们观察到 $\{1, 2, 3, \cdots, 30\}$ 中恰有 15 个奇数，而每个正整数 n 均可唯一地写成 $n=$

$2^k \cdot m$ 的形式，其中 m 是奇数，并且整数 $k \geqslant 0$，m 称为 n 的奇数部分，于是我们就构造了以下 15 个鸽巢：

$$A_1 = \{1, 2, 4, 8, 16\}$$
$$A_2 = \{3, 6, 12, 24\}$$
$$\cdots$$
$$A_8 = \{15, 30\}$$
$$A_9 = \{17\}$$
$$\cdots$$
$$A_{15} = \{29\}$$

当从 1 到 30 中任取 16 个不同的数时，至少有 2 个数 n_1 和 n_2 的奇数部分同为 m，令 $n_1 = 2^{k_1} \cdot m$，$n_2 = 2^{k_2} \cdot m$。若 $k_1 > k_2$，则 n_1 是 n_2 的倍数；否则，n_2 是 n_1 的倍数。

证毕

通过以上证明不难发现，从 $1, 2, \cdots, n, n+1, \cdots, 2n$ 这连续的 $2n$ 个正整数中任取出 $n+1$ 个不同的数，则一定有一个数是另一个数的倍数。

可以将以上的鸽巢原理推广为更一般的形式。

定理 4.3.2　设 $q_1, q_2, \cdots, q_n$ 是 n 个正整数，如果有 $(q_1 + q_2 + \cdots + q_n) + 1$ 只鸽子飞入编号为 $1, 2, \cdots, n$ 的 n 个鸽巢中，那么或者 1 号鸽巢中飞入至少 $q_1 + 1$ 只鸽子，或者 2 号鸽巢中飞入至少 $q_2 + 1$ 只鸽子，以此类推，或者 n 号鸽巢中飞入至少 $q_n + 1$ 只鸽子。

证明　（反证法）假设对于所有 i，$1 \leqslant i \leqslant n$，第 i 号鸽巢飞入小于等于 q_i 只鸽子，则 n 个鸽巢中最多飞入 $q_1 + q_2 + \cdots + q_n$ 只鸽子。

这与现有的 $q_1 + q_2 + \cdots + q_n + 1$ 只鸽子矛盾。

证毕

推论 1　如果 $mn + 1$ 只鸽子飞入 m 个鸽巢中，那么至少有一个鸽巢中飞入至少 $n+1$ 只鸽子。

推论 2　如果 n 只鸽子飞入 m 个鸽巢，则至少有一个鸽巢飞入至少 $\lceil n/m \rceil$ 只鸽子。

例 4　证明任意 30 人中，总可以挑出 5 个人出生在星期天。

证明　一个星期有 7 天，这个问题相当于 30 只鸽子飞入 7 个鸽巢中。根据鸽巢原理，至少有 $\lceil 30/7 \rceil = 5$ 个人出生在星期天。

证毕

例 5　设有不同大小的两个同心圆盘，每个圆盘均划分成 100 个相同大小的扇形。现对大盘上任意 50 个扇形涂上黑色，而另 50 个扇形涂上白色。对小盘上的每个扇形随意涂上黑色或白色。假设每次旋转小盘停止后，小盘的每个小扇形恰好包含在大盘对应的一个扇形中。证明存在一种旋转，在小盘停止后，小盘中至少有 50 个扇形与包含它的大盘中的对应扇形同色。

证明　两个同心圆盘如图 4.3.1 所示，当转动小盘时，大盘与小盘之间存在 100 种不同的位置组合。由于大盘中的 100 个扇形涂成黑色和白色的数目均为 50，对于小盘中的每个扇形，不管它是涂成黑色还是白色，当它沿大盘转动一圈时，经过 100 种不同的位置组合，一定恰在 50 个位置上与包含它的大盘中的对应扇形同色，因此，当小盘沿大盘转动一圈时，小盘中的 100 个扇形与包含它的大盘中的对应扇形同色的情况共有 $100 \times 50 = 5000$ 次。

图 4.3.1

　　把不同的位置组合视为鸽巢，共 100 个，把大小盘扇形同色视为鸽子，共 5000 只。根据以上推论 2 可知，至少有一个鸽巢飞入至少 $\lceil 5000/100 \rceil = 50$ 只鸽子，即至少有一种位置组合使得小盘上有 50 个扇形与包含它的大盘中的对应扇形同色。

证毕

习　　题

　　4.3-1　证明 27 个英文单词中至少有 2 个单词以同一个字母开始。

　　4.3-2　一条街道上有 51 间房屋，每间房屋都分配了一个 100 到 199 之间（含 100 和 199）互不相同的门牌号，证明至少有 2 间房屋的门牌号是连续的。

　　4.3-3　证明从集合 $\{1, 2, \cdots, 25\}$ 中任取 14 个不同的数，一定有一个数是另一个数的倍数。

　　4.3-4　在一个由 6 台计算机组成的网络中，每台计算机至少与一台其他计算机直接连接。证明该网络中至少存在两台计算机所连接的计算机数目相等。

　　4.3-5　有 5 名学生，其数学成绩互不相同，英语成绩也互不相同，试证明：一定可以从中选出 3 名学生，使这 3 名学生中必有 1 人，其数学成绩和英语成绩在这 3 人中均名列第二。

　　4.3-6　有 17 位科学家参加的一个会议，讨论 3 个问题，任何两个科学家都要进行讨论且仅讨论其中一个问题，试证明：一定存在三个科学家在讨论同一个问题。

　　4.3-7　Show that if seven numbers from 1 to 12 are chosen, then two of them will add up to 13.

　　4.3-8　Ten people volunteer for a three-person committee. Every possible committee of three that can be formed from these ten names is written on a slip of paper, one slip for each possible committee, and the slips are put in ten hats. Show that at least one hat contains 12 or more slips of paper.

4.4　复合函数和逆函数

4.4.1　复合函数

　　既然函数是一种特殊的二元关系，那么关系的复合运算在函数上仍然适用。

定义 4.4.1 设 $f: X \to Y$，$g: Y \to Z$ 是函数，令

$$g \diamond f = \{\langle x, z \rangle \mid x \in X \wedge z \in Z \wedge (\exists y)(y \in Y \wedge f(x) = y \wedge g(y) = z)\}$$

则称 $g \diamond f$ 为 f 与 g 的复合函数，称 $\diamond$ 为复合运算。

注意：f 与 g 的函数复合表示为 $g \diamond f$，而 f 与 g 的关系复合表示为 $f \circ g$，二者的结合顺序恰好相反，函数复合采用的是从右向左复合的方式，简称左复合。

定理 4.4.1 设 $f: X \to Y$，$g: Y \to Z$ 是函数，则 $g \diamond f$ 是从 X 到 Z 的函数。

证明 $g \diamond f$ 显然是从 X 到 Z 的二元关系，现证明任取 $x \in X$，存在唯一的 $z \in Z$ 使得 $\langle x, z \rangle \in g \diamond f$。

任取 $x \in X$，因为 f 是从 X 到 Y 的函数，所以存在唯一的 $y \in Y$ 满足 $f(x) = y$，即 $\langle x, y \rangle \in f$。又因为 g 是从 Y 到 Z 的函数，所以存在唯一的 $z \in Z$ 满足 $g(y) = z$，即 $\langle y, z \rangle \in g$。因此，对于任意取 $x \in X$，均存在唯一的 $z \in Z$，使得 $\langle x, z \rangle \in g \diamond f$。所以，复合函数 $g \diamond f$ 是从 X 到 Z 的函数。

证毕

为了方便，如果 $f: X \to Y$，$g: Y \to Z$ 是函数，则 $\langle x, z \rangle \in g \diamond f$，记 $g \diamond f(x) = g(f(x)) = z$。

例 1 设 $X = \{1, 2, 3\}$，$Y = \{p, q\}$，$Z = \{a, b\}$。从 X 到 Y 的函数 $f = \{\langle 1, p \rangle, \langle 2, p \rangle, \langle 3, q \rangle\}$，从 Y 到 Z 的函数 $g = \{\langle p, b \rangle, \langle q, b \rangle\}$。求 $g \diamond f$。

解 如图 4.4.1 所示，可得

$$g \diamond f = \{\langle 1, b \rangle, \langle 2, b \rangle, \langle 3, b \rangle\}$$

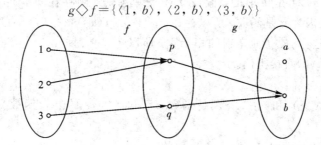

图 4.4.1

例 2 设 $\mathbf{R}$ 为实数集合，对 $x \in \mathbf{R}$ 有 $f(x) = x + 2$，$g(x) = x - 1$，求 $g \diamond f$。

解 任取 $x \in \mathbf{R}$，x 在函数 f 下的映像 $f(x) = x + 2$，而 $x + 2$ 在函数 g 下的映像为 $g(x + 2) = x + 2 - 1 = x + 1$。

所以，$g \diamond f(x) = x + 1$。

定理 4.4.2 设 $f: X \to Y$，$g: Y \to Z$，$h: Z \to W$ 是函数，则有

$$h \diamond (g \diamond f) = (h \diamond g) \diamond f$$

由于关系的复合运算满足结合律，因此函数的复合运算也满足结合律。证明留作练习。

设 $f: X \to X$，定义函数的幂次如下：

(1) $f^0 = I_X$。

(2) $f^{n+1} = f \diamond f^n$。

定理 4.4.3 设 $f: X \to Y$，$g: Y \to Z$ 是函数，$g \diamond f$ 是 f 与 g 的复合函数。

(1) 若 f 和 g 是满射的，则 $g \diamond f$ 是满射的。

（2）若 f 和 g 是单射的，则 $g\diamond f$ 是单射的。

（3）若 f 和 g 是双射的，则 $g\diamond f$ 是双射的。

证明 $g\diamond f$ 是从 X 到 Z 的函数。

（1）任取 $z\in Z$，因为 g 是满射的，所以存在 $y\in Y$ 使得 $g(y)=z$。又因为 f 是满射的，所以存在 $x\in X$，使得 $f(x)=y$。因此有 $g\diamond f(x)=g(f(x))=g(y)=z$，即 z 在 X 中存在原像 x，故 $g\diamond f$ 是满射的。

（2）任取 $x_1,x_2\in X$，设 $x_1\neq x_2$，因为 f 是单射的，所以 $f(x_1)\neq f(x_2)$。又因为 g 也是单射的，所以有 $g(f(x_1))\neq g(f(x_2))$，于是有 $g\diamond f(x_1)\neq g\diamond f(x_2)$，故 $g\diamond f$ 是单射的。

（3）可由（1）、（2）直接得出。

证毕

定理 4.4.4 设 $f:X\to Y$，$g:Y\to Z$ 是函数，$g\diamond f$ 是 f 与 g 的复合函数。

（1）若 $g\diamond f$ 是满射的，则 g 是满射的。

（2）若 $g\diamond f$ 是单射的，则 f 是单射的。

（3）若 $g\diamond f$ 是双射的，则 g 是满射的且 f 是单射的。

证明 （1）若 $g\diamond f$ 是满射的，则任取 $z\in Z$，存在 $x\in X$，使得 $g\diamond f(x)=z$，即 $g(f(x))=z$。设 $f(x)=y\in Y$，因此存在 y 使得 $g(y)=z$。由于 z 是任意的，所以 g 是满射的。

（2）（反证法）$g\diamond f$ 是单射的，假设 f 不是单射的，则存在 $x_1,x_2\in X$，$x_1\neq x_2$，且 $f(x_1)=f(x_2)$。又因为 g 是函数，所以存在 z 使得 $g(f(x_1))=g(f(x_2))=z$，即 $g\diamond f(x_1)=g\diamond f(x_2)=z$。这与 $g\diamond f$ 是单射的相矛盾。所以 f 是单射的。

（3）可由（1）、（2）直接得出。

证毕

例3 设 $f:X\to Y$ 和 $g:Y\to Z$ 是函数，已知 f 与 g 的复合函数 $g\diamond f$ 是一个单射函数。

（a）证明：若 f 是满射的，则 g 是单射的。

（b）若 f 不是满射的，g 一定是单射的吗？证明你的结论。

证明 （a）假定 g 不是一个单射函数，如图 4.4.2 所示，则存在 $y_1,y_2\in Y$，$y_1\neq y_2$ 且 $g(y_1)=g(y_2)$。因为 f 是满射的，对于 y_1 和 y_2，必存在 x_1 和 x_2，使得 $f(x_1)=y_1$，$f(x_2)=y_2$。因为 f 是函数，所以当 $f(x_1)\neq f(x_2)$ 时 $x_1\neq x_2$。现在考虑 x_1 和 x_2 在复合函数 $g\diamond f$ 下的值：

$$g\diamond f(x_1)=g(f(x_1))=g(y_1)=g(y_2)=g(f(x_2))=g\diamond f(x_2)$$

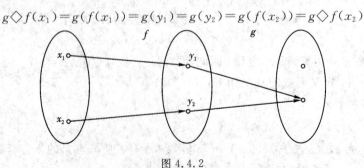

图 4.4.2

这与 $g \Diamond f$ 是单射函数矛盾，故 g 是单射的。

(b) 若 f 不是满射的，则 g 不一定是单射的。

例如，定义函数映射如下，$f: \mathbf{R}^{+} \to \mathbf{R}$，$g: \mathbf{R} \to \mathbf{R}$，$f(x) = x$，$g(x) = x^2$，则 $g \Diamond f$ 是单射的，f 不是满射的，但 g 不是单射的。

证毕

4.4.2　逆函数

任意一个二元关系都有逆关系，但一个函数的逆关系不一定是一个函数，只有双射函数才有逆函数。

定义 4.4.2　设 $f: X \to Y$ 是一个双射函数，称 f 的逆关系 $f^{-1} = \{\langle y, x \rangle \mid \langle x, y \rangle \in f\}$ 为 f 的逆函数。

不难证明，逆函数是函数，并且是双射函数。

例 4　设 $A = \{1, 2, 3\}$，$B = \{a, b, c\}$，$f: A \to B$ 是映射，$f = \{\langle 1, a \rangle, \langle 2, c \rangle, \langle 3, b \rangle\}$。求 f^{-1}。

解　$f^{-1} = \{\langle a, 1 \rangle, \langle c, 2 \rangle, \langle b, 3 \rangle\}$。

定义 4.4.3　设 $f: X \to Y$ 是一个函数，$Y' \subseteq Y$，那么称 $f^{-1}(Y') = \{x \mid f(x) \in Y'\}$ 为 f 下 Y' 的逆像或前像。

定理 4.4.5　设双射函数 $f: X \to Y$，f^{-1} 是 f 的逆函数，则有

(1) $(f^{-1})^{-1} = f$。

(2) $f^{-1} \Diamond f = I_X$。

(3) $f \Diamond f^{-1} = I_Y$。

证明留作练习。

定理 4.4.6　若 $f: X \to Y$，$g: Y \to Z$ 均为双射函数，则有
$$(g \Diamond f)^{-1} = f^{-1} \Diamond g^{-1}$$

证明　(1) 因为 $f: X \to Y$ 和 $g: Y \to Z$ 为双射函数，所以 $f^{-1}: Y \to X$，$g^{-1}: Z \to Y$ 也是双射函数，因此 $f^{-1} \Diamond g^{-1}$ 是从 Z 到 X 的双射函数。

因为 $g \Diamond f$ 是从 X 到 Z 的双射函数，所以 $(g \Diamond f)^{-1}$ 是从 Z 到 X 的双射函数。

(2) 任取 $z \in Z$，存在唯一 $y \in Y$，使得 $g(y) = z$。对于 $y \in Y$，存在唯一 $x \in X$，使得 $f(x) = y$，所以 $(f^{-1} \Diamond g^{-1})(z) = f^{-1}(g^{-1}(z)) = f^{-1}(y) = x$。

而 $(g \Diamond f)(x) = g(f(x)) = g(y) = z$，故 $(g \Diamond f)^{-1}(z) = x$。

因此对任一 $z \in Z$，有 $(g \Diamond f)^{-1}(z) = (f^{-1} \Diamond g^{-1})(z)$。

由 (1)、(2) 可知，$(g \Diamond f)^{-1} = f^{-1} \Diamond g^{-1}$。

证毕

习　　题

4.4-1　设 f、g、h 都是实数集合 $\mathbf{R}$ 到 $\mathbf{R}$ 的函数，其定义为 $f(x) = 2x + 3$，$g(x) = x^2$，$h(x) = \dfrac{1}{2}x - 3$。

(a) 求 $f \diamond g$。

(b) 求 $g \diamond f$。

(c) 求 $f \diamond h$。

4.4-2　设函数 $f: A \to A$，若存在一个正整数 n 使得 $f^n = I_A$，判断 f 是否为单射的、满射的、双射的。

4.4-3　设 $f: X \to Y$ 和 $g: Y \to Z$ 是函数，已知 f 与 g 的复合函数 $g \diamond f$ 是一个满射函数。

(a) 证明：若 g 是单射的，则 f 是满射的。

(b) 若 g 不是单射的，f 一定是满射的吗？证明你的结论。

4.4-4　设 f 是从 A 到 A 的满射函数，且 $f \diamond f = f$，求证：$f = I_A$。

4.4-5　设 $f: X \to Y$ 和 $g: Y \to X$ 是函数，f 与 g 的复合函数 $g \diamond f = I_X$，证明 f 是一个单射函数且 g 是一个满射函数。

4.4-6　(a) 设 $f: A \to B$ 是一个函数，记 f^{-1} 为 f 的逆关系，$f \diamond g$ 为 f 与 g 的复合关系，证明：f 是单射的当且仅当 $f \diamond f^{-1} = I_A$。

(b) 设 $f: X \to Y$ 和 $g: Y \to X$ 是函数，f 与 g 的复合函数 $g \diamond f = I_X$，证明 f 是一个单射函数且 g 是一个满射函数。

4.4-7　求下列函数的逆函数。

(a) $f: \mathbf{R} \to \mathbf{R}$，$f(x) = x$。

(b) $f: [0, 1] \to \left[\dfrac{1}{4}, \dfrac{3}{4} \right]$，$f(x) = \dfrac{1}{2} x + \dfrac{1}{4}$。

(c) $f: \mathbf{R} \to \mathbf{R}$，$f(x) = x^3 - 2$。

(d) $f: \mathbf{R} \to \mathbf{R}^+$，$f(x) = 2^x$。

4.4-8　已知 $X = \{a, b, c\}$，$Y = \{1, 2, 3, 4\}$，$f: X \to Y$ 如图 4.4.3 所示。构造函数 $g: Y \to X$，使得 $g \diamond f = I_X$。

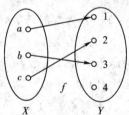

图 4.4.3

4.4-9　设 $A = \{a, b, c, d\}$。

(a) 构造一个函数 $f: A \to A$，使得 $f = f^{-1}$ 且 $f \neq I_A$。

(b) 构造一个函数 $f: A \to A$，使得 $f = f^2$ 且 $f \neq I_A$。

4.4-10　设集合 $A = \{1, 2, 3, 4\}$，问：

(a) A 到 A 上有多少个不同的函数 f？

(b) A 到 A 上有多少个不同的函数 f 满足 $f \diamond f = f$？

(c) A 到 A 上有多少个不同的函数 f 满足 $f \diamond f = I_A$？

4.4-11　Let I be the set of integers and E be the set of even integers. Let $f: I \to I$

and $g: I \rightarrow E$ be defined by

$$f(x) = x + 1$$
$$g(x) = 2x$$

Find $g \diamondsuit f$ and $f \diamondsuit g$.

4.4 - 12　Let f be a function from $A = \{1, 2, 3, 4\}$ to $B = \{a, b, c, d\}$. Determine whether f^{-1} is a function.

(a) $f = \{\langle 1, a \rangle, \langle 2, b \rangle, \langle 3, d \rangle, \langle 4, b \rangle\}$。

(b) $f = \{\langle 1, a \rangle, \langle 2, c \rangle, \langle 3, b \rangle, \langle 4, d \rangle\}$。

4.5　可数与不可数集合

4.5.1　集合的基数

有限集合的大小可以用集合中元素的个数来度量，很容易比较，但对于无限集合来讲，集合的大小不能简单地用所包含元素的个数来描述。因此，对于无限集合大小的度量和比较，必须寻求新的途径。

无限集合有许多有趣的现象。比如，希尔伯特(Hilbert)旅馆的故事：一家旅店拥有无穷多个客房，每个房间恰能住一位旅客，并已经客满。当日又有一位旅客投宿，店主欣然接纳。他让 $1^\#$ 房间的客人挪到 $2^\#$ 房间，$2^\#$ 房间的旅客挪到 $3^\#$ 房间，如此下去，从而腾出 $1^\#$ 房间让新来的旅客入住，这样所有的旅客都有房间住宿，如图 4.5.1 所示。

图 4.5.1

用集合论的语言表述这一问题，无疑是说正整数集合 $\mathbf{Z}^+ = \{1, 2, 3, \cdots\}$ 与自然数集合 $\mathbf{N} = \{0, 1, 2, 3, \cdots\}$ 具有同样多的元素，可是 $\mathbf{N}$ 显然比 $\mathbf{Z}^+$ 多一个元素"0"呀？这一问题困扰了数学家多年，直到 19 世纪 70 年代，康托研究无限集合的度量问题时提出了集合基数的概念，这个问题才得以彻底解决。

定义 4.5.1　度量集合 A 大小的数称为集合 A 的基数(cardinality)或势，记为 $|A|$。

定义 4.5.2　若集合 A 到 B 能够建立一个双射函数，则称集合 A 与集合 B 等势，记为 $A \sim B$ 或 $|A| = |B|$。

例 1　证明正整数集合 $\mathbf{Z}^+$ 与自然数集合 $\mathbf{N}$ 等势。

证明　定义函数 $f: \mathbf{N} \rightarrow \mathbf{Z}^+$，$f(x) = x + 1$。$f$ 显然是双射的，所以 $\mathbf{N} \sim \mathbf{Z}^+$。

证毕

例 2　证明实数集合 $\mathbf{R}$ 与其真子集 $(0, 1)$ 等势。

证明 定义函数 $f: \mathbf{R} \rightarrow (0, 1)$，$f(x) = \dfrac{1}{\pi} \arctan(x) + \dfrac{1}{2}$。$f$ 显然是双射的，所以 $\mathbf{R} \sim (0, 1)$。

证毕

定理 4.5.1 等势是任何集合簇上的等价关系。

证明 设有集合簇 S。

(1) 任取 $A \in S$，构造函数 $f: A \rightarrow A$，$f(x) = x$，显然，f 是双射函数，则 $A \sim A$，因此等势关系是自反的。

(2) 任取 $A, B \in S$，若 $A \sim B$，则 A 到 B 能够建立一个双射函数 f，f^{-1} 是从 B 到 A 的双射函数，故有 $B \sim A$，因此等势关系是对称的。

(3) 任取 $A, B, C \in S$，若 $A \sim B$ 且 $B \sim C$，则存在 A 到 B 的双射函数 f 和 B 到 C 的双射函数 g，那么有 $g \circ f$ 是从 A 到 C 的一个双射函数，故有 $A \sim C$，因此等势关系是传递的。

证毕

定义 4.5.3 含有有限个（包括 0 个）元素的集合称为有限集合(finite set)。不是有限集合的集合称为无限集合(infinite set)。

关于非空有限集合和无限集合还可以给出另外一种定义。给定 $\mathbf{N}_k = \{0, 1, 2, \cdots, k-1\}$($k \in \mathbf{Z}$) 是含 k 个元素的有限集合，如果存在 $\mathbf{N}_k$ 到 A 的双射函数，则称 A 是有限集合，且集合 A 的基数是 k；反之，设 A 是非空集合，若对于任何 $k \in \mathbf{Z}$，$\mathbf{N}_k = \{0, 1, 2, \cdots, k-1\}$，均不存在 $\mathbf{N}_k$ 到 A 的双射函数，则称集合 A 是无限集合。

定理 4.5.2 自然数集合 $\mathbf{N}$ 是无限集合。

证明 任取 $k \in \mathbf{Z}^+$，设 f 是从 $\{0, 1, 2, \cdots, k-1\}$ 到 $\mathbf{N}$ 的任意函数。现在令 $t = 1 + \max\{f(0), f(1), \cdots, f(k-1)\}$，显然 $t \in \mathbf{N}$。因为不存在 $x \in \{0, 1, 2, \cdots, k-1\}$ 使得 $f(x) = t$，所以 f 不可能是满射的，故 f 也不可能是双射的。因为 k 和 f 是任意的，这说明 $\mathbf{N}$ 不是有限集合，而是无限集合。

证毕

定理 4.5.3 有限集合的任意子集是有限集合。

证明 设 A 是一个有限集合，B 是 A 的任一子集。

(1) 若 B 是空集 $\varnothing$，$|\varnothing| = 0$，因此 B 是有限集合。

(2) 若 B 是非空集合，那么 A 也是非空集合。因为 A 是有限集合，设 $|A| = k$，所以存在 $\mathbf{N}_k$ 到 A 的双射函数 f，使得 $A = \{f(0), f(1), \cdots, f(k-1)\}$。由于 $B \subseteq A$，现构造从 $\mathbf{N}_t$ 到 B 的函数 g 如下：

① 置 $i = 0$，$t = 0$。

② 如果 $f(i) \in B$，令 $g(t) = f(i)$；否则，转步骤④。

③ 令 $t = t + 1$。

④ 令 $i = i + 1$，如果 $i < k$，转步骤②，否则结束。

显然，g 是从 $\mathbf{N}_t = \{0, 1, \cdots, t-1\}$ 到 B 的双射函数，故 B 也是有限集。

证毕

推论 设 S 是 T 的子集，如果 S 是无限集合，则 T 是无限集合。

定理 4.5.4 无限集合存在与其等势的真子集。

证明 设 A 是任意无限集合,在 A 中任取一个元素,记为 a_0,$A-\{a_0\}$ 仍是无限集合。在 $A-\{a_0\}$ 中任取一个元素,记为 a_1,$A-\{a_0,a_1\}$ 仍是无限集合。如此下去,于是从 A 中可以取出一列元素:a_0,a_1,a_2,$\cdots$,a_{n-1},a_n,$\cdots$。令 $B=A-\{a_0,a_1,a_2,\cdots,a_{n-1},a_n,\cdots\}$,于是有 $A=B\bigcup\{a_0,a_1,a_2,\cdots,a_{n-1},a_n,\cdots\}$。

取 A 的一个真子集 $C=B\bigcup\{a_1,a_2,\cdots,a_{n-1},a_n,\cdots\}$,存在双射函数 $f:A\to C$ 如下:

$$\begin{cases} f(x)=x & \text{若 } x\in B \\ f(a_i)=a_{i+1} & \text{若 } x\in\{a_0,a_1,a_2,\cdots,a_{n-1},a_n,\cdots\} \end{cases}$$

所以存在与 A 等势的真子集。

证毕

4.5.2 可数集

由于自然数集合是无限集合,因此无法用元素的个数来表示其基数,为此引入特殊的基数符号。

定义 4.5.4 与自然数集 $\mathbf{N}$ 等势的集合称为可数无限集合(countable infinite set),简称可数集。可数无限集合的基数用"$\aleph_0$"(阿列夫零)表示。

显然,$\mathbf{N}$ 的基数是 $\aleph_0$。

定义 4.5.5 有限集和可数集统称为至多可数集。

例 3 设 $\mathbf{Z}$ 表示整数集合,证明:$|\mathbf{Z}|=\aleph_0$。

证明 作函数 $f:\mathbf{N}\to\mathbf{Z}$,$f(x)=\begin{cases} \dfrac{x}{2} & \text{当 } x \text{ 是偶数时} \\ -\dfrac{x+1}{2} & \text{当 } x \text{ 是奇数时} \end{cases}$,由于 f 是双射的,所以 $\mathbf{N}\sim\mathbf{Z}$,即 $\mathbf{Z}$ 也是可数集,$|\mathbf{Z}|=\aleph_0$。

证毕

定义 4.5.6 设 A 是一个集合,若 f 是从 $\mathbf{N}$ 或 $\mathbf{N}_k=\{0,1,2,\cdots,k-1\}$ 到 A 的一个满射函数,则称 f 为 A 的一个枚举(enumeration),通常表示为序列 $\langle f(0),f(1),f(2),\cdots\rangle$。如果枚举函数 f 是双射的,那么称 f 是一个无重复枚举,否则称 f 是一个重复枚举。

例 4 构造下列集合的枚举。

(a) $B=\{a_1,a_2\}$。

(b) $C=\{0,1,2,3\}\times\{0,1,2,3\}$。

解 (a) 令 $f:\{0,1\}\to\{a_1,a_2\}$,$f(0)=a_1$,$f(1)=a_2$,f 是一个双射函数,则 $\langle a_1,a_2\rangle$ 是 B 的一个无重复枚举。

令 $f:\mathbf{N}\to\{a_1,a_2\}$,$f(x)=\begin{cases} a_1 & \text{当 } x=0 \text{ 时} \\ a_2 & \text{当 } x>0 \text{ 时} \end{cases}$,$f$ 是一个满射函数,而非双射函数,则 $\langle a_1,a_2,a_2,a_2,\cdots\rangle$ 是 B 的一个重复枚举。

(b) 图 4.5.2(a)和(b)均是 C 的无重复枚举。图 4.5.2(a)中的枚举序列可以更直观地表示成图 4.5.2(c)的形式。

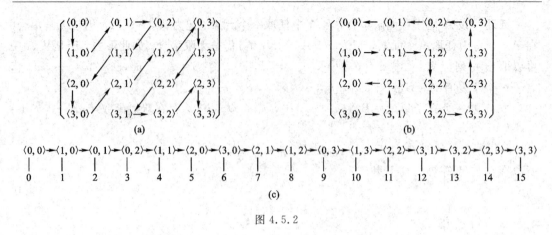

图 4.5.2

定理 4.5.5 一个无限集合 A 是可数集，当且仅当存在 A 的枚举。

证明 必要性。设 A 是可数无限集合，由可数集合的定义知 $A \sim \mathbf{N}$，所以存在 $\mathbf{N}$ 到 A 的双射函数 f，f 是 A 的枚举。

充分性。设存在集合 A 的枚举，枚举函数为 f。根据枚举函数 f 构造双射函数 $g : \mathbf{N} \to A$，过程如下：

(1) 置 $g(0) = f(0)$，$i = j = 1$。

(2) 检查 $f(i)$ 是否已经出现在 $S = \{g(0), g(1), \cdots, g(j-1)\}$ 中，如果 $f(i)$ 不在 S 中，转至第(3)步，否则转至第(4)步。

(3) 置 $g(j) = f(i)$，$i = i+1$，$j = j+1$，转至第(2)步。

(4) $i = i+1$，转至第(2)步。

这样进行下去，得到的函数 g 是 $\mathbf{N}$ 到 A 的双射，所以 A 是可数无限集合。

证毕

定理 4.5.6 可数无限集的任一无限子集是可数集。

证明 设 A 是可数无限集合，存在 A 的枚举函数 $f : \mathbf{N} \to A$。B 是 A 的任一无限子集，任取 $b \in B$，构造函数 $g : A \to B$ 如下：

$$g(x) = \begin{cases} x & x \in B \\ b & x \notin B \end{cases}$$

显然，g 是满射的，则有 $g \diamond f$ 也是 $\mathbf{N}$ 到 B 的一个满射函数，因此存在 B 的枚举。

故 B 是可数集。

证毕

定理 4.5.7 任意两个可数集的并为可数集。

证明留作练习。

定理 4.5.8 $\mathbf{N}$ 是自然数集合，$\mathbf{N} \times \mathbf{N}$ 是可数集。

证明 $\mathbf{N} = \{0, 1, 2, 3, \cdots\}$ 是一个可数集合。可以将 $\mathbf{N} \times \mathbf{N}$ 表示成二维矩阵的形式，其中元素 $\langle i, j \rangle$ 放置在矩阵的第 i 行、第 j 列位置。如图 4.5.3 所示，按箭头方向对图中每个序偶依次用自然数标号。

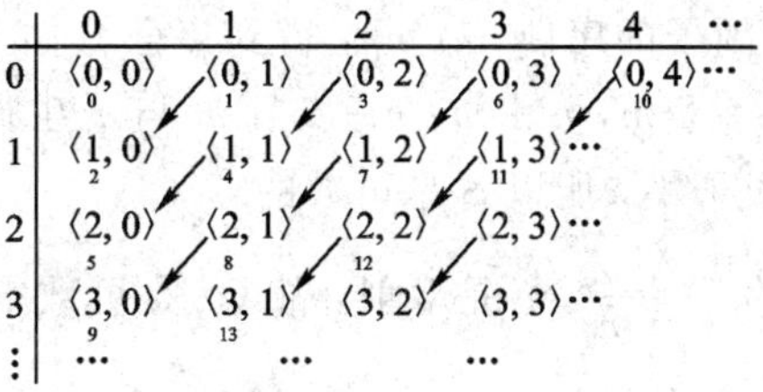

图 4.5.3

令 $f(m, n) = f(\langle m, n \rangle) = $ 图中序偶 $\langle m, n \rangle$ 的标号，得到函数 $f: \mathbf{N} \times \mathbf{N} \to \mathbf{N}$ 如下：

$$f(0, 0) = 0$$

$$f(0, n) = 1 + 2 + 3 \cdots + n = \frac{n(n+1)}{2}$$

$$f(m, n) = f(0, m+n) + m = \frac{1}{2}(m+n)(m+n+1) + m$$

下面证明以上构造的函数 f 是一个双射函数。

首先证明 $f: \mathbf{N} \times \mathbf{N} \to \mathbf{N}$ 是一个单射，任取 $\langle m_1, n_1 \rangle$，$\langle m_2, n_2 \rangle \in \mathbf{N} \times \mathbf{N}$，且设 $\langle m_1, n_1 \rangle \neq \langle m_2, n_2 \rangle$，证明 $f(m_1, n_1) \neq f(m_2, n_2)$，留作练习。

其次证明任取 $u \in \mathbf{N}$，存在 $\langle m, n \rangle \in \mathbf{N} \times \mathbf{N}$，使得

$$u = f(\langle m, n \rangle) = f(m, n) = \frac{1}{2}(m+n)(m+n+1) + m$$

令 $u = f(m, n) = \frac{1}{2}(m+n)(m+n+1) + m$，则

$$u \geq \frac{1}{2}(m+n)(m+n+1)$$

$$u < \frac{1}{2}(m+n)(m+n+1) + (m+n) + 1 = \frac{1}{2}(m+n)(m+n+3) + 1$$

令 $m + n = t$，则

$$\frac{1}{2}t(t+1) \leq u < \frac{1}{2}t(t+3) + 1$$

即 $t^2 + t - 2u \leq 0$ 且 $t^2 + 3t - 2(u-1) > 0$，得

$$-1 + \frac{-1 + \sqrt{1+8u}}{2} < t \leq \frac{-1 + \sqrt{1+8u}}{2}$$

因为 t 是自然数，故可取 $t = \left[\dfrac{-1 + \sqrt{1+8u}}{2} \right]$，即 $\dfrac{-1 + \sqrt{1+8u}}{2}$ 的整数部分，得

$$\begin{cases} m = u - \dfrac{1}{2}t(t+1) \\ n = t - m \end{cases}$$

因此 f 是双射的。由此可知 $\mathbf{N} \times \mathbf{N}$ 是可数集合。

f 是 $\mathbf{N} \times \mathbf{N}$ 的无重复枚举，这种枚举方法称为对角线枚举法。

证毕

例 5　证明有理数集合 $\mathbf{Q}$ 是可数集。

证明　已知 $\mathbf{N} \times \mathbf{N}$ 是可数集合，在 $\mathbf{N} \times \mathbf{N}$ 集合中删除所有 m 或 n 等于 0，以及 m 和 n

均大于 0，但有大于 1 的公因子的序偶 $\langle m, n \rangle$，得到集合 S 如下：

$$S = \{\langle m, n \rangle \mid m, n \in \mathbf{Z}^+, m \text{ 与 } n \text{ 互质}\}$$

因为 S 是 $\mathbf{N} \times \mathbf{N}$ 的无限子集，所以 S 是可数的。

令 $g: S \to \mathbf{Q}^+$，$g(\langle m, n \rangle) = \dfrac{m}{n}$，$g$ 是双射，故 $\mathbf{Q}^+$ 是可数集。

又因为 $\mathbf{Q}^+ \sim \mathbf{Q}^-$，故 $\mathbf{Q} = \mathbf{Q}^+ \cup \{0\} \cup \mathbf{Q}^-$ 是可数集。

证毕

定理 4.5.9　可数个可数集的并是可数集。

证明　不妨设可数个可数集合为 $A_0, A_1, \cdots$，其中 $A_i = \{a_{i0}, a_{i1}, a_{i2}, \cdots\}$，$i \in \mathbf{N}$。

令 $A = \bigcup\limits_{i=0}^{\infty} A_i = A_0 \cup A_1 \cup \cdots$，则存在满射函数 $f: \mathbf{N} \times \mathbf{N} \to A$ 如下：

$$f(m, n) = a_{mn}$$

故 $\mathbf{N} \times \mathbf{N} \sim A$，$A$ 是可数无限集合。

证毕

4.5.3　不可数集

定义 4.5.7　与自然数集不等势的无限集称为不可数集。

定理 4.5.10　实数集的子集 $(0, 1)$ 是不可数集。

证明　利用康托对角线法。

设 f 是从 $\mathbf{N}$ 到 $(0, 1)$ 的任一函数，我们证明 f 不可能是满射的，从而证明 $(0, 1)$ 不存在枚举。

将任一 $x \in (0, 1)$ 都表示为无限十进制小数，于是 $f(0), f(1), f(2), \cdots, f(n) \in (0, 1)$ 可分别表示为

其中，x_{ni} 是 $f(n)$ 小数后的第 $i+1$ 位的数字。

构造实数 $y \in (0, 1)$ 如下：

$$y = \bullet\, y_0 y_1 y_2 \cdots$$

其中，$y_i = \begin{cases} 1 & \text{若 } x_{ii} \neq 1 \\ 2 & \text{若 } x_{ii} = 1 \end{cases}$。

显然，$y \in (0, 1)$，然而 y 与每一个 $f(n)$ 的展开式至少有一个数字（第 $n+1$ 个数字）不同。因此，对于一切 $n \in \mathbf{N}$，$y \neq f(n)$，这表明 $f: \mathbf{N} \to (0, 1)$ 不是一个满射。因为 f 是任意的，所以 $(0, 1)$ 不可能与自然数集 $\mathbf{N}$ 等势，从而有 $|(0, 1)| \neq \aleph_0$。

证毕

将集合 $(0, 1)$ 的基数用 "$\aleph$"（阿列夫）表示，$\aleph$ 也称做连续统的势。

例 6　证明 $[0, 1]$ 与 $(0, 1)$ 等势。

证明　设集合 $A=\left\{0,\ 1,\ \dfrac{1}{2},\ \dfrac{1}{3},\ \cdots,\ \dfrac{1}{n},\ \cdots\right\}$，$B=\left\{\dfrac{1}{2},\ \dfrac{1}{3},\ \cdots,\ \dfrac{1}{n}\ ,\ \cdots\right\}$，$A$、$B$ 分别是 $[0,1]$ 和 $(0,1)$ 的子集。

如图 4.5.4 所示，定义函数 $f\colon[0,1]\to(0,1)$，使得

$$\begin{cases} f(0)=\dfrac{1}{2} \\[2mm] f\left(\dfrac{1}{n}\right)=\dfrac{1}{n+2} & \text{当 } n\geqslant 1,\ n\in\mathbf{N} \text{ 时} \\[2mm] f(x)=x & \text{当 } x\in[0,1)-A \text{ 时} \end{cases}$$

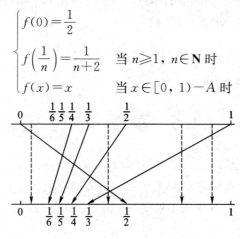

图 4.5.4

可以验证，f 是双射函数，所以 $[0,1]\sim(0,1)$。

证毕

例 7　求下列各集合的基数。

(a) $[a,b]$，其中 $a,b\in\mathbf{R}$ 且 $a<b$。

(b) 实数集 $\mathbf{R}$。

解　(a) 构造函数 $f\colon[0,1]\to[a,b]$，$f(x)=(b-a)x+a$。因为 f 是双射的，所以 $|[a,b]|=|[0,1]|=\aleph$。

(b) 构造函数 $g\colon(0,1)\to\mathbf{R}$，$g(x)=\dfrac{\dfrac{1}{2}-x}{x(1-x)}$。因为 g 是双射的，所以 $|\mathbf{R}|=|(0,1)|=\aleph$。

习　　题

4.5-1　判断下列集合是否是可数集合。

(a) $A=\{x\mid x<1000$ 且 x 是素数$\}$。

(b) $B=\{-1,\ -2,\ \cdots,\ -n,\ \cdots\}$。

(c) $C=\{1,\ 4,\ 9,\ 16,\ \cdots,\ n^{2},\ \cdots\}$。

(d) $D=A\cup B\cup C$。

(e) $E=\mathbf{R}^{+}$。

(f) $F=A\cup B\cup C\cup E$。

4.5-2　证明实数集 $\mathbf{R}$ 与 $(0,\infty)$ 等势。

4.5-3　设 $A=(0,1)$，$B=(0,1]$，证明集合 A 与 B 等势。

4.5-4　设 A 和 B 是可数集合，证明 $A\times B$ 是可数集合。

4.5-5　设 A 是可数集合,用数学归纳法证明对任一正整数 n, A^n 是可数集合。

4.5-6　**N** 是自然数集,集合 $A=\{a_1,a_2,\cdots,a_n\}$,构造 $(\mathbf{N}\times\mathbf{N})\bigcup A$ 的一个枚举。

4.5-7　n 是任意正整数,令 $F_n=\{a_0+a_1x+\cdots+a_nx^n \mid a_0,a_1,\cdots a_n\in A\}$。

(a) 如果 A 是有理数集,求 F_n 的基数。

(b) 如果 A 是实数集,求 F_n 的基数。

4.5-8　Let $A=[0,1)$ and $B=\left(\dfrac{1}{4},\dfrac{1}{2}\right]$. Prove $A\sim B$.

4.5-9　Find a enumeration of $\mathbf{Q}^-$.

*4.6　基 数 的 比 较

由定理 4.2.1 可知,当 A、B 是有限集合时,有:

(1) 如果存在一个从 A 到 B 的单射函数,那么 $|A|\leqslant|B|$。

(2) 如果存在一个从 A 到 B 的单射函数,但不存在双射函数,那么 $|A|<|B|$。现将这个结论推广到任意集合。

定理 4.6.1(Zemelo 三歧性定律)　设 A 和 B 是任意集合,则以下三条中恰有一条成立。

(1) $|A|<|B|$。

(2) $|B|<|A|$。

(3) $|A|=|B|$。

定理 4.6.2(Cantor-Schroder-Bernstein 定理)　设 A 和 B 是集合,如果 $|A|\leqslant|B|$ 且 $|B|\leqslant|A|$,那么 $|A|=|B|$。

以上两个定理的证明比较复杂,这里不予证明。定理 4.6.2 为证明两个集合具有相同的基数提供了有效方法。因为该定理实际上等价于"若存在从 A 到 B 和从 B 到 A 的单射函数,则存在从 A 到 B 的双射函数"。通常构造这样的两个单射函数比构造一个双射函数要容易。

例 1　证明 $[0,1]$ 与 $(0,1)$ 等势。

证明　分别构造单射函数 f 和 g 如下:

$f:(0,1)\rightarrow[0,1]$, $f(x)=x$

$g:[0,1]\rightarrow(0,1)$, $g(x)=\dfrac{1}{2}x+\dfrac{1}{4}$

则有 $|(0,1)|\leqslant|[0,1]|$ 且 $|[0,1]|\leqslant|(0,1)|$,根据定理 4.6.2 可得 $|[0,1]|=|(0,1)|$。

证毕

定理 4.6.3　设 A 是任意有限集合,则 $|A|<\aleph_0<\aleph$。

证明留作练习。

定理 4.6.4　任一无限集合必存在可数无限子集。

证明　设 A 是一个无限集合,可以用以下方式构造一个 A 的可数无限子集 B。

首先设 $B=\varnothing$。从 A 中任取一个元素 a_0,令 $B=B\bigcup\{a_0\}$,因为 A 是无限的,所以 $A-B$ 仍然是一个无限集;从 $A-B$ 中任取一个元素 a_1,令 $B=B\bigcup\{a_1\}$,此时 $A-B$ 仍然是一

个无限集；以此类推，所得集合 B 即为 A 的一个可数无限子集。

证毕

定理 4.6.5 $\aleph_0$ 是最小的无限集基数。

证明 设 A 是任一无限集合，A 必包含一个可数无限子集 B。构造函数 $f: B \to A$，使得 $f(x) = x$，f 是单射的，所以 $|B| \leqslant |A|$。

因为 $|B| = \aleph_0$，所以 $\aleph_0 \leqslant |A|$。由 A 是任意的，得 $\aleph_0$ 是最小的无限集基数。

证毕

虽然已经证明了 $\aleph_0$ 是最小的无限集基数，但在 $\aleph_0$ 与 $\aleph$ 之间是否还存在其他基数呢？1878 年，康托提出连续统假设(continum hypothesis)，断言不存在这样的基数。1963 年美国数学家保罗·约瑟夫·科恩(Paul Joseph Cohen)部分解决了这个问题，但连续统假设作为数学界的一个难题至今仍然没有得到解决。

下面的定理说明：一个集合的幂集的基数总是大于该集合的基数，因此不存在最大的基数。

定理 4.6.6(Cantor 定理) 设 M 是一集合，则 $|M| < |\rho(M)|$。

证明 (1) 证明 $|M| \leqslant |\rho(M)|$。

构造函数 $f: M \to \rho(M)$，令 $f(a) = \{a\}$，则 f 是单射的，故 $|M| \leqslant |\rho(M)|$。

(2) 证明 $|M| \neq |\rho(M)|$。

设 $g: M \to \rho(M)$ 是任意函数，证明 g 不是满射的。

函数 g 将 M 中每个元素 x 映射到 M 的一个子集 $g(x)$，元素 x 可能在 $g(x)$ 中，也可能不在 $g(x)$ 中。若 $x \in g(x)$，则称 x 为内部元素；否则，称 x 为外部元素。显然，任一元素 x 必恰为内部元素或外部元素之一。定义 $S = \{x \mid x \notin g(x), x \in M\}$，即 S 是由 M 中的所有外部元素构成的集合。

假设 g 是满射的，则存在 $m \in M$，使 $g(m) = S$。下面分情况讨论：

① 若 $m \in S$，则 $m \in g(m)$，即 m 是内部元素，与 S 的定义 $m \notin S$ 矛盾。

② 若 $m \notin S$，则 $m \notin g(m)$，即 m 是外部元素，与 S 的定义 $m \in S$ 也矛盾。

假设错误，即不存在 $m \in M$，使 $g(m) = S$。因此 g 不可能是双射的，所以 $|M| \neq |\rho(M)|$。

由(1)、(2)知，$|M| < |\rho(M)|$。

证毕

例 2 证明 $|\rho(\mathbf{N})| = \aleph$。

证明 (a) 构造函数 $f: \rho(\mathbf{N}) \to [0, 1)$，对于任一 $S \in \rho(\mathbf{N})$，即 $S \subseteq \mathbf{N}$，$f(S) = \cdot x_0 x_1 x_2 x_3 \cdots$，其中 $x_i = \begin{cases} 1 & \text{当 } i \in S \text{ 时} \\ 0 & \text{当 } i \notin S \text{ 时} \end{cases}$。

例如，$f(\varnothing) = 0$，$f(\mathbf{N}) = 0.111111\cdots$，$f(\{1, 4, 5\}) = 0.010011$。$f$ 是单射的，所以有 $|\rho(\mathbf{N})| \leqslant |[0, 1)|$。

(b) 构造函数 $g: [0, 1) \to \rho(\mathbf{N})$，任取 $x \in [0, 1)$，将 x 表示成二进制小数的形式，即 $x = \cdot x_0 x_1 x_2 x_3 \cdots$，$g(x) = \{i \mid x_i = 1\}$。

例如，$g(0.1) = \{0\}$，$g(0.0101) = \{1, 3\}$。g 是单射的，所以有 $|[0, 1)| \leqslant |\rho(\mathbf{N})|$。

由(a)、(b)知，$|\rho(\mathbf{N})| = |[0, 1)| = \aleph$。

证毕

习　题

4.6－1　证明$[0,1]$与$(-\infty,+\infty)$等势。

4.6－2　设 **R** 表示实数集合，证明$|\mathbf{R}\times\mathbf{R}|=|\mathbf{R}|$。

4.6－3　已知 $A_1\sim B_1$ 和 $A_2\sim B_2$，且有 $A_1\bigcap A_2=B_1\bigcap B_2=\varnothing$。试证明$(A_1\bigcup A_2)\sim(B_1\bigcup B_2)$。

4.6－4　已知 A 是有限集，B 是无限集，$A\cap B=\varnothing$。证明$|A\bigcup B|=|B|$。

4.6－5　设 $P=\{f\,|\,f$ 为函数，$\mathrm{dom}f=\{a_1,a_2,\cdots,a_n\}$ 且 $\mathrm{ran}\,f\subseteq\{0,1\}\}$。试比较 P 与 $\rho(\mathbf{N})$ 基数的大小。

4.6－6　证明集合 A 是无限集的充要条件是对于 A 到 A 的每个函数映射 f，都存在 A 的非空子集 B，使得 $f(B)\subseteq B$。

4.6－7　Let A be a infinite set and B a countable infinite set. Prove $(A\bigcup B)\sim A$.

4.6－8　Show that $|\mathbf{N}^N|=\aleph$。

第5章 代数结构

抽象代数(abstract algebra)又称近世代数(modern algebra),是研究各种抽象的公理化代数系统的数学学科,它以结构研究代替计算,把从偏重计算研究的思维方式转变为用结构观念研究的思维方式。自 19 世纪 30 年代以来,伽罗瓦(Galois)、凯莱(A. Cayley)、阿贝尔(N. H. Abel)、拉格朗日(J. L. Lagrange)、若尔当(M. E. C. Jordan)、伯恩赛德(W. Burnside)、西罗(P. L. Sylow)、哈密尔顿(W. R. Hamilton)、克鲁尔(Krull)、戴德金(R. Dedekind)、诺特(A. E. Noether)、波利亚(G. Polya)、阿廷(E. Artin)、克罗内克(L. Kronecker)、施泰尼茨(E. Steinitz)等众多杰出数学家对抽象代数近世代数的形成、发展、应用做出了巨大贡献。

抽象代数包含有群论、环论、伽罗瓦理论、格论等许多分支,与数学其他分支相结合产生了代数几何、代数数论、代数拓扑、拓扑群等新的数学学科。抽象代数已经成为当代大部分数学的通用语言,也是现代计算机理论基础之一。

本章介绍的主要内容包括:运算与代数系统、代数系统的代数常元、半群、独异点、群、群的同态与同构、子群、交换群、置换群、循环群、陪集与拉格朗日定理、同余关系与商群、环、域等。

5.1 代数系统的组成

5.1.1 运算与代数系统

在学习初等代数时,我们引入了自然数集合 $\mathbf{N}$、整数集合 $\mathbf{Z}$、有理数集合 $\mathbf{Q}$、实数集合 $\mathbf{R}$、复数集合 $\mathbf{C}$ 等数集。在这些数集中,着重研究的是集合上的各种运算,如+(加)、−(减)、×(乘)、÷(除)等运算。在实际工程应用中需要处理的对象并不都是单纯的整数、有理数、实数或复数,如数据编码中码字所对应的向量、图像处理中图像所对应的矩阵等。这些对象相互作用生成一个新的对象亦可定义为元素间的运算。在研究集合时,常常要研究所谓集合上的"运算"及该运算所具有的性质,如封闭性(closure)、交换律(Commutative law)、分配律(distributive law)、结合律(associative law)、同态(homomorphism)、同构(isomorphism)等。因此,在正式给出代数结构的定义之前,先来说明什么是在一个集合上的运算(operation)。

定义 5.1.1 设 A、B 是非空集合,函数 $f: A^n \to B$ 称为集合 A 上的一个 n 元运算。当 $n=1$ 时,称 f 为一元运算;当 $n=2$ 时,称 f 为二元运算(binary operation)。

定义 5.1.2 设 A、B 是非空集合,$f: A^n \to B$ 是集合 A 上的一个 n 元运算。若 $B \subseteq A$,则称该 n 元运算是封闭的。

在以下章节介绍的代数系统中,主要讨论一元运算和二元运算。通常一元运算符和二元运算符用一些特殊符号表示，如 $\triangle$、∇、$*$、$\circ$、$\bullet$、$\oplus$、$\otimes$、$\odot$、$\circledast$、$\ominus$、$\star$，也可以直接使用算术运算符、逻辑运算符和集合运算符等。

一元运算常常采用前缀或顶缀表示法，如实数 x 的一元"求负"常记为 $-x$，第 1 章命题 P 的"非"运算常记为 $\neg P$，格与布尔代数中 x 的"补"运算记为 $\bar{x}$。二元运算习惯上采用中缀表示法，如本书中常用的 $x+y$、$x*y$ 或 $x\oplus y$，在有些应用场合也采用前缀和后缀表示法，如数据结构和编译原理中的后缀式或逆波兰表示 $xy+$、$xy*$ 或 $xy\oplus$。

当集合 A 是有限集时，例如 $A=\{a_1, a_2, \cdots, a_n\}$ 时，A 上的一元代数运算 $\triangle$ 和二元代数运算 $\circ$ 的运算结果分别用如表 5.1.1(a) 和 (b) 所示。

表 5.1.1

(a)

$\triangle$	$\triangle(a_i)$
a_1	$\triangle(a_1)$
a_2	$\triangle(a_2)$
$\vdots$	$\vdots$
a_n	$\triangle(a_n)$

(b)

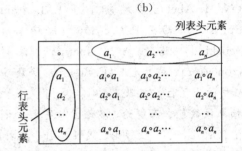

形如表 5.1.1 的表常常被称为运算表，它由运算符、行表头元素、列表头元素及运算结果四部分组成。当集合 A 的元素很少，特别限于少数几个时，代数系统中的运算常常用这种表给出。其优点是简明直观，一目了然。

例 1　设 $A=\{a, b\}$，集合 A 上的二元运算 $*$ 和 $\oplus$ 由表 5.1.2 给出。

表 5.1.2

(a)

$*$	a	b
a	a	a
b	a	a

(b)

$\oplus$	a	b
a	a	b
b	b	a

显然，本例中定义的运算 $*$ 和 $\oplus$ 是封闭的。

运算的例子还有很多。例如，在数理逻辑中，否定是谓词公式集合上的一元运算，合取和析取是谓词公式集合上的二元运算；在集合论中，并与交是集合上的二元运算；在整数算术中，加、减、乘运算是二元运算，而除运算虽然也是二元运算，但它不满足封闭性。

有了集合上运算的概念，便可进一步定义抽象的代数系统。

定义 5.1.3　设 A 是一个非空集合，f_i 是 A 上的 n_i 元运算，其中 $i=1, 2, \cdots, m$。由 A 及 $f_1, f_2, \cdots, f_m$ 组成的系统称为代数系统，记为 $\langle A, f_1, f_2, \cdots, f_m \rangle$。集合 A 称为代数系统 $\langle A, f_1, f_2, \cdots, f_n \rangle$ 的载体。

例 2　设 $\mathbf{Z}$ 是整数集合，$\mathbf{N}_4$ 是 $\mathbf{Z}$ 中由模 4 的同余类组成的同余类集，在 $\mathbf{N}_4$ 上定义两个二元运算 $+_4$ 和 $\times_4$ 分别如下：

对于任意的 $[i]$，$[j] \in \mathbf{N}_4$，有

$$[i]+_4[j]=[(i+j)(\mathrm{mod}\ 4)]$$
$$[i]\times_4[j]=[(i\times j)(\mathrm{mod}\ 4)]$$

试给出代数系统 $\langle \mathbf{N}_4,+_4,\times_4\rangle$ 的运算 $+_4$ 和 $\times_4$ 的运算表。

解　$\mathbf{N}_4=\{[0],[1],[2],[3]\}$，运算 $+_4$ 和 $\times_4$ 的运算表如表 5.1.3 所示。

表 5.1.3

(a)

$+_4$	[0]	[1]	[2]	[3]
[0]	[0]	[1]	[2]	[3]
[1]	[1]	[2]	[3]	[0]
[2]	[2]	[3]	[0]	[1]
[3]	[3]	[0]	[1]	[2]

(b)

$\times_4$	[0]	[1]	[2]	[3]
[0]	[0]	[0]	[0]	[0]
[1]	[0]	[1]	[2]	[3]
[2]	[0]	[2]	[0]	[2]
[3]	[0]	[3]	[2]	[1]

有时要考察两个或多个代数系统，首先判定两个代数系统是否属于同类型，再对其运算性质进行考察。

定义 5.1.4　设两个代数系统 $\langle A,f_1,f_2,\cdots,f_m\rangle$ 和 $\langle T,g_1,g_2,\cdots,g_m\rangle$，如果 f_i 和 $g_i(1\leqslant i\leqslant m)$ 均为 $k(k\in \mathbf{Z}^+)$ 元函数，则称这两个代数系统是同类型的。

$\langle A,f_1,f_2,\cdots,f_m\rangle$ 代表一个代数系统，除特别指明外，其中运算符 f_i 为一元或二元运算。根据需要对 A 及 $f_1,f_2,\cdots,f_m$ 可置不同的集合符和运算符。

5.1.2　运算的性质与代数常元

代数系统的性质与运算的性质密切相关。对于实数集上的四则运算，大家可自如使用结合律、交换律、分配律、消去律等运算规律。显然，任意对象和运算构成的代数系统并不一定具备上述运算规律。下面将讨论二元运算的各种运算规律及代数常元。

定义 5.1.5　给定代数系统 $\langle A,*\rangle$，$*$ 是 A 上封闭的二元运算，如果对于任何 $x,y\in A$，均有

$$x*y=y*x$$

则称运算 $*$ 满足交换律或 $*$ 是可交换的。

例 3　设 $\langle \mathbf{Z},\odot\rangle$ 是代数系统，$\mathbf{Z}$ 为整数集合。$\odot$ 是 $\mathbf{Z}$ 上的二元运算，且 $\forall a,b\in \mathbf{Z}$，均有 $a\odot b=a+b-ab$。证明二元运算 $\odot$ 是可交换的。

证明　任取 $a,b\in \mathbf{Z}$，有

$$a\odot b=a+b-ab=b+a-ba=b\odot a$$

故二元运算 $\odot$ 是可交换的。

证毕

定义 5.1.6　给定代数系统 $\langle A,*\rangle$，$*$ 是 A 上封闭的二元运算，如果对于任何 $x,y,z\in A$，均有

$$(x*y)*z=x*(y*z)$$

则称运算 $*$ 满足结合律或 $*$ 是可结合的。

例 4　设 $\langle A,*\rangle$ 是代数系统，$*$ 是 A 上封闭的二元运算，如果对于任何 $x,y\in A$，均

有 $x*y=y$，则 $*$ 是可结合的。

证明 任取 $x,y,z\in A$，均有

$$(x*y)*z=y*z=z,\ x*(y*z)=x*z=z$$

因此，$(x*y)*z=x*(y*z)$，结合律成立。

证毕

一个代数结构若具有两个运算，则利用分配律可建立这两个运算之间的某种联系。

定义 5.1.7 给定代数系统 $\langle A,\oplus,*\rangle$，$\oplus$ 和 $*$ 是 A 上封闭的二元运算，如果对于任何 $x,y,z\in A$，均有

$$x*(y\oplus z)=(x*y)\oplus(x*z)$$

则称运算 $*$ 对于 $\oplus$ 满足左分配律，或者 $*$ 对于 $\oplus$ 是可左分配的。

如果对于任何 $x,y,z\in A$，均有

$$(y\oplus z)*x=(y*x)\oplus(z*x)$$

则称运算 $*$ 对于 $\oplus$ 满足右分配律，或者 $*$ 对于 $\oplus$ 是可右分配的。

若 $*$ 对于 $\oplus$ 既满足左分配律又满足右分配律，则称 $*$ 对于 $\oplus$ 满足分配律或是可分配的。

类似地，可定义 $\oplus$ 对于 $*$ 满足左分配律、右分配律或分配律。

例 5 设 $A=\{a,b\}$，$\oplus$ 和 $*$ 是集合 A 上封闭的二元运算，如表 5.1.2 所示，证明 $*$ 对于 $\oplus$ 满足分配律。

证明 由表 5.1.2 得：

$$a*(a\oplus a)=a*a=a,\ (a*a)\oplus(a*a)=a\oplus a=a$$
$$a*(a\oplus b)=a*b=a,\ (a*a)\oplus(a*b)=a\oplus a=a$$
$$a*(b\oplus a)=a*b=a,\ (a*b)\oplus(a*a)=a\oplus a=a$$
$$a*(b\oplus b)=a*a=a,\ (a*b)\oplus(a*b)=a\oplus a=a$$
$$b*(a\oplus a)=b*a=b,\ (b*a)\oplus(b*a)=a\oplus a=a$$
$$b*(a\oplus b)=b*b=b,\ (b*a)\oplus(b*b)=a\oplus b=b$$
$$b*(b\oplus a)=b*b=b,\ (b*b)\oplus(b*a)=b\oplus a=b$$
$$b*(b\oplus b)=b*a=a,\ (b*b)\oplus(b*b)=b\oplus b=a$$

因此，对于任何 $x,y,z\in A$，均有 $x*(y\oplus z)=(x*y)\oplus(x*z)$，$*$ 对于 $\oplus$ 左分配律成立。

同理可证，对于任何 $x,y,z\in A$，均有 $(y\oplus z)*x=(y*x)\oplus(z*x)$，$*$ 对于 $\oplus$ 右分配律成立，故 $*$ 对于 $\oplus$ 分配律成立。

证毕

事实上，表 5.1.2 给出的 $\oplus$ 和 $*$ 运算满足交换律，只要证明运算 $*$ 对于 $\oplus$ 满足左分配律，则运算 $*$ 对于 $\oplus$ 一定满足右分配律，反之亦然。

定理 5.1.1 设 $\langle A,\oplus,*\rangle$ 是代数系统，$\oplus$ 和 $*$ 是 A 上封闭的二元运算，且 $*$ 是可交换的。如果 $*$ 对于 $\oplus$ 满足左分配律（或右分配律），则 $*$ 对于 $\oplus$ 满足分配律。

证明 不妨设 $*$ 对于 $\oplus$ 满足左分配律，任取 $x,y,z\in A$，均有

$$x*(y\oplus z)=(x*y)\oplus(x*z),$$

则

$$(y \oplus z) * x = x * (y \oplus z) = (x * y) \oplus (x * z) = (y * x) \oplus (z * x)$$

故 $*$ 对于 $\oplus$ 也满足右分配律，因此 $*$ 对于 $\oplus$ 满足分配律。

同理可证，如果 $*$ 对于 $\oplus$ 满足右分配律，则 $*$ 对于 $\oplus$ 满足分配律。

证毕

定义 5.1.8 给定代数系统 $\langle A, \oplus, * \rangle$，$\oplus$ 和 $*$ 是 A 上封闭的二元运算，且 $\oplus$ 和 $*$ 是可交换的。如果对于任何 $x, y \in A$，均有

$$x \oplus (x * y) = x$$
$$x * (x \oplus y) = x$$

则称运算 $\oplus$ 和运算 $*$ 满足吸收律或可吸收的。

例 6 设 $\mathbf{N}$ 为自然数集合，任取 $x, y \in \mathbf{N}$，定义运算 $\oplus$ 和 $*$ 为

$$x \oplus y = \max(x, y)$$
$$x * y = \min(x, y)$$

试证明运算 $\oplus$ 和运算 $*$ 满足吸收律。

证明 任取 $x, y \in \mathbf{N}$，有

$$x \oplus (x * y) = \max(x, \min(x, y)) = x$$
$$x * (x \oplus y) = \min(\max(x, y), x) = x$$

故运算 $\oplus$ 和运算 $*$ 满足吸收律。

证毕

定义 5.1.9 给定代数系统 $\langle A, * \rangle$，其中 $*$ 是集合 A 上封闭的二元运算，如果对于任何 $x \in A$，均有 $x * x = x$，则称运算 $*$ 是等幂的；如果存在 $x \in A$，使得 $x * x = x$，则称 x 是关于运算 $*$ 的等幂元。

对于等幂元，不难证明以下定理。

定理 5.1.2 若 x 是代数系统 $\langle A, * \rangle$ 中关于 $*$ 的等幂元，则对于任意正整数 n，均有 $x^n = x$。

定义 5.1.10 给定代数系统 $\langle A, * \rangle$，其中 $*$ 是集合 A 上封闭的二元运算。如果存在 $e_l \in A$，使得对于任何 $x \in A$，均有 $e_l * x = x$，则称 e_l 是 A 上关于运算 $*$ 的左幺元或左单位元；如果存在 $e_r \in A$，使得对于任何 $x \in A$，均有 $x * e_r = x$，则称 e_r 是 A 上关于运算 $*$ 的右幺元或右单位元；如果存在 $e \in A$，使得对于任何 $x \in A$，均有 $x * e = e * x = x$，则称 e 是 A 上关于运算 $*$ 的幺元(identity)或单位元。

定义 5.1.11 给定代数系统 $\langle A, * \rangle$，其中 $*$ 是集合 A 上封闭的二元运算。如果存在 $\theta_l \in A$，使得对于任何 $x \in A$，均有 $\theta_l * x = \theta_l$，则称 θ_l 是 A 上关于运算 $*$ 的左零元；如果存在 $\theta_r \in A$，使得对于任何 $x \in A$，均有 $x * \theta_r = \theta_r$，则称 θ_r 是 A 上关于运算 $*$ 的右零元；如果存在 $\theta \in A$，使得对于任何 $x \in A$，均有 $\theta * x = x * \theta = \theta$，则称 θ 是 A 上关于运算 $*$ 的零元 (zero)。

幺元或零元在代数系统中起着特殊的作用，通常称它们为 A 中的特异元或代数常元。对于存在代数常元的代数系统，为了突出代数常元，也经常将代数常元写在运算的后面。如例 2 的代数系统 $\langle \mathbf{N}_4, +_4, \times_4 \rangle$ 可以记为代数系统 $\langle \mathbf{N}_4, +_4, \times_4, [0], [1] \rangle$，其中 $[0]$ 为 $+_4$ 的幺元和 $\times_4$ 的零元，$[1]$ 为 $\times_4$ 的幺元。这样含有代数常元的代数系统具有三个组成要素：载体、运算、代数常元。

例 7 设 $A=\{a,b,c,d\}$，集合 A 上的二元运算 $*$ 和 $\oplus$ 由表 5.1.4 给出。

表 5.1.4

(a)

$*$	a	b	c	d
a	a	b	a	d
b	b	a	b	c
c	a	b	c	c
d	c	c	d	b

(b)

$\oplus$	a	b	c	d
a	b	a	c	d
b	a	b	c	d
c	a	b	c	d
d	c	b	a	d

试讨论二元运算 $*$ 和 $\oplus$ 在 A 上的代数常元。

解 (a) 由 $\oplus$ 运算表知，b 和 c 是 $\oplus$ 运算的左幺元，但不存在右幺元，因此也不存在幺元。d 是 $\oplus$ 运算的右零元，但不存在左零元，因此也不存在零元。

(b) 由 $*$ 运算表知，c 既是 $*$ 运算的左幺元，也是右幺元，因此 c 是 $*$ 运算的幺元。$*$ 运算既不存在左零元，也不存在右零元，因此不存在零元。

定理 5.1.3 给定代数系统 $\langle A,*\rangle$，其中 $*$ 是集合 A 上的二元运算。若 e_l 和 e_r 分别是关于 $*$ 的左、右幺元，则 $e_l=e_r$，且 $*$ 存在唯一幺元 e。

证明 (1) 首先证明 $e_l=e_r$。

由于 e_l 和 e_r 分别是关于 $*$ 的左、右幺元，故

$$e_r=e_l*e_r=e_l$$

(2) 证明 $*$ 存在唯一幺元 e。

令 $e=e_r$，显然 e 为 $*$ 运算的幺元。设 $e_1,e_2\in A$ 都是 $*$ 运算的幺元，显然

$$e_1=e_1*e_2=e_2$$

故 $*$ 运算存在唯一幺元。

证毕

定理 5.1.4 给定代数系统 $\langle A,*\rangle$，其中 $*$ 是集合 A 上的二元运算。若 θ_l 和 θ_r 分别是关于 $*$ 的左、右零元，则 $\theta_l=\theta_r$，且 $*$ 存在唯一零元 θ。

证明 (1) 证明 $\theta_l=\theta_r$。

由于 θ_l 和 θ_r 分别是关于 $*$ 的左、右零元，故

$$\theta_l=\theta_l*\theta_r=\theta_r$$

(2) 证明 $*$ 存在唯一零元 θ。

令 $\theta=\theta_r$，显然 θ 为 $*$ 运算的零元。设 $\theta_1,\theta_2\in A$ 都是 $*$ 运算的零元，显然

$$\theta_1=\theta_1*\theta_2=\theta_2$$

故 $*$ 存在唯一零元 θ。

证毕

定理 5.1.5 给定代数系统 $\langle A,*\rangle$，且 $|A|>1$。如果 $\theta,e\in A$，其中 θ 和 e 分别为关于 $*$ 的零元和幺元，则 $\theta\neq e$。

证明 用反证法。设 $\theta=e$，则 $\forall x\in A$，必有 $x=x*e=x*\theta=\theta=e$，于是 A 中的所有元素都是相同的，即 $|A|=1$。这与 $|A|>1$ 相矛盾，故 $\theta\neq e$。

证毕

定义 5.1.12 给定代数系统 $\langle A, * \rangle$，其中 $*$ 是集合 A 上封闭的二元运算，e 为关于 $*$ 的幺元。对于任何 $x \in A$，如果存在 $y_l \in A$，使得 $y_l * x = e$，则称 y_l 是 x 的左逆元；如果存在 $y_r \in A$，使得 $x * y_r = e$，则称 y_r 是 x 的右逆元；如果存在 $y \in A$，使得 $x * y = y * x = e$，则称 y 是 x 的逆元(inverse elements)。

显然，若 y 是 x 的逆元，则 x 也是 y 的逆元，因此称 x 与 y 互为逆元。通常 x 的逆元表示为 x^{-1}。

定理 5.1.6 给定代数系统 $\langle A, * \rangle$，其中 $*$ 是集合 A 上封闭的二元运算，e 为关于 $*$ 的幺元。如果 $*$ 是可结合的，且 A 上每一个元素都有左逆元，则这个代数系统中任何一个元素的左逆元必定也是该元素的右逆元，且每个元素的逆元是唯一的。

证明 设 $a, b, c \in A$，且 b 是 a 的左逆元，c 是 b 的左逆元。
因为
$$(b * a) * b = e * b = b$$
所以
$$
\begin{aligned}
a * b &= (e * a) * b \\
&= ((c * b) * a) * b \\
&= (c * (b * a)) * b \\
&= c * ((b * a) * b) \\
&= c * b \\
&= e
\end{aligned}
$$
因此，b 也是 a 的右逆元。

设元素 a 有两个逆元 b 与 c，则
$$
\begin{aligned}
b &= b * e = b * (a * c) \\
&= (b * a) * c \\
&= e * c \\
&= c
\end{aligned}
$$
因此，a 的逆元是唯一的。

证毕

例 8 在整数集合 $\mathbf{Z}$ 上，定义二元运算 $*$ 为 $a * b = a + b - 2$，其中 $+$ 和 $-$ 是通常的加法和减法。试解答以下问题：

(a) 运算 $*$ 是否封闭？

(b) 运算 $*$ 是否可交换？

(c) 运算 $*$ 是否可结合？

(d) 运算 $*$ 是否有幺元？

(e) 对运算 $*$，是否所有的元素都有逆元？若有，逆元是什么？

解 (a) 任取 $a, b \in \mathbf{Z}$，则 $a + b - 2 \in \mathbf{Z}$，即 $a * b \in \mathbf{Z}$，所以 $*$ 在 $\mathbf{Z}$ 上封闭。

(b) $\forall a, b \in \mathbf{Z}$，因为 $a * b = a + b - 2 = b + a - 2 = b * a$，所以 $*$ 在 $\mathbf{Z}$ 上可交换。

(c) $\forall a, b, c \in \mathbf{Z}$，因为
$$(a * b) * c = (a + b - 2) * c = (a + b - 2) + c - 2 = a + b + c - 4$$

$$a*(b*c)=a*(b+c-2)=a+(b+c-2)-2=a+b+c-4$$

所以，$(a*b)*c=a*(b*c)$。故 $*$ 在 $\mathbf{Z}$ 上可结合。

(d) 设 e 是 $\mathbf{Z}$ 上关于 $*$ 的幺元，则任取 $a\in\mathbf{Z}$，应有

$$a*e=e*a=a$$

$$a*e=a+e-2=a$$

解得 $e=2$，而 $2\in\mathbf{Z}$，故 $*$ 在 $\mathbf{Z}$ 中有幺元 2。

(e) 任取 $a\in\mathbf{Z}$，有 $4-a\in\mathbf{Z}$，由于

$$a*(4-a)=a+(4-a)-2=2$$

$$(4-a)*a=(4-a)+a-2=2$$

所以，$\mathbf{Z}$ 中任一元素 a 都有逆元 $4-a$。

定义 5.1.13 给定代数系统 $\langle A, *\rangle$，$*$ 是集合 A 上封闭的二元运算。

(1) 存在 $x\in A$，且 x 不是运算 $*$ 的左零元，对于任何 $y, z\in A$，如果 $x*y=x*z$，则有 $y=z$，称 x 是关于 $*$ 的左可约元。

(2) 存在 $x\in A$，且 x 不是运算 $*$ 的右零元，对于任何 $y, z\in A$，如果 $y*x=z*x$，则有 $y=z$，称 x 是关于 $*$ 的右可约元。

(3) 对于任何 $x, y, z\in A$，且 x 不是运算 $*$ 的左零元，如果 $x*y=x*z$，则有 $y=z$，称运算 $*$ 满足左可约律。

(4) 对于任何 $x, y, z\in A$，且 x 不是运算 $*$ 的右零元，如果 $y*x=z*x$，则有 $y=z$，称运算 $*$ 满足右可约律。

(5) 若 x 既是关于 $*$ 的左可约元又是关于 $*$ 的右可约元，则称 x 为关于 $*$ 的可约元。若运算 $*$ 既满足左可约律又满足右可约律，则称 $*$ 满足可约律。

显然，若运算 $*$ 满足交换律，则 $*$ 满足左可约律，也一定满足右可约律（$*$ 满足右可约律，也一定满足左可约律），关于 $*$ 的左可约元一定也是关于 $*$ 的右可约元（$*$ 的右可约元一定也是关于 $*$ 的左可约元）。

例 9 设 $\mathbf{Z}$ 是整数集合，$\mathbf{N}_6$ 是 $\mathbf{Z}$ 中由模 6 的同余类组成的同余类集，在 $\mathbf{N}_6$ 上定义两个二元运算 $+_6$ 和 $\times_6$ 分别如下：

对于任意的 $[i], [j]\in\mathbf{N}_6$，有

$$[i]+_6[j]=[(i+j)(\bmod 6)]$$

$$[i]\times_6[j]=[(i\times j)(\bmod 6)]$$

试讨论代数系统 $\langle\mathbf{N}_6, +_6, \times_6\rangle$ 的运算 $+_6$ 和 $\times_6$ 是否满足可约律。

解 显然代数系统 $\langle\mathbf{N}_6, +_6, \times_6\rangle$ 的两个运算都满足交换律，运算 $+_6$ 没有零元，运算 $\times_6$ 的零元为 $[0]$。

$\forall x, y, z\in\mathbf{N}_6$，有

$$[x]+_6[y]=[x]+_6[z]\Leftrightarrow([(x+y)(\bmod 6)]=[(x+z)(\bmod 6)])$$

因此，不难推出，如果 $[x]+_6[y]=[x]+_6[z]$，则一定有 $[y]=[z]$，故运算 $+_6$ 满足可约律。取 $[1], [2], [4]\in\mathbf{N}_6$，虽然 $[2]\times_6[1]=[2]\times_6[4]=[2]$，但 $[1]\neq[4]$，因此，运算 $\times_6$ 不满足可约律。

对于代数系统 $\langle A, *\rangle$，θ 与 e 分别为 A 的零元和幺元，可由运算表上直接观察出 $*$ 的某些性质。假定 $a, b, c\in A$。

(1) 若运算表中出现的所有运算结果都属于 A，则运算 * 具有封闭性。

(2) 若运算表关于主对角线是对称的，则运算 * 满足交换律。

(3) 若运算表的主对角线上的每个元素与所在行(或列)表头元素相同，则运算 * 是等幂的。

(4) 若运算表中 a 所对应的行中的每个元素都是 a，则元素 a 是关于 * 的左零元。若运算表中 b 所对应的列中的每个元素都是 b，则元素 b 是关于 * 的右零元。若运算表中元素 c 所对应的行和列中的每个元素都是 c，则元素 c 是关于 * 的零元。

(5) 若运算表中元素 a 所对应的行中元素依次与列表头对应元素相同，则 a 为关于 * 的左幺元。若运算表中元素 b 所对应的列中元素依次与行表头对应元素相同，则 b 为关于 * 的右幺元。若元素 c 所对应的行和列中元素分别依次与列表头对应元素和行表头对应元素相同，则元素 c 是关于 * 的幺元。

(6) 若运算表中元素 a 对应行与 b 对应列所交叉位置的元素为幺元 e，则 a 为 b 关于 * 的左逆元，b 为 a 关于 * 的右逆元。若 a 对应行和 b 对应列所交叉位置的元素以及 b 对应行和 a 对应列所交叉位置的元素都是幺元 e，则 a 和 b 互为逆元。

习　　题

5.1-1　给出正整数集 $\mathbf{Z}^+$ 上二元运算 * 的三种定义分别如下：

(a) $x * y = x - y$。

(b) $x * y = |x - y|$。

(c) $x * y = \mathrm{LCM}(x, y)$，其中 $\mathrm{LCM}(x, y)$ 表示 x 与 y 的最小公倍数。

试判断上述运算是否满足封闭性，并说明理由。

5.1-2　证明：如果 * 是定义在集合 S 上封闭的、可交换的运算，那么左幺元(或右幺元)一定是幺元。

5.1-3　证明：$\langle A, * \rangle$ 是代数系统，* 是 A 上封闭的二元运算，$x \in A$，若 x 是关于 * 的等幂元，则对于任意正整数 n，均有 $x^n = x$。

5.1-4　给定一个代数系统的运算表如表 5.1.5 所示，判断运算 * 是否可交换、存在幺元、存在零元。如果存在幺元，找出每个元素的逆元。

表 5.1.5

*	a	b	c
a	b	a	c
b	a	b	c
c	c	c	b

5.1-5　已知集合 $A = \{a, b, c\}$，定义 A 上的二元运算 * 为 $x * y = y$，请列出运算表，并根据运算表判断运算 * 的性质和相应的特殊元素。

5.1-6　设 $\mathbf{Q}$ 为有理数集，$\mathbf{Q}$ 上的运算 * 定义为：对于任意的 $a, b \in \mathbf{Q}$，有

$$a * b = a + b - 3ab$$

(a) 试证明二元运算 * 是可交换的和可结合的。

(b) 找出代数系统⟨**Q**, ＊⟩的幺元。

(c) **Q** 中哪些元素有逆元？若有，逆元是什么？

5.1-7　考虑代数系统⟨**R**, ＊⟩，这里 **R** 是实数，运算 ＊ 定义为：对于任意的 $a, b \in$ **R**，有

$$a * b = (a+1) * (b+1) - 1$$

试分别讨论运算 ＊ 是否满足可交换性、可结合性，**R** 有否有幺元，对于运算 ＊，每个元素的逆元是否存在，若存在，逆元是什么。

5.1-8　设。是正整数集合 $\mathbf{Z}^+$ 的二元运算，且 $x \circ y = \mathrm{LCM}(x, y)$（求最小公倍数）。试证明。是可交换的和可结合的。找出幺元，并指出哪些元素是等幂元（即符合公式 $x \circ x = x$）。

5.1-9　设⟨A, 。⟩是一代数系统，。是封闭的、可结合的，并且对于任何 $a, b \in A$，若 $a \circ b = b \circ a$，则必有 $a = b$。试证明对于任何 $a \in A$，有 $a \circ a = a$。

5.1-10　设 $A = \{a, b\}$，S 是 A 上的所有函数集合，$S = \{f_1, f_2, f_3, f_4\}$，其中

$$f_1(a) = a, \quad f_1(b) = b$$
$$f_2(a) = a, \quad f_2(b) = a$$
$$f_3(a) = b, \quad f_3(b) = b$$
$$f_4(a) = b, \quad f_4(b) = a$$

。是函数的合成运算，于是⟨S, 。⟩是一代数，试造出运算。的运算表，考察运算。是否有幺元，哪些元素有逆元。

5.1-11　设 $V_1 = \langle X, * \rangle$ 和 $V_2 = \langle Y, \circ \rangle$ 是两个代数系统，＊ 和。都是封闭的二元运算。若对任意的⟨x_1, y_1⟩、⟨x_2, y_2⟩ $\in X \times Y$，定义 $X \times Y$ 上的运算 ☆ 为⟨x_1, y_1⟩ ☆ ⟨x_2, y_2⟩ = ⟨$x_1 * x_2, y_1 \circ y_2$⟩，则代数系统 $V = \langle X \times Y, ☆ \rangle$ 称为 V_1 到 V_2 的积代数，记为 $V_1 \times V_2$。现已知代数系统 $V_1 = \langle X, * \rangle = \langle \{a, b\}, * \rangle$ 和 $V_2 = \langle Y, \circ \rangle = \langle \{\alpha, \beta, \gamma\}, \circ \rangle$，其中二元运算 ＊ 和。由表 5.1.6 给出。求 $V_1 \times V_2$。

表 5.1.6

(a)

＊	a	b
a	a	b
b	b	a

(b)

。	α	β	γ
α	α	β	γ
β	β	β	γ
γ	γ	γ	γ

5.1-12　Let $\mathbf{N}_k = \{[0], [1], \cdots, [k-1]\}$, where $[a]$ is the equivalence class containing a in the congruence modulo k and $[b]$ is the modulo k equivalence class contain b, we define addition and multiplication by

$$[a] \oplus [b] = [a+b]$$
$$[a] \otimes [b] = [a \times b]$$

(a) Write the addition and multiplication tables for $k = 6$ and $k = 7$.

(b) In $\mathbf{N}_{10}$, find the multiplicative inverse of $[7]$.

5.2 半群与独异点

5.2.1 半群

定义 5.2.1 给定代数系统 $\langle S, * \rangle$，$*$ 是 S 上的二元运算，如果满足：

(1) $*$ 在 S 上封闭。

(2) $*$ 在 S 上可结合，

则称 $\langle S, * \rangle$ 为半群(semigroup)。

例 1 考虑代数系统 $\langle E, + \rangle$ 和 $\langle E, \times \rangle$，其中 E 是偶数集合，$+$ 和 $\times$ 是通常的加法和乘法，则 $\langle E, + \rangle$ 和 $\langle E, \times \rangle$ 是半群。

例 2 考虑代数系统 $\langle \mathbf{R}^+, \times \rangle$，其中 $\mathbf{R}^+$ 是正实数集合，$\times$ 是通常的乘法，由于 $\times$ 在 $\mathbf{R}^+$ 上既满足封闭性，也满足结合律，因此代数系统 $\langle \mathbf{R}^+, \times \rangle$ 是半群。若/是通常的除法，则因为除法运算/不满足结合律，所以 $\langle \mathbf{R}^+, / \rangle$ 不是半群。

例 3 设 $A = \{a, b, c, d\}$，集合 A 上的二元运算 $*$ 由表 5.2.1 给出。

表 5.2.1

$*$	a	b	c	d
a	a	a	a	a
b	b	b	b	b
c	c	c	c	c
d	d	d	d	d

试讨论 $\langle A, * \rangle$ 是否构成半群。

解法一 由表 5.2.1，$*$ 运算显然封闭，代数系统 $\langle A, * \rangle$ 满足封闭性，同时 a、b、c、d 都是右幺元，故 $\forall x, y, z \in A$，均有

$$x * (y * z) = x * y = x = x * z = (x * y) * z$$

因此，$\langle A, * \rangle$ 是半群。

解法二 由表 5.2.1，$*$ 运算显然封闭，代数系统 $\langle A, * \rangle$ 满足封闭性，同时 a、b、c、d 都是左零元，故 $\forall x, y, z \in A$，均有

$$x * (y * z) = x * y = x = x * z = (x * y) * z$$

因此，$\langle A, * \rangle$ 是半群。

对于一个半群 $\langle A, * \rangle$，由于运算 $*$ 是可结合的，对于任何 $a, b, c \in A$，$(a * b) * c = a * (b * c)$，因此 $(a * b) * c, a * (b * c)$ 中的括号可以省略，简单地记为 $a * b * c$。进一步，对任意 m 个元素 $a_1, a_2, \cdots, a_m \in A$，对于由 $a_1, a_2, \cdots, a_m$ 和运算 $*$ 组成的表达式，其运算结果只与 $a_1, a_2, \cdots, a_m$ 出现的次序有关，而与元素之间结合的次序无关，因此，表达式中强调结合次序的括号也可省略。这样，用 a^m 表示 $\underbrace{a * a * \cdots * a}_{m \text{个}}$ 就不会发生歧义。通常称 a^m 为 a 的 m 次幂，m 为 a 的指数。下面给出 a^m 的归纳定义。

设 $\langle A, * \rangle$ 是半群，且 $a \in A$，对于任何 $m \in \mathbf{N}$，其中 $\mathbf{N}$ 表示自然数集合，约定：

(1) $a^1 = a$。

(2) $a^{m+1} = a^m * a$。

如果 $\langle A, * \rangle$ 有幺元 e，约定 $a^0 = e$。

对于半群 $\langle A, * \rangle$，利用归纳法不难证明指数定律，即对于任何 $m, n \in \mathbf{N}$，任何 $a \in A$，则有

(1) $a^m * a^n = a^{m+n}$。

(2) $(a^m)^n = a^{mn}$。

对于半群 $\langle S, * \rangle$，如果 S 是有限的，则称 $\langle S, * \rangle$ 为有限半群；如果 S 是无限的，则称 $\langle S, * \rangle$ 为无限半群。

定理 5.2.1 设 $\langle S, * \rangle$ 是一个半群，如果 S 是一个有限集，则存在 $a \in S$，使得 $a * a = a$。

证明 设 $|S| = n$，$\forall b \in S$，由运算 $*$ 的封闭性以及 S 为有限集可知：

$$\underbrace{b, b^2, b^3, \cdots, b^n, b^{n+1}}_{n+1 \text{个}} \in S$$

根据鸽巢原理，必有 $b^i = b^j (j > i)$，令 $p = j - i$，显然 $p \geq 1$，则有

$$b^i = b^j = b^{p+i} = b^p * b^i$$

$$b^i = b^p * b^i \Rightarrow b^{i+1} = b^p * b^{i+1} \Rightarrow \cdots \Rightarrow b^{kp} = b^p * b^{kp} (kp \geq i)$$

再由 $b^{kp} = b^p * b^{kp}$ 递推可得：

$$b^{kp} = b^p * b^{kp} = b^p * b^p * b^{kp} = b^{2p} * b^{kp} = \cdots \cdots = b^{kp} * b^{kp}$$

令 $a = b^{kp}$，则有 $a = a * a$。

证毕

本定理表明，有限半群中必存在等幂元。

5.2.2 独异点

定义 5.2.2 给定代数系统 $\langle M, * \rangle$，$*$ 是 M 上的二元运算，如果满足：

(1) $*$ 在 M 上封闭；

(2) $*$ 在 M 上可结合；

(3) $*$ 有幺元，

则称 $\langle M, * \rangle$ 为独异点(monoid)。

由定义可以看出，独异点是含有幺元的半群。因此通常亦将独异点叫做含幺半群。有时为了强调幺元 e 的存在性，独异点也可表示为 $\langle M, *, e \rangle$。

例 4 代数系统 $\langle \mathbf{R}, + \rangle$ 是一个独异点，这是因为 $\langle \mathbf{R}, + \rangle$ 是一个半群，且 0 是 $\mathbf{R}$ 中关于运算 $+$ 的幺元。另外，代数系统 $\langle \mathbf{Z}, \times \rangle$、$\langle \mathbf{Z}^+, \times \rangle$ 都是独异点，其中幺元为 1。代数系统 $\langle \mathbf{N} - \{0\}, + \rangle$ 虽是一个半群，但关于运算 $+$ 不存在幺元，所以，不是独异点。

例 5 设 $\mathbf{Z}$ 是整数集合，m 是任意正整数，$\mathbf{N}_m$ 是由模 m 的同余类组成的同余类集，在 $\mathbf{N}_m$ 上定义两个二元运算 $+_m$ 和 $\times_m$ 分别如下：

对于任意的 $[i], [j] \in \mathbf{N}_m$，有

$$[i] +_m [j] = [(i+j)(\bmod m)]$$

$$[i] \times_m [j] = [(i \times j)(\bmod m)]$$

试证明〈$\mathbf{N}_m$，$+_m$〉和〈$\mathbf{N}_m$，$\times_m$〉都是独异点。

证明 （a）由运算$+m$和$\times m$的定义可知，它们在$\mathbf{N}_m$上都是封闭的。

（b）$\forall[i]$，$[j]$，$[k]\in\mathbf{N}_m$，有
$$([i]+_m[j])+_m[k]=[(i+j+k)(\text{mod } m)]=[i]+_m([j]+_m[k])$$
$$([i]\times_m[j])\times_m[k]=[(i\times j\times k)(\text{mod } m)]=[i]\times_m([j]\times_m[k])$$

即$+_m$、$\times_m$都是可结合的。

（c）因为$\forall[i]\in\mathbf{N}_m$，有$[0]+_m[i]=[i]+_m[0]=[i]$，故$[0]$是〈$\mathbf{N}_m$，$+_m$〉中的幺元。又因为$[1]\times_m[i]=[i]\times_m[1]=[i]$，所以$[1]$是〈$\mathbf{N}_m$，$\times_m$〉中的幺元。

因此，代数系统〈$\mathbf{N}_m$，$+_m$〉和〈$\mathbf{N}_m$，$\times_m$〉都是独异点。

证毕

定理 5.2.2 设〈M，$*$〉是一个独异点，$|M|\geqslant 2$，则在关于运算$*$的运算表中任何两行或两列都是不相同的。

证明 设M中关于运算$*$的幺元是e。对于任何$a,b\in M$且$a\neq b$，均有
$$e*a=a\neq b=e*b$$
$$a*e=a\neq b=b*e$$

所以，在$*$的运算表中不可能有两行或两列是相同的。

证毕

例 6 设$M=\{a,b,c\}$，集合M上的二元运算$*$由表 5.2.2 给出。

表 5.2.2

$*$	a	b	c
a	a	b	c
b	b	c	c
c	c	c	c

试讨论〈M，$*$〉是否构成独异点。若令$A=\{a,c\}$，$B=\{b,c\}$，判断〈A，$*$〉和〈B，$*$〉是否构成独异点。

解 （1）由运算表可知，$*$在M中是封闭的，a是幺元，再由a是幺元，c是零元，可通过分类枚举验证，$\forall x,y,z\in M$，有：
$$(x*y)*z=x*(y*z)$$

即$*$满足结合律。因此〈M，$*$〉构成独异点。

（2）由运算表可知，$*$在A和B中都是封闭的，因此〈A，$*$〉和〈B，$*$〉都构成半群。

由于$a\in A$且$a\notin B$，故〈A，$*$〉构成独异点，〈B，$*$〉不构成独异点。

习　　题

5.2-1　试给出一个半群，它拥有左幺元和右零元，但它不是独异点。

5.2-2　设$\mathbf{N}$为自然数集合，运算$*$定义为$x*y=\max\{x,y\}$。证明〈$\mathbf{N}$，$*$〉构成一个独异点。

5.2-3　设$\Sigma=\{a,b,\cdots,z,0,1,\cdots,9\}$是字母表，$\Sigma$上的有限字符串称为字，如

$\alpha=0ab$，$\beta=ab9$ 等都是字。Σ 上所有字的集合记为 Σ^*。Σ 上的空串又称为空字，记为 ε，空字属于 Σ^*。定义 Σ^* 上的运算 $*$ 为串的联结，如 $\alpha*\beta=0abab9$。设 L 表示 Σ^* 中所有以字母开头的字符串集合(即高级语言中的标识符)，试证〈$L\bigcup\{\varepsilon\}$，$*$〉是独异点。

5.2-4　有代数系统〈S，$*$〉，其中 $S=\{a,b,c\}$，运算 $*$ 由表 5.2.3 定义。

表 5.2.3

$*$	a	b	c
a	a	b	c
b	b	b	b
c	c	b	c

(a) 证明〈S，$*$〉是独异点。

(b) 考虑代数系统〈$\{a,b\}$，$*$〉及〈$\{b,c\}$，$*$〉，在表 5.2.3 规定的运算下是否构成独异点。

5.2-5　设〈S，$*$〉是一个半群，$z\in S$ 是一个左零元。试证明，对于任何 $x\in S$ 来说，$x*z$ 也是一个左零元。

5.2-6　设〈S，$*$〉是一个半群，$a\in S$，对于所有的 $x,y\in S$，如果 $a*x=a*y$，那么 $x=y$，则称元素 $a\in S$ 是左可约的。试证明，如果 a 和 b 是左可约的，则 $a*b$ 也是左可约的。

5.2-7　试证明独异点的左可逆元素(或右可逆元素)的集合构成一个独异点。

5.2-8　给定半群〈S，$*$〉及非空集 $T\subseteq S$，若 $*$ 在 T 上是封闭的，则称〈T，$*$〉为〈S，$*$〉的子半群。给定独异点〈M，$*$，e〉及非空集 $T\subseteq S$，若 $*$ 在 T 上是封闭的，且 $e\in T$，则称〈T，$*$，e〉为〈M，$*$，e〉的子独异点。求出〈$\mathbf{N}_6$，$+_6$〉的所有子半群，然后证明独异点的子半群可以是一个独异点，而不是一个子独异点。

5.2-9　代数系统〈S，$*$〉由表 5.2.4 给定。试证明此代数系统是一个独异点，并列出这个独异点中的所有等幂元。

表 5.2.4

$*$	a	b	c	d
a	a	b	c	d
b	b	c	d	a
c	c	d	a	b
d	d	a	b	c

5.2-10　Prove that the multiples of 3 form a semigroup of the integers under multiplication.

5.3　群

5.3.1　群的定义及其性质

定义 5.3.1　给定代数系统 $\langle G, * \rangle$，$*$ 是 G 上的二元运算，如果满足：

(1) $*$ 运算在 G 上封闭；

(2) $*$ 运算是可结合的；

(3) 关于 $*$ 运算存在幺元 e；

(4) G 中每个元素关于 $*$ 运算都是可逆的，即 G 中每个元素均存在逆元，

则称 $\langle G, * \rangle$ 是群(Group)。

例 1　(a) 代数 $\langle \mathbf{Z}, + \rangle$ 是一个群，这里 $\mathbf{Z}$ 为整数集，$+$ 表示算术加法运算。$+$ 运算是封闭的，可结合的，幺元是 0，$\forall i \in \mathbf{Z}$，i 的逆元为 $-i \in \mathbf{Z}$。

(b) 代数 $\langle \mathbf{Q}^+, \times \rangle$ 是一个群，这里 $\mathbf{Q}^+$ 为正有理数集，$\times$ 表示算术乘法运算。$\times$ 运算是封闭的，可结合的，幺元是 1，$\forall a/b \in \mathbf{Q}^+$，其中 a，b 为互素的正整数，a/b 的逆元为 $b/a \in \mathbf{Q}^+$。

(c) 设 A 是任一集合，P 表示 A 上的双射函数集合，代数系统 $\langle P, \diamondsuit \rangle$ 是一个群，这里 $\diamondsuit$ 表示函数合成，$\diamondsuit$ 运算是封闭的，可结合的，幺元是 I_A，$\forall f \in P$，f 的逆元为 f 的逆函数 $f^{-1} \in P$。

(d) 代数系统 $\langle \mathbf{N}_m, +_m \rangle$ 是一个群，m 是正整数，$\mathbf{N}_m$ 是由模 m 的同余类组成的同余类集，$+_m$ 是模 m 加法运算。$+_m$ 运算是封闭的，可结合的，幺元是 $[0]$，$[0]$ 的逆元是 $[0]$，$\forall [x] \in \mathbf{N}_m$，且 $[x] \neq [0]$，$[x]$ 的逆元是 $[m-x] \in \mathbf{N}_m$。但是，当 $m > 1$ 时，$\langle \mathbf{N}_m, \times_m \rangle$ 不是群，其中 $\times_m$ 是模 m 乘法运算，尽管 $\times_m$ 运算是封闭的，可结合的，幺元是 $[1]$，这是因为元素 $[0]$ 没有逆元。

定义 5.3.2　给定群 $\langle G, * \rangle$，若 G 是有限集，则称 $\langle G, * \rangle$ 是有限群。G 的基数称为该有限群的阶数(order)。若集合 G 是无限的，则称 $\langle G, * \rangle$ 为无限群。

例 2　设代数系统 $\langle S, * \rangle$ 由表 5.3.1 定义，试判断 $\langle S, * \rangle$ 是否为有限群。

解　由运算表 5.3.1 可知，$*$ 运算满足封闭性，$*$ 运算可结合(留作练习)，a 为 $\langle S, * \rangle$ 的幺元，幺元 a 的逆元是 a，b 和 d 互为逆元，c 的逆元为 c，故 $\langle S, * \rangle$ 构成群，且 $\langle S, * \rangle$ 为 4 阶群。

表 5.3.1

$*$	a	b	c	d
a	a	b	c	d
b	b	c	d	a
c	c	d	a	b
d	d	a	b	c

定理 5.3.1　设 $\langle G, * \rangle$ 是群，且 $|G| > 1$，则群 $\langle G, * \rangle$ 无零元。

证明　设 $\langle G, * \rangle$ 是群，且 $|G| > 1$，幺元为 e，采用反证法。

假设群$\langle G, *\rangle$有零元θ，根据定理 5.1.5 知，$\theta \neq e$，又因为$\forall x \in G$，均有$x * \theta = \theta * x = \theta \neq e$，所以，零元$\theta$不存在逆元，与$\langle G, *\rangle$是群矛盾，所以群$\langle G, *\rangle$无零元。

证毕

定理 5.3.2 在任何一个群$\langle G, *\rangle$中，幺元是唯一的等幂元。

证明 因为$e * e = e$，故e是群$\langle G, *\rangle$的等幂元，假设$a \in G$，a是等幂元，由于$\langle G, *\rangle$是群，a必然存在逆元$a^{-1} \in G$，则有

$$a = e * a = (a^{-1} * a) * a = a^{-1} * (a * a)$$
$$= a^{-1} * a = e$$

故幺元e是群$\langle G, *\rangle$中的唯一等幂元。

证毕

定理 5.3.3 给定群$\langle G, *\rangle$，则$\forall a, b, c \in G$，若$a * b = a * c$或$b * a = c * a$，必有$b = c$，即群满足消去律。

证明 设$a * b = a * c$，由于$\langle G, *\rangle$是群，a必然存在逆元$a^{-1} \in G$，则有

$$a^{-1} * (a * b) = a^{-1} * (a * c)$$
$$(a^{-1} * a) * b = (a^{-1} * a) * c$$
$$e * a = e * c$$
$$b = c$$

同理可证，若$b * a = c * a$，也必有$b = c$。

证毕

定理 5.3.4 给定群$\langle G, *\rangle$，则对于任何$a, b \in G$：

(1) 存在唯一的$x \in G$，使得$a * x = b$，即方程$a * x = b$在群$\langle G, *\rangle$中有唯一解。

(2) 存在唯一的$y \in G$，使得$y * a = b$，即方程$y * a = b$在群$\langle G, *\rangle$中有唯一解。

证明 (1) 设a的逆元为a^{-1}，令$x = a^{-1} * b$，则$a * x = a * (a^{-1} * b) = (a * a^{-1}) * b = e * b = b$，即$x = a^{-1} * b$是$a * x = b$的解。

若另有解x'满足$a * x' = b$，则

$$a^{-1} * (a * x') = a^{-1} * b$$
$$x' = a^{-1} * b = x$$

故方程$a * x = b$在群$\langle G, *\rangle$中的解唯一。

类似地可以证明(2)，于是定理得证。

证毕

定理 5.3.5 设$\langle G, *\rangle$是群，则$\forall a, b \in G$，$(a * b)^{-1} = b^{-1} * a^{-1}$。

证明 设a的逆元为a^{-1}，b的逆元为b^{-1}，则

$$(a * b) * (b^{-1} * a^{-1}) = a * (b * b^{-1}) * a^{-1} = (a * e) * a^{-1} = a * a^{-1} = e$$
$$(b^{-1} * a^{-1}) * (a * b) = b^{-1} * (a^{-1} * a) * b = (b^{-1} * e) * b = b^{-1} * b = e$$

故$(a * b)^{-1} = b^{-1} * a^{-1}$。

证毕

5.3.2 群中元素的阶

定义 5.3.3 给定群$\langle G, *\rangle$，幺元e，对于$a \in G$，使得$a^n = e$的最小正整数n称为a的

阶或周期，记为 $|a|$，并称 a 的阶是有限的，否则，称 a 的阶是无限的。

定理 5.3.6　给定群 $\langle G, *\rangle$，对于任何 $a \in G$，a 与 a^{-1} 具有相同的阶。

证明　由定理 5.3.5 可知，对任意正整数 k，均有

$$(a^{-1})^k = (a^k)^{-1} \tag{1}$$

$$a^k = [(a^{-1})^k]^{-1} \tag{2}$$

由式(1)和式(2)知，a 的阶有限当且仅当 a^{-1} 的阶有限，因此，若 a 的阶无限，当且仅当 a^{-1} 的阶无限。下面考察 a 和 a^{-1} 的阶均有限的情况：

设 $a \in G$，a 的阶是 n，a^{-1} 的阶是 m，则

由式(1)知，$(a^{-1})^n = (a^n)^{-1} = e^{-1} = e$，则 $m \leqslant n$。

由式(2)知，$a^m = [(a^{-1})^m]^{-1} = e^{-1} = e$，则 $n \leqslant m$。

从而得到，$n = m$，因此 a 与 a^{-1} 具有相同的阶。

证毕

定理 5.3.7　给定群 $\langle G, *\rangle$，$a \in G$，a 的阶为 $n \in \mathbf{N}$，k 为整数，则 $a^k = e$ 当且仅当 $k = mn$，其中 m 为整数。

证明　充分性。设 $k = mn$，则

$$a^k = a^{mn} = (a^n)^m = e^m = e$$

必要性。设 $a^k = e$，令 $k = mn + r$，$0 \leqslant r < n$，则

$$e = a^k = a^{mn+r} = a^{mn} * a^r = (a^n)^m * a^r = e^m * a^r = a^r$$

又因为 a 的阶为 n，所以得到 $r = 0$，即 $k = mn$。

证毕

推论　若 $a^n = e$ 且没有 n 的因子 $d(1 < d < n)$，使得 $a^d = e$，则 a 的阶为 n。

例 3　(a) 给定等边三角形 $\triangle 123$，如图 5.3.1 所示。

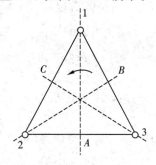

图 5.3.1

将三角形绕中心 O 旋转，若逆时针旋转 $120°(360°/3)$ 的整数倍，则必然与原来的三角形重合。显然，旋转 $360°$ 即恢复至原始状态，因此共有 3 种不同的旋转，分别为旋转 $0°$、$120°$、$240°$，每种旋转都对应三角形顶点集合 $\{1, 2, 3\}$ 的一个置换，即

$$p_1 = \begin{pmatrix} 1 & 2 & 3 \\ 1 & 2 & 3 \end{pmatrix} \qquad \text{（旋转 } 0° \text{）}$$

$$p_5 = \begin{pmatrix} 1 & 2 & 3 \\ 2 & 3 & 1 \end{pmatrix} \qquad \text{（旋转 } 120° \text{）}$$

$$p_6 = \begin{pmatrix} 1 & 2 & 3 \\ 3 & 1 & 2 \end{pmatrix} \qquad \text{（旋转 } 240° \text{）}$$

若绕等边三角形的三条垂直平分线 $1A$、$2B$、$3C$ 翻转,则也与原来的三角形重合,翻转两次则恢复至初始状态。因此将三角形围绕垂直平分线 $1A$、$2B$、$3C$ 翻转,又得到顶点集合的置换如下:

$$p_2 = \begin{pmatrix} 1 & 2 & 3 \\ 2 & 1 & 3 \end{pmatrix} \qquad (\text{绕 } 3C \text{ 翻转})$$

$$p_3 = \begin{pmatrix} 1 & 2 & 3 \\ 3 & 2 & 1 \end{pmatrix} \qquad (\text{绕 } 2B \text{ 翻转})$$

$$p_4 = \begin{pmatrix} 1 & 2 & 3 \\ 1 & 3 & 2 \end{pmatrix} \qquad (\text{绕 } 1A \text{ 翻转})$$

设 $S_3 = \{p_1, p_2, p_3, p_4, p_5, p_6\}$,在 S_3 上定义正三角形的旋转和翻转的复合运算$\circ$:$p_i \circ p_j$ 为先进行旋转或翻转 p_i,再进行旋转或翻转 p_j。试证明代数系统$\langle S_3, \circ \rangle$构成群。

(b) 求群$\langle S_3, \circ \rangle$中除幺元外各元素的阶。

证明 (a) 运算$\circ$显然是封闭的、可结合的,p_1 为$\circ$的幺元。

由于先旋转 $120°$ 后再旋转 $240°$ 或先旋转 $240°$ 后再旋转 $120°$ 完全等价于旋转 $360°$ 或旋转 $0°$,故

$$p_5 \circ p_6 = p_6 \circ p_5 = p_1$$

因此 p_5 与 p_6 互为逆元。

由于绕等边三角形的三条垂直平分线 $1A$($2B$ 或 $3C$)连续翻转两次则恢复至初始状态,因此,$p_2 \circ p_2 = p_3 \circ p_3 = p_4 \circ p_4 = p_1$,即有 p_2、p_3、p_4 的逆元均为自身。

综上所述,$\langle S_3, \circ \rangle$构成群。

(b) 由于 p_2、p_3、p_4 均不等于 p_1 且

$$(p_2)^2 = p_1$$
$$(p_3)^2 = p_1$$
$$(p_4)^2 = p_1$$

故 p_2、p_3、p_4 的阶均为 2。

由于 $3 \times 120° = 360°$,故 $(p_5)^3 = p_1$,且 3 是使得 $(p_5)^n = p_1$ 的最小正整数,因此,p_5 的阶为 3。

由于 $3 \times 240° = 720°$,故 $(p_6)^3 = p_1$,且 3 是使得 $(p_6)^n = p_1$ 的最小正整数,因此,p_6 的阶为 3。

证毕

以上通过正三角形的旋转和翻转,研究了$\{1, 2, 3\}$的置换问题。$\{1, 2, 3\}$所有的置换个数为 $3! = 6$,而群$\langle S_3, \circ \rangle$也恰好完全包含了$\{1, 2, 3\}$的 6 个不同的置换,这种由所有置换构成的群称为对称群,其相关内容将在 5.5 节展开进一步讨论。

思考题:$p_2 \circ p_5$、$p_3 \circ p_5$、$p_4 \circ p_6$ 分别等于什么?请给出$\langle S_3, \circ \rangle$的运算表。

习 题

5.3-1 下列代数$\langle S, * \rangle$中哪些是群?如果是,指出其幺元,并给出每个元素的逆元。

(a) $S = \{1, 3, 4, 5, 6\}$,$*$ 是模 7 乘法运算 $\times_7$。

(b) $S=\{1,3,4,5,6,7\}$，∗是模 8 乘法运算 $\times_8$。

(c) $S=\mathbf{Q}-\{0\}$，∗是算术除法。

(d) $S=\mathbf{Z}$，∗是算术减法。

(e) $S=\{a,b,c,d\}$，∗如表 5.3.2 所示。

表 5.3.2

∗	a	b	c	d
a	b	d	a	c
b	d	c	b	a
c	a	b	c	d
d	c	a	d	b

(f) $S=\{a,b,c,d\}$，∗如表 5.3.3 所示。

表 5.3.3

∗	a	b	c	d
a	a	b	c	d
b	b	a	d	c
c	c	d	a	a
d	d	c	b	b

5.3-2　在正有理数集 $\mathbf{Q}^+$ 上定义二元运算 ∗ 为：对于任何 $a,b\in\mathbf{Q}^+$，$a*b=\dfrac{1}{2}ab$。$(\mathbf{Q}^+,*)$ 是群吗？为什么？

5.3-3　$\mathbf{R}$ 是实数集，令 $\mathbf{R}^*=\mathbf{R}-\{0\}$，在集合 $\mathbf{R}^*\times\mathbf{R}$ 中定义二元运算 ∗ 如下：

对于任何 $\langle a,b\rangle,\langle c,d\rangle\in\mathbf{R}^*\times\mathbf{R}$，$\langle a,b\rangle*\langle c,d\rangle=\langle ac,bc+d\rangle$。

证明：$\langle\mathbf{R}^*\times\mathbf{R},*\rangle$ 是一个群。

5.3-4　设 a 是群中具有无限阶的元素。证明：对于任何 m、$n\in\mathbf{Z}$，当 $m\neq n$ 时，$a^m\neq a^n$。

5.3-5　设 a 是群 $\langle G,*\rangle$ 的元素，且 a 的阶大于 2，则 $a\neq a^{-1}$。

5.3-6　设 $\langle G,*\rangle$ 是群，试证明对群中任一元素 a，有 $(a^{-1})^{-1}=a$。若 $\langle G,*\rangle$ 是独异点，且元素 $a\in G$ 的逆元 a^{-1} 存在，结论 $(a^{-1})^{-1}=a$ 是否仍然成立？

5.3-7　采取类似本节例 3 的方法，将正方形通过逆时针旋转 $90°(360°/4)$ 的正整数倍或沿 4 个对称轴翻转也可以形成集合 $\{1,2,3,4\}$ 的置换（见图 5.3.2）。

$$p_1=\begin{pmatrix}1&2&3&4\\2&3&1&4\end{pmatrix}\qquad(\text{旋转 }90°)$$

$$p_2=\begin{pmatrix}1&2&3&4\\3&4&1&2\end{pmatrix}\qquad(\text{旋转 }180°)$$

$$p_3=\begin{pmatrix}1&2&3&4\\4&1&2&3\end{pmatrix}\qquad(\text{旋转 }270°)$$

$$p_4=\begin{pmatrix}1&2&3&4\\1&2&3&4\end{pmatrix}\qquad(\text{旋转 }360°)$$

$$p_5 = \begin{pmatrix} 1 & 2 & 3 & 4 \\ 4 & 3 & 2 & 1 \end{pmatrix} \qquad (\text{绕 } AA' \text{翻转})$$

$$p_6 = \begin{pmatrix} 1 & 2 & 3 & 4 \\ 2 & 1 & 4 & 3 \end{pmatrix} \qquad (\text{绕 } BB' \text{翻转})$$

$$p_7 = \begin{pmatrix} 1 & 2 & 3 & 4 \\ 1 & 4 & 3 & 2 \end{pmatrix} \qquad (\text{绕 } 13 \text{翻转})$$

$$p_8 = \begin{pmatrix} 1 & 2 & 3 & 4 \\ 3 & 2 & 1 & 4 \end{pmatrix} \qquad (\text{绕 } 24 \text{翻转})$$

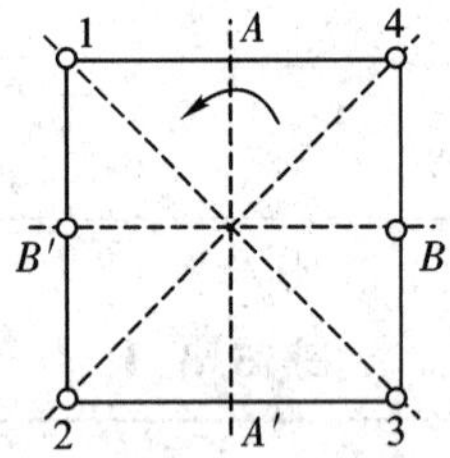

图 5.3.2

若令 $G=\{p_1, p_2, p_3, p_4, p_5, p_6, p_7, p_8\}$，在 G 上定义正方形的旋转和翻转的复合运算 $\circ$。$p_i \circ p_j$ 为先进行旋转或翻转 p_i，再进行旋转或翻转 p_j。试证明代数系统 $\langle G, \circ \rangle$ 构成群。$\circ$ 运算如表 5.3.4 所示。

表 5.3.4

$\circ$	p_1	p_2	p_3	p_4	p_5	p_6	p_7	p_8
p_1	p_2	p_3	p_4	p_1	p_8	p_7	p_5	p_6
p_2	p_3	p_4	p_1	p_2	p_6	p_5	p_8	p_7
p_3	p_4	p_1	p_2	p_3	p_7	p_8	p_6	p_5
p_4	p_1	p_2	p_3	p_4	p_5	p_6	p_7	p_8
p_5	p_7	p_6	p_8	p_5	p_4	p_2	p_1	p_3
p_6	p_8	p_5	p_7	p_6	p_2	p_4	p_3	p_1
p_7	p_6	p_8	p_5	p_7	p_3	p_1	p_4	p_2
p_8	p_5	p_7	p_6	p_8	p_1	p_3	p_2	p_4

说明：$\{1, 2, 3, 4\}$ 的置换应当有 $4! = 24$ 个，$\langle G, \circ \rangle$ 只包含 8 个置换，这种群在 5.5 节被称为置换群。一般来说，在复合运算 $\circ$ 的作用下，n 边正多边形的所有旋转和翻转的集合构成一个 n 次的 $2n$ 阶的置换群，这类群通常称为二面体群。

5.3-8   Under what conditions is $\mathbf{N}_k$ a group under multiplication modulo k.

5.3-9   If G is a finite group and a is an element of G, e is the identity, then $a^s = e$ for some positive integers s.

5.4 子 群 与 同 态

5.4.1 子群

定义 5.4.1 设 $\langle A, f_1, f_2, \cdots, f_m \rangle$ 是一代数系统，若 A' 是个非空集合且满足：

(1) $A' \subseteq A$；

(2) 运算 $f_1, f_2, \cdots, f_m$ 在 A' 上封闭，

则称 $\langle A', f_1, f_2, \cdots, f_m \rangle$ 是 $\langle A, f_1, f_2, \cdots, f_m \rangle$ 的子代数。

定义 5.4.2 给定群 $\langle G, * \rangle$ 及非空集合 $H \subseteq G$，若 $\langle H, * \rangle$ 是群，则称 $\langle H, * \rangle$ 为群 $\langle G, * \rangle$ 的子群。

对于任何群 $\langle G, * \rangle$，e 是关于 $*$ 的幺元，$\langle \{e\}, * \rangle$ 和 $\langle G, * \rangle$ 都是 $\langle G, * \rangle$ 的子群，并且称为群 $\langle G, * \rangle$ 的平凡子群（trivial subgroup）。

例如，对于群 $\langle \mathbf{R}, + \rangle$ 而言，$\langle \{0\}, + \rangle$ 和 $\langle \mathbf{R}, + \rangle$ 是 $\langle \mathbf{R}, + \rangle$ 的平凡子群，$\langle \mathbf{Z}, + \rangle$ 是 $\langle \mathbf{R}, + \rangle$ 的真子群。对于群 $\langle \mathbf{N}_4, +_4 \rangle$（$\mathbf{N}_4$ 是由模 4 的同余类组成的同余类集，$+_4$ 是模 4 加法运算）而言，$\langle \{[0]\}, +_4 \rangle$ 和 $\langle \mathbf{N}_4, +_4 \rangle$ 是 $\langle \mathbf{N}_4, +_4 \rangle$ 的平凡子群，$\langle \{[0], [2]\}, +_4 \rangle$ 是 $\langle \mathbf{N}_4, +_4 \rangle$ 的真子群。

定理 5.4.1 $\langle H, * \rangle$ 是群 $\langle G, * \rangle$ 的子群，则必有 $e_H = e_G$，其中 e_H 和 e_G 分别是 $\langle H, * \rangle$ 和 $\langle G, * \rangle$ 的幺元，即群与其子群具有相同的幺元。

证明 e_H 是子群 $\langle H, * \rangle$ 的幺元，任取 $x \in H$，则有 $x \in G$，因此

$$e_H * x = x = e_G * x$$

根据群满足消去律可得，$e_H = e_G$。

证毕

定理 5.4.2 给定群 $\langle G, * \rangle$ 及非空子集 $H \subseteq G$，则 $\langle H, * \rangle$ 是 $\langle G, * \rangle$ 的子群，当且仅当对于任何 $a, b \in H$，有 $a * b \in H$，且对于任何 $a \in H$，有 $a^{-1} \in H$。

证明 必要性。$\forall a, b \in H$，因为 $\langle H, * \rangle$ 是群，$*$ 在 H 上封闭，所以 $a * b \in H$。

设 e_H 和 e_G 分别是 $\langle H, * \rangle$ 和 $\langle G, * \rangle$ 的幺元，$\forall a \in H$，又设 a 在子群 $\langle H, * \rangle$ 中的逆元为 $b \in H$，因为 $a * b = e_H = e_G = a * a^{-1}$，所以 $b = a^{-1}$，故 $a^{-1} \in H$。

充分性。由于 $\forall a, b \in H$，有 $a * b \in H$，故 H 对 $*$ 运算封闭，运算 $*$ 的可结合性在 H 上是可保持的，又由于 $\forall a \in H$，有 $a^{-1} \in H$，故 H 中的元素均存在逆元，且 $a * a^{-1} = e \in H$，即 H 中存在幺元，故 $\langle H, * \rangle$ 是 $\langle G, * \rangle$ 的子群。

证毕

本定理表明 $\langle H, * \rangle$ 为群 $\langle G, * \rangle$ 的子群的充要条件是 H 对于 $*$ 封闭及 H 中每个元素的逆元都在 H 中。

例 1 $\langle \mathbf{Z}, + \rangle$ 是一个无限群，$\mathbf{N}$ 对 $+$ 封闭，但 $\mathbf{N}$ 中大于 0 的元素的逆元不属于 $\mathbf{N}$，所以 $\langle \mathbf{N}, + \rangle$ 不是 $\langle \mathbf{Z}, + \rangle$ 的子群。

例 2 $\langle \mathbf{Z}, + \rangle$ 是一个群，设 $I_E = \{x \mid x = 2n, n \in \mathbf{Z}\}$，证明 $\langle I_E, + \rangle$ 是 $\langle \mathbf{Z}, + \rangle$ 的一个子群。

证明 （1）$I_E \subseteq \mathbf{Z}$。

（2）对于任意的 x，$y \in I_E$，不妨设 $x = 2n_1$，$y = 2n_2$，n_1，$n_2 \in \mathbf{Z}$，则 $x + y = 2n_1 + 2n_2 = 2(n_1 + n_2) \in \mathbf{Z}$，即＋在 I_E 上封闭。

（3）对于任意的 $x \in I_E$，x 在群 $\langle \mathbf{Z}$，＋$\rangle$ 中的逆元是 $-x$，设 $x = 2n$，$n \in \mathbf{Z}$，由于 $-x = -2n = 2(-n)$，$-n \in \mathbf{Z}$，所以，$-x \in I_E$。

因此，$\langle I_E$，＋$\rangle$ 是 $\langle \mathbf{Z}$，＋$\rangle$ 的一个子群。

证毕

定理 5.4.3 给定群 $\langle G$，$*\rangle$ 及非空 $H \subseteq G$，则 $\langle H$，$*\rangle$ 是 $\langle G$，$*\rangle$ 的子群当且仅当 $\forall a$，$b \in H$，必有 $a * b^{-1} \in H$。

证明 必要性是显然的。

充分性。（1）证明 $\langle G$，$*\rangle$ 中的幺元 e 也是 $\langle H$，$*\rangle$ 中的幺元。

$\forall a \in H$，有 $e = a * a^{-1} \in H$，即 $\langle H$，$*\rangle$ 中有幺元 e。

（2）证明 H 中每个元素都有逆元。

$\forall a \in H$，因为 $e \in H$，则有 $e * a^{-1} \in H$，即 $a^{-1} \in H$。

（3）证明 $*$ 在 H 上是封闭的。

$\forall a$，$b \in H$，由（2）知 $b^{-1} \in H$，则 $a * b = a * (b^{-1})^{-1} \in H$。

（4）运算 $*$ 的可结合性在 H 上是可保持的。

因此 $\langle H$，$*\rangle$ 是 $\langle G$，$*\rangle$ 的子群。

证毕

例 3 若 $\langle G_1$，$*\rangle$ 和 $\langle G_2$，$*\rangle$ 都是群 $\langle G$，$*\rangle$ 的子群，则 $\langle G_1 \bigcap G_2$，$*\rangle$ 也是群 $\langle G$，$*\rangle$ 的子群。

证明 由于 $\langle G_1$，$*\rangle$ 和 $\langle G_2$，$*\rangle$ 都是群 $\langle G$，$*\rangle$ 的子群，$\forall a$，$b \in G_1 \bigcap G_2$，则 $b^{-1} \in G_1 \bigcap G_2$，进一步 $a * b^{-1} \in G_1 \bigcap G_2$，由定理 5.4.3 得，$\langle G_1 \bigcap G_2$，$*\rangle$ 是群 $\langle G$，$*\rangle$ 的子群。

证毕

定理 5.4.4 给定群 $\langle G$，$*\rangle$ 及非空有限集 $H \subseteq G$，则 $\langle H$，$*\rangle$ 是 $\langle G$，$*\rangle$ 的子群当且仅当 $\forall a$，$b \in H$，均有 $a * b \in H$，即 H 对 $*$ 运算封闭。

证明 必要性是显然的。

充分性。设 e 是群 $\langle G$，$*\rangle$ 的幺元，令 $|H| = n$。

（1）$\forall a$，$b \in H$，有 $a * b \in H$，即 H 对 $*$ 运算封闭。

（2）$\forall a \in H$，$\underbrace{a, a^2, a^3, \cdots, a^n, a^{n+1}}_{n+1 \text{个}} \in H$。

根据鸽巢原理，必存在 i，$j \in \{1, 2, \cdots, n+1\}$，$1 \leqslant i < j \leqslant n+1$ 且满足 $a^i = a^j$，因此有，$e * a^i = a^{j-i} * a^i$。

由 $\langle G$，$*\rangle$ 是群，$*$ 满足消去律，可得 $e = a^{j-i}$，所以 H 中有幺元 $e = a^{j-i}$。

（3）利用（2），如果 $j - i > 1$，则 $a^{-1} = a^{j-i-1} \in H$；如果 $j - i = 1$，则 $a = e$，即 $a^{-1} = e^{-1} = e \in H$。因此 H 中任何元素 a 的逆元 $a^{-1} \in H$。

（4）运算 $*$ 的可结合性在 H 上是可保持的。

综上所述，$\langle H$，$*\rangle$ 是 $\langle G$，$*\rangle$ 的子群。

证毕

例 4 $\langle S_3$，$\circ\rangle$（参看 5.3 节例 3）是有限群，$\{p_1, p_4\}$ 对 $\circ$ 封闭，所以，$\langle \{p_1, p_4\}$，$\circ\rangle$ 是

$\langle S_3 ,\circ\rangle$的子群。类似地,$\langle\{p_1,p_5,p_6\},\circ\rangle$也是子群。

5.4.2 同态与同构

定义 5.4.3 设$A=\langle S,*\rangle$和$A'=\langle S',*'\rangle$是两个代数系统,其中,S和S'是集合, $*$和$*'$为二元运算。设f是从S到S'的一个映射,若对任意$a,b\in S$满足:
$$f(a*b)=f(a)*'f(b)$$
则称f为由A到A'的一个同态映射,也称A同态于A',记为$A\sim A'$。通常把$\langle f(S),*'\rangle$称为A在同态映射f下的同态像。

两个代数系统$A=\langle S,*\rangle$和$A'=\langle S',*'\rangle$在同态下的相互关系可以用图 5.4.1 来直观描述。

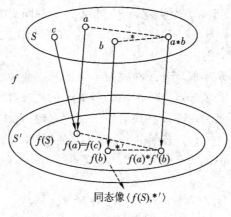

图 5.4.1

例 5 设代数系统$\langle \mathbf{Z},\cdot\rangle$,$\mathbf{Z}$是整数集,$\cdot$是普通乘法运算。如果我们只关心运算结果是正数、负数和零,那么代数系统$\langle \mathbf{Z},\cdot\rangle$中的运算结果的特征就可以用另一个代数系统$\langle B,\odot\rangle$来表示,其中$B=\{+,-,0\}$,$\odot$是$B$上的二元运算,运算表如表 5.4.1 所示。

表 5.4.1

$\odot$	$+$	$-$	0
$+$	$+$	$-$	0
$-$	$-$	$+$	0
0	0	0	0

作函数$f:\mathbf{Z}\to B$如下:
$$f(x)=\begin{cases}+ & \text{当 }x>0\text{ 时}\\ - & \text{当 }x<0\text{ 时}\\ 0 & \text{当 }x=0\text{ 时}\end{cases}$$

显然,任取$a,b\in\mathbf{Z}$,$f(a\cdot b)=f(a)\odot f(b)$。

所以f是从$\langle \mathbf{Z},\cdot\rangle$到$\langle B,\odot\rangle$的一个同态映射。

定义 5.4.4 设f为从代数系统$A=\langle S,*\rangle$到代数系统$A'=\langle S',*'\rangle$的同态映射,则:

(1) 如果f为满射(onto),则称f是从$A=\langle S,*\rangle$到$A'=\langle S',*'\rangle$的满同态

（epimorphism）映射。

（2）如果 f 为单射（或一对一映射，one to one），则称 f 为从 $A=\langle S,*\rangle$ 到 $A'=\langle S',*'\rangle$ 的单一同态（monomorphism）映射。

（3）如果 f 为双射（或一一对应，both onto and one to one），则称 f 为从 $A=\langle S,*\rangle$ 到 $A'=\langle S',*'\rangle$ 的同构（isomorphism）映射，也称 $A=\langle S,*\rangle$ 与 $A'=\langle S',*'\rangle$ 同构，记为 $A\cong A'$。

例 6 设 $\mathbf{Z}_k=\{0,1,\cdots,k-1\}$，$k>0$，$+_k$ 是模 k 加法运算，若定义 $f:\mathbf{N}\to\mathbf{Z}_k$ 为：对任意的 $x\in\mathbf{N}$，$f(x)=x\bmod k$，则 f 是从 $\langle\mathbf{N},+\rangle$ 到 $\langle\mathbf{Z}_k,+_k\rangle$ 的一个满同态映射。

例 7 给定 $\langle\mathbf{Z},+\rangle$，其中 $\mathbf{Z}$ 为整数集合，$+$ 为一般加法。

解 作函数 $f(x)=kx$，其中 $x,k\in\mathbf{Z}$，则当 $k\neq0$ 时，f 为 $\langle\mathbf{Z},+\rangle$ 到 $\langle\mathbf{Z},+\rangle$ 的单一同态映射，当 $k=-1$ 或 $k=1$ 时，f 为从 $\langle\mathbf{Z},+\rangle$ 到 $\langle\mathbf{Z},+\rangle$ 的同构映射。

定理 5.4.5 给定 $A=\langle S,*\rangle$ 和 $A'=\langle S',*'\rangle$ 是两个代数系统，f 为从代数系统 A 到代数系统 A' 的同态映射，则：

（1）如果 $A=\langle S,*\rangle$ 是半群，则 A 在映射 f 下的同态像 $\langle f(A),*'\rangle$ 是半群。

（2）如果 $A=\langle S,*\rangle$ 是独异点，则 A 在映射 f 下的同态像 $\langle f(A),*'\rangle$ 是独异点。

（3）如果 $A=\langle S,*\rangle$ 是群，则 A 在映射 f 下的同态像 $\langle f(A),*'\rangle$ 是群。

证明 （3）任取 $a,b\in f(A)$，必存在 $x,y\in A$，使得 $f(x)=a$，$f(y)=b$，故

$$a*'b=f(x)*'f(y)=f(x*y)\in f(A)$$

故 $*'$ 运算在 $f(A)$ 上封闭。

任取 $a,b,c\in f(A)$，必存在 $x,y,z\in A$，使得 $f(x)=a$，$f(y)=b$，$f(z)=c$，因为 $*$ 运算在 A 上是可结合的，所以有

$$\begin{aligned}
a*'(b*'c)&=f(x)*'(f(y)*'f(z))=f(x)*'f(y*z)\\
&=f(x*(y*z))=f((x*y)*z)\\
&=f(x*y)*'f(z)\\
&=(f(x)*'f(y))*'f(z)\\
&=(a*'b)*'c
\end{aligned}$$

所以 $*'$ 运算在 $f(A)$ 上是可结合的。

设 e_A 是群 $\langle A,*\rangle$ 的幺元，任取 $a\in f(A)$，必存在 $x\in A$，使得 $f(x)=a$，则

$$f(e_A)*'a=f(e_A)*'f(x)=f(e_A*x)=f(x)=a$$
$$a*'f(e_A)=f(x)*'f(e_A)=f(x*e_A)=f(x)=a$$

故 $f(e_A)$ 是代数系统 $\langle f(A),*'\rangle$ 中的幺元。

任取 $a\in f(A)$，必存在 $x\in A$，使得 $f(x)=a$。因为 $\langle A,*\rangle$ 是群，所以 $x^{-1}\in A$，有 $f(x^{-1})\in f(A)$，则

$$f(x^{-1})*'a=f(x^{-1})*'f(x)=f(x^{-1}*x)=f(e_A)$$
$$a*'f(x^{-1})=f(x)*'f(x^{-1})=f(x*x^{-1})=f(e_A)$$

故 $f(x^{-1})$ 是 a 的逆元。

综上所述，代数系统 $\langle f(A),*'\rangle$ 是群。

（1）、（2）的证明留作练习。

证毕

推论 1　设 g 为从群 $\langle G,\ * \rangle$ 到群 $\langle H,\ \oplus \rangle$ 的群同态映射，若 $\langle S,\ * \rangle$ 是群 $\langle G,\ * \rangle$ 的子群且 $g(S)=\{g(a)\,|\,a\in S\}$，则 $\langle g(S),\ \oplus \rangle$ 为群 $\langle H,\ \oplus \rangle$ 的子群。

证明　设 $\langle S,\ * \rangle$ 是群 $\langle G,\ * \rangle$ 的子群且 $g(S)=\{g(a)\,|\,a\in S\}$，任取 $x,\ y\in g(S)$，存在 $a,\ b\in S$，使得 $x=g(a)$，$y=g(b)$。由于 $a*b^{-1}\in S$，因此有

$$
\begin{aligned}
x\oplus y^{-1}&=g(a)\oplus(g(b))^{-1}\\
&=g(a)\oplus g(b^{-1})\\
&=g(a*b^{-1})\in g(S)
\end{aligned}
$$

故 $\langle g(S),\ \oplus \rangle$ 为群 $\langle H,\ \oplus \rangle$ 的子群。

证毕

推论 2　若 g 是从群 $\langle G,\ * \rangle$ 到代数系统 $\langle H,\ \oplus \rangle$ 的满同态映射，则代数系统 $\langle H,\ \oplus \rangle$ 为群。

设 f 是群 $\langle G,\ * \rangle$ 到群 $\langle H,\ * \rangle$ 的同态，群 $\langle G,\ * \rangle$ 的幺元的像一定是群 $\langle H,\ * \rangle$ 的幺元，但群 $\langle H,\ * \rangle$ 幺元的原像并不一定唯一。这里引入同态核的概念。

定义 5.4.5　设 f 是群 $\langle G,\ * \rangle$ 到群 $\langle H,\ * \rangle$ 的同态映射，e_H 是群 $\langle H,\ * \rangle$ 中的幺元，令 $K_f=\{x\,|\,x\in G\ \wedge f(x)=e_H\}$，称 K_f 为群同态映射 f 的同态核(kernal)。

例 8　设 f 是 $\langle \mathbf{N},\ + \rangle$ 到 $\langle \mathbf{N}_k,\ +_k \rangle$ 的一个满同态，其中

$$f(x)=[x\ \mathrm{mod}\ k]$$

试求 f 的同态核。

解　显然 $\langle \mathbf{N}_k,\ +_k \rangle$ 的幺元为 $[0]$，由于当且仅当 $n=mk$ 时，$f(n)=[0]$，故

$$K_f=\{n\,|\,n=mk,\ m\in \mathbf{N}\}$$

定理 5.4.6　设 f 为群 $\langle G,\ * \rangle$ 到群 $\langle H,\ \oplus \rangle$ 的同态映射，则 f 的同态核 K_f 是 G 的子群。

证明　设群 $\langle G,\ * \rangle$ 和群 $\langle H,\ \oplus \rangle$ 的幺元分别为 e_1、e_2，f 的同态核记为 K_f，则 $e_2=f(e_1)$，对任意的 $k_1,\ k_2\in K_f$，有

$$f(k_1*k_2)=f(k_1)\oplus f(k_2)=e_2\oplus e_2=e_2$$

故 $k_1*k_2\in K_f$，$*$ 运算在 K_f 上封闭。

对任意的 $k\in K_f$，有

$$f(k^{-1})=[f(k)]^{-1}=(e_2)^{-1}=e_2$$

故 $k^{-1}\in K_f$，所以 f 的同态核 K_f 是 G 的子群。

证毕

定义 5.4.6　设 $A=\langle S,\ * \rangle$ 是一个代数系统，如果 f 为从 $A=\langle S,\ * \rangle$ 到 $A=\langle S,\ * \rangle$ 的同态映射，则称 f 为由 A 到 A 的一个自同态映射。如果 f 为从 $A=\langle S,\ * \rangle$ 到 $A=\langle S,\ * \rangle$ 的同构映射，则称 f 为由 A 到 A 的一个自同构映射。

定理 5.4.7　设 G 为所有具有一个二元运算代数系统的集合，则 G 中代数系统间的同构关系是等价关系。

证明　(1) 任取 $\langle X,\ * \rangle\in G$，因为恒等映射是同构映射，即 $\langle X,\ * \rangle\cong\langle X,\ * \rangle$，显然同构关系是自反的。

(2) 任取 $\langle X,\ * \rangle$，$\langle Y,\ \oplus \rangle\in G$，若 $\langle X,\ * \rangle\cong\langle Y,\ \oplus \rangle$ 且 f 为其同构映射，则 f^1 为从 $\langle Y,\ \oplus \rangle$ 到 $\langle X,\ * \rangle$ 的同构映射。因此，$\langle Y,\ \oplus \rangle\cong\langle X,\ * \rangle$，即同构关系是对称的。

· 167 ·

(3) 任取 $\langle X, * \rangle$，$\langle Y, \oplus \rangle$，$\langle Z, \odot \rangle \in G$，设 $\langle X, * \rangle \cong \langle Y, \oplus \rangle$，$\langle Y, \oplus \rangle \cong \langle Z, \odot \rangle$，$f$ 为 $\langle X, * \rangle$ 到 $\langle Y, \oplus \rangle$ 的同构映射，g 为 $\langle Y, \oplus \rangle$ 到 $\langle Z, \odot \rangle$ 的同构映射，则 $g \circ f$ 为从 $\langle X, * \rangle$ 到 $\langle Z, \odot \rangle$ 的同构映射，即 $\langle X, * \rangle \cong \langle Z, \odot \rangle$。因此，传递性成立。

可见，同构关系满足自反性、对称性和传递性。因此，同构关系是等价关系。

证毕

对于两个同构的不同代数系统来说，仅仅是集合中所含的元素和运算符不同而已，其抽象结构没有差别，或者说性质完全相同。这样当研究一个新的代数系统时，如果发现或者能够证明它同构于另外一个已知的代数系统，便能直接地知道新的代数系统具有该已知代数系统的各种性质。

由于同构关系是等价关系，故令所有的代数系统构成一个集合 G，于是可按同构关系将其进行划分，得到商集 $G/\cong$ 。因为同构的代数系统具有相同的性质，故实际上代数系统所需要研究的总体并不是 G，而是 $G/\cong$ 。

习 题

5.4 - 1 列出群 $\langle \mathbf{N}_6, +_6 \rangle$ 的运算表并给出 $\langle \mathbf{N}_6, +_6 \rangle$ 的所有子群。

5.4 - 2 设 $\langle H, * \rangle$ 和 $\langle K, * \rangle$ 都是群 $\langle G, * \rangle$ 的子群，令
$$HK = \{h * k \mid h \in H \wedge k \in K\}$$
证明 $\langle HK, * \rangle$ 是 $\langle G, * \rangle$ 的子群当且仅当 $HK = KH$。

5.4 - 3 设 $\langle G, * \rangle$ 是一个群，且 $\langle H, * \rangle$ 是群 $\langle G, * \rangle$ 的子群，$\langle K, * \rangle$ 是群 $\langle H, * \rangle$ 的子群。证明 $\langle K, * \rangle$ 是群 $\langle G, * \rangle$ 的子群。

5.4 - 4 设 $\langle G, * \rangle$ 是一个群，对任意的 $a \in G$，令 $H = \{a^k \mid k \in \mathbf{Z}\}$，即 a 的所有的幂构成的集合，则 $\langle H, * \rangle$ 是 $\langle G, * \rangle$ 的子群。

5.4 - 5 设 $\langle G, * \rangle$ 是一个群，对任意的 $a_1, a_2, \cdots, a_k \in G$，令 H 为元素 $a_1, a_2, \cdots, a_k$ 及其逆元的任意有限乘积所构成的集合，证明 $\langle H, * \rangle$ 是 $\langle G, * \rangle$ 的子群，且为包含 $\{a_1, a_2, \cdots, a_k\}$ 的最小子群。

5.4 - 6 设 $\langle G, * \rangle$ 和 $\langle H, \oplus \rangle$ 是群，映射 f、g 都是 G 到 H 的同态，令集合
$$S = \{x \mid x \in G \text{ 且 } f(x) = g(x)\}$$
证明 $\langle S, * \rangle$ 是 $\langle G, * \rangle$ 的子群。

5.4 - 7 群 $\langle \{1, i, -1, -i\}, \cdot \rangle$ 和 $\langle \left\{ \begin{pmatrix} 1 & 0 \\ 0 & 1 \end{pmatrix}, \begin{pmatrix} -1 & 0 \\ 0 & -1 \end{pmatrix}, \begin{pmatrix} -1 & 0 \\ 0 & 1 \end{pmatrix}, \begin{pmatrix} 1 & 0 \\ 0 & -1 \end{pmatrix} \right\}, \otimes \rangle$ 中，$\cdot$ 是复数乘法，$\otimes$ 是矩阵乘法，作出它们的运算表并判别是否同构。

5.4 - 8 设 $\langle G, * \rangle$ 是一个群，而 $a \in G$，如果 f 是从 G 到 G 的映射，使得对每一个 $x \in G$，都有 $f(x) = a * x * a^{-1}$，试证明 f 是从 G 到 G 上的自同构。

5.4 - 9 设 $\langle \mathbf{N}_n, +_n \rangle$ 是模 n 整数加群，证明 $\langle \mathbf{N}_n, +_n \rangle$ 恰有 n 个自同态。

5.4 - 10 The center of a group $\langle G, * \rangle$ is defined as the set of all $g \in G$ so that $g * h = h * g$ for all h in G. prove that the center of a group $\langle G, * \rangle$ is a subgroup of $\langle G, * \rangle$.

5.4 - 11 Let $\langle G, * \rangle$ be a a group, an automorphism on a group is an isomorphism from the group onto itself. Prove that for any fixed a in $\langle G, * \rangle$, the function $\rho_a: G \rightarrow G$

defined by $\rho_a(h) = a^{-1} * h * a$ is an automorphism on group $\langle G, * \rangle$.

5.5　特 殊 的 群

本节将讨论群论中三种常见而重要的群：交换群(Abel group)、置换群(permutation group)和循环群(cyclic group)。特别在研究群的同构时，置换群扮演着极重要的角色，在通信的编码理论中循环群有着广泛应用。

5.5.1　交换群

定义 5.5.1　给定群$\langle G, * \rangle$，若 $*$ 是交换的，则称$\langle G, * \rangle$是交换群(或阿贝尔群、Abel群)。

例 1　设 $S = \{a, b, c, d\}$，在 S 上定义一个双射函数 f：$f(a) = b$，$f(b) = c$，$f(c) = d$，$f(d) = a$，构造如下的复合函数：

对于任一 $x \in S$，有

$$f^2(x) = f \circ f(x) = f(f(x))$$
$$f^3(x) = f \circ f^2(x) = f(f^2(x))$$
$$f^4(x) = f \circ f^3(x) = f(f^3(x))$$

如果用 f^0 表示 S 上的恒等映射，即 $f^0(x) = x$，其中 $x \in S$，则显然 $f^4(x) = f^0(x)$，记 $f^1 = f$，令 $F = \{f^0, f^1, f^2, f^3\}$，试证明$\langle F, \circ \rangle$是一个阿贝尔群。

证明　给出 $\circ$ 运算表如表 5.5.1 所示。

表 5.5.1

$\circ$	f^0	f^1	f^2	f^3
f^0	f^0	f^1	f^2	f^3
f^1	f^1	f^2	f^3	f^0
f^2	f^2	f^3	f^0	f^1
f^3	f^3	f^0	f^1	f^2

由表 5.5.1 可知，复合运算 $\circ$ 关于 F 是封闭的，并且是可结合的。f^0 为幺元，f^0 的逆元就是它本身，f^1 和 f^3 互为逆元，f^2 的逆元是它本身。由表 5.5.1 的对称性可知，复合运算 $\circ$ 是可交换的。因此$\langle F, \circ \rangle$是一个阿贝尔群。

证毕

定理 5.5.1　设$\langle G, * \rangle$是一个群，则$\langle G, * \rangle$是一个交换群当且仅当对于任何$a, b \in G$，有$(a * b)^2 = a^2 * b^2$。

证明　必要性。设$\langle G, * \rangle$是一个交换群，任取 $a, b \in G$，则有：

$$(a * b)^2 = (a * b) * (a * b) = ((a * b) * a) * b = (a * (b * a)) * b$$
$$= (a * (a * b)) * b = ((a * a) * b) * b$$
$$= (a * a) * (b * b) = a^2 * b^2$$

充分性。设 $\langle G, * \rangle$ 是一个群,且对于任何 $a, b \in G$,有 $(a * b)^2 = a^2 * b^2$,则由:

$$(a * b) * (a * b) = (a * a) * (b * b)$$

$$a^{-1} * (a * b) * (a * b) * b^{-1} = a^{-1} * (a * a) * (b * b) * b^{-1}$$

$$(a^{-1} * a) * (b * a) * (b * b^{-1}) = (a^{-1} * a) * (a * b) * (b * b^{-1})$$

$$b * a = a * b$$

得出 $*$ 可交换,所以 $\langle G, * \rangle$ 是一个交换群。

证毕

定理 5.5.2 设 $\langle G, * \rangle$ 是一个群,如果对于任何 $x \in G$,有 $x^2 = e$,则 $\langle G, * \rangle$ 是一个交换群。

证明 任取 $x, y \in G$,由已知条件知,$(x * y)^2 = e$,$x^2 * y^2 = e * e = e$,从而得到:$(x * y)^2 = x^2 * y^2$,根据定理 5.5.2,$\langle G, * \rangle$ 是一个交换群。

证毕

*5.5.2 置换群

在正式讨论置换群以前,需要先做些必要的准备。

定义 5.5.2 令 S 是非空有限集合,从 S 到 S 的双射 $p: S \to S$ 称为集合 S 上的置换,$|S|$ 称为置换的阶。

若 $S = \{x_1, x_2, \cdots, x_n\}$,则一个 n 阶置换 p 可表示为

$$p = \begin{bmatrix} x_1 & x_2 & \cdots & x_n \\ p(x_1) & p(x_2) & \cdots & p(x_n) \end{bmatrix}$$

设 $|S| = n$,用 S_n 表示 S 中的所有置换的集合。显然,S_n 含有 $n!$ 个不同的置换。

在 S_n 上可以定义两种二元运算 $\circ$ 和 $\diamondsuit$,其中 $\circ$ 称为右复合运算,$\diamondsuit$ 称为左复合运算。对于任何 $p_i, p_j \in S_n$,$p_i \diamondsuit p_j$ 表示先进行 p_j 置换,再进行 p_i 置换,$p_i \circ p_j$ 表示先进行 p_i 置换,再进行 p_j 置换。

事实上,置换既是函数又是二元关系,置换的左复合 $\diamondsuit$ 就是函数的复合运算,而置换的右复合 $\circ$ 就是关系的复合运算,对于任意 $x \in S$ 有:

$$(p_i \circ p_j)(x) = (p_j \diamondsuit p_i)(x) = p_j(p_i(x))$$

为了避免混淆,下面只对右复合 $\circ$ 进行讨论,关于左复合 $\diamondsuit$ 有类似的结论。

例 2 设 $S = \{1, 2, 3\}$,$S_n = \{p_1, p_2, p_3, p_4, p_5, p_6\}$ 为 S 上所有置换的集合,其中

$$p_1 = \begin{pmatrix} 1 & 2 & 3 \\ 1 & 2 & 3 \end{pmatrix}, \quad p_2 = \begin{pmatrix} 1 & 2 & 3 \\ 2 & 1 & 3 \end{pmatrix}$$

$$p_3 = \begin{pmatrix} 1 & 2 & 3 \\ 3 & 2 & 1 \end{pmatrix}, \quad p_4 = \begin{pmatrix} 1 & 2 & 3 \\ 1 & 3 & 2 \end{pmatrix}$$

$$p_5 = \begin{pmatrix} 1 & 2 & 3 \\ 2 & 3 & 1 \end{pmatrix}, \quad p_6 = \begin{pmatrix} 1 & 2 & 3 \\ 3 & 1 & 2 \end{pmatrix}$$

给出 $\circ$ 的运算表。

解 $\circ$ 的运算表如表 5.5.2 所示。

表 5.5.2

∘	p_1	p_2	p_3	p_4	p_5	p_6
p_1	p_1	p_2	p_3	p_4	p_5	p_6
p_2	p_2	p_1	p_5	p_6	p_3	p_4
p_3	p_3	p_6	p_1	p_5	p_4	p_2
p_4	p_4	p_5	p_6	p_1	p_2	p_3
p_5	p_5	p_4	p_2	p_3	p_6	p_1
p_6	p_6	p_3	p_4	p_2	p_1	p_5

定理 5.5.3 $\langle S_n, \circ \rangle$ 是一个群，其中 ∘ 是置换的右复合运算。

证明 由于 S_n 是 S 上所有 $n!$ 个不同的置换构成的集合，且每一个置换又都是 S 上的一个双射，因此由函数和双射的性质很容易得到以下结论：

(1) 任取 p_i，$p_j \in S_n$，$p_i \circ p_j \in S_n$，所以 ∘ 在 S_n 上是封闭的。

(2) 任取 p_i，p_j，$p_k \in S_n$，$(p_i \circ p_j) \circ p_k = p_i \circ (p_j \circ p_k)$，所以 ∘ 在 S_n 上是可结合的。

(3) 存在恒等置换 $p_e = I_s \in S_n$，对于任何 $p_i \in S_n$，$p_e \circ p_i = p_i \circ p_e = p_i$，所以 p_e 是 S_n 中关于 ∘ 的幺元。

(4) 任取 $p_i \in S_n$，p_i 存在逆函数 $p_i^{-1} \in S_n$，$p_i \circ p_i^{-1} = p_i^{-1} \circ p_i = p_e$，所以 S_n 中每个元素关于 ∘ 存在逆元。

故 $\langle S_n, \circ \rangle$ 是一个群。

证毕

定义 5.5.3 给定 n 个元素组成的集合 S，S 上的若干置换及其置换的右复合运算 ∘ 所构成的群称为 n 次置换群（substitution group）。特别地，置换群 $\langle S_n, \circ \rangle$ 称为 n 次对称群（symmetric group）。

例 3 设 $S = \{1, 2, 3\}$，$S_n = \{p_1, p_2, p_3, p_4, p_5, p_6\}$，∘ 运算如表 5.5.2 所示。令 $A = \{p_1, p_2\}$，$B = \{p_1, p_5, p_6\}$，试判断 $\langle A, \circ \rangle$，$\langle B, \circ \rangle$ 是否为置换群。

解 (a) 由运算表 5.5.2 可知，显然集合 $A = \{p_1, p_2\}$ 对 ∘ 运算封闭，$p_1 \in A$ 为 ∘ 运算的幺元，p_1、p_2 的逆元为其自身，故 $\langle A, \circ \rangle$ 构成 $\langle S_n, \circ \rangle$ 的子群，$\langle A, \circ \rangle$ 是置换群。

(b) 由运算表 5.5.2 可知，显然集合 $B = \{p_1, p_5, p_6\}$ 对 ∘ 运算封闭，$p_1 \in A$ 为 ∘ 运算的幺元，p_5 的逆元为 p_6，p_6 的逆元为 p_5，故 $\langle B, \circ \rangle$ 构成群，$\langle B, \circ \rangle$ 是置换群。

定理 5.5.4 设 $\langle G, * \rangle$ 为群，那么运算表中的每一行和列表头（或每一列和行表头）都构成集合 G 的一个置换。

证明 这里只证 $\langle G, * \rangle$ 的运算表中的每一行和列表头都构成集合 G 的一个置换。

设 $G = \{a_1, a_2, \cdots, a_n\}$，任取元素 $a_i \in G$，考察 a_i 对应的行 $a_i * a_1$，$a_i * a_2$，$\cdots$，$a_i * a_n$。

设 a_j 是 G 中的任一元素，由于 $a_j = a_i * (a_i^{-1} * a_j)$，而 $a_i^{-1} * a_j \in G$，所以 a_j 必定出现在 a_i 对应的行中。

再证在 a_i 对应的行中 a_j 只出现一次，可用反证法。

设在 a_i 对应的行中 a_j 出现两次或更多次，即存在 a_h，$a_k \in G$，且 $a_h \neq a_k$，使得 $a_i * a_h = a_i * a_k = a_j$，由于 $\langle G, * \rangle$ 为群，满足可约性，又推出 $a_h = a_k$，产生矛盾。

因而证明了 $\begin{bmatrix} a_1 & a_2 & \cdots & a_n \\ a_i * a_1 & a_i * a_2 & \cdots & a_i * a_n \end{bmatrix}$ 是集合 G 的一个置换。

对列的证明过程与上述证明过程类似。

证毕

定理 5.5.5(Cayley 定理) 任意 n 阶群必同构于一个 n 次置换群。

证明留作练习，可利用定理 5.5.4。

5.5.3 循环群

定义 5.5.4 给定群 $\langle G, * \rangle$，令 $\mathbf{Z}$ 为整数集合，若存在 $g \in G$，对于任何 $a \in G$，存在 $i \in \mathbf{Z}$，使得 $a = g^i$，则称 $\langle G, * \rangle$ 是循环群(cyclic group)，称 g 是循环群 $\langle G, * \rangle$ 的生成元(generater)，同时称循环群 $\langle G, * \rangle$ 是由 g 生成的，把群 $\langle G, * \rangle$ 常记为 (g)。若生成元 g 的阶(order)有限，则称 $\langle G, * \rangle$ 为有限循环群，否则称为无限循环群。

例如，$\langle \mathbf{Z}, + \rangle$ 是无限循环群，0 是幺元，1 或 -1 是生成元(注意生成元不唯一，$1^0 = (-1)^0 = 0$)。

定理 5.5.6 每个循环群都是 Abel 群。

证明 设 $\langle G, * \rangle$ 是一个循环群，a 是该群的生成元，对于任意的 $x, y \in G$，必有 $r, s \in \mathbf{Z}$，使得 $x = a^r$，$y = a^s$，这样就推出：
$$x * y = a^r * a^s = a^{r+s} = a^{s+r} = a^s * a^r = y * x$$
从而得到，运算 $*$ 可交换，即 $\langle G, * \rangle$ 是阿贝尔群。

证毕

定理 5.5.7 设 $\langle G, * \rangle$ 是 g 生成的有限循环群，如果 $|G| = n$，则 $G = \{g^1, g^2, \cdots, g^{n-1}, g^n = e\}$，且 n 是使 $g^n = e$ 的最小正整数。其中，e 是群 $\langle G, * \rangle$ 的幺元。

证明 首先证明 $g^1, g^2, \cdots, g^{n-1}$ 均不等于 e。假设存在某个正整数 m，$m < n$，有 $g^m = e$。由于 $\langle G, * \rangle$ 是一个循环群，所以任取 $a \in G$，存在 $k \in \mathbf{Z}$，使得 $g^k = a$。令 $k = mq + r$，其中 q 是某个整数，$0 \leqslant r < m$，则有
$$a = g^k = g^{mq+r} = (g^m)^q * a^r = (e)^q * a^r = a^r$$
这表明 G 中每一个元素都可写成 $g^r(0 \leqslant r < m)$ 的形式，这样 G 中最多有 m 个不同的元素，这与 $|G| = n$ 矛盾。所以，如果 $m < n$，则 $g^m \neq e$，故 $g^1, g^2, \cdots, g^{n-1}$ 均不等于 e。

其次证明 $g^1, g^2, \cdots, g^n$ 互不相同。假设存在 $g^i = g^j$，其中 $1 \leqslant i < j \leqslant n$，则 $g^{j-i} = e$，而且 $1 \leqslant j - i < n$，这已证明不可能成立。

由于 $\langle G, * \rangle$ 是群，且 $|G| = n$，$g^1, g^2, \cdots, g^n \in G$，必有 $G = \{g^1, g^2, \cdots, g^n\}$，又因为群 $\langle G, * \rangle$ 有幺元 e，推出 $g^n = e$。

证毕

例 4 (a)证明 $\langle \mathbf{N}_k, +_k \rangle$ 是有限循环群。这里 $k > 0$，$\mathbf{N}_k = \{[0], [1], \cdots, [k-1]\}$，其中 $+_k$ 定义为 $[x] +_k [y] = [x+y]$，$[x]$ 是 $\mathbf{Z}$ 中模 k 等价类。

(b)构造 $\langle \mathbf{N}_4, +_4 \rangle$ 的运算表。

证明 (a)显然 $\langle \mathbf{N}_k, +_k \rangle$ 是有限群，$[0]$ 为幺元。下面证明 $[1]$ 为其生成元。

$\forall [n] \in \mathbf{N}_k$，若 $n = 0$，则
$$[n] = [0] = [1]^k$$

若 $0 < n < k$，则

$$[n] = [1]^n$$

故 $[1]$ 为有限群 $\langle \mathbf{N}_k, +_k \rangle$ 的生成元，$\langle \mathbf{N}_k, +_k \rangle$ 是有限循环群。

(b) $\langle \mathbf{N}_4, +_4 \rangle$ 的运算表如表 5.5.3 所示，其中 $[0]$ 是幺元，$[1]$ 或 $[3]$ 是生成元。

表 5.5.3

$+_4$	$[0]$	$[1]$	$[2]$	$[3]$
$[0]$	$[0]$	$[1]$	$[2]$	$[3]$
$[1]$	$[1]$	$[2]$	$[3]$	$[0]$
$[2]$	$[2]$	$[3]$	$[0]$	$[1]$
$[3]$	$[3]$	$[0]$	$[1]$	$[2]$

今后称群 $\langle \mathbf{N}_k, +_k \rangle$ 为模 k 加群。

例 5 设 $\mathbf{N}_5^* = \mathbf{N}_5 - \{[0]\}$，这里 $\mathbf{N}_5 = \{[0], [1], \cdots, [4]\}$。证明 $\langle \mathbf{N}_5^*, \times_5 \rangle$ 是循环群，其中 $\times_5$ 定义为 $[x] \times_5 [y] = [x \times_5 y]$，$[x]$ 和 $[y]$ 是 $\mathbf{Z}$ 中模 5 的等价类。

证明 构造 $\langle \mathbf{N}_5^*, \times_5 \rangle$ 的运算表如表 5.5.4 所示。

表 5.5.4

$\times_5$	$[1]$	$[2]$	$[3]$	$[4]$
$[1]$	$[1]$	$[2]$	$[3]$	$[4]$
$[2]$	$[2]$	$[4]$	$[1]$	$[3]$
$[3]$	$[3]$	$[1]$	$[4]$	$[2]$
$[4]$	$[4]$	$[3]$	$[2]$	$[1]$

可以验证，$\langle \mathbf{N}_5^*, \times_5 \rangle$ 是群，$[1]$ 为幺元。下面证明 $[2]$ 为其生成元。由于 $[2]^1 = [2]$，$[2]^2 = [4]$，$[2]^3 = [3]$，$[2]^4 = [1]$，故 $[2]$ 为群 $\langle \mathbf{N}_5^*, \times_5 \rangle$ 的生成元。

所以，$\langle \mathbf{N}_5^*, \times_5 \rangle$ 是循环群。

证毕

定理 5.5.8 循环群 $\langle G, * \rangle$ 的任何子群都是循环群。

证明 设循环群 $\langle G, * \rangle$ 的生成元为 g，$\langle H, * \rangle$ 是 $\langle G, * \rangle$ 的任意子群。

(1) 若 $\langle H, * \rangle$ 是 $\langle G, * \rangle$ 的平凡子群，则 $\langle H, * \rangle$ 显然是循环群。

(2) 若 $\langle H, * \rangle$ 是 $\langle G, * \rangle$ 的非平凡子群。设 m 是满足 $g^m \in H$ 的最小正整数。对于任意 $g^p \in H$，令 $p = qm + r$（其中 $0 \leqslant r \leqslant m-1$，$q > 0$），能够得到 $g^r = g^{p-qm} = g^p * (g^m)^{-q} \in H$，因为 m 是使 $g^m \in H$ 的最小正整数，所以 $r = 0$，即 $g^p = (g^m)^q$。这说明 H 中任意元素都可由 g^m 生成。

所以，$\langle H, * \rangle$ 是以 g^m 为生成元的循环群。

证毕

定理 5.5.9 任意 k 阶有限循环群同构于模 k 加群。

证明 设 $\langle G, * \rangle$ 是 g 生成的 k 阶有限循环群，$|G| = k$，则

$$g^k = e, \quad G = \{g^0 = e, g = g^1, g^2, \cdots, g^{k-1}\}$$

其中，e 是群 $\langle G, * \rangle$ 的幺元。

模 k 加群为 $\langle \mathbf{N}_k , +_k \rangle$，其中 $\mathbf{N}_k = \{[0], [1], \cdots, [k-1]\}$，$[x] +_k [y] = [x+y]$。

作映射 $f: G \rightarrow \mathbf{N}_k$，$f(g^i) = [i]$，$0 \leqslant i \leqslant k-1$，显然 f 是双射的。同时任取 $x, y \in G$，令 $x = g^i$，$y = g^j$，有

$$f(x * y) = f(g^i * g^j) = f(g^{i+j}) = f(g^{(i+j) \bmod k})$$
$$= [(i+j) \bmod k] = [i] +_k [j] = f(g^i) +_k f(g^j) = f(x) +_k f(y)$$

所以 f 是 $\langle G, * \rangle$ 到 $\langle \mathbf{N}_k, +_k \rangle$ 的同构映射。

证毕

事实上，无限循环群同构于整数加群，这一结论的证明留给读者作为练习。

习　　题

5.5-1　设 $\langle G, * \rangle$ 是有限可交换独异点，对于所有的 $a, b, c \in S$，若 $a * b = a * c$，则 $b = c$。证明 $\langle G, * \rangle$ 是一个阿贝尔群。

5.5-2　证明如果一个群 $\langle G, * \rangle$ 中每个元素的逆元是它自己，则它必是可交换群。

5.5-3　证明任何阶数为 1、2、3 的群都是交换群。

5.5-4　设 $\mathbf{N}_k^* = \mathbf{N}_k - \{[0]\}$，这里 $\mathbf{N}_k = \{[0], [1], \cdots, [k-1]\}$。其中 $\times_k$ 定义为 $[x] \times_k [y] = [x \times y]$，$[x]$ 是 $\mathbf{N}$ 中模 k 的等价类。试证明当 k 为素数时 $\langle \mathbf{N}_k^*, \times_k \rangle$ 是有限循环群。

5.5-5　证明群 $\langle \mathbf{N}_5, +_5 \rangle$ 和群 $\langle \mathbf{N}_8, +_8 \rangle$ 为循环群，并求出它们的所有生成元。

5.5-6　设 $\langle G, * \rangle$ 是一个阶为偶数的有限群，证明 G 中阶为 2 的元素的个数一定是奇数。

5.5-7　设 f 是从代数系统 $\langle A, * \rangle$ 到 $\langle B, \circ \rangle$ 的满同态，如果 $\langle A, * \rangle$ 是循环群，证明 $\langle B, \circ \rangle$ 也是循环群。

5.5-8　证明对于有限群 $\langle G, * \rangle$ 的任意元素 a，都有 $a^n = e$，这里 $n = |G|$。

5.5-9　证明定理 5.5.6（Cayley 定理）。

5.5-10　Prove that if a cyclic group G is generated by an element $a \in G$ of order n, then a^m generates G if and only if $GCD(m, n) = 1$, where $GCD(m, n)$ is the greatest common divisor of integers m and n.

5.5-11　Let A be a finite set with n elements and S_n be the group of permutation on A. since there are $n!$ permutations of the elements of A, S_n contains $n!$ elements. For conveience, let $1, 2, \cdots, n$ be the elements of A. For a fixed permutation $\rho \in S_n$, define a relation R on A, by aRb if $b = \rho^k(a)$ for some integer k. Prove that the relation R is an equivalence relation.

5.6　陪集与同余关系

5.6.1　陪集与拉格朗日定理

　　本节讨论群理论中的又一重要内容，即如何通过群 $\langle G, * \rangle$ 的任意子群 $\langle H, * \rangle$ 将 G 划

分为 H 在 G 中的陪集(coset)。

定义 5.6.1 设 $\langle H, * \rangle$ 是群 $\langle G, * \rangle$ 的子群,且 $a \in G$,称集合
$$a * H = \{a * h \mid h \in H\}$$
为由 a 确定的 H 在 G 中的左陪集(left coset),简称左陪集,简记为 aH,a 称为左陪集 aH 的代表元素。

类似地可定义由 a 确定的 H 在 G 中的右陪集 Ha(right coset)。

显然,若 $\langle G, * \rangle$ 是 Abel 群,并且 $\langle H, * \rangle$ 是其子群,则 $aH = Ha$,即任意元素的左陪集等于其右陪集,此时 $aH = Ha$ 可简称陪集。

例 1 在整数加群 $\langle \mathbf{Z}, + \rangle$ 中,取 $H = \{3k \mid k \in \mathbf{Z}\}$,显然,$\langle H, + \rangle$ 是 $\langle \mathbf{Z}, + \rangle$ 的子群,试求关于 H 的所有左陪集。

解
$$0H = 0 + H = \{3k \mid k \in \mathbf{Z}\} = H$$
$$1H = 1 + H = \{3k+1 \mid k \in \mathbf{Z}\}$$
$$2H = 2 + H = \{3k+2 \mid k \in \mathbf{Z}\}$$

$3H = 0H$,$4H = 1H$,$5H = 2H$,$6H = 0H$,以此类推,得到对于任何 $n \in \mathbf{N}$,有 $3nH = 0H$,$(3n+1)H = 1H$,$(3n+2)H = 2H$。

例 2 设 $G = \mathbf{R} \times \mathbf{R}$,$\mathbf{R}$ 为实数集,G 上的一个二元运算 $+$ 定义为
$$\langle x_1, y_1 \rangle + \langle x_2, y_2 \rangle = \langle x_1 + x_2, y_1 + y_2 \rangle$$
显然,$\langle G, + \rangle$ 是一个具有幺元 $\langle 0, 0 \rangle$ 的 Abel 群。设 $H = \{\langle x, y \rangle \mid y = 2x, x, y \in \mathbf{R}\}$,很容易验证 $\langle H, + \rangle$ 是 $\langle G, + \rangle$ 的子群。对于 $\langle x_0, y_0 \rangle \in G$,求 H 关于 $\langle x_0, y_0 \rangle$ 的左陪集 $\langle x_0, y_0 \rangle H$。

解 $\langle x_0, y_0 \rangle H = \{\langle x_0 + x, y_0 + y \rangle \mid y = 2x\}$

例 2 的几何意义如图 5.6.1 所示,G 是二维平面,H 是通过原点的一条直线 $y = 2x$,陪集 $\langle x_0, y_0 \rangle H$ 是通过点 $\langle x_0, y_0 \rangle$ 且平行于 H 的一条直线,那么集合 $\{\langle x, y \rangle H \mid \langle x, y \rangle \in G\}$ 将构成 G 的一个划分。

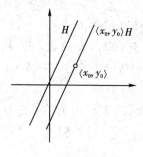

图 5.6.1

由例 1 和例 2 可以发现,任意两个左陪集或者交为空,或者完全相同。例 1 中关于 H 只有 3 个不同且互不相交的左陪集,这 3 个左陪集恰好构成 $\mathbf{Z}$ 的划分。事实上,这一现象并不是偶然的。

定理 5.6.1 设 $\langle H, * \rangle$ 是群 $\langle G, * \rangle$ 的子群,对任意 $a \in G$,则 $a \in aH$。

证明 因为 $e \in H$,故 $a = a * e \in aH$。

证毕

定理 5.6.2 设 $\langle H, *\rangle$ 为群 $\langle G, *\rangle$ 的子群，e 为群 $\langle G, *\rangle$ 的幺元，对于任何 $a, b \in G$，则有：

(1) H 为 $\langle G, *\rangle$ 中的左陪集。

(2) $aH = H$ 当且仅当 $a \in H$。

(3) $b \in aH$ 当且仅当 $aH = bH$。

(4) $aH = bH$ 当且仅当 $b^{-1} * a \in H$。

(5) 或者 $aH = bH$，或者 $aH \cap bH = \varnothing$。

证明 (1) 因为若 e 是 $\langle G, *\rangle$ 的幺元，则 $e * H = \{e * h \mid h \in H\} = H$。

(2) 必要性。假设 $aH = H$。由于 $a = a * e \in aH = H$，故 $a \in H$。

充分性。假设 $a \in H$，显然 $a^{-1} \in H$，任取 $x \in aH$，存在 $h \in H$，使得 $x = a * h$，由于 $a \in H$ 且 $\langle H, *\rangle$ 为群，故 $x \in H$，$aH \subseteq H$。

任取 $x \in H$，$a * a^{-1} * x \in H$，令 $h_1 = a^{-1} * x$，则 $h_1 \in H$，又因为 $x = a * a^{-1} * x = a * h_1 \in aH$，推出 $H \subseteq aH$。

从而得到，$aH = H$。

因此，$aH = H$ 当且仅当 $a \in H$ 成立。

(3) 必要性。设 $b \in aH$，则存在 $h_1 \in H$，使得 $b = a * h_1$，$b^{-1} = h_1^{-1} * a^{-1}$。

任取 $x \in bH$，存在 $h \in H$，使得 $x = b * h$，则

$$x = b * h = a * h_1 * h = a * (h_1 * h) \in aH$$

故 $bH \subseteq aH$。

任取 $x \in aH$，存在 $h \in H$，使得 $x = a * h$，则

$$x = a * h = (b * b^{-1}) * (a * h) = b * (b^{-1} * a * h)$$
$$= b * (h_1^{-1} * a^{-1} * a * h) = b * (h_1^{-1} * h) \in bH$$

故 $aH \subseteq bH$。

因此，$aH = bH$。

充分性是显然的。

因此，$b \in aH$ 当且仅当 $aH = bH$ 成立。

(4) 必要性。假设 $aH = bH$，存在 $h_1, h_2 \in H$，使得 $a * h_1 = b * h_2$，这样就有：

$$b^{-1} * a * h_1 * h_1^{-1} = b^{-1} * b * h_2 * h_1^{-1}$$

因此，$b^{-1} * a = h_2 * h_1^{-1} \in H$。

充分性。假设 $b^{-1} * a \in H$。任取 $x \in aH$，存在 $h \in H$，使得 $x = a * h$，则

$$x = a * h = (b * b^{-1}) * (a * h) = b * (b^{-1} * a) * h \in bH$$

故 $aH \subseteq bH$。

任取 $x \in bH$，存在 $h \in H$，使得 $x = b * h$，则

$$x = b * h = (a * a^{-1}) * (b * h) = a * (a^{-1} * b) * h = a * (b^{-1} * a)^{-1} * h \in aH$$

故 $bH \subseteq aH$。

所以 $aH = bH$ 成立。

因此，$aH = bH$ 当且仅当 $b^{-1} * a \in H$ 成立。

(5) 留作练习。

证毕

定理 5.6.3 若 $\langle H, * \rangle$ 是群 $\langle G, * \rangle$ 的子群,则 H 的每个左陪集与 H 等势。

证明 任取左陪集 aH,其中 $a \in G$,建立由 H 到 aH 的映射如下:

$$f(h) = a * h$$

其中 $h \in H$。

f 显然是满射,下面证明它是单射。

若 $a * h_1 = a * h_2$,$h_1, h_2 \in H$,则根据群的可约律知 $h_1 = h_2$,即若 $f(h_1) = f(h_2)$,必有 $h_1 = h_2$。故 f 是双射的。

证毕

定义 5.6.2 设 $\langle H, * \rangle$ 是群 $\langle G, * \rangle$ 的子群,定义 G 上二元关系 $R = \{\langle a, b \rangle | a, b \in G$ 且 $aH = bH\}$,称 R 为 $\langle H, * \rangle$ 的左陪集关系。

定理 5.6.4 设 $\langle H, * \rangle$ 是群 $\langle G, * \rangle$ 的子群,则 $\langle H, * \rangle$ 左陪集关系 R 是一个等价关系,且对于任何 $a \in G$,有 $[a]_R = aH$。

证明 任取 $a \in G$,因为 $aH = aH$,所以 $\langle a, a \rangle \in R$,故 R 是自反的。

任取 $a, b \in G$,且 $\langle a, b \rangle \in R$,则 $aH = bH$,即 $bH = aH$,所以 $\langle b, a \rangle \in R$,故 R 是对称的。

任取 $a, b, c \in G$,且 $\langle a, b \rangle \in R$,$\langle b, c \rangle \in R$,则 $aH = bH$,$bH = cH$,即有 $aH = cH$,$\langle a, c \rangle \in R$,故 R 是传递的。

因此,R 是等价关系。

对于任何 $x \in G$,由于 $x \in [a]_R \Leftrightarrow \langle a, x \rangle \in R \Leftrightarrow aH = xH \Leftrightarrow x \in aH$,故有 $[a]_R = aH$。

证毕

定理 5.6.5(Lagrange 定理) 若 $\langle H, * \rangle$ 是有限群 $\langle G, * \rangle$ 的子群,且 $|G| = n$,$|H| = m$,则 $n = mk$,其中 $k \in \mathbf{Z}^+$,$\mathbf{Z}^+$ 是正整数集合。

证明 设 R 为 $\langle H, * \rangle$ 的左陪集关系,则 G 关于 R 的商集 $G/R = \{[x]_R | x \in G\}$,再假设 $\{[x]_R | x \in G\}$ 中所有不同的等价类有 k 个,分别是 $[a_1]_R$,$[a_2]_R$,$\cdots$,$[a_k]_R$,其中 a_1,a_2,$\cdots$,$a_k \in G$,由于 $G/R = \{[x]_R | x \in G\} = \{[a_1]_R, [a_2]_R, \cdots, [a_k]_R\}$ 是 G 的一个划分,这样就得到:

$$
\begin{aligned}
n = |G| &= |[a_1]_R \cup [a_2]_R \cup \cdots \cup [a_k]_R| \\
&= |[a_1]_R| + |[a_2]_R| + \cdots + |[a_k]_R| \\
&= |a_1 H| + |a_2 H| + \cdots + |a_k H| \\
&= k|H|
\end{aligned}
$$

即 $n = mk$。

证毕

本定理表明,任何有限群的阶均可被其子群的阶所整除。

推论 1 任何阶为素数的有限群必不存在非平凡子群。

推论 2 设 $\langle G, * \rangle$ 是 n 阶群,对于任何 $a \in G$,若 a 的阶为 r,则 r 必是 n 的因子,且有 $a^n = e$。

证明 任取 $a \in G$,且设 a 的阶为 r,即有 $a^r = a^0 = e$,不难证明 $\langle \{a^0, a^1, a^2, \cdots, a^{r-1}\}, * \rangle$ 是 $\langle G, * \rangle$ 的子群,$|\{a^0, a^1, a^2, \cdots, a^{r-1}\}| = r$。

由拉格朗日定理可知,r 是 n 的因子。

令 $n=mr$，其中 m、r 为正整数，则有 $a^n=a^{mr}=(a^r)^m=e^m=e$。

证毕

推论 3 阶为素数的群 $\langle G, * \rangle$ 必为循环群，且 G 中任何非幺元元素均为生成元。

证明 设 $\langle G, * \rangle$ 是群，$|G|=p$，p 是素数，e 为幺元。任取 $a\in G$，且 $a\neq e$，设 a 的阶为 m，因为 m 是 p 的因子且 $m\neq 1$，所以 $m=p$，$G=\{a^1, a^2, \cdots, a^p=e\}$，即 $\langle G, * \rangle$ 是循环群，a 是生成元，从而得到：阶为素数的群 $\langle G, * \rangle$ 必为循环群，且 G 中任何非幺元元素均为生成元。

证毕

例 3 设 $G=\{a, b, c, e\}$，$*$ 为 G 上的二元运算，其运算表如表 5.6.1 所示。

表 5.6.1

$*$	e	a	b	c
e	e	a	b	c
a	a	e	c	b
b	b	c	e	a
c	c	b	a	e

试证明 $\langle G, * \rangle$ 是一个群，但不是循环群。

证明 由运算表 5.6.1 可知，$*$ 在 G 上是封闭的，e 为 G 中的单位元，G 中任何元素的逆元就是它自身，运算是可交换的，G 中任何两个不同的非幺元元素运算的结果等于第三个非幺元元素。下面证明 $*$ 是可结合的。

任取 $x, y, z\in G$，分情况讨论如下：

若 x、y、z 中至少有一个元素等于幺元 e 或至少有两个元素相等，则结合律显然成立。

若 x、y、z 均非幺元且两两互不相等，则

$$x*(y*z)=x*x=e$$
$$(x*y)*z=z*z=e$$

故 $x*(y*z)=(x*y)*z$，因此结合律成立，$\langle G, * \rangle$ 是一个群。

又由于 $\langle G, * \rangle$ 中的非幺元元素的阶均为 2（小于 4），因此不存在 $x\in G$ 使得 $(x)=\langle G, * \rangle$，故不是循环群。

证毕

例 2 中的群 $\langle G, * \rangle$ 又常称为 Klein 四元群，简称 Klein 群。

例 4 任何一个四阶群 $\langle G, * \rangle$ 只可能是四阶循环群或者 Klein 四元群。

证明 设 $\langle G, * \rangle$ 为四阶群，其中 $G=\{e, a, b, c\}$，e 是幺元。当四阶群含有一个四阶元素时，显然该群就是循环群。若四阶群不含有四阶元素，则由推论 2 可知，除幺元 e 外，a、b、c 的阶一定都是 2，$a*b$ 不可能等于 a、b 或 e，否则将导致 $b=e$，$a=e$ 或 $a=b$ 的矛盾，所以 $a*b=c$。同样地有 $b*a=c$ 以及 $a*c=c*a=b$，$b*c=c*b=a$。因此，这个群就是 Klein 四元群。

证毕

*5.6.2 正规子群

定义 5.6.3 设 $\langle H, * \rangle$ 是群 $\langle G, * \rangle$ 的子群，若对于 G 中任意元 a，有 $aH=Ha$，则

称$\langle H, *\rangle$是群$\langle G, *\rangle$的正规子群(normal subgroup)。

由本定义可知,每个 Abel 群的子群必为正规子群。

正规子群$\langle H, *\rangle$满足 $aH=Ha$ 并不意味着交换律成立。因为 $aH=Ha$ 表示对任意的 $h_1\in H$,存在 $h_2\in H$,使得 $a*h_1=h_2*a$,并非对任意的 $h\in H$,总有 $a*h=h*a$。

定理 5.6.6 给定群$\langle G, *\rangle$的子群$\langle H, *\rangle$,$\langle H, *\rangle$是群$\langle G, *\rangle$的正规子群当且仅当$\forall a\in G$,$\forall h\in H$,均有 $a*h*a^{-1}\in H$。

证明 必要性。设$\langle H, *\rangle$是群$\langle G, *\rangle$的正规子群,则$\forall a\in G$,均有 $aH=Ha$,这样对于任何 $h\in H$,存在 $h_1\in H$,使得 $a*h=h_1*a$,于是 $a*h*a^{-1}=h_1\in H$。

充分性。$\forall a\in G$,$\forall h\in H$,均有 $a*h*a^{-1}\in H$。

任取 $x\in aH$,则$\exists h_1\in H$,使得 $x=a*h_1$,又有 $x=a*h_1=(a*h_1*a^{-1})*a\in Ha$,故 $aH\subseteq Ha$。

同理可证,$Ha\subseteq aH$。

因此,$Ha=aH$,即$\langle H, *\rangle$是群$\langle G, *\rangle$的正规子群。

证毕

*5.6.3 同余关系与商代数

定义 5.6.4 给定代数系统$\langle A, *\rangle$,且 R 为 A 中的等价关系,对于任何 x_1,x_2,y_1,$y_2\in A$,若 $x_1 R x_2$ 且 $y_1 R y_2$,必有$(x_1*y_1)R(x_2*y_2)$,则称 R 为$\langle A, *\rangle$中的同余关系(congruence relations),称 R 的等价类为同余类。

例 5 给定$\langle \mathbf{Z}, +\rangle$,其中 $\mathbf{Z}$ 是整数集合,$+$是算术加法。假设 $\mathbf{Z}$ 中的关系 R 定义为 $i_1 R i_2$ 当且仅当$|i_1|=|i_2|$,其中 i_1,$i_2\in\mathbf{Z}$。试判断 R 是否为$\langle \mathbf{Z}, +\rangle$的同余关系。

解 显然,R 为 $\mathbf{Z}$ 中的等价关系。存在 i_1,$-i_1$,$i_2\in\mathbf{Z}$,$|i_1|=|-i_1|$ 和$|i_2|=|i_2|$,即 $i_1 R(-i_1)$并且 $i_2 R i_2$,但$|i_1+i_2|\neq|-i_1+i_2|$,即$(i_1+i_2)\cancel{R}(-i_1+i_2)$,故 R 不是$\langle \mathbf{Z}, +\rangle$的同余关系。

例 6 给定$\langle \mathbf{Z}, \times\rangle$,其中 $\mathbf{Z}$ 是整数集合,$\times$是算术乘法。假设 $\mathbf{Z}$ 中的关系 R 定义为:$i_1 R i_2$ 当且仅当$|i_1|=|i_2|$,其中 i_1,$i_2\in\mathbf{Z}$。试判断 R 是否为$\langle \mathbf{Z}, \times\rangle$的同余关系。

解 显然,R 为 $\mathbf{Z}$ 中的等价关系。对于任何 i_1,i_2,j_1,$j_2\in\mathbf{Z}$,如果 $i_1 R i_2$ 并且 $j_1 R j_2$,那么由 R 的定义可知,$|i_1|=|i_2|$,$|j_1|=|j_2|$,进一步可推出$|i_1\times j_1|=|i_2\times j_2|$,所以

$$(i_1\times j_1)R(i_2\times j_2)$$

因此,R 是$\langle \mathbf{Z}, \times\rangle$的同余关系。

在第 3 章曾经讨论过,一个集合上的等价关系可诱导出一个商集,因此,一个集合上的同余关系也必然可诱导出一个商集。可以通过给一个同余关系所诱导的商集定义合适的二元运算来产生新的代数系统。

定义 5.6.5 设 R 是代数系统$\langle A, *\rangle$上的同余关系,商集 A/R 是由 R 诱导的 A 的划分。任取$[x]$、$[y]$分别为关于 x、y 的同余类(等价类),即$[x]$,$[y]\in A/R$,定义 A/R 中运算 $*$ 为

$$[x]*[y]=[x*y]$$

则$\langle A/R, *\rangle$构成一个代数系统,称$\langle A/R, *\rangle$为代数系统$\langle A, *\rangle$的商代数。

定理 5.6.7 给定群$\langle G, *\rangle$的子群$\langle H, *\rangle$,设$\langle H, *\rangle$是群$\langle G, *\rangle$的正规子群,定

义$\langle H, *\rangle$的陪集关系 $R=\{\langle a, b\rangle \mid aH=bH, a, b\in G\}$，则 R 是$\langle G, *\rangle$上的一个同余关系。

证明 由定理 5.6.4 可知，R 是一个等价关系，任取 $a, b, x, y\in G$，设 aRb 且 xRy。由于 $aH=bH$，$xH=yH$，则存在 h_1、h_2 使得

$$b=a*h_1, \quad y=x*h_2$$

因此有

$$b*y=(a*h_1)*(x*h_2)=a*(h_1*x)*h_2$$

又由于$\langle H, *\rangle$是群$\langle G, *\rangle$的正规子群，对任意的 $x\in G$，均有 $xH=Hx$，对于 h_1*x，存在 $h_3\in H$，使得 $h_1*x=x*h_3$。

因此可以得到，对于任意的 $h\in H$，$(b*y)*h\in(b*y)H$，均有

$$(b*y)*h=(a*(h_1*x)*h_2)*h$$
$$=(a*(x*h_3)*h_2)*h$$
$$=(a*x)*(h_3*h_2*h)$$
$$\in(a*x)H$$

所以，$(b*y)H\subseteq(a*x)H$。

同理可证$(a*x)H\subseteq(b*y)H$，从而得到，$(a*x)H=(b*y)H$，即$(a*x)R(b*y)$。故陪集关系 $R=\{\langle a, b\rangle \mid aH=bH, a, b\in G\}$是$\langle G, *\rangle$上的一个同余关系。

证毕

由于正规子群$\langle H, *\rangle$定义的陪集关系是$\langle G, *\rangle$上的一个同余关系，根据商代数的定义，可以利用同余关系 R 定义$\langle G, *\rangle$上的一个商代数 G/R，对于任意的 $aH, bH\in G/R$。运算 $*$ 定义为

$$aH*bH=[a]*[b]=[a*b]=(a*b)H$$

定理 5.6.8 给定群$\langle G, *\rangle$的子群$\langle H, *\rangle$，设$\langle H, *\rangle$是群$\langle G, *\rangle$的正规子群，由$\langle H, *\rangle$的陪集关系 R 定义的商代数$\langle G/R, *\rangle$为群。

证明 容易证明运算 $*$ 是封闭的、可结合的。

H 是 G/R 关于运算 $*$ 的幺元。

$\forall a\in G$，$a^{-1}H$ 是 aH 的逆元，故$\langle G/R, *\rangle$为群。

证毕

群$\langle G/R, *\rangle$也称为$\langle G, *\rangle$关于正规子群$\langle H, *\rangle$的商群(quotient group)，商群也常记为 G/H。

例 7 设$\langle \mathbf{Z}, +\rangle$是整数加群，令

$$H=\{3k \mid k\in \mathbf{Z}\}$$

试证明$\langle H, +\rangle$是$\langle \mathbf{Z}, +\rangle$的正规子群，并求$\langle \mathbf{Z}, +\rangle$关于$\langle H, +\rangle$的商群。

解 由于$\langle \mathbf{Z}, +\rangle$是 Abel 群且$\langle H, +\rangle$是$\langle \mathbf{Z}, +\rangle$的子群，因此$\langle H, +\rangle$是$\langle \mathbf{Z}, +\rangle$的正规子群。

若令$[i]=\{3k+i \mid k\in \mathbf{Z}\}$，$i=0, 1, 2$，则

$$\mathbf{Z}/H=\{[0], [1], [2]\}$$

$\mathbf{Z}/H$ 上的运算 $\oplus$ 如表 5.6.2 所示。

表 5.6.2

⊕	[0]	[1]	[2]
[0]	[0]	[1]	[2]
[1]	[1]	[2]	[0]
[2]	[2]	[0]	[1]

习　　题

5.6 - 1　（a）求出群$\langle \mathbf{N}_5, +_5 \rangle$的所有子群。

（b）求出群$\langle \mathbf{N}_8, +_8 \rangle$的所有子群。

（c）求出群$\langle \mathbf{N}_{12}, +_{12} \rangle$的所有子群。

5.6 - 2　按照 5.5.2 节中例 2 的约定，求出群$\langle S_3, \circ \rangle$的所有子群。

5.6 - 3　按照 5.5.2 节中例 2 的约定，在$\langle S_3, \circ \rangle$中，令$H = \{p_1, p_2\}$，试证明$\langle H, \circ \rangle$为$\langle S_3, \circ \rangle$的子群，求出所有的左陪集和右陪集，判断$\langle H, \circ \rangle$是否为正规子群并说明理由。

5.6 - 4　在整数加群$\langle \mathbf{Z}, + \rangle$中，取$H = \{5k \mid k \in \mathbf{Z}\}$，试求关于$H$的所有左陪集。

5.6 - 5　求出群$\langle \mathbf{N}_6, +_6 \rangle$的各个子群的所有左陪集。

5.6 - 6　设$\langle G, * \rangle$是一个偶数阶的群，设$\langle H, * \rangle$是$\langle G, * \rangle$的一个子群，若$|H| = |G|/2$，证明$\langle H, * \rangle$是正规子群。

5.6 - 7　设$\langle G, * \rangle$是一个群，$H = \{a \mid a \in G \wedge$ 对所有 $b \in G, a * b = b * a\}$，证明$\langle H, * \rangle$是正规子群。

5.6 - 8　如果$\langle H, * \rangle$和$\langle K, * \rangle$都是群$\langle G, * \rangle$的正规子群，证明$\langle H \bigcap K, * \rangle$也是一个正规子群。

5.6 - 9　Let $H = \{n \mid n \in \mathbf{N}$ and $n = 5k$ for some integer $k\}$, $\langle H, + \rangle$ is a subgroup of $\langle \mathbf{N}, + \rangle$. The set of left cosets of H is

$$W = \{0 + H, 1 + H, 2 + H, 3 + H, 4 + H\}$$

We define addition of left cosets as follows：

$$(a + H) \oplus (b + H) = (a + b) + H$$

where the addition $(a + b)$ of integers a and b. It is straightforward to show that the definition of is independent of the representation of $a + H$ and $b + H$.

For the groups $\langle \mathbf{N}_5, + \rangle$ of equivalence class modulo 5 and $\langle H, + \rangle$, the function f: $\mathbf{N}_5 \rightarrow H$ defined by

$$F([k]) = k + H$$

Prove that the function f is a homomorphism and is also an isomorphism between the groups $\langle \mathbf{N}_5, + \rangle$ and $\langle H, + \rangle$.

5.7 环 和 域

前几节我们研究了具有一个二元运算的代数系统——半群、独异点、群。下面讨论具有两个二元运算的代数系统——环（ring）和域（fields）。

5.7.1 环

定义 5.7.1 给定 $\langle R, +, \cdot \rangle$，其中 + 和 · 都是二元运算，如果满足：

(1) $\langle R, + \rangle$ 是 Abel 群；

(2) $\langle R, \cdot \rangle$ 是半群；

(3) 运算 · 对于 + 是可分配的，

则称 $\langle R, +, \cdot \rangle$ 是环。

在上述定义中，为了方便，通常将 + 称为加法，将 · 称为乘法，将 $\langle R, + \rangle$ 称为加法群，将 $\langle R, \cdot \rangle$ 称为乘法半群。另外还规定：在不使用括号的情况下，乘法运算优先于加法运算；0 表示加法的幺元，$-a$ 表示 a 的加法逆元。若 $\langle R, \cdot \rangle$ 存在幺元，则用 1 表示；若 a 关于运算 · 有逆元存在，则用 a^{-1} 表示。

定义 5.7.2 给定环 $\langle R, +, \cdot \rangle$，若 $\langle R, \cdot \rangle$ 是可交换半群，则称 $\langle R, +, \cdot \rangle$ 是可交换环；若 $\langle R, \cdot \rangle$ 是独异点，则称 $\langle R, +, \cdot \rangle$ 是含幺环；若 $\langle R, \cdot \rangle$ 满足等幂律，则称 $\langle R, +, \cdot \rangle$ 是布尔环。

例 1 (a) $\langle \mathbf{Z}, +, \cdot \rangle$ 是环，因为 $\langle \mathbf{Z}, + \rangle$ 是加法群，0 是幺元，$\langle \mathbf{Z}, \cdot \rangle$ 是半群，乘法在加法上可分配。

(b) $\langle \mathbf{Z}_k, +_k, \times_k \rangle$ 是环，这里 $\mathbf{Z}_k = \{0, 1, \cdots, k-1\}$，$k > 0$，$+_k$ 和 $\times_k$ 分别是模 k 加法和模 k 乘法。因为 $\langle \mathbf{Z}_k, +_k \rangle$ 是阿贝尔群，0 是幺元，$\langle \mathbf{Z}_k, \times_k \rangle$ 是半群，对任意元素 $a, b, c \in \mathbf{Z}_k$ 有

$$
\begin{aligned}
a \times_k (b +_k c) &= a \times_k [(b+c) (\bmod k)] \\
&= [a \times (b+c) (\bmod k)] \\
&= (a \times b + a \times c) (\bmod k) \\
&= [(a \times b) (\bmod k)] +_k [(a \times c) (\bmod k)] \\
&= (a \times_k b) +_k (a \times_k c)
\end{aligned}
$$

又因为 $\times_k$ 可交换，所以乘法在加法上可分配。

(c) $\langle M_n, +, \cdot \rangle$ 是环，这里 M_n 是 $\mathbf{Z}$ 上 $n \times n$ 矩阵集合，+ 是矩阵加法，· 是矩阵乘法，因为 $\langle M_n, + \rangle$ 是阿贝尔群，零阵是幺元，$\langle M_n, \cdot \rangle$ 是半群，且矩阵乘法对加法可分配。

(d) $\langle R(x), +, \cdot \rangle$ 是环，这里 $R(x)$ 是所有实系数 x 的多项式集合，+ 和 · 分别是多项式加法和乘法，因为 $\langle R(x), + \rangle$ 是阿贝尔群，零是幺元，$\langle R(x), \cdot \rangle$ 是半群，且乘法对加法可分配。

定理 5.7.1 设 $\langle R, +, \cdot \rangle$ 是环，0 是 $\langle R, +, \cdot \rangle$ 的加法幺元，则 $\forall a, b, c \in R$，必有：

(1) $a \cdot 0 = 0 \cdot a = 0$。

(2) $a \cdot (-b) = (-a) \cdot b = -(a \cdot b)$。

(3) $(-a) \cdot (-b) = a \cdot b$。

(4) $a \cdot (b-c) = a \cdot b - a \cdot c$。

(5) $(b-c) \cdot a = b \cdot a - c \cdot a$。

证明 (1) 证 $a \cdot 0 = 0 \cdot a = 0$。

因为 $0 \cdot a = (0+0) \cdot a = 0 \cdot a + 0 \cdot a$，可知 $0 \cdot a$ 是群 $\langle R, + \rangle$ 中的等幂元，所以 $0 \cdot a = 0$。同理可证 $a \cdot 0 = 0$。

(2) 证 $a \cdot (-b) = -(a \cdot b)$。

因为 $a \cdot b + a \cdot (-b) = a \cdot [b+(-b)] = a \cdot 0 = 0$，所以 $a \cdot (-b)$ 是 $a \cdot b$ 的加法逆元，即
$$a \cdot (-b) = -(a \cdot b)$$
同理可证 $(-a) \cdot b = -(a \cdot b)$。

(3) 因为
$$a \cdot (-b) + (-a) \cdot (-b) = [a+(-a)] \cdot (-b) = 0 \cdot (-b) = 0$$
$$a \cdot (-b) + (a \cdot b) = a \cdot [(-b)+b] = a \cdot 0 = 0$$
故
$$(-a) \cdot (-b) = (a \cdot b)$$
(4)
$$a \cdot (b-c) = a \cdot [b+(-c)] = a \cdot b + a \cdot (-c)$$
$$= a \cdot b + [-(a \cdot c)] = a \cdot b - a \cdot c$$
(5)
$$(b-c) \cdot a = [b+(-c)] \cdot a = b \cdot a + (-c) \cdot a$$
$$= b \cdot a + [-(c \cdot a)] = b \cdot a - c \cdot a$$

证毕

由定理 5.7.1 可知，环中任两个元素相乘，若其中至少有一个为零元，则乘积必为零元。但反之未必真，这是因为在环中，两个非零元的乘积可能为零元，这便引出环的零因子的概念。

定义 5.7.3 给定环 $\langle R, +, \cdot \rangle$，若存在非零元素 $a, b \in R$，使得 $a \cdot b = 0$，则称该环为含零因子环，a 和 b 是零因子。不含零因子的环称为无零因子环。

定理 5.7.2 设 $\langle R, +, \cdot \rangle$ 是环，$\langle R, +, \cdot \rangle$ 无零因子当且仅当 $\langle R, \cdot \rangle$ 满足可约律。

证明 任取 $a, b, c \in R$，且 $a \neq 0$。

先证必要性。设环 $\langle R, +, \cdot \rangle$ 无零因子，且 $a \cdot b = a \cdot c$，则 $a \cdot b - a \cdot c = 0$，$a \cdot (b-c) = 0$，由于无零因子，所以 $b-c = 0$，即 $b = c$。可见，$\langle R, \cdot \rangle$ 满足可约律。

再证充分性。设 $\langle R, +, \cdot \rangle$ 是环，且 $\langle R, \cdot \rangle$ 满足可约律，以下证明：若 $b \cdot c = 0$，则或者 $b = 0$，或者 $c = 0$。

如果 $b \cdot c = 0$ 且 $b \neq 0$，那么 $bc = b \cdot 0$，由于满足可约律，所以 $c = 0$。

如果 $b \cdot c = 0$ 且 $c \neq 0$，那么 $b \cdot c = 0 \cdot c$，由于满足可约律，所以 $b = 0$。

可见，环 $\langle R, +, \cdot \rangle$ 无零因子。

证毕

定义 5.7.4 给定 $\langle R, +, \cdot \rangle$ 是环，若 $\langle R, +, \cdot \rangle$ 是可交换的、含幺的，且无零因子，则称 $\langle R, +, \cdot \rangle$ 为整环(Integral domain)。

由定理 5.7.2 知道，环中可约律与无零因子是等价的，因此整环是无零因子可交换含幺环，或者说是满足可约律的可交换含幺环。

例 2 因为 $\langle \mathbf{Z}, + \rangle$ 是一个阿贝尔群，$\langle \mathbf{Z}, \cdot \rangle$ 是可交换独异点，且满足无零因子条件，

运算·对于运算＋是可分配的，故$\langle \mathbf{Z}, +, \cdot \rangle$是整环。

例 3　(a) $\langle \mathbf{N}_6, +_6, \times_6 \rangle$不是整环，因为$[3] \times_6 [2] = [0]$，$[3]$和$[2]$是零因子。

(b) $\langle \mathbf{N}_7, +_7, \times_7 \rangle$是整环。

下面讨论具有两个二元运算的代数系统之间的同态。

定义 5.7.5　设$\langle R, +, \cdot \rangle$和$\langle S, \oplus, * \rangle$为两个代数系统，$f$为$R$到$S$的映射，若对于任何$a, b \in R$，有

$$f(a+b) = f(a) \oplus f(b), \quad f(a \cdot b) = f(a) * f(b)$$

则称$\langle R, +, \cdot \rangle$与$\langle S, \oplus, * \rangle$同态，称$f$为从$\langle R, +, \cdot \rangle$到$\langle S, \oplus, * \rangle$的同态映射，称$\langle f(R), \oplus, * \rangle$是$\langle R, +, \cdot \rangle$的同态像。

定理 5.7.3　设f为从环$\langle R, +, \cdot \rangle$到代数系统$\langle S, \oplus, * \rangle$的同态映射，则同态像$\langle f(R), \oplus, * \rangle$是一个环。

证明　显然$f(R) \subseteq S$，由$\langle R, + \rangle$是阿贝尔群易证$\langle f(R), \oplus \rangle$也是阿贝尔群。由$\langle R, \cdot \rangle$是半群，易证$\langle f(R), * \rangle$也是半群。

对于任意的$b_1, b_2, b_3 \in f(R)$，存在$a_1, a_2, a_3 \in R$，使得$f(a_i) = b_i$（$i=1, 2, 3$），故有

$$
\begin{aligned}
b_1 * (b_2 \oplus b_3) &= f(a_1) * (f(a_2) \oplus f(a_3)) \\
&= f(a_1) * (f(a_2 + a_3)) \\
&= f(a_1 \cdot (a_2 + a_3)) \\
&= f((a_1 \cdot a_2) + (a_1 \cdot a_3)) \\
&= f(a_1 \cdot a_2) \oplus f(a_1 \cdot a_3) \\
&= (f(a_1) * f(a_2)) \oplus (f(a_1) * f(a_3)) \\
&= (b_1 * b_2) \oplus (b_1 * b_3)
\end{aligned}
$$

同理可证，$(b_2 \oplus b_3) * b_1 = (b_2 * b_1) \oplus (b_3 * b_1)$，即有$*$对$\oplus$满足分配律。

因此，$\langle f(R), \oplus, * \rangle$也是一个环。

证毕

5.7.2　域

对于环$\langle R, +, \cdot \rangle$施加进一步限制，便得到另外一个代数结构——域。

定义 5.7.6　设$\langle A, +, \cdot \rangle$是一个环，$|A| \geqslant 2$，如果满足：

(1) 运算·是可交换的；

(2) $\langle R, \cdot \rangle$存在幺元1；

(3) 对于任何$a \in A - \{0\}$，a关于运算·有逆元a^{-1}，

则称$\langle A, +, \cdot \rangle$为域。

由以上关于域的定义可以知道，$\langle A - \{0\}, \cdot \rangle$可结合，有幺元，每个元素有逆元，可交换，还可以证明·在$A - \{0\}$上是封闭的，因此，$\langle A - \{0\}, \cdot \rangle$为可交换群。

例 4　设$\mathbf{Q}$表示有理数集合，$\mathbf{R}$表示实数集合，$\mathbf{C}$表示复数集合，$\mathbf{Z}$表示整数集合，$+$是普通加法运算，·是普通乘法运算，则$\langle \mathbf{Q}, +, \cdot \rangle$，$\langle \mathbf{R}, +, \cdot \rangle$，$\langle \mathbf{C}, +, \cdot \rangle$都是域，而$\langle \mathbf{Z}, +, \cdot \rangle$不是域。

定理 5.7.4　设$\langle A, +, \cdot \rangle$是域，则$\langle A, +, \cdot \rangle$是整环。

证明 设 $\langle A,+,\cdot\rangle$ 是域,根据定义可知,$\langle A,+,\cdot\rangle$ 是可交换的含幺环,下面证明 $\langle A,+,\cdot\rangle$ 满足可约律。

$\forall a,b,c\in A$,设 $a\neq 0$,若 $a\cdot b=a\cdot c$,则

$$a^{-1}a\cdot b=a^{-1}\cdot a\cdot c$$

推出 $b=c$,即 $\langle A,+,\cdot\rangle$ 满足可约律,因此 $\langle A,+,\cdot\rangle$ 是整环。

证毕

定理 5.7.5 有限整环必定是域。

证明 设 $\langle A,+,\cdot\rangle$ 是一个有限整环。对于任何 $a,b,c\in A$,若 $a\neq b$,且 $c\neq 0$,则 $a\cdot c\neq b\cdot c$。再由 $\cdot$ 运算的封闭性推出 $A\cdot c=A$。对于乘法幺元 1,由 $A\cdot c=A$,必有 $d\in A$,使得 $d\cdot c=1$,故 d 是 c 的乘法逆元,这表明 $A-\{0\}$ 中的每个元素关于运算 $\cdot$ 都有逆元,因此,$\langle A,+,\cdot\rangle$ 是一个域。

证毕

例 5 $\langle \mathbf{N}_k,+_k,\times_k\rangle$ 是一个域,当且仅当 k 是素数。

证明 必要性。设 $\langle \mathbf{N}_k,+_k,\times_k\rangle$ 是一个域,用反证法:

假设 k 不是素数,则 k 存在大于 1 且小于等于 $k-1$ 的因子,不妨设 $k=ij$,$2\leqslant i<j\leqslant k-1$,即存在 $[i]$,$[j]\in\{[2],\cdots,[k-1]\}$,使得 $[i]\times_k[j]=[k]=[0]$,即 $\langle \mathbf{N}_k,+_k,\times_k\rangle$ 存在零因子,这与 $\langle \mathbf{N}_k,+_k,\times_k\rangle$ 是一个域相矛盾,因此 k 必为素数。

充分性。设 k 是素数,下面证明 $\langle \mathbf{N}_k,+_k,\times_k\rangle$ 是一个域。

(a) 显然 $\langle \mathbf{N}_k,+_k\rangle$ 是一个阿贝尔群。

(b) 显然 $\langle \mathbf{N}_k,\times_k\rangle$ 是半群,$\times_k$ 可交换且含有幺元 $[1]$。

(c) 设 $[a]$、$[b]$、$[c]$ 是 $\mathbf{N}_k-\{0\}$ 中的任意三个元素,且 $[b]\neq[c]$。假设 $[a]\times_k[b]=[a]\times_k[c]$,则有

$$a\cdot b=n\cdot k+r$$
$$a\cdot c=m\cdot k+r$$

不妨设 $b>c$,于是 $n>m$,则有

$$a\cdot(b-c)=(n-m)\cdot k$$
$$k=a\cdot(b-c)/(n-m)$$

这与 k 是质数矛盾,所以有 $[a]\times_k[b]\neq[a]\times_k[c]$。

因此,$[a]$ 与 $\mathbf{N}_k-\{0\}$ 中所有元素分别做 $\times_k$ 运算,所得结果必属于 $\{[1],[2],\cdots,[k-1]\}$,且均不相同,故必存在 $[d]\in \mathbf{N}_k-\{0\}$,使得 $[a]\times_k[d]=[1]$,即 $[d]$ 是 $[a]$ 的逆元。因此,$\mathbf{N}_k-\{0\}$ 中的任意元素都有逆元。

(d) 显然 $\times_k$ 对 $+_k$ 可分配。

综上所述,当 k 是素数时,$\langle \mathbf{N}_k,+_k,\times_k\rangle$ 是域。

证毕

例 6 已知代数系统 $\langle F,+,\cdot\rangle$ 是一个域,其中 $F=\{a,b,c,d\}$,$+$ 和 $\cdot$ 的运算表如表 5.7.1 所示。求解 $\langle F,+,\cdot\rangle$ 中的方程:

$$\begin{cases} x+c\cdot y=a \\ c\cdot x+y=b \end{cases}$$

表 5.7.1

(a) +	a	b	c	d
a	a	b	c	d
b	b	a	d	c
c	c	d	a	b
d	d	c	b	a

(b) ·	a	b	c	d
a	a	a	a	a
b	a	b	c	d
c	a	c	d	b
d	a	d	b	c

解 对于方程

$$\begin{cases} x+c \cdot y=a & (1) \\ c \cdot x+y=b & (2) \end{cases}$$

式(1) $+(-c) \cdot$ 式(2) 得

$$x-c^2 \cdot x=a-c \cdot b$$
$$(b-d) \cdot x=a-c$$
$$c \cdot x=c$$

可得 $x=b$。

将 $x=b$ 代入式(2)得

$$y=b-c \cdot b=b-c=d$$

因此方程的解为 $\begin{cases} x=b \\ y=d \end{cases}$。

习   题

5.7-1 给定代数系统 $\langle \mathbf{Z}, \oplus, \otimes \rangle$，其中 $\mathbf{Z}$ 是整数集，二元运算 $\oplus$、$\otimes$ 分别定义为：对所有的 a、$b \in \mathbf{Z}$，有 $a \oplus b=a+b-1$，$a \otimes b= a +b-ab$。证明 $\langle \mathbf{Z}, \oplus, \otimes \rangle$ 是一个含有幺元的交换环。

5.7-2 设 $\langle \{a, b, c, d\}, +, \cdot \rangle$ 是一个环，$+$ 和 $\cdot$ 由表 5.7.2 定义。判断它是否为可交换环，是否为含幺环，是否为含零因子环，若有零因子，求出所有零因子。

表 5.7.2

(a) +	a	b	c	d
a	a	b	c	d
b	b	c	d	a
c	c	d	a	b
d	d	a	b	c

(b) ·	a	b	c	d
a	a	a	a	a
b	a	c	a	c
c	a	a	a	a
d	a	c	a	a

5.7-3 下列代数系统是否构成环？是否构成交换环？

(a) $\langle \mathbf{Z}_m, +_m, \times_m \rangle$，其中 $\mathbf{Z}_m=\{0, 1, 2, \cdots, m-1\}$，$+_m$ 和 $\times_m$ 是模 m 加法和乘法。

(b) $\langle M_n(\mathbf{R})，+，\circ\rangle$，其中 $M_n(\mathbf{R})$ 是 n 阶实矩阵全体，$+$、$\circ$ 分别是矩阵的加法和乘法。

5.7-4 设 $\langle A，+，\cdot\rangle$ 是一个环，且对所有的 $a\in A$，有 $a^2=a$。

(a) 证明对任意的 $a\in A$，有 $a+a=0$。

(b) 证明 $\langle A，+，\cdot\rangle$ 是一个交换环。

5.7-5 证明代数系统 $\langle\{a+b\sqrt{2}\,|\,a,b\in\mathbf{Z}\}，+，\cdot\rangle$ 是一个整环，其中 $+$、$\cdot$ 是通常的加法和乘法。判断代数系统 $\langle\{a+b\sqrt{2}\,|\,a,b\in\mathbf{Q}\}，+，\cdot\rangle$ 是否构成一个域。

5.7-6 设 $\langle\{6x\,|\,x\in\mathbf{Z}\}，+，\cdot\rangle$，其中 $+$ 和 $\cdot$ 是一般的加法和乘法，它是否是一个整环？

5.7-7 先给出子环的定义，再证明对任何整数 m，$\langle\{mx\,|\,x\in\mathbf{Z}\}，+，\cdot\rangle$ 能够形成 $\langle\mathbf{Z}，+，\cdot\rangle$ 的子环。

5.7-8 Let $f: R_1\rightarrow R_2$ be a ring homomorphism，prove that if R_1 is a field，then $f(R_1)$ is a field.

第6章 格与布尔代数

格和布尔代数是两种抽象代数系统。布尔代数是英国数学家乔治•布尔(G. Boole)为了研究思维规律提出的数学模型。1854 年,他在其著作《The Laws of Thought》中介绍了布尔代数,从而在数学史上树起了一座新的里程碑。19 世纪末德国数学家戴德金(R. Dedekind)在研究交换环和理想时引入了比布尔代数更广泛的概念——格。由于缺乏物理背景,几乎像所有的新生事物一样,格和布尔代数早期没有受到人们的重视。到了 20 世纪 30 ～ 40 年代才有了新的进展,E. V. Hungtington、H. M. Sheffer、M. H. Stone、G. Birkhoff、S. Maclane、C. E. Shannon 等数学家为格理论的形成和布尔代数的应用做出了贡献。格和布尔代数在代系统、逻辑演算、集合论、模型论、拓扑空间理论、测度论、概率论、泛函分析等数学分支中均有应用,特别是近几十年来,布尔代数在保密学、开关理论、自动化技术、计算机理论和逻辑设计等科学和工程技术领域中发挥了重要作用。

本章将在格的基础上讨论布尔代数系统,包括格的定义和基本性质,以及分配格、有界格、模格、有补格等一些特殊的格,最后深入讨论布尔格和布尔代数。

6.1 格 的 概 念

第 3 章介绍了偏序集合的概念,偏序集合由一个集合 A 以及 A 上的一个偏序关系"$\leqslant$"所组成,记为$\langle A, \leqslant \rangle$。通常 A 中任意两个元素不一定存在最小上界(lub, least upper bound)或最大下界(glb, greatest lower bound)。本章将要讨论的正是任意两个元素均存在最小上界和最大下界的特殊偏序集合。

6.1.1 格的定义

定义 6.1.1 设$\langle L, \leqslant \rangle$是一个偏序集合,若对任意 $a, b \in L$,$\{a, b\}$均存在最小上界和最大下界,则称$\langle L, \leqslant \rangle$为偏序格(lattice)。

设$\langle L, \leqslant \rangle$为偏序格,对于任何 $a, b \in L$,不难证明,$\{a, b\}$的最小上界和最大下界都是存在且唯一的,以后将用 glb$\{a, b\}$表示$\{a, b\}$的最大下界,用 lub$\{a, b\}$表示$\{a, b\}$的最小上界。

例 1 给出七个偏序集合的哈斯图如图 6.1.1 所示。其中,图(a)、(b)、(c)、(d)是偏序格,图(e)、(f)、(g)不是偏序格。

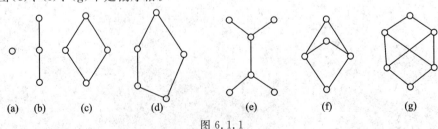

$$\text{(a)} \quad \text{(b)} \quad \text{(c)} \quad \text{(d)} \quad \text{(e)} \quad \text{(f)} \quad \text{(g)}$$

图 6.1.1

例 2 设"|"是正整数集合 $\mathbf{Z}^+$ 中的整除关系，则 $\langle \mathbf{Z}^+, \, | \rangle$ 是偏序格，因为对任意 a，$b \in \mathbf{Z}^+$，有

$$\mathrm{glb}\{a, b\} = \mathrm{GCD}\{a, b\} \quad (a, b \text{ 的最大公约数})$$

$$\mathrm{lub}\{a, b\} = \mathrm{LCM}\{a, b\} \quad (a, b \text{ 的最小公倍数})$$

例 3 设 n 是一正整数，S_n 是 n 的所有因子的集合。例如 $S_6 = \{1, 2, 3, 6\}$，$S_8 = \{1, 2, 4, 8\}$，"|"是整除关系，则 $\langle S_n, \, | \rangle$ 是偏序格。$\langle S_8, \, | \rangle$、$\langle S_6, \, | \rangle$、$\langle S_{30}, \, | \rangle$ 的哈斯图如图 6.1.2(a)、(b)、(c)所示。

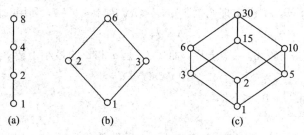

图 6.1.2

例 4 给定集合 $S = \{a_1, a_2, \cdots, a_n\}$，$\rho(S)$ 是它的幂集，偏序集合 $\langle \rho(S), \subseteq \rangle$ 是偏序格，因为对 S 的任意子集 A、B，$A \bigcup B$ 是 A、B 的最小上界，$A \bigcap B$ 是 A、B 的最大下界。

例 5 设 X 是由命题变元 p_1，p_2，$\cdots$，p_n 构成的所有命题合式公式的集合，则 $\langle X, \Rightarrow \rangle$ 是偏序格，对于任何 $A, B \in X$，$A \vee B$ 是 A、B 的最小上界，$A \wedge B$ 是 A、B 的最大下界。

定义 6.1.2 设 $\langle L, \vee, \wedge \rangle$ 是代数系统，如果对任意的 $a, b, c \in L$，有

(1)（交换律）$a \vee b = b \vee a$，$a \wedge b = b \wedge a$；

(2)（结合律）$a \vee (b \vee c) = (a \vee b) \vee c$，$a \wedge (b \wedge c) = (a \wedge b) \wedge c$；

(3)（吸收律）$a \vee (a \wedge b) = a$，$a \wedge (a \vee b) = a$，

则称 $\langle L, \vee, \wedge \rangle$ 是代数格。

例 6 (1) $\langle \mathbf{Z}^+, \mathrm{LCM}, \mathrm{GCD} \rangle$ 是代数格。

(2) 设 $S = \{a_1, a_2, \cdots, a_n\}$，$\langle \rho(S), \bigcup, \bigcap \rangle$ 是代数格。

(3) $\langle \mathbf{N}, \max, \min \rangle$ 是代数格。

(4) 设 X 是由命题变元 p_1，p_2，$\cdots$，p_n 构成的所有命题合式公式的集合，则 $\langle X, \vee, \wedge \rangle$ 是代数格，其中，$\vee$ 和 $\wedge$ 分别是逻辑析取运算和合取运算。

6.1.2 格的性质

定理 6.1.1 设 $\langle L, \vee, \wedge \rangle$ 是代数格，则 $\vee$ 和 $\wedge$ 满足等幂律，即对于任何 $a \in L$，有

$$a \vee a = a, \quad a \wedge a = a$$

证明 任取 $a \in L$，$a \vee a = a \vee (a \wedge (a \vee a)) = a$，$a \wedge a = a \wedge (a \vee (a \wedge a)) = a$。

证毕

定义 6.1.3 设 $\langle L, \leqslant \rangle$ 是一个偏序格，在 L 上定义两个二元运算 $\vee$ 和 $\wedge$，对于任何 a，$b \in L$，$a \vee b = \mathrm{lub}\{a, b\}$，$a \wedge b = \mathrm{glb}\{a, b\}$，则称 $\vee$ 和 $\wedge$ 分别为 L 上的并和交运算，称 $\langle L, \vee, \wedge \rangle$ 是由偏序格 $\langle L, \leqslant \rangle$ 诱导的代数系统。

定理 6.1.2 设 $\langle L, \vee, \wedge \rangle$ 是由偏序格 $\langle L, \leqslant \rangle$ 诱导的代数系统，则

(1) 对于 $a,b \in L$，$a \leqslant a \vee b$，$b \leqslant a \vee b$。

(2) 对于 $a,b \in L$，$a \wedge b \leqslant a$，$a \wedge b \leqslant b$。

(3) 对于 $a,b,c \in L$，若 $a \leqslant c$ 且 $b \leqslant c$，则 $a \vee b \leqslant c$。

(4) 对于 $a,b,c \in L$，若 $c \leqslant a$ 且 $c \leqslant b$，则 $c \leqslant a \wedge b$。

证明略。

定理 6.1.3 设 $\langle L, \vee, \wedge \rangle$ 是由偏序格 $\langle L, \leqslant \rangle$ 诱导的代数系统，对于任何 $a,b,c,d \in L$，如果 $a \leqslant b$，$c \leqslant d$，则有 $a \vee c \leqslant b \vee d$，$a \wedge c \leqslant b \wedge d$。

证明 设 $a \leqslant b$，$c \leqslant d$，由定理 6.1.2 知，$b \leqslant b \vee d$，$d \leqslant b \vee d$，利用 $\leqslant$ 满足传递性，可得：

$$a \leqslant b \vee d, \quad c \leqslant b \vee d$$

这表明 $b \vee d$ 是 a 和 c 的一个上界，而 $a \vee c$ 是 a 和 c 的最小上界，从而得到

$$a \vee c \leqslant b \vee d$$

类似地，可以证明 $a \wedge c \leqslant b \wedge d$。

证毕

推论 设 $\langle L, \vee, \wedge \rangle$ 是由偏序格 $\langle L, \leqslant \rangle$ 诱导的代数系统，对于 $a,b,c \in L$，如果 $b \leqslant c$，则 $a \vee b \leqslant a \vee c$，$a \wedge b \leqslant a \wedge c$。这个性质称为偏序格的运算保序性。

定理 6.1.4 设 $\langle L, \vee, \wedge \rangle$ 是由偏序格 $\langle L, \leqslant \rangle$ 诱导的代数系统，则 $\langle L, \vee, \wedge \rangle$ 是代数格，并称 $\langle L, \vee, \wedge \rangle$ 是由偏序格 $\langle L, \leqslant \rangle$ 诱导的代数格。

证明 任取 $a,b \in L$，因为 $a \vee b = \mathrm{lub}\{a,b\} = b \vee a$，$a \wedge b = \mathrm{glb}\{a,b\} = b \wedge a$，所以，$\vee$ 和 $\wedge$ 均满足交换律。

任取 $a,b,c \in L$，先证 $(a \vee b) \vee c = a \vee (b \vee c)$。

因为 $b \leqslant b \vee c \leqslant a \vee (b \vee c)$，$a \leqslant a \vee (b \vee c)$，所以 $a \vee b \leqslant a \vee (b \vee c)$。又因为 $c \leqslant (b \vee c) \leqslant a \vee (b \vee c)$，所以 $(a \vee b) \vee c \leqslant a \vee (b \vee c)$。

因为 $b \leqslant a \vee b$，$c \leqslant c$，所以 $b \vee c \leqslant (a \vee b) \vee c$。又因为 $a \leqslant (a \vee b) \leqslant (a \vee b) \vee c$，所以 $a \vee (b \vee c) \leqslant (a \vee b) \vee c$。

从而得到，$(a \vee b) \vee c = a \vee (b \vee c)$，即运算 $\vee$ 满足结合律。

同理可证，任取 $a,b,c \in L$，$a \wedge (b \wedge c) = (a \wedge b) \wedge c$，即运算 $\wedge$ 也满足结合律。

任取 $a,b \in L$，先证 $a \vee (a \wedge b) = a$。

因为 $a \leqslant a \vee (a \wedge b)$，又因为 $a \leqslant a$ 和 $a \wedge b \leqslant a$，所以 $a \vee (a \wedge b) \leqslant a$。故有，$a \vee (a \wedge b) = a$。

同理可证，$a \wedge (a \vee b) = a$。

所以，运算 $\vee$ 和 $\wedge$ 满足吸收律。

因此，$\langle L, \vee, \wedge \rangle$ 是代数格。

证毕

定理 6.1.5 设 $\langle L, \vee, \wedge \rangle$ 是代数格，在 L 上定义二元关系 $\leqslant$：对于任何 $a,b \in L$，$a \leqslant b \Leftrightarrow a \vee b = b$，则 $\langle L, \leqslant \rangle$ 是一个偏序格，并称 $\langle L, \leqslant \rangle$ 是由代数格 $\langle L, \vee, \wedge \rangle$ 诱导的偏序格。

证明 先证 $\leqslant$ 是 L 上的偏序关系。

任取 $a \in L$，根据定理 6.1.1 可知，$\langle L, \vee, \wedge \rangle$ 满足等幂律，有 $a \vee a = a$，即 $a \leqslant a$，所以，$\leqslant$ 在 L 上是自反的。

任取 $a,b \in L$，设 $a \leqslant b$ 且 $b \leqslant a$，由 $\leqslant$ 的定义知，$a \vee b = b$ 且 $b \vee a = a$。

因为 $\vee$ 运算满足交换律，推出 $a=b\vee a=a\vee b=b$，所以 $\leqslant$ 在 L 上是反对称的。

任取 $a,b,c\in L$，设 $a\leqslant b$ 且 $b\leqslant c$，由 $\leqslant$ 的定义知，$a\vee b=b$ 且 $b\vee c=c$，因为 $\vee$ 运算满足结合律，从而可推出，$a\vee c=a\vee(b\vee c)=(a\vee b)\vee c=b\vee c=c$，即 $a\leqslant c$。

所以，$\leqslant$ 在 L 上是传递的。

因此，$\leqslant$ 为 L 上的偏序关系。

再证明对于任何 $a,b\in L$，$\{a,b\}$ 存在最小上界。这里直接证明 $a\vee b=\mathrm{lub}\{a,b\}$。

任取 $a,b\in L$，有

$$a\vee(a\vee b)=(a\vee a)\vee b=a\vee b$$
$$b\vee(a\vee b)=(b\vee a)\vee b=a\vee(b\vee b)=a\vee b$$

根据 $\leqslant$ 的定义知，$a\leqslant a\vee b$ 和 $b\leqslant a\vee b$，所以 $a\vee b$ 是 $\{a,b\}$ 的上界。假设 c 为 $\{a,b\}$ 的任一上界，$a\leqslant c$ 和 $b\leqslant c$，则有 $a\vee c=c$ 和 $b\vee c=c$，从而有

$$(a\vee b)\vee c=a\vee(b\vee c)=a\vee c=c$$

这就证明了 $a\vee b\leqslant c$，所以 $a\vee b$ 是 $\{a,b\}$ 的最小上界，即 $a\vee b=\mathrm{lub}\{a,b\}$。

最后证明对于任何 $a,b\in L$，$\{a,b\}$ 存在最大下界。这里直接证明 $a\wedge b=\mathrm{glb}\{a,b\}$。

由于 $\langle L,\vee,\wedge\rangle$ 是代数格，满足交换律和吸收律，于是有：

如果 $a\wedge b=a$，可得 $b=(a\wedge b)\vee b=a\vee b$，则 $a\vee b=b$。

如果 $a\vee b=b$，可得 $a=a\wedge(a\vee b)=a\wedge b$，则 $a\wedge b=a$。

因此，$a\wedge b=a$ 当且仅当 $a\vee b=b$。

由此得到结论：对于任何 $a,b\in L$，有 $a\leqslant b\Leftrightarrow a\vee b=b\Leftrightarrow a\wedge b=a$，这样，任取 $a,b\in L$，有

$$(a\wedge b)\wedge a=a\wedge(a\wedge b)=(a\wedge a)\wedge b=a\wedge b$$
$$(a\wedge b)\wedge b=a\wedge(b\wedge b)=a\wedge b$$

根据 $\leqslant$ 的定义知，$a\wedge b\leqslant a$ 和 $a\wedge b\leqslant b$，所以 $a\wedge b$ 是 $\{a,b\}$ 的下界。假设 c 为 $\{a,b\}$ 的任一下界，则有 $c\leqslant a$ 和 $c\leqslant b$，即 $c\wedge a=c$ 和 $c\wedge b=c$，从而得到

$$c\wedge(a\wedge b)=(c\wedge a)\wedge b=c\wedge b=c$$

这就证明了 $c\leqslant a\wedge b$，所以 $a\wedge b$ 是 $\{a,b\}$ 的最大下界，即 $a\wedge b=\mathrm{glb}\{a,b\}$。

因此，$\langle L,\leqslant\rangle$ 是偏序格。

证毕

在进一步讨论格的性质之前，下面先介绍格的对偶原理。

设 $\langle L,\leqslant\rangle$ 是一个偏序集合，在 L 上定义一个二元关系 $\geqslant$，使得对于任何 $a,b\in L$，$a\geqslant b$ 当且仅当 $b\leqslant a$。不难证明，$\geqslant$ 也是一种偏序关系，可称 $\geqslant$ 是 $\leqslant$ 的逆关系，且 $\langle L,\geqslant\rangle$ 也是一个偏序集合。这里将 $\langle L,\leqslant\rangle$ 和 $\langle L,\geqslant\rangle$ 称为相互对偶的(哈斯图相互颠倒)。可以证明，若 $\langle L,\leqslant\rangle$ 是格，则 $\langle L,\geqslant\rangle$ 也是格。

格对偶原理：设 P 是对任意格都真的命题，如果在命题 P 中把 $\leqslant$ 换成 $\geqslant$，$\vee$ 换成 $\wedge$，$\wedge$ 换成 $\vee$，就得到另一个命题 P'，则 P' 对任意格也是真的命题，称 P' 为 P 的对偶命题。

定理 6.1.6　设 $\langle L,\vee,\wedge\rangle$ 是由偏序格 $\langle L,\leqslant\rangle$ 诱导的代数格，则对任意的 $a,b,c\in L$，有下述的分配不等式成立：

$$a\vee(b\wedge c)\leqslant(a\vee b)\wedge(a\vee c)$$
$$(a\wedge b)\vee(a\wedge c)\leqslant a\wedge(b\vee c)$$

证明　由 $a\leqslant a,b\wedge c\leqslant b$ 得：

$$a \vee (b \wedge c) \leqslant a \vee b$$

由 $a \leqslant a$，$b \wedge c \leqslant c$ 得

$$a \vee (b \wedge c) \leqslant a \vee c$$

从而得到

$$a \vee (b \wedge c) \leqslant (a \vee b) \wedge (a \vee c)$$

应用对偶原理可得

$$(a \wedge b) \vee (a \wedge c) \leqslant a \wedge (b \vee c)$$

证毕

定理 6.1.7 设 $\langle L, \vee, \wedge \rangle$ 是由偏序格 $\langle L, \leqslant \rangle$ 诱导的代数格，对任意的 $a, b, c \in L$，则有 $a \leqslant b$ 当且仅当 $a \vee (b \wedge c) \leqslant b \wedge (a \vee c)$（模不等式）。

证明 设 $a \leqslant b$，则 $a \vee b = b$，由定理 6.1.6 得到

$$a \vee (b \wedge c) \leqslant (a \vee b) \wedge (a \vee c) = b \wedge (a \vee c)$$

设 $a \vee (b \wedge c) \leqslant b \wedge (a \vee c)$，则有 $a \leqslant a \vee (b \wedge c) \leqslant b \wedge (a \vee c) \leqslant b$，即 $a \leqslant b$。

证毕

推论 设 $\langle L, \vee, \wedge \rangle$ 是由偏序格 $\langle L, \leqslant \rangle$ 诱导的代数格，对任意的 $a, b, c \in L$，则有 $(a \wedge b) \vee (a \wedge c) \leqslant a \wedge (b \vee (a \wedge c))$，$a \vee (b \wedge (a \vee c)) \leqslant (a \vee b) \wedge (a \vee c)$。

证明 利用 $a \wedge c \leqslant a$，$a \leqslant a \vee c$ 即可得证。

证毕

为便于读者查阅，将偏序格 $\langle L, \leqslant \rangle$ 及其所诱导的代数格 $\langle L, \vee, \wedge \rangle$ 的有关性质归纳为表 6.1.1。表中，a、b、c、d 是 L 中任意元素。

表 6.1.1

序号	性 质
1	$a \leqslant a \vee b$，$b \leqslant a \vee b$
2	$a \wedge b \leqslant a$，$a \wedge b \leqslant b$
3	若 $a \leqslant c$ 且 $b \leqslant c$，则 $a \vee b \leqslant c$
4	若 $c \leqslant a$ 且 $c \leqslant b$，则 $c \leqslant a \wedge b$
5	如果 $b \leqslant c$，则 $a \vee b \leqslant a \vee c$，$a \wedge b \leqslant a \wedge c$
6	如果 $a \leqslant b$，$c \leqslant d$，则 $a \vee c \leqslant b \vee d$
7	如果 $a \leqslant b$，$c \leqslant d$，则 $a \wedge c \leqslant b \wedge d$
8	$a \leqslant b \Leftrightarrow a \vee b = b \Leftrightarrow a \wedge b = a$
9	$a \vee b = b \vee a$，$a \wedge b = b \wedge a$　（交换律）
10	$a \vee (b \vee c) = (a \vee b) \vee c$ $a \wedge (b \wedge c) = (a \wedge b) \wedge c$　（结合律）
11	$a \vee a = a$，$a \wedge a = a$　（等幂律）
12	$a \vee (a \wedge b) = a$ $a \wedge (a \vee b) = a$　（吸收律）
13	$a \vee (b \wedge c) \leqslant (a \vee b) \wedge (a \vee c)$ $(a \wedge b) \vee (a \wedge c) \leqslant a \wedge (b \vee c)$　（分配不等式）
14	$a \leqslant b$ 当且仅当 $a \vee (b \wedge c) \leqslant b \wedge (a \vee c)$　（模不等式）

习　　题

6.1-1　试说明为什么图 6.1.1(e)、(f)、(g)所示的 3 个偏序集合不是格。

6.1-2　$S=\{1, 2, 3, 4, 5\}$，$\leqslant$是通常的"小于或等于"，$\langle S, \leqslant \rangle$是格吗？如果是格，给出它的两个运算。

6.1-3　S_{72}是 72 的所有因子集合，$|$是整除关系，试画出$\langle S_{72}, | \rangle$的哈斯图。

6.1-4　设集合 S_0，S_1，$\cdots$，S_7 的定义如下：

$$S_0 = \{a, b, c, d, e, f\}$$
$$S_1 = \{a, b, c, d, e\}$$
$$S_2 = \{a, b, c, e, f\}$$
$$S_3 = \{a, b, c, e\}$$
$$S_4 = \{a, b, c\}$$
$$S_5 = \{a, b\}$$
$$S_6 = \{a, c\}$$
$$S_7 = \{a\}$$

画出$\langle L, \subseteq \rangle$的图，这里 $L=\{S_0, S_1, \cdots, S_7\}$，它是格吗？如果是格，什么是交和并运算？

6.1-5　设$\langle L, \vee, \wedge \rangle$是由偏序格$\langle L, \leqslant \rangle$诱导的代数格，对任意的 $a, b, c \in L$，证明：如果 $a \leqslant b \leqslant c$，则 $a \vee b = b \wedge c$，$(a \wedge b) \vee (b \wedge c) = b = (a \vee b) \wedge (a \vee c)$。

6.1-6　设$\langle L, \vee, \wedge \rangle$是由偏序格$\langle L, \leqslant \rangle$诱导的代数格，对任意的 $a, b, c, d \in L$，证明：

$$(a \wedge b) \vee (c \wedge d) \leqslant (a \vee c) \wedge (b \vee d)$$
$$(a \wedge b) \vee (b \wedge c) \vee (c \wedge a) \leqslant (a \vee b) \wedge (b \vee c) \wedge (c \vee a)$$

6.1-7　试说明具有 3 个或更少元素的格是一个链。

6.1-8　设 a 和 b 是格$\langle A, \leqslant \rangle$中的两个元素，证明 $a \wedge b < a$ 和 $a \wedge b < b$ 当且仅当 a 与 b 是不可比较的（$a < b$ 的意义是 $a \leqslant b$ 但 $a \neq b$）。

6.1-9　Let $C=\{1, 2, 3\}$，X be the power set of C：

$$X = \rho(C) = \{\varnothing, \{1\}, \{2\}, \{3\}, \{1, 2\}, \{1, 3\}, \{2, 3\}, \{1, 2, 3\}\}$$

Define the relation $\leqslant$ on X by $A \leqslant B$ if $A \subseteq B$, Find the least upper bound of $\{\varnothing, \{1\}, \{2\}\}$ and also of $\{\varnothing, \{1\}, \{2\}, \{1, 2\}\}$.

6.1-10　Define the Boolean operations $\vee$ and $\wedge$ on set $\{0, 1\}$ by Table 6.1.2.

Table 6.1.2

(a)

$\vee$	0	1
0	0	1
1	1	1

(b)

$\wedge$	0	1
0	0	0
1	0	1

We also define a Boolean matrix to be matrix whose entries are all either 1 or 0. If $A = (a_{ij})$ and $B = (b_{ij})$ are $n \times n$ Boolean matrices, $C = A \vee B = (c_{ij})$ is defined by

$$c_{ij} = a_{ij} \vee b_{ij} \text{ for all } 1 \leqslant i \leqslant n, 1 \leqslant j \leqslant n$$

$D = A \wedge B = (d_{ij})$ is defined by

$$d_{ij} = a_{ij} \wedge b_{ij} \text{ for all } 1 \leqslant i \leqslant n, \ 1 \leqslant j \leqslant n$$

Let S be the set of all $n \times n$ Boolean matrices. Define a relation $\leqslant$ on S by $A \leqslant B$ if $a_{ij} \leqslant b_{ij}$ for $1 \leqslant i, j \leqslant n$, is $\langle S, \leqslant \rangle$ a lattice.

6.2 子格和格同态

6.2.1 子格

定义 6.2.1 设 $\langle L, \vee, \wedge \rangle$ 是由偏序格 $\langle L, \leqslant \rangle$ 所诱导的代数格，设 $B \subseteq L$ 且 $B \neq \varnothing$，如果运算 $\vee$ 和 $\wedge$ 关于 B 是封闭的（即对任意 $a, b \in B$，有 $a \vee b \in B$ 和 $a \wedge b \in B$），则称 $\langle B, \leqslant \rangle$ 是格 $\langle L, \leqslant \rangle$ 的子格（sublattice）。

若 $\langle B, \leqslant \rangle$ 是格 $\langle L, \leqslant \rangle$ 的子格，对任意 $a \in B$，$a \leqslant a$，所以 $\leqslant$ 在 B 上是自反的。对任意 $a, b \in B$，若 $a \leqslant b$，$b \leqslant a$，则 $a = b$，所以 $\leqslant$ 是反对称的。对任意 $a, b, c \in B$，$a \leqslant b$，$b \leqslant c$，则 $a \leqslant c$，所以 $\leqslant$ 是传递的。故 $\langle B, \leqslant \rangle$ 是一个偏序集合。又由于对任意 $a, b \in B$，有 $a \vee b \in B$ 和 $a \wedge b \in B$，由运算 $\vee$ 和 $\wedge$ 的定义可知，$a \vee b = \text{lub}\{a, b\}$，$a \wedge b = \text{glb}\{a, b\}$。所以 $\langle B, \leqslant \rangle$ 是格。因此，若 $\langle B, \leqslant \rangle$ 是格 $\langle L, \leqslant \rangle$ 的子格，则 $\langle B, \leqslant \rangle$ 一定是格。

例 1 对于 6.1 节给出的格 $\langle \mathbf{Z}^+, | \rangle$，由它诱导的代数系统为 $\langle \mathbf{Z}^+, \vee, \wedge \rangle$，其中 $a \vee b$ 就是 a、b 的最小公倍数，$a \wedge b$ 就是 a、b 的最大公约数。因为任何两个偶数的最大公约数和最小公倍数都是偶数，所以如果取 E^+ 是正偶整数的全体，那么 $\vee$ 和 $\wedge$ 关于 E^+ 是封闭的，因此 $\langle E^+, | \rangle$ 是 $\langle \mathbf{Z}^+, | \rangle$ 的子格。

例 2 设 $\langle L, \leqslant \rangle$ 是一个格，任取 $a \in L$，构造 L 的子集 A 为

$$A = \{x \mid x \in L \text{ 且 } x \leqslant a\}$$

则 $\langle A, \leqslant \rangle$ 是 $\langle L, \leqslant \rangle$ 的一个子格。

解 任取 $x, y \in A$，则有 $x \leqslant a$ 和 $y \leqslant a$，$x \vee y \leqslant a$，$x \wedge y \leqslant a$，$x \vee y \in A$，$x \wedge y \in A$，因此 $\langle A, \leqslant \rangle$ 是 $\langle L, \leqslant \rangle$ 的一个子格。

必须指出，对于格 $\langle A, \leqslant \rangle$，设 B 是 A 的非空子集，$\langle B, \leqslant \rangle$ 必定是一个偏序集合，然而 $\langle B, \leqslant \rangle$ 不一定是格，而且即使 $\langle B, \leqslant \rangle$ 是格，也不一定是 $\langle A, \leqslant \rangle$ 的子格。

例 3 设 $S = \{a, b, c\}$，$L = \rho(S)$ 是它的幂集，偏序集合 $\langle L, \subseteq \rangle$ 是格，如图 6.2.1 所示。

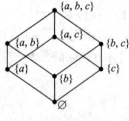

图 6.2.1

若取 $L_1 = \{\{a\}, \{b\}, \{c\}\}$，显然 $\subseteq$ 是 L_1 上的偏序关系，$\langle L_1, \subseteq \rangle$ 是偏序集合，但 $\langle L_1, \subseteq \rangle$ 并不构成格。

若取 $L_2 = \{\varnothing, \{a\}, \{c\}, \{a, b\}, \{a, c\}, \{b, c\}, \{a, b, c\}\}$，显然 $\subseteq$ 是 L_2 上的偏序关系，且 $\langle L_2, \subseteq \rangle$ 构成格，但 $\langle L_2, \subseteq \rangle$ 并不是 $\langle L, \subseteq \rangle$ 的子格，因为

$$\{a, b\} \wedge \{b, c\} = \{a, b\} \bigcap \{b, c\} = \{b\} \notin L_2$$

故 $\langle L_2, \subseteq \rangle$ 不是 $\langle L, \subseteq \rangle$ 的子格。

若取 $L_3 = \{\{b\}, \{a, b\}, \{b, c\}, \{a, b, c\}\}$，显然 $\subseteq$ 是 L_3 上的偏序关系，$\langle L_3, \subseteq \rangle$ 是格，且 $\langle L_3, \subseteq \rangle$ 是 $\langle L, \subseteq \rangle$ 的子格。

6.2.2　格同态

定义 6.2.2　设 $\langle L_1, \vee_1, \wedge_1 \rangle$ 和 $\langle L_2, \vee_2, \wedge_2 \rangle$ 是由偏序格 $\langle L_1, \leqslant_1 \rangle$ 和 $\langle L_2, \leqslant_2 \rangle$ 分别诱导的代数格，如果存在从 L_1 到 L_2 的映射 f，使得对于任意的 $a, b \in L_1$，有

$$f(a \vee_1 b) = f(a) \vee_2 f(b)$$
$$f(a \wedge_1 b) = f(a) \wedge_2 f(b)$$

则称 $\langle L_1, \vee_1, \wedge_1 \rangle$ 与 $\langle L_2, \vee_2, \wedge_2 \rangle$ 同态（或 $\langle L_1, \leqslant_1 \rangle$ 与 $\langle L_2, \leqslant_2 \rangle$ 同态），f 为从 $\langle L_1, \vee_1, \wedge_1 \rangle$ 到 $\langle L_2, \vee_2, \wedge_2 \rangle$ 的格同态映射（或 f 为从 $\langle L_1, \leqslant_1 \rangle$ 到 $\langle L_2, \leqslant_2 \rangle$ 的格同态映射），$\langle f(L_1), \vee_2, \wedge_2 \rangle$ 是 $\langle L_1, \vee_1, \wedge_1 \rangle$ 的格同态像（或 $\langle f(L_1), \leqslant_2 \rangle$ 是 $\langle L_1, \leqslant_1 \rangle$ 的格同态像）。特别地，当 f 是双射时，称 f 为从 $\langle L_1, \vee_1, \wedge_1 \rangle$ 到 $\langle L_2, \vee_2, \wedge_2 \rangle$ 的格同构映射，亦可称 $\langle L_2, \leqslant_2 \rangle$ 和 $\langle L_1, \leqslant_1 \rangle$ 两个格是同构的。

例 4　设 $L_1 = \{2n \mid n \in \mathbf{Z}^+\}$，$L_2 = \{2n+1 \mid n \in \mathbf{N}\}$，则 L_1 和 L_2 关于通常的小于等于关系 $\leqslant$ 构成格。令 $f : L_1 \to L_2$ 为

$$f(x) = x - 1$$

试验证 f 是从 L_1 到 L_2 的同态映射。

证明　设偏序格 $\langle L_1, \leqslant \rangle$ 和 $\langle L_2, \leqslant \rangle$ 诱导的代数格分别为 $\langle L_1, \vee, \wedge \rangle$ 和 $\langle L_2, \vee, \wedge \rangle$，对任意的 $x, y \in L_1$，则有

$$f(x \vee y) = f(\max(x, y)) = \max(x, y) - 1$$
$$f(x) \vee f(y) = (x-1) \vee (y-1) = \max(x-1, y-1) = \max(x, y) - 1$$
$$f(x \wedge y) = f(\min(x, y)) = \min(x, y) - 1$$
$$f(x) \wedge f(y) = (x-1) \wedge (y-1) = \min(x-1, y-1) = \min(x, y) - 1$$

即

$$f(x \vee y) = f(x) \vee f(y)$$
$$f(x \wedge y) = f(x) \wedge f(y)$$

故 f 是从 L_1 到 L_2 的同态映射。

证毕

例 5　图 6.2.2 所示为格 $\langle L_1, \leqslant \rangle$，$\langle L_2, \leqslant \rangle$，$\langle L_3, \leqslant \rangle$。

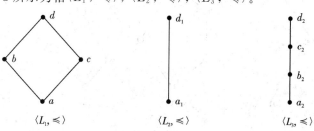

图 6.2.2

若定义

$$f_1: L_1 \to L_2 \text{ 为 } f_1(a) = f_1(b) = f_1(c) = a_1, \ f_1(d) = d_1$$

$$f_2: L_1 \to L_3 \text{ 为 } f_2(a) = a_2, \ f_2(b) = b_2, \ f_2(c) = c_2, \ f_2(d) = d_2$$

则因为

$$f_1(b \vee c) = f_1(d) = d_1$$

$$f_1(b) \vee f_1(c) = a_1 \vee a_1 = a_1$$

$$f_2(b \vee c) = f_2(d) = d_2$$

$$f_2(b) \vee f_2(c) = b_2 \vee c_2 = c_2$$

所以

$$f_1(b \vee c) \neq f_1(b) \vee f_1(c), \ f_2(b \vee c) \neq f_2(b) \vee f_2(c)$$

则 f_1 和 f_2 都不是格同态映射。

定理 6.2.1 设 f 是格 $\langle L_1, \leqslant_1 \rangle$ 和 $\langle L_2, \leqslant_2 \rangle$ 的格同态映射，则对于任意的 $x, y \in L_1$，若 $x \leqslant_1 y$，必有 $f(x) \leqslant_2 f(y)$（格同态的保序性）。

证明 任取 $x, y \in L_1$，设 $x \leqslant_1 y$，则有

$$x \wedge_1 y = x$$

$$f(x \wedge_1 y) = f(x)$$

$$f(x) \wedge_2 f(y) = f(x \wedge_1 y) = f(x)$$

因此，$f(x) \leqslant_2 f(y)$ 成立。

证毕

例 6 具有一、二、三个元素的格分别同构于一、二、三个元素的链。四个元素的格必同构于图 6.2.3(a)和(b)之一，五个元素的格必同构于图 6.2.4(a)、(b)、(c)、(d)、(e)之一。

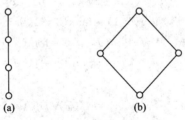

图 6.2.3

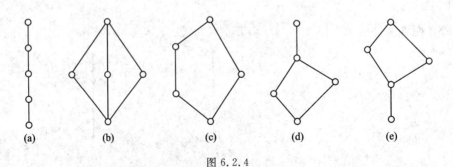

图 6.2.4

习 题

6.2-1 试说明图 6.2.5(a)中的偏序集是一个格，并判断它是否为图 6.2.5(b)所示格的子格。

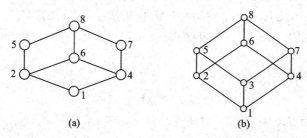

图 6.2.5

6.2-2 设 $\langle L, \leqslant \rangle$ 是格，对于任何 $a, b \in L$，令 $[a, b] = \{x \mid x \in L$ 且 $a \leqslant x \leqslant b\}$，试证明 $\langle [a, b], \leqslant \rangle$ 是 $\langle L, \leqslant \rangle$ 的一个子格。

6.2-3 设 S_n 是 n 的所有因子的集合，试求 $n=12$ 时，格 $\langle S_n, | \rangle$ 的所有子格。

6.2-4 $\langle L, *, \oplus \rangle$ 和 $\langle S, \vee, \wedge \rangle$ 是两个格，$f: L \rightarrow S$ 是格同态，试证明 f 的同态像是 $\langle S, \vee, \wedge \rangle$ 的子格。

*6.2-5 设 A、B 是两个集合，f 是 A 到 B 的映射，证明 $\langle S, \subseteq \rangle$ 是 $\langle \rho(B), \subseteq \rangle$ 的一个子格，其中 $S = \{y \mid y = f(x) \wedge x \in \rho(A)\}$。

6.2-6 试证明从图 6.2.6(a)所示的五元素格到图 6.2.6(b)所示的三元素链存在一个映射，且此映射是保序的，并说明它是否为一个同态。

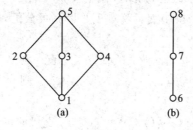

图 6.2.6

6.2-7 Find out all sublattices in Figure 6.2.7.

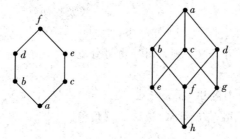

Figure 6.2.7

6.3 特殊的格

一般来说，格中运算 $\vee$ 和 $\wedge$ 满足分配不等式，即 $\forall a,b,c\in L$，有 $a\vee(b\wedge c)\leqslant (a\vee b)\wedge(a\vee c)$，$(a\wedge b)\vee(a\wedge c)\leqslant a\wedge(b\vee c)$。但是不一定满足分配律，满足分配律的格称为分配格(distributive lattice)。在格的基础上再增加一些新的性质或者约束条件构成特殊格，如模格(modular lattice)、有界格(bounded lattice)、有补格(complemented lattice)、布尔格(boolean lattice)等。

6.3.1 分配格

定义 6.3.1 设 $\langle L,\leqslant\rangle$ 是格，对任意的 $a,b,c\in L$，有
$$a\wedge(b\vee c)=(a\wedge b)\vee(a\wedge c)$$
$$a\vee(b\wedge c)=(a\vee b)\wedge(a\vee c)$$
则称 $\langle L,\leqslant\rangle$ 为分配格。

例1 设 $S=\{a,b,c\}$，则 $\langle\rho(S),\bigcup,\bigcap\rangle$ 是由格 $\langle\rho(S),\subseteq\rangle$ 所诱导的代数格，如图 6.3.1 所示，试证明 $\langle\rho(S),\subseteq\rangle$ 为分配格。

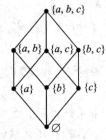

图 6.3.1

证明 容易验证，对于任意的 $P,Q,R\in\rho(S)$，有
$$P\bigcap(Q\bigcup R)=(P\bigcap Q)\bigcup(P\bigcap R)$$
$$P\bigcup(Q\bigcap R)=(P\bigcup Q)\bigcap(P\bigcup R)$$
所以，$\langle\rho(S),\subseteq\rangle$ 为分配格。

证毕

在分配格中，两个分配等式是等价的，有一个成立就有另一个成立。

定理 6.3.1 如果在一个格中交运算对于并运算可分配，则并运算对交运算也一定是可分配的，反之亦然。

证明 设 $\langle L,\leqslant\rangle$ 是格，首先证明若 $\wedge$ 对 $\vee$ 可分配，则 $\vee$ 对 $\wedge$ 也一定可分配。

任取 $a,b,c\in L$，设 $a\wedge(b\vee c)=(a\wedge b)\vee(a\wedge c)$，则

$\quad(a\vee b)\wedge(a\vee c)$

$=((a\vee b)\wedge a)\vee((a\vee b)\wedge c)$ （交对并可分配）

$=a\vee((a\vee b)\wedge c)$ （吸收律）

$=a\vee((a\wedge c)\vee(b\wedge c))$ （交对并可分配）

$=(a\vee(a\wedge c))\vee(b\wedge c)$ （结合律）

$=a\vee(b\wedge c)$ （吸收律）

故 $\vee$ 对 $\wedge$ 可分配。

同理可证，若 $\vee$ 对 $\wedge$ 可分配，则 $\wedge$ 对 $\vee$ 也可分配。

证毕

例2 判断图 6.3.2 中的格 $\langle L_1,\leqslant\rangle$、$\langle L_2,\leqslant\rangle$、$\langle L_3,\leqslant\rangle$、$\langle L_4,\leqslant\rangle$ 是否为分配格。其中 $\langle L_3,\leqslant\rangle$ 被称为钻石格，$\langle L_4,\leqslant\rangle$ 被称为五角格。

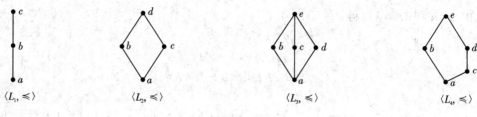

图 6.3.2

解 容易验证 $\langle L_1, \leqslant \rangle$、$\langle L_2, \leqslant \rangle$ 为分配格。

由于在 $\langle L_3, \leqslant \rangle$ 中,有

$$b \wedge (c \vee d) = b \wedge e = b$$
$$(b \wedge c) \vee (b \wedge d) = a \vee a = a$$

在 $\langle L_4, \leqslant \rangle$ 中,有

$$c \vee (b \wedge d) = c \vee a = c$$
$$(c \vee b) \wedge (c \vee d) = e \wedge d = d$$

故 $\langle L_3, \leqslant \rangle$ 和 $\langle L_4, \leqslant \rangle$ 不是分配格。

定理 6.3.2 设 $\langle L, \leqslant \rangle$ 是格,则 $\langle L, \leqslant \rangle$ 是分配格当且仅当 $\langle L, \leqslant \rangle$ 中既不存在与钻石格同构的子格,也不存在与五角格同构的子格。

证明略。

例 3 判断图 6.3.3 中的格是否为分配格并说明理由。

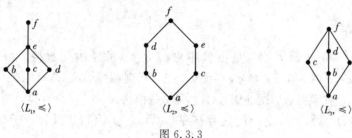

图 6.3.3

解 $\langle L_1, \leqslant \rangle$、$\langle L_2, \leqslant \rangle$、$\langle L_3, \leqslant \rangle$ 都不是分配格。

$\langle \{a, b, c, d, e\}, \leqslant \rangle$ 是 $\langle L_1, \leqslant \rangle$ 的子格,同构于钻石格。

$\langle \{a, b, c, e, f\}, \leqslant \rangle$ 是 $\langle L_2, \leqslant \rangle$ 的子格,同构于五角格。

$\langle \{a, c, b, e, f\}, \leqslant \rangle$ 是 $\langle L_3, \leqslant \rangle$ 的子格,同构于钻石格。

定理 6.3.3 任何链都是分配格。

证明 设 $\langle L, \leqslant \rangle$ 是一个链,所以 $\langle L, \leqslant \rangle$ 一定是格。对任意的 $a, b, c \in L$,分情况讨论如下:

(1) $a \leqslant b$ 或 $a \leqslant c$ (a 不是最大元)。

无论是 $a \leqslant b$ 还是 $a \leqslant c$,都有

$$a \wedge (b \vee c) = a$$
$$(a \wedge b) \vee (a \wedge c) = a$$

所以,$a \wedge (b \vee c) = (a \wedge b) \vee (a \wedge c)$。

(2) $b \leqslant a$ 且 $c \leqslant a$ (a 是最大元)。

由 $b \leqslant a$ 和 $c \leqslant a$，可得

$$b \lor c \leqslant a$$
$$a \land (b \lor c) = b \lor c$$
$$(a \land b) \lor (a \land c) = b \lor c$$

所以 $a \land (b \lor c) = (a \land b) \lor (a \land c)$ 成立。

由(1)、(2)可知，$\land$ 运算对 $\lor$ 运算可分配，由定理 6.3.1 知，$\lor$ 运算对 $\land$ 运算也可分配。故每个链都是分配格。

证毕

定理 6.3.4 设 $\langle L, \leqslant \rangle$ 是分配格，对于任何 $a, b, c \in L$，如果 $a \land b = a \land c$ 且 $a \lor b = a \lor c$，则 $b = c$。

证明 任取 $a, b, c \in L$，有

$$
\begin{aligned}
b &= b \lor (a \land b) \quad &\text{(吸收律，交换律)} \\
&= b \lor (a \land c) \quad &\text{(已知条件代入)} \\
&= (b \lor a) \land (b \lor c) \quad &\text{(分配律)} \\
&= (a \lor c) \land (b \lor c) \quad &\text{(已知条件代入，交换律)} \\
&= (a \land b) \lor c \quad &\text{(分配律)} \\
&= (a \land c) \lor c \quad &\text{(已知条件代入)} \\
&= c \quad &\text{(交换律，吸收律)}
\end{aligned}
$$

证毕

*6.3.2 模格

定义 6.3.2 设 $\langle L, \lor, \land \rangle$ 是由偏序格 $\langle L, \leqslant \rangle$ 诱导的代数格，如果对于任意的 $a, b, c \in L$，当 $b \leqslant a$ 时，有 $a \land (b \lor c) = b \lor (a \land c)$，则称 $\langle L, \leqslant \rangle$ 是模格。

例 4 设 A 是有限集合，试证明 $\langle \rho(A), \subseteq \rangle$ 是模格。

证明 由格 $\langle \rho(A), \subseteq \rangle$ 诱导的代数格是 $\langle \rho(A), \cup, \cap \rangle$，因为对于任意的 $S_1, S_2, S_3 \in \rho(A)$，当 $S_2 \subseteq S_1$ 时，有

$$
\begin{aligned}
S_1 \cap (S_2 \cup S_3) &= (S_1 \cap S_2) \cup (S_1 \cap S_3) \\
&= S_2 \cup (S_1 \cap S_3)
\end{aligned}
$$

证毕

定理 6.3.5 分配格必定是模格。

证明 设 $\langle L, \leqslant \rangle$ 是分配格，对任意 $a, b, c \in L$，若 $b \leqslant a$，有 $a \land b = b$。因此

$$a \land (b \lor c) = (a \land b) \lor (a \land c) = b \lor (a \land c)$$

证毕

6.3.3 有界格

定义 6.3.3 设 $\langle L, \leqslant \rangle$ 是格，若 L 中有最大元（全上界）和最小元（全下界），则称 $\langle L, \leqslant \rangle$ 为有界格。一般把格的全上界记为 1，全下界记为 0。

例 5 (a) 设 S 是有限集合，$\langle \rho(S), \subseteq \rangle$ 是有界格，S 是全上界，$\varnothing$ 是全下界。

(b) $\langle \{3, 5\}, \leqslant \rangle$ 是一个有界格，全下界是 3，全上界是 5。

(c) 在图 6.3.4 所示的格中，a 是全上界，h 是全下界。

定理 6.3.6 对于任何一个格 $\langle L, \leqslant \rangle$，若有全下界（全上界），则是唯一的。

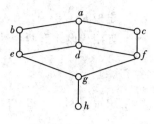

图 6.3.4

证明 设 $a, b \in L$ 且 a 和 b 是 L 的全下界，因为 a 是全下界，所以 $a \leqslant b$。又因为 b 是全下界，所以 $b \leqslant a$。由于 $\leqslant$ 是反对称的，所以 $a = b$。因此，全下界是唯一的。

采用类似方法可以证明全上界也是唯一的。

证毕

定理 6.3.7 设 $\langle L, \leqslant \rangle$ 是一个有界格，则对任意 $a \in L$，有

$a \vee 1 = 1, a \wedge 1 = a$ （1 是 $\vee$ 运算的零元，$\wedge$ 运算的幺元）

$a \vee 0 = a, a \wedge 0 = 0$ （0 是 $\vee$ 运算的幺元，$\wedge$ 运算的零元）

证明 因为 1 是全上界，$a \leqslant 1$，所以 $a \vee 1 = 1, a \wedge 1 = a$。又因为 0 是全下界，$0 \leqslant a$，所以 $a \vee 0 = a, a \wedge 0 = 0$。

证毕

由 $a \vee 0 = 0 \vee a = a$ 和 $a \wedge 1 = 1 \wedge a = a$ 说明 0 和 1 分别是关于运算 $\vee$ 和 $\wedge$ 的幺元。另外，0 和 1 分别是关于运算 $\wedge$ 和 $\vee$ 的零元。

6.3.4 有补格

定义 6.3.4 设 $\langle L, \leqslant \rangle$ 是一个有界格，对于任意 $a \in L$，如果存在 $b \in L$，使得 $a \wedge b = 0, a \vee b = 1$，则称 b 为 a 的补元（complement）。

由定义可知，若 b 是 a 的补元，则 a 也是 b 的补元，即 a 与 b 互为补元。

显然，在有界格中，0 是 1 的唯一补元，1 是 0 的唯一补元。一般来说，一个元素可以有多个补元，也可能无补元。

例 6 求出图 6.3.5 中各格的元素的补元。

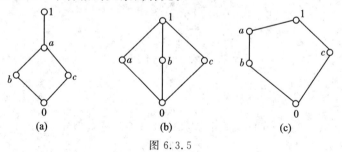

图 6.3.5

解 在图 6.3.5(a) 中，a、b、c 三个元素都无补元。

在图 6.3.5(b) 中，a、b、c 都互为补元，补元不唯一。

在图 6.3.5(c) 中，c 的补元是 a 和 b，a 的补元是 c，b 的补元是 c。

定义 6.3.5 设 $\langle L, \leqslant \rangle$ 是一个有界格，若 L 中每个元素至少有一补元，则称 $\langle L, \leqslant \rangle$ 为有补格。

例如，图 6.3.5(a) 所示的格中，有些元素无补元，故不是有补格，图 (b)、(c) 所示的格为有补格。

由于补元的定义是在有界格中给出的，因此，有补格一定是有界格。

定理 6.3.8 设 $\langle L, \leqslant \rangle$ 是有界分配格，若 $a \in L$，且存在补元，则 a 的补元是唯一的。

证明 设 a 有两个补元素 b 和 c，即有

$$a \vee b = 1 \text{ 和 } a \wedge b = 0$$
$$a \vee c = 1 \text{ 和 } a \wedge c = 0$$

由定理 6.3.4 得 $b = c$。

证毕

对于有界分配格 $\langle L, \leqslant \rangle$，如果 $a \in L$，且存在补元，则用 $\bar{a}$ 表示 a 的补元。

习　题

6.3-1　试证明 $\langle \mathbf{Z}, \min, \max \rangle$ 是一分配格，这里 $\mathbf{Z}$ 是整数集合。

6.3-2　当 $n = 30$ 和 $n = 45$ 时，格 $\langle S_n, | \rangle$ 是分配格吗？是有补格吗？

6.3-3　当 $n = 75$ 时，试指出格 $\langle S_n, | \rangle$ 中各元素的补元。

6.3-4　试证明在具有两个或更多元素的格中，任何元素的补元不是自身。

6.3-5　试证明具有三个或更多元素的链不是有补格。

6.3-6　设 $\langle L, \vee, \wedge \rangle$ 是一个格，这里 $|L| > 1$，试证明如果 $\langle L, \vee, \wedge \rangle$ 有全上界 1 和全下界 0，则这两元素必定是不同的。

6.3-7　在一个有界分配格中，证明拥有补元的各元素构成一个子格。

6.3-8　在有补分配格 $\langle L, \leqslant \rangle$ 中，证明：对于任何 $a, b \in L$，有

$$\bar{b} \leqslant \bar{a} \Leftrightarrow a \wedge \bar{b} = 0 \Leftrightarrow \bar{a} \vee b = 1$$

6.3-9　证明：一个格 $\langle L, \leqslant \rangle$ 是分配格当且仅当对于 A 的任意元素 a、b、c，有

$$(a \vee b) \wedge c \leqslant a \vee (b \wedge c)$$

6.3-10　Show that the lattice in Figure 6.3.6 is not distribute.

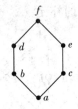

Figure 6.3.6

6.3-11　Show that the lattice in Figure 6.3.7 is distribute.

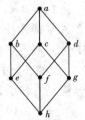

Figure 6.3.7

6.4　布　尔　代　数

定义 6.4.1　设$\langle B, \leqslant \rangle$是一个格,如果$\langle B, \leqslant \rangle$既是有补格,又是分配格,则称$\langle B, \leqslant \rangle$是布尔格。

由于在布尔格$\langle B, \leqslant \rangle$中,每个元素$a$都有唯一的补元$\bar{a}$,因此可在$B$上定义一个一元运算——补运算"‾"。这样,布尔格$\langle B, \leqslant \rangle$所诱导的代数格可看做是具有两个二元运算"$\vee$"、"$\wedge$"和一个一元运算"‾"的代数结构,记做$\langle B, \vee, \wedge, ^- \rangle$,称为布尔代数(Boolean Algebra)。

定理 6.4.1　设$\langle B, \vee, \wedge, ^- \rangle$是由布尔格$\langle B, \leqslant \rangle$诱导的布尔代数,对于任意$a, b \in B$,则有

(1)(对合律)$\overline{(\bar{a})} = a$。

(2)(德·摩根律)$\overline{a \vee b} = \bar{a} \wedge \bar{b}, \overline{a \wedge b} = \bar{a} \vee \bar{b}$。

证明　(1)因为$a \vee \bar{a} = 1, a \wedge \bar{a} = 0$,所以$\overline{(\bar{a})} = a$。

(2)因为

$$(a \vee b) \vee (\bar{a} \wedge \bar{b}) = ((a \vee b) \vee \bar{a}) \wedge ((a \vee b) \vee \bar{b}) = 1 \wedge 1 = 1$$

又因为

$$(a \vee b) \wedge (\bar{a} \wedge \bar{b}) = (a \wedge (\bar{a} \wedge \bar{b})) \vee (b \wedge (\bar{a} \wedge \bar{b})) = 0 \vee 0 = 0$$

所以,$\overline{a \vee b} = \bar{a} \wedge \bar{b}$。

可用类似方法证明$\overline{a \wedge b} = \bar{a} \vee \bar{b}$。

证毕

下面列举布尔代数的一些重要性质,并进一步讨论布尔代数的判断条件。设$\langle B, \vee, \wedge, ^- \rangle$是由布尔格$\langle B, \leqslant \rangle$诱导的布尔代数,其中全上界是 1,全下界是 0,对于任意$a, b, c \in B$,则有:

(1)交换律:$a \vee b = b \vee a, a \wedge b = b \wedge a$。

(2)吸收律:$a \vee (a \wedge b) = a, a \wedge (a \vee b) = a$。

(3)结合律:$(a \vee b) \vee c = a \vee (b \vee c), (a \wedge b) \wedge c = a \wedge (b \wedge c)$。

(4)等幂律:$a \vee a = a, a \wedge a = a$。

(5)分配律:$a \vee (b \wedge c) = (a \vee b) \wedge (a \vee c), a \wedge (b \vee c) = (a \wedge b) \vee (a \wedge c)$。

(6)同一律:$a \wedge 1 = a, a \vee 0 = a$。

(7)零律:$a \vee 1 = 1, a \wedge 0 = 0$。

(8)排中律:$a \vee \bar{a} = 1$。

(9)矛盾律:$a \wedge \bar{a} = 0$。

(10)对合律:$\overline{(\bar{a})} = a$。

(11)德·摩根律:$\overline{a \vee b} = \bar{a} \wedge \bar{b}, \overline{a \wedge b} = \bar{a} \vee \bar{b}$。

一个布尔代数满足上述性质,反之,一个满足上述性质的代数系统也必然是布尔代数。由于上述性质不是相互独立的,因此,可以给出布尔代数更为简单的判断条件。这里利用哈廷顿(E. V. Hungtington)公理讨论布尔代数的判定。

定理 6.4.2　设$\langle B, \vee, \wedge, ^- \rangle$是一个至少含有两个元素的封闭的代数系统,$\vee$和$\wedge$是$B$上的二元运算,$^-$是$B$上的一元运算,对任意的$a, b, c \in B$,如果满足

（H_1）交换律：$a \lor b = b \lor a$，$a \land b = b \land a$；

（H_2）分配律：$a \land (b \lor c) = (a \land b) \lor (a \land c)$，$a \lor (b \land c) = (a \lor b) \land (a \lor c)$；

（H_3）同一律：存在元素 0、$1 \in B$，使得对任意 $a \in B$，有

$$a \land 1 = a，a \lor 0 = a$$

（H_4）排中律和矛盾律：对任意 $a \in B$，有 $\bar{a} \in B$，使得

$$a \lor \bar{a} = 1，a \land \bar{a} = 0$$

则 $\langle B, \lor, \land, \bar{} \rangle$ 是一个布尔代数。

证明 （1）证明 $a \lor 1 = 1$，$a \land 0 = 0$。

$$a \lor 1 = (a \lor 1) \land 1 = (a \lor 1) \land (a \lor \bar{a}) = a \lor (1 \land \bar{a}) = a \lor \bar{a} = 1$$
$$a \land 0 = (a \land 0) \lor 0 = (a \land 0) \lor (a \land \bar{a}) = a \land (0 \lor \bar{a}) = a \land \bar{a} = 0$$

（2）证明如果 $a \lor c = b \lor c$，$a \lor \bar{c} = b \lor \bar{c}$，则 $a = b$。

设 $a \lor c = b \lor c$，$a \lor \bar{c} = b \lor \bar{c}$，可得

$$
\begin{aligned}
a &= a \lor 0 \\
&= a \lor (c \land \bar{c}) \\
&= (a \lor c) \land (a \lor \bar{c}) \\
&= (b \lor c) \land (b \lor \bar{c}) \\
&= b \lor (c \land \bar{c}) \\
&= b \lor 0 \\
&= b
\end{aligned}
$$

使用类似方法也可以证明如果 $a \land c = b \land c$，$a \land \bar{c} = b \land \bar{c}$，则 $a = b$。

（3）证明 $\langle B, \lor, \land, \bar{} \rangle$ 是格。

由（H_1）知，$\lor$ 和 $\land$ 满足可交换律。

因为

$$a \lor (a \land b) = (a \land 1) \lor (a \land b) = a \land (1 \lor b) = a \land 1 = a$$
$$a \land (a \lor b) = (a \lor 0) \land (a \lor b) = a \lor (0 \land b) = a \lor 0 = a$$

所以，$\lor$ 和 $\land$ 满足吸收律。

令 $s = (a \lor b) \lor c$，$t = a \lor (b \lor c)$，$s, t \in B$，$s \land c = ((a \lor b) \lor c) \land c = c$，则

$$
\begin{aligned}
t \land c &= (a \lor (b \lor c)) \land c \\
&= (a \land c) \lor ((b \lor c) \land c) \\
&= (a \land c) \lor c \\
&= c
\end{aligned}
$$

所以 $s \land c = t \land c$。

又因为

$$
\begin{aligned}
s \land \bar{c} &= ((a \lor b) \lor c) \land \bar{c} \\
&= ((a \lor b) \land \bar{c}) \lor (c \land \bar{c}) \\
&= (a \lor b) \land \bar{c}
\end{aligned}
$$

$$
\begin{aligned}
t \land \bar{c} &= (a \lor (b \lor c)) \land \bar{c} \\
&= (a \land \bar{c}) \lor ((b \lor c) \land \bar{c}) \\
&= (a \land \bar{c}) \lor ((b \land \bar{c}) \lor (c \land \bar{c})) \\
&= (a \land \bar{c}) \lor (b \land \bar{c}) \\
&= (a \lor b) \land \bar{c}
\end{aligned}
$$

所以 $s \wedge \bar{c} = t \wedge \bar{c}$。

从而得到，$s \wedge c = t \wedge c$，$s \wedge \bar{c} = t \wedge \bar{c}$，由（2）知，$s = t$，即 $(a \vee b) \vee c = a \vee (b \vee c)$。

因此，运算 $\vee$ 满足结合律。

采用类似的方法，令 $s = (a \wedge b) \wedge c$，$t = a \wedge (b \wedge c)$，$s$，$t \in B$，通过证明 $s \vee c = t \vee c$，$s \vee \bar{c} = t \vee \bar{c}$，得到 $s = t$，即 $(a \wedge b) \wedge c = a \wedge (b \wedge c)$，从而证明运算 $\wedge$ 也满足结合律。

由以上论证知，$\langle B, \vee, \wedge, ^{-} \rangle$ 满足交换律、结合律、吸收律。

因此，$\langle B, \vee, \wedge, ^{-} \rangle$ 是格。

（4）设 $\langle B, \leqslant \rangle$ 是由代数 $\langle B, \vee, \wedge, ^{-} \rangle$ 诱导的偏序格，由（H_3）知，存在元素 $0, 1 \in B$，对任意 $a \in B$，有 $a \wedge 1 = a$，$a \vee 0 = a$，得到 $a \leqslant 1$，$0 \leqslant a$。

因此，$\langle B, \vee, \wedge, ^{-} \rangle$ 是有界格，全上界是 1，全下界是 0。

（5）由（H_4）知，对于任意 $a \in B$，有 $\bar{a} \in B$，使得 $a \vee \bar{a} = 1$，$a \wedge \bar{a} = 0$，因此，$\langle B, \vee, \wedge, ^{-} \rangle$ 是有补格。

（6）由（H_2）知：
$$a \wedge (b \vee c) = (a \wedge b) \vee (a \wedge c), \quad a \vee (b \wedge c) = (a \vee b) \wedge (a \vee c)$$

因此，$\langle B, \vee, \wedge, ^{-} \rangle$ 是分配格。

综合以上证明，得到 $\langle B, \vee, \wedge, ^{-} \rangle$ 是一个布尔代数。

证毕

例 1 设 $B = \{0, 1\}$，B 上的一元运算 "$^{-}$" 与二元运算 $\wedge$ 和 $\vee$ 的定义见表 6.4.1。

表 6.4.1

(a)

a	$\bar{a}$
0	1
1	0

(b)

$\wedge$	0	1
0	0	0
1	0	1

(c)

$\vee$	0	1
0	0	1
1	1	1

代数 $\langle B, \vee, \wedge, ^{-} \rangle$ 是布尔代数，习惯上称为电路代数，其中，B 有 2 个元素，1 是全上界，0 是全下界。

例 2 设 S 是非空有限集合，$\rho(S)$ 是 S 的幂集，$\langle \rho(S), \subseteq \rangle$ 为布尔格，$\langle \rho(S), \subseteq \rangle$ 诱导出的代数系统 $\langle \rho(S), \cap, \cup, ^{-} \rangle$ 是布尔代数，习惯上称为集合代数，其中 $\cap$、$\cup$、$^{-}$ 分别为集合的交运算、并运算、补运算，S 是全上界，$\varnothing$ 是全下界。任取 $A \in \rho(S)$，A 的补元 $\bar{A} = S - A$。如果 S 有 n 个元素，则 $\rho(S)$ 有 2^n 个元素。图 6.4.1 给出了 $S = \{a\}$，$S = \{a, b\}$，$S = \{a, b, c\}$ 相应的布尔格的哈斯图表示。

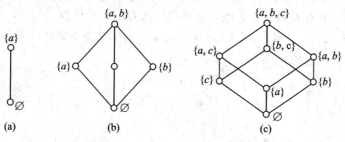

图 6.4.1

例 3 设 X 是由命题变元 p_1，p_2，$\cdots$，p_n 构成的所有命题合式公式的集合，偏序格 $\langle X, \Rightarrow \rangle$ 诱导的代数系统 $\langle X, \vee, \wedge, \neg \rangle$ 是布尔代数，习惯上称为命题代数。其中，$\vee$、$\wedge$、$\neg$ 分别是逻辑析取运算、合取运算、否定运算，全上界是 T，全下界是 F。任取 $A \in X$，A 的补元 $\overline{A} = \neg A$。此外，X 有 2^{2^n} 个元素。

例 4 设 $B_n = \{0, 1\}^n$，对于任何 $a, b \in B_n$，令 $a = \langle a_1, a_2, \cdots, a_n \rangle$，$b = \langle b_1, b_2, \cdots, b_n \rangle$，定义 B_n 上逻辑运算 $\vee$、$\wedge$、$\neg$ 如下：

$$a \vee b = \langle a_1 \vee b_1, a_2 \vee b_2, \cdots, a_n \vee b_n \rangle$$
$$a \wedge b = \langle a_1 \wedge b_1, a_2 \wedge b_2, \cdots, a_n \wedge b_n \rangle$$
$$\neg a = \langle \neg a_1, \neg a_2, \cdots, \neg a_n \rangle$$

则 $\langle B_n, \vee, \wedge, \neg \rangle$ 是布尔代数，习惯上称为开关代数，其中，$\vee$、$\wedge$、$\neg$ 分别是逻辑析取运算、合取运算、否定运算，全上界是 $1_n = \langle 1, 1, \cdots, 1 \rangle$，全下界是 $0_n = \langle 0, 0, \cdots, 0 \rangle$。$B_n$ 有 2^n 个元素。

习　题

6.4 - 1　$\langle B, +, \cdot, ^{-} \rangle$ 是布尔代数，$\forall a, b, c \in B$，化简下列布尔代数式：

(a) $a \cdot b \cdot c + a \cdot b \cdot \overline{c} + b \cdot c + \overline{a} \cdot b \cdot c + \overline{a} \cdot b \cdot \overline{c}$。

(b) $\overline{a \cdot b} + \overline{a + b}$。

6.4 - 2　设 $\langle B, \vee, \wedge, ^{-} \rangle$ 为布尔代数，对于任何 $a, b \in B$，证明

$$a = b \Longleftrightarrow (a \wedge \overline{b}) \vee (\overline{a} \wedge b) = 0$$

6.4 - 3　考察布尔代数 $\langle L, | \rangle$，其中 $L = \{1, 5, 6, 7, 30, 35, 42, 210\}$，$|$ 是 L 上的整除关系。

(a) 该布尔代数中的补 $^{-}$、交 $\wedge$、并 $\vee$ 运算是什么？

(b) 画出其哈斯图。

6.4 - 4　设 $\langle B, \wedge, \vee, \neg \rangle$ 是布尔代数，在 B 上定义一个运算 $\oplus$ 如下：

$$a \oplus b = (a \wedge \overline{b}) \vee (\overline{a} \wedge b)$$

试证明 $\langle B, \oplus \rangle$ 是一个阿贝尔群。

6.5　布尔代数的结构和布尔函数

本节将讨论有限布尔代数的表示、结构以及布尔函数。

定义 6.5.1　具有有限个元素的布尔代数称为有限布尔代数。

定义 6.5.2　设 $\langle L_1, \vee, \wedge, ^{-} \rangle$ 和 $\langle L_2, \vee, \wedge, ^{-} \rangle$ 是两个布尔代数，如果存在着 A 到 B 的映射 f，对于任意的 $a, b \in L_1$，都有

$$f(a \vee b) = f(a) \vee f(b)$$
$$f(a \wedge b) = f(a) \wedge f(b)$$
$$f(\overline{a}) = \overline{f(a)}$$

则称 f 为从 $\langle L_1, \vee, \wedge, ^{-} \rangle$ 到 $\langle L_2, \vee, \wedge, ^{-} \rangle$ 的同态映射，称 $\langle L_1, \vee, \wedge, ^{-} \rangle$ 和 $\langle L_2, \vee, \wedge, ^{-} \rangle$ 布尔同态。特别地，如果 f 是双射，则称 f 为从 $\langle L_1, \vee, \wedge, ^{-} \rangle$ 到 $\langle L_2, \vee,$

$\wedge$，$^-$）的同构映射，称$\langle L_1, \vee, \wedge, ^-\rangle$和$\langle L_2, \vee, \wedge, ^-\rangle$布尔同构。

定义 6.5.3　设$\langle L, \leqslant\rangle$是一个格，且具有全下界 0，如果有元素$a$盖住$0(0 \prec a$，且没有其他元素$b \in L$满足$0 \prec b \prec a)$，则称元素$a$为原子(atom)。

原子在偏序图中是那些与 0 有直接连线的元素。显然，在格中若有原子a、b且$a \neq b$，则必有$a \wedge b = 0$。

例 1　若B是正整数n的全体正因子关于整除关系构成的格，则B的原子恰为n的全体质因子。

例 2　设$S = \{a, b, c\}$，在格$\langle \rho(S), \subseteq\rangle$中，$\{a\}$、$\{b\}$、$\{c\}$是原子。

例 3　设X是由命题变元$p_1, p_2, \cdots, p_n$构成的所有命题合式公式的集合，在布尔格$\langle X, \Rightarrow\rangle$中，原子是$p_1, p_2, \cdots, p_n$构成的极小项，$\neg p_1 \wedge \neg p_2 \wedge \cdots \wedge \neg p_n, \neg p_1 \wedge \neg p_2 \wedge \cdots \wedge \neg p_{n-1} \wedge p_n, \cdots, p_1 \wedge p_2 \wedge \cdots \wedge p_{n-1} \wedge p_n$，共$2^n$个。

定理 6.5.1　设$\langle L, \leqslant\rangle$是一个具有全下界的有限格，则对任何一个非零元素$b$（即不等于全下界 0 的元素）至少存在一个原子$a$，使得$a \leqslant b$。

证明　若b本身是原子，则$b \leqslant b$，得证。若b不是原子，则存在$b_1 \in L$，使得$0 \prec b_1 \prec b$。如果b_1是原子，得证。如果b_1不是原子，则存在$b_2 \in L$，使得$0 \prec b_2 \prec b_1 \prec b$。如此重复进行下去，由于$\langle L, \leqslant\rangle$是一个具有全下界的有限格，必然存在$b_k \in L$使得

$$0 \prec b_k \prec b_{k-1} \cdots \prec b_2 \prec b_1 \prec b$$

且b_k为原子。

证毕

定理 6.5.2　设$\langle L, \leqslant\rangle$是格，$a$、$b$是$L$中的原子，若$a \neq b$，则$a \wedge b = 0$。

证明　用反证法。假设$a \wedge b \neq 0$，则有$0 \prec a \wedge b \leqslant a$，$0 \prec a \wedge b \leqslant b$。由于$a$、$b$是原子，因此有$a \wedge b = a$和$a \wedge b = b$，从而有$a = b$，与$a \neq b$矛盾。

故对L中的原子a、b，若$a \neq b$，必有$a \wedge b = 0$。

证毕

引理 6.5.1　在一个布尔格$\langle B, \leqslant\rangle$中，对于任何$b, c \in B$，$b \wedge \bar{c} = 0$当且仅当$b \leqslant c$。

证明　必要性。设$b \wedge \bar{c} = 0$，因为$0 \vee c = c$，可得

$$
\begin{aligned}
c &= 0 \vee c \\
&= (b \wedge \bar{c}) \vee c \\
&= (b \vee c) \wedge (\bar{c} \vee c) \\
&= (b \vee c) \wedge 1 \\
&= b \vee c
\end{aligned}
$$

因此，$b \leqslant c$。

充分性。设$b \leqslant c$，因为$\bar{c} \leqslant \bar{c}$，所以$b \wedge \bar{c} \leqslant c \wedge \bar{c} = 0$。

因此，$b \wedge \bar{c} = 0$。

证毕

引理 6.5.2　设$\langle B, \vee, \wedge, ^-\rangle$是一个有限布尔代数，若$b$是$B$中任意非零元素，$a_1, a_2, \cdots, a_k$是$B$中满足$a_i \leqslant b$的所有原子$(1, 2, \cdots, k)$，则

$$b = a_1 \vee a_2 \vee \cdots \vee a_k$$

证明　（1）令$c = a_1 \vee a_2 \vee \cdots \vee a_k$，因为$a_i \leqslant b(i = 1, 2, \cdots, k)$，所以$c \leqslant b$。

（2）下面证明 $b \leqslant c$。由引理 6.5.1，只需证明 $b \wedge \bar{c} = 0$。

用反证法。设 $b \wedge \bar{c} \neq 0$，由定理 6.5.1，必然存在一个原子 a，使得 $a \leqslant b \wedge \bar{c}$。

又由于

$$b \wedge \bar{c} \leqslant b, \ b \wedge \bar{c} \leqslant \bar{c}$$

由传递性可得

$$a \leqslant b, \ a \leqslant \bar{c}$$

由于 a 是原子，结合 $a \leqslant b$，必有 $a \in \{a_1, a_2, \cdots, a_k\}$，因而 $a \leqslant a_1 \vee a_2 \vee \cdots \vee a_k = c$，得到 $a \leqslant c$，再结合 $a \leqslant \bar{c}$，就有 $a \leqslant c \wedge \bar{c} = 0$，即 $a \leqslant 0$，与 a 是原子矛盾，故 $b \wedge \bar{c} = 0$，即 $b \leqslant c$。

综合（1）和（2）的结论，必有 $b = c = a_1 \vee a_2 \vee \cdots \vee a_k$。

证毕

引理 6.5.3（原子表示定理） 设 $\langle B, \vee, \wedge, ^- \rangle$ 是一个有限布尔代数，若 b 是 B 中任意非零元素，$a_1, a_2, \cdots, a_k$ 是 B 中满足 $a_i \leqslant b$ 的所有原子（$i = 1, 2, \cdots, k$），则 $b = a_1 \vee a_2 \vee \cdots \vee a_k$ 是将 b 表示为原子的并的唯一形式。

证明 任取 b 的一种原子并的表示形式：$b = a_{i1} \vee a_{i2} \vee \cdots \vee a_{it}$，其中 $a_{i1}, a_{i2}, \cdots, a_{it}$ 是 B 中的原子，由于 $a_{i1} \leqslant b, a_{i2} \leqslant b, \cdots, a_{it} \leqslant b$，因此可以得到 $a_{i1}, a_{i2}, \cdots, a_{it} \in \{a_1, a_2, \cdots, a_k\}$。

假设 $\{a_{i1}, a_{i2}, \cdots, a_{it}\} \neq \{a_1, a_2, \cdots, a_k\}$，则存在 $a_i \in \{a_1, a_2, \cdots, a_k\}$，但是 $a_i \notin \{a_{i1}, a_{i2}, \cdots, a_{it}\}$，于是有

$$a_i \wedge b = a_i \wedge (a_1 \vee a_2 \vee \cdots \vee a_k) = a_i$$
$$a_i \wedge b = a_i \wedge (a_{i1} \vee a_{i2} \vee \cdots \vee a_{it}) = 0$$

即 $a_i = 0$，与 a_i 是原子矛盾，故假设 $\{a_{i1}, a_{i2}, \cdots, a_{it}\} \neq \{a_1, a_2, \cdots, a_k\}$ 不成立。因此，$\{a_{i1}, a_{i2}, \cdots, a_{it}\} = \{a_1, a_2, \cdots, a_k\}$。

这就证明了 $b = a_1 \vee a_2 \vee \cdots \vee a_k$ 是将 b 表示为原子的并的唯一形式。

证毕

定理 6.5.3（斯通（Stone）定理） 设 $\langle B, \vee, \wedge, ^- \rangle$ 是由有限布尔格 $\langle B, \leqslant \rangle$ 所诱导的一个有限布尔代数，S 是布尔格 $\langle B, \leqslant \rangle$ 中的所有原子的集合，则 $\langle B, \vee, \wedge, ^- \rangle$ 与集合代数 $\langle \rho(S), \cup, \cap, ^- \rangle$ 同构。

证明 任取 $x \in B$ 且 $x \neq 0$，令 $S_x = \{a \mid a \in S, a \leqslant x\}$，$S_x \leqslant S$，构造函数 $f: B \rightarrow \rho(S)$ 为

$$f(0) = \varnothing$$

对于任何 $x \in B$ 且 $x \neq 0$，$f(x) = S_x$。

下面证明 f 是 B 到 $\rho(S)$ 的同构映射。

（1）证明 f 为双射。任取 $x, y \in B$，设 $f(x) = f(y) = \{a_1, a_2, \cdots, a_n\}$，由引理 6.5.3 知

$$x = a_1 \vee a_2 \vee \cdots \vee a_n = y$$

故 f 为单射。

任取 $\{b_1, b_2, \cdots, b_m\} \in \rho(S)$，令 $x = b_1 \vee b_2 \vee \cdots \vee b_m$，则

$$f(x) = S_x = \{b_1, b_2, \cdots, b_m\}$$

故 f 为满射。

（2）证明对于任何 $x, y \in B$，$f(x \wedge y) = f(x) \cap f(y)$。任取 $b \in B$，因为

$$b \in f(x \wedge y) = S_x \wedge y$$
$$\Leftrightarrow b \in S \wedge b \leqslant (x \wedge y)$$
$$\Leftrightarrow b \in S \wedge b \leqslant x \wedge b \leqslant y$$
$$\Leftrightarrow b \in S_x \wedge b \in S_y \Leftrightarrow b \in S_x \bigcap S_y$$

所以，$S_x \wedge y = S_x \bigcap S_y$，即对于任何 $x, y \in B$，$f(x \wedge y) = f(x) \bigcap f(y)$ 成立。

(3) 证明对于任何 $x, y \in B$，$f(x \vee y) = f(x) \bigcup f(y)$。

设 $x = a_1 \vee a_2 \vee \cdots \vee a_n$，$y = b_1 \vee b_2 \vee \cdots \vee b_m$ 是 x、y 的原子表示，显然

$$x \vee y = a_1 \vee a_2 \vee \cdots \vee a_n \vee b_1 \vee b_2 \vee \cdots \vee b_m$$

由引理 6.5.3 可知

$$S_{x \vee y} = \{a_1, a_2, \cdots, a_n, b_1, b_2, \cdots, b_m\}$$

由于 $S_x = \{a_1, a_2, \cdots, a_n\}$，$S_y = \{b_1, b_2, \cdots, b_m\}$，所以 $S_{x \vee y} = S_x \bigcup S_y$

又因为 $f(x \vee y) = S_{x \vee y}$，$f(x) \bigcup f(y) = S_x \bigcup S_y$，所以，对于任何 $x, y \in B$，$f(x \vee y) = f(x) \bigcup f(y)$ 成立。

(4) 证明对于任何 $x \in B$，$f(\bar{x}) = \overline{f(x)}$。

设 x 的补元 $\bar{x} \in B$，$x \vee \bar{x} = 1$，$x \wedge \bar{x} = 0$，则有

$$f(x) \bigcup f(\bar{x}) = f(x \vee \bar{x}) = f(1) = S$$
$$f(x) \bigcap f(\bar{x}) = f(x \wedge \bar{x}) = f(0) = \varnothing$$

而 $\varnothing$ 和 S 分别为 $\rho(S)$ 的全下界和全上界，因此 $f(\bar{x})$ 是 $f(x)$ 在 $\rho(S)$ 中的补元，即

$$f(\bar{x}) = \overline{f(x)}$$

综上所述，f 是 B 到 $\rho(S)$ 的同构映射，即有限布尔格 $\langle B, \leqslant \rangle$ 所诱导的有限布尔代数 $\langle B, \vee, \wedge, \bar{\ } \rangle$ 与集合代数 $\langle \rho(S), \bigcup, \bigcap, \bar{\ } \rangle$ 同构，其中 S 是布尔格 $\langle B, \leqslant \rangle$ 中的所有原子的集合。

证毕

由本定理可直接得到以下推论：

推论 1　有限布尔格的元素的个数必定等于 2^n，其中 n 是该布尔格中所有原子的个数。

由此又可推出，若两个有限布尔代数中的集合有相同的基数，则它们的原子集合也有相同的基数，于是这两个布尔代数是同构的。因此可得到如下推论：

推论 2　任何两个元素个数相同的有限布尔代数都是同构的。

设 $\langle B, \vee, \wedge, \bar{\ } \rangle$ 是布尔代数，下面讨论从 B^n 到 B 的布尔函数(或布尔表达式)。

定义 6.5.4　给定布尔代数 $\langle B, \vee, \wedge, \bar{\ } \rangle$ 及 n 个变元 $x_1, x_2, \cdots, x_n$，则在 $\langle B, \vee, \wedge, \bar{\ } \rangle$ 上由 n 个变元 $x_1, x_2, \cdots, x_n$ 产生的布尔表达式可归纳定义如下：

(1) B 中的任何元素是一个布尔表达式。

(2) 任何变元 $x_i (i = 1, 2, \cdots, n)$ 是一个布尔表达式。

(3) 若 e_1 和 e_2 是布尔表达式，那么 $\bar{e_1}$、$(e_1 \vee e_2)$ 和 $(e_1 \wedge e_2)$ 也是布尔表达式。

(4) 只有通过有限次运用规则(1)、(2)和(3)所构造的符号串才是布尔表达式。

为了讨论方便，通常将含有 n 个变元 $x_1, x_2, \cdots, x_n$ 的布尔表达式采用由代表函数符的小写(或大写)字母以及变元序列组成的"紧式"进行描述，记为 $f(x_1, x_2, \cdots, x_n)$、$E(x_1, x_2, \cdots, x_n)$ 等。

例 4 设 $\langle\{0, a, b, 1\}, \vee, \wedge, ^{-}\rangle$ 是布尔代数，则

$$f_1 = a$$

$$f_2(x) = (a \wedge x) \vee (\bar{b} \wedge \bar{x})$$

$$f_3(x_1, x_2) = a \vee ((x_1 \vee x_2) \wedge (1 \vee x_2))$$

都是布尔表达式。

定义 6.5.5 布尔代数 $\langle B, \vee, \wedge, ^{-}\rangle$ 上的一个含有 n 个变元的布尔表达式 $E(x_1, x_2, \cdots, x_n)$ 的值是将 B 的元素作为变元 $x_i(i=1, 2, \cdots, n)$ 的值来代入表达式中相应的变元（即对变元赋值），从而计算出的表达式的值。

例 5 设 $f(x_1, x_2) = (a \wedge x_1) \vee (\bar{b} \vee x_2) \vee (x_1 \vee \bar{x_2})$ 是布尔代数 $\langle\{0, a, b, 1\}, \vee, \wedge, ^{-}\rangle$ 上的布尔表达式。

如果给变元一组赋值 $x_1 = a$，$x_2 = b$，则可求得

$$f(a, b) = (a \wedge a) \vee (\bar{b} \vee b) \vee (a \vee \bar{b}) = a \vee 1 \vee (a \vee \bar{b}) = 1$$

如果给变元一组赋值 $x_1 = 1$，$x_2 = 0$，则可求得

$$f(1, 0) = (a \wedge 1) \vee (\bar{b} \vee 0) \vee (1 \vee \bar{0}) = a \vee \bar{b} \vee 1 = 1$$

定义 6.5.6 设布尔代数 $\langle B, \vee, \wedge, ^{-}\rangle$ 上两个 n 元的布尔表达式为 $E_1(x_1, x_2, \cdots, x_n)$ 和 $E_2(x_1, x_2, \cdots, x_n)$，如果对于任意赋值，$x_i = b_i$，$b_i \in B$，$i = 1, 2, \cdots, n$，均有

$$E_1(b_1, b_2, \cdots, b_n) = E_2(b_1, b_2, \cdots, b_n)$$

则称两个布尔表达式是等价的，记做 $E_1(x_1, x_2, \cdots, x_n) = E_2(x_1, x_2, \cdots, x_n)$

例 6 布尔代数 $\langle\{0, 1\}, \vee, \wedge, ^{-}\rangle$ 上的两个布尔表达式为 $E_1(x_1, x_2, x_3) = (x_1 \wedge x_2) \vee (x_1 \wedge x_3)$ 和 $E_2(x_1, x_2, x_3) = x_1 \wedge (x_2 \vee x_3)$，验证这两个布尔表达式是等价的。

解 直接将 0、1 代入两个布尔表达式验证其等价性。

$$E_1(0, 0, 0) = (0 \wedge 0) \vee (0 \wedge 0) = 0, \quad E_2(0, 0, 0) = 0 \wedge (0 \vee 0) = 0$$

$$E_1(0, 0, 1) = (0 \wedge 0) \vee (0 \wedge 1) = 0, \quad E_2(0, 0, 1) = 0 \wedge (0 \vee 1) = 0$$

$$E_1(0, 1, 0) = (0 \wedge 1) \vee (0 \wedge 0) = 0, \quad E_2(0, 1, 0) = 0 \wedge (1 \vee 0) = 0$$

$$E_1(0, 1, 1) = (0 \wedge 1) \vee (0 \wedge 1) = 0, \quad E_2(0, 1, 1) = 0 \wedge (1 \vee 0) = 0$$

$$E_1(1, 0, 0) = (1 \wedge 0) \vee (1 \wedge 0) = 0, \quad E_2(1, 0, 0) = 1 \wedge (0 \vee 0) = 0$$

$$E_1(1, 0, 1) = (1 \wedge 0) \vee (1 \wedge 1) = 1, \quad E_2(1, 0, 1) = 1 \wedge (0 \vee 1) = 1$$

$$E_1(1, 1, 0) = (1 \wedge 1) \vee (1 \wedge 0) = 1, \quad E_2(1, 1, 0) = 1 \wedge (1 \vee 0) = 1$$

$$E_1(1, 1, 1) = (1 \wedge 1) \vee (1 \wedge 1) = 1, \quad E_2(1, 1, 1) = 1 \wedge (1 \vee 1) = 1$$

要证明两个布尔表达式等价，除直接验证法外，还可以采用推导的方法，如例 6 中直接用 $\vee$ 与 $\wedge$ 运算的分配律即可获得结果。

对于布尔代数 $\langle B, \vee, \wedge, ^{-}\rangle$ 上任何一个布尔表达式 $f(x_1, x_2, \cdots, x_n)$，由于 $\vee$、$\wedge$ 和 $^{-}$ 在 B 上封闭，所以对于 n 元组 $\langle x_1, x_2, \cdots, x_n\rangle$ 的任何赋值 $\langle b_1, b_2, \cdots, b_n\rangle$，$b_i \in B$，一定有 $f(b_1, b_2, \cdots, b_n) \in B$，因此，$f(x_1, x_2, \cdots, x_n)$ 确定了一个从 B^n 到 B 的函数。

定义 6.5.7 设 $\langle B, \vee, \wedge, ^{-}\rangle$ 是一个布尔代数，f 为一个从 B^n 到 B 的函数，如果它能够用 $\langle B, \vee, \wedge, ^{-}\rangle$ 上的 n 元布尔表达式来表示，那么这个函数就称为布尔函数。

定义 6.5.8 一个由 n 个布尔变元 $x_1, x_2, \cdots, x_n$ 组成的交式，如果其中每个变元与其补元不同时存在，但两者必须出现且仅出现一次，则称该交式为极小项。

例如，两个布尔变元 x_1 和 x_2，其极小项为 $x_1 \wedge x_2$、$x_1 \wedge \overline{x_2}$、$\overline{x_1} \wedge x_2$、$\overline{x_1} \wedge \overline{x_2}$。

n 个布尔变元 x_1，x_2，$\cdots$，x_n 可构成 2^n 个不同的极小项，具有如下形式：

$$\tilde{x}_1 \wedge \tilde{x}_2 \wedge \cdots \wedge \tilde{x}_n$$

$\tilde{x}_i$ 或者是 x_i，或者是 $\overline{x}_i$。

为了讨论方便，对极小项 $\tilde{x}_1 \wedge \tilde{x}_2 \wedge \cdots \wedge \tilde{x}_n$ 给出一个 n 位二进制数编码，当 $\tilde{x}_i$ 是 x_i 时，第 i 位取值 1，当 $\tilde{x}_i$ 是 $\overline{x}_i$ 时，第 i 位取值 0，进而可将二进制数转换为十进制数，从而得到：

$$m_0 = m_{00\cdots0} = \overline{x_1} \wedge \overline{x_2} \cdots \wedge \overline{x_n}$$
$$m_1 = m_{00\cdots01} = \overline{x_1} \wedge \overline{x_2} \cdots \wedge \overline{x_{n-1}} \wedge x_n$$
$$\cdots$$
$$m_{2^n-1} = m_{11\cdots1} = x_1 \wedge x_2 \wedge \cdots \wedge x_n$$

极小项具有如下性质：

$$m_i \wedge m_j = 0,\ (i \neq j)$$
$$\bigvee_{i=0}^{2^n-1} m_i = m_0 \vee m_1 \vee \cdots \vee m_{2^n-1} = 1$$

定义 6.5.9　设 $f(x_1, x_2, \cdots, x_n)$ 是布尔代数 $\langle B, \vee, \wedge, {}^- \rangle$ 上的一个布尔表达式，如果 $f(x_1, x_2, \cdots, x_n)$ 等价于如下的布尔表达式：

$$(\alpha_0 \wedge m_0) \vee (\alpha_1 \wedge m_1) \vee \cdots \vee (\alpha_{2^n-1} \wedge m_{2^n-1})$$

其中，$i = 1, 2, \cdots, n$，$\alpha_i \in B$，m_i 是 $x_1, x_2, \cdots, x_n$ 组成的极小项，则称该式为 $f(x_1, x_2, \cdots, x_n)$ 的主析取范式。

定义 6.5.10　一个由 n 个布尔变元 $x_1, x_2, \cdots, x_n$ 组成的并式，如果其中每个变元与其补元不同时存在，但两者必须出现且仅出现一次，则称该并式为极大项。

例如，两个布尔变元 x_1 和 x_2，其极大项为 $x_1 \vee x_2$、$x_1 \vee \overline{x_2}$、$\overline{x_1} \vee x_2$、$\overline{x_1} \vee \overline{x_2}$，$n$ 个布尔变元 x_1，x_2，$\cdots$，x_n 可构成 2^n 个不同的极大项，具有如下形式：

$$\tilde{x}_1 \vee \tilde{x}_2 \vee \cdots \vee \tilde{x}_n$$

其中，$\tilde{x}_i$ 或者是 x_i，或者是 $\overline{x}_i$。

对极大项 $\tilde{x}_1 \vee \tilde{x}_2 \vee \cdots \vee \tilde{x}_n$ 给出一个 n 位二进制数编码，当 $\tilde{x}_i$ 是 x_i 时，第 i 位取值 0，当 $\tilde{x}_i$ 是 $\overline{x}_i$ 时，第 i 位取值 1，进而可将二进制数转换为十进制数，从而得到：

$$M_0 = M_{00\cdots0} = x_1 \vee x_2 \vee \cdots \vee x_n$$
$$M_1 = M_{00\cdots01} = x_1 \vee x_2 \vee \cdots \vee x_{n-1} \vee \overline{x_n}$$
$$\cdots$$
$$M_{2^n-1} = M_{11\cdots1} = \overline{x_1} \vee \overline{x_2} \cdots \vee \overline{x_n}$$

极大项具有如下性质：

$$M_i \vee M_j = 1 \quad i \neq j$$
$$\bigwedge_{i=0}^{2^n-1} M_i = M_0 \wedge M_1 \wedge \cdots \wedge M_{2^n-1} = 0$$

定义 6.5.11　设 $f(x_1, x_2, \cdots, x_n)$ 是布尔代数 $\langle B, \vee, \wedge, {}^- \rangle$ 上的一个布尔表达式，如果 $f(x_1, x_2, \cdots, x_n)$ 等价于如下的布尔表达式：

$$(\alpha_0 \vee M_0) \wedge (\alpha_1 \vee M_1) \wedge \cdots \wedge (\alpha_{2^n-1} \vee M_{2^n-1})$$

其中，$i = 1, 2, \cdots, n$，$\alpha_i \in B$，M_i 是 $x_1, x_2, \cdots, x_n$ 组成的极大项，则称该式为 $f(x_1, x_2, \cdots, x_n)$ 的主合取范式。

定理 6.5.4(范式定理) 在布尔代数 $\langle B, \vee, \wedge, {}^- \rangle$ 上由变元 $x_1, x_2, \cdots, x_n$ 产生的任何布尔表达式 $f(x_1, x_2, \cdots, x_n)$ 均可表示为主析取范式和主合取范式。

证明略。

例 7 (a) 将布尔代数 $\langle \{0, a, b, 1\}, \wedge, \vee, {}^- \rangle$ 上的布尔表达式 $f(x_1, x_2) = ((a \wedge x_1) \wedge (x_1 \vee \bar{x_2})) \vee (b \wedge x_1 \wedge x_2)$ 化成主析取范式。

(b) 将布尔代数 $\langle \{0, 1\}, \wedge, \vee, {}^- \rangle$ 上的布尔表达式 $f(x_1, x_2, x_3) = (x_1 \wedge x_2) \vee x_3$ 化成主合取范式。

解 (a) $f(x_1, x_2) = ((a \wedge x_1) \wedge (x_1 \vee \bar{x_2})) \vee (b \wedge x_1 \wedge x_2)$

$\qquad\qquad = (a \wedge x_1) \vee (a \wedge x_1 \wedge \bar{x_2}) \vee (b \wedge x_1 \wedge x_2)$

$\qquad\qquad = (a \wedge x_1 \wedge (x_2 \vee \bar{x_2})) \vee (a \wedge x_1 \wedge \bar{x_2}) \vee (b \wedge x_1 \wedge x_2)$

$\qquad\qquad = (a \wedge x_1 \wedge x_2) \vee (a \wedge x_1 \wedge \bar{x_2}) \vee (b \wedge x_1 \wedge x_2)$

$\qquad\qquad = ((a \vee b) \wedge (x_1 \wedge x_2)) \vee (a \wedge x_1 \wedge \bar{x_2})$

$\qquad\qquad = (x_1 \wedge x_2) \vee (a \wedge x_1 \wedge \bar{x_2})$

$\qquad\qquad = m_3 \vee (a \wedge m_2)$

(b) $f(x_1, x_2, x_3) = (x_1 \wedge x_2) \vee x_3$

$\qquad\qquad = (x_1 \vee x_3) \wedge (x_2 \vee x_3)$

$\qquad\qquad = (x_1 \vee x_3 \vee (x_2 \wedge \bar{x_2})) \wedge (x_2 \vee x_3 \vee (x_1 \wedge \bar{x_1}))$

$\qquad\qquad = (x_1 \vee x_2 \vee x_3) \wedge (x_1 \vee \bar{x_2} \vee x_3) \wedge (\bar{x_1} \vee x_2 \vee x_3)$

$\qquad\qquad = M_0 \wedge M_2 \wedge M_4$

对于任何一个布尔代数 $\langle B, \vee, \wedge, {}^- \rangle$，由于 n 个布尔变元 $x_1, x_2, \cdots, x_n$ 可构成 2^n 个不同的极小项(极大项)，最多可以构造出 $|B|^{2^n}$ 个主析取范式(主合取范式)，因此，从 B^n 到 B 最多可以构造出 $|B|^{2^n}$ 个不同的布尔函数(布尔表达式)，但是，从 B^n 到 B 最多可以构造出 $|B|^{|B|^n}$ 个不同的布尔函数，所以并不是每一个函数都可以用布尔表达式表示。

例 8 设 $\langle B, \vee, \wedge, {}^- \rangle$ 是布尔代数，$B = \{0, a, b, 1\}$，如图 6.5.1 所示，给出从 B^2 到 B 的函数 $f(x_1, x_2)$ 如表 6.5.1 所示。验证 $f(x_1, x_2)$ 是否为布尔函数。

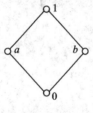

图 6.5.1

解 假设 $f(x_1, x_2)$ 是布尔函数，令

$\qquad f(x_1, x_2) = (\alpha_0 \wedge \bar{x_1} \wedge \bar{x_2}) \vee (\alpha_1 \wedge \bar{x_1} \wedge x_2) \vee (\alpha_2 \wedge x_1 \wedge \bar{x_2}) \vee (\alpha_3 \wedge x_1 \wedge x_2)$

$\qquad f(0, 0) = (\alpha_0 \wedge 1 \wedge 1) = \alpha_0 = 1$

$\qquad f(0, a) = (\alpha_0 \wedge 1 \wedge \bar{a}) \vee (\alpha_1 \wedge 1 \wedge a) = (1 \wedge 1 \wedge b) \vee (\alpha_1 \wedge 1 \wedge a)$

$$=b \bigvee (a_1 \bigwedge a)=0$$

不管 a_1 取什么值，上面等式都不可能成立，所以 $f(x_1, x_2)$ 不是布尔函数。

表 6.5.1

$\langle x_1, x_2 \rangle$	$f(x_1, x_2)$	$\langle x_1, x_2 \rangle$	$f(x_1, x_2)$
$\langle 0, 0 \rangle$	1	$\langle b, 0 \rangle$	a
$\langle 0, a \rangle$	0	$\langle b, a \rangle$	0
$\langle 0, b \rangle$	0	$\langle b, b \rangle$	a
$\langle 0, 1 \rangle$	b	$\langle b, 1 \rangle$	1
$\langle a, 0 \rangle$	a	$\langle 1, 0 \rangle$	b
$\langle a, a \rangle$	1	$\langle 1, a \rangle$	0
$\langle a, b \rangle$	0	$\langle 1, b \rangle$	a
$\langle a, 1 \rangle$	b	$\langle 1, 1 \rangle$	a

习　　题

6.5 - 1　设 $S = \{a, b, c\}$ 是一个集合，$\langle \rho(S), \cap, \cup, \neg \rangle$ 是集合代数，$\langle B, *, \oplus, ^- \rangle$ 是二阶布尔代数，$B = \{0, 1\}$，构造映射，$g : \rho(s) \to B$，且

$$g(x) = \begin{cases} 1 & \text{当 } x \text{ 含有 } b \text{ 时} \\ 0 & \text{当 } x \text{ 不含 } b \text{ 时} \end{cases}$$

试证明 g 是一个布尔同态映射。

6.5 - 2　给定从一个布尔代数 $\langle B, \bigvee, \bigwedge, ^- \rangle$ 到另一个布尔代数 $\langle B, *, \oplus, ' \rangle$ 的映射。试证明如果此映射能保持运算 $\bigvee$ 和 $^-$，则也能保持运算 $\bigwedge$。

6.5 - 3　构造一个含有 512 个元素的布尔格。

6.5 - 4　已知 $\langle \{0, a, b, 1\}, *, \oplus, ^- \rangle$ 上的布尔函数 $f(x_1, x_2, x_3) = (a * x_1 * \overline{x_2}) \oplus (x_1 * (x_3 \oplus b))$，试求 $f(b, 1, a)$ 的值。

6.5 - 5　下列是布尔代数 $\langle \{0, a, b, 1\}, *, \oplus, ^- \rangle$ 上的布尔表达式，试求出它们的主析取范式和主合取范式。

(a) $f(x_1, x_2, x_3) = (a * x_1 * x_2) \oplus (b * x_3)$。

(b) $f(x_1, x_2, x_3) = (b * x_1 * (x_3 \oplus \overline{x_2})) \oplus (a * x_2 * (x_1 \oplus x_3)) \oplus (x_1 * x_2)$。

(c) $f(x_1, x_2, x_3) = (a * x_2 * x_3) \oplus (b * x_1)$。

6.5 - 6　Boolean functions f of degree n ($f : B^n \to B$, $B = \{0, 1\}$) is usually expressed by $F(x_1, x_2, \cdots, x_n)$, where $x_i \in B$ and $f \in B$. Boolean functions can be represented using expressions made up from the variables and three Boolean operations. The Boolean expressions in variables $x_1, x_2, \cdots, x_n$ are defined recursively as follows:

(a) $0, 1, x_1, x_2, \cdots, x_n$ are Boolean expressions.

(b) If E_1 and E_2 are expressions, $(E_1 + E_2)$, $(E_1 \cdot E_2)$, $\overline{E_1}$ are also Boolean expressions.

(c) each Boolean expression is a Boolean function. Boolean function's value can be display in a table. Find the values of the boolean function $F(x, y, z) = xy + z$.

第7章 图 论

瑞士数学家列昂哈德·欧拉(Leonhard Euler)于 1736 年提出了图论(graph theory)的基本思想,并解决了著名的哥尼斯堡七桥问题,从此奠定了图论的基础。经历了二百多年的发展,目前图论已经形成了一个数学分支。近半个世纪以来,图论在物理学、化学、运筹学、计算机科学、信息论、控制论、网络理论、博弈论、社会科学以及经济管理等领域得到了广泛应用,受到全世界数学界和工程技术界的普遍重视。

图论可以用来解决许多现实问题,例如分析人的遗传基因,设计网络联结方式使得网内所有结点互联且通信链路花费最少,研究含有 n 个结点的通信网络去掉 k 个结点后仍能保证网内结点互联的网络抗毁性问题,设计分配方案使得 n 个人能最有效地完成 n 项任务,设计流动推销员到达每个城市的顺序或路线使得推销员所走过的路程较短,寻找因特网中两台主机间的最短路由,进行平面电路板上的超大规模集成电路设计等。

本章主要介绍图的基本概念、图的连通性、图的矩阵表示以及几种特殊的图,如欧拉图、汉密尔顿图、平面图、树和运输网络。

7.1 图的基本概念

现实世界的许多事例可以用图形来直观描述,这种图形不同于一般的圆、椭圆、函数图形等,它是由一个顶点集合以及这个顶点集合中的某些点对的连线所构成的,人们主要感兴趣的是给定两点是否有连线,而连接的方式则无关紧要。这类图形的数学抽象就产生了图的概念。

7.1.1 图的定义

图是由一个结点(或顶点)集合和这个结点集合中某些结点对之间的连线所组成的离散结构,其严格定义如下:

定义 7.1.1 一个图 G 可以表示为一个三元组 $G = \langle V(G), E(G), \varphi_G \rangle$,其中 $V(G)$ 是一个非空的结点(vertice)(或顶点)集合,$E(G)$ 是边(edge)集合,φ_G 是从边集合到结点偶对集合上的一个关系,使得每条边和两个结点相关联。

设 $G = \langle V(G), E(G), \varphi_G \rangle$ 是一个图,$e \in E(G)$,$u, v \in V(G)$,若 $\varphi_G(e) = [u, v]$,则称结点 u、v 与边 e 相关联。若 e 与 u 和 v 的顺序无关,则称 e 是图 G 的无向边(undirected edge),结点 u 和 v 是 e 的两个端点(end point);若 e 与 u 和 v 的顺序有关,则称 e 是图 G 的有向边(directed edge),其中结点 u 称为 e 的始点,结点 v 称为 e 的终点。为了便于区别,无向边 $\varphi_G(e) = [u, v]$ 记为 $\varphi_G(e) = \{u, v\}$ 或者 $e = \{u, v\}$,有向边 $\varphi_G(e) = [u, v]$ 记为 $\varphi_G(e) = \langle u, v \rangle$ 或者 $e = \langle u, v \rangle$。无向边和有向边都可以称为边。

在一个图 G 中,每条边必然与两个结点相关联,因此,$G = \langle V(G), E(G), \varphi_G \rangle$ 通常也

简记为 $G = \langle V, E \rangle$。

为了直观地观察一个图的构成，我们通常用小圆圈表示图的结点，用两个结点间的一条无箭头连线表示两个结点关联的一条无向边，而用从始点到终点的一条带箭头的连线表示两个结点关联的一条有向边，这样就得到了一个图的图形化表示。由于表示结点的小圆圈和表示边的线的相对位置一般认为是无关紧要的，所以一个图的图示并不具有唯一性。

例 1 图 G_1 和 G_2 分别如图 7.1.1(a)、(b)所示，分别给出 G_1 和 G_2 的形式定义。

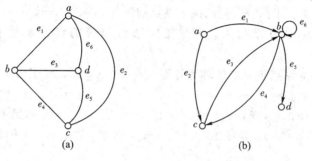

图 7.1.1

解 $G_1 = \langle V(G_1), E(G_1), \varphi_{G_1} \rangle$，其中

$$V(G_1) = \{a, b, c, d\}$$
$$E(G_1) = \{e_1, e_2, e_3, e_4, e_5, e_6\}$$

$\varphi_{G_1} = \{\langle e_1, \{a, b\} \rangle, \langle e_2, \{a, c\} \rangle, \langle e_3, \{b, d\} \rangle, \langle e_4, \{b, c\} \rangle, \langle e_5, \{c, d\} \rangle,$
$\quad \langle e_6, \{a, d\} \rangle\}$

$G_2 = \langle V(G_2), E(G_2), \varphi_{G_2} \rangle$，其中

$$V(G_2) = \{a, b, c, d\}$$
$$E(G_2) = \{e_1, e_2, e_3, e_4, e_5, e_6\}$$

$\varphi_{G_2} = \{\langle e_1, \langle a, b \rangle \rangle, \langle e_2, \langle a, c \rangle \rangle, \langle e_3, \langle c, b \rangle \rangle, \langle e_4, \langle b, c \rangle \rangle, \langle e_5, \langle b, d \rangle \rangle,$
$\quad \langle e_6, \langle b, b \rangle \rangle\}$

在图论理论研究和应用中，经常运用以下两种操作(设图 $G = \langle V, E \rangle$)：

(1) 删除图中的边或结点。

设 $e \in E$，从 G 中删除 e 所得的图记为 $G - e$。又设 $E' \subseteq E$，从 G 中删除 E' 中所有的边所得的图记为 $G - E'$。

设 $v \in V$，从 G 中删除 v 及与 v 关联的边所得的图记为 $G - v$。又设 $V' \subset V$，从 G 中删除 V' 中所有结点及与这些结点关联的所有边所得的图记为 $G - V'$。

(2) 给图中添加边或结点。

设 $u, v \in V$，将边 $e = [u, v]$ 添加到图 G 中所得的新图记为 $G + e$。又设边集 E'，将 E' 中所有边添加到图 G 中所得的新图记为 $G + E'$。

设有新结点 $v \notin V$，将 v 作为孤立结点添加到图 G 中所得的新图记为 $G + v$。

按结点集和边集是否为有限集，可将图分为有限图、无限图。

当一个图 $G = \langle V, E \rangle$ 的结点集 V 和边集 E 都是有限集时，称该图为有限图。当一个图 $G = \langle V, E \rangle$ 的结点集 V 或者边集 E 是无限集时，称该图为无限图。本章涉及的图均为有限图，通常用 $|E|$ 表示图 G 中的边数，用 $|V|$ 来表示图 G 中的结点数。

按边是否有方向，可将图分为无向图（undirected graph）、有向图（directed graph）和混合图（mixed graph）。

每条边都是无向边的图称为无向图。每条边都是有向边的图称为有向图。如果图中一些边是有向边，而另外一些边是无向边，则称该图为混合图。

设 G 是一个有向图，如果将 G 中每条边的方向去掉就能得到一个无向图 G'，则称 G' 为 G 的底图（underlying graph）。

在一个图中，关联于同一条边的两个结点被称为邻接点（adjacent vertices）。关联于一个结点的两条边被称为邻接边。不与任何结点邻接的结点称为孤立结点（isolated vertices）。

仅由若干个孤立结点组成的图称为零图（empty graph），而仅由单个孤立结点组成的图称为平凡图（trival graph）。

设边 $e_1=e_2=\{u, v\}$（或者边 $e_1=e_2=\langle u, v\rangle$），若 e_2 与 e_1 是两条不同的边，则称 e_1 与 e_2 是平行边（parallel edge）。若存在边 $e=[u, u]$，则称 e 为结点 u 上的自回路（self-loop）或环（ring）。

按是否含平行边和自回路可将图分为多重图（multigraph）、线图（line graph）和简单图（simple graph）。

含有平行边的图称为多重图。不含平行边的图称为线图。不含自回路的线图称为简单图。图 7.1.2 给出了多重图、线图和简单图的示例。

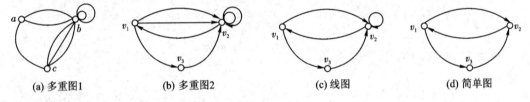

(a) 多重图1　　　(b) 多重图2　　　(c) 线图　　　(d) 简单图

图 7.1.2

有时为了特别的目的，我们可以给一个图中的结点或边标上相应的权值，这类图称为赋权图（weighted graph）。赋权图的严格定义如下：

定义 7.1.2　赋权图 G 是一个四重组 $\langle V, E, f, h\rangle$，其中 f 是定义在结点集 V 到实数集 $\mathbf{R}$ 上的函数，h 是定义在边集 E 到实数集 $\mathbf{R}$ 上的函数。

图 7.1.3(a) 是一个结点赋权图，而图 7.1.3(b) 是一个边赋权图。

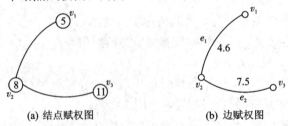

(a) 结点赋权图　　　　(b) 边赋权图

图 7.1.3

7.1.2　结点的度数

定义 7.1.3　在图 $G=\langle V, E\rangle$ 中，$v\in V$，与结点 v 关联的边数称为结点 v 的度数

(degree)，记为 $\deg(v)$。

若 G 是有向图，则以结点 v 为终点的边数称为该结点的入度，记为 $\deg^-(v)$，以结点 v 为始点的边数称为该结点的出度，记为 $\deg^+(v)$。不难得出，$\deg(v) = \deg^-(v) + \deg^+(v)$。

定理 7.1.1(握手定理)　在任何图 $G=\langle V, E\rangle$ 中，所有结点的度数之和等于边数的两倍，即

$$\sum_{v \in V} \deg(v) = 2\,|\,E\,|$$

证明　结点的度数是由其关联的边所确定的。任取一条边 $e \in E$，e 必关联两个结点，不妨设 $e=[u, v]$。边 e 给予其关联的结点 u 和 v 各一个度。因此在每个图中，结点的度数总和等于边数的两倍。

证毕

推论　任何图中，奇数度的结点必为偶数个。

例 2　某学院毕业典礼结束时，师生相互致意，握手告别。试证明握过奇数次手的人数是偶数。

证明　构造一个无向图 G，G 中的每一个结点表示一个参加毕业典礼的人，若两个人握手一次，则在两人对应的结点间连接一条边，于是每个人握手的次数等于其对应结点的度数。由定理 7.1.1 的推论知，度数为奇数的结点个数是偶数，所以握过奇数次手的人数为偶数。

证毕

定理 7.1.2　在任何有向图 $G=\langle V, E\rangle$ 中，所有结点的入度之和等于所有结点的出度之和，即

$$\sum_{v \in V} \deg^-(v) = \sum_{v \in V} \deg^+(v) = |\,E\,|$$

证明　根据定理 7.1.1，有向图 $G=\langle V, E\rangle$ 满足 $\sum_{v \in V}(\deg^-(v) + \deg^+(v)) = 2\,|E|$。因为任取一条边 $e=\langle u, v\rangle \in E$，$e$ 给其始点 u 带来一个出度，而给其终点 v 带来一个入度，所以图 G 中所有结点的入度和 $\sum_{v \in V} \deg^-(v)$ 等于出度和 $\sum_{v \in V} \deg^+(v)$，并且等于图中的边数 $|E|$。

证毕

例 3　设有向简单图 D 的度数序列为 $2, 2, 3, 3$，入度序列为 $0, 0, 2, 3$，试求 D 的出度序列和该图的边数。

解　设图 D 的度数序列 $2, 2, 3, 3$ 所对应的结点分别为 v_1, v_2, v_3, v_4。由 $\deg(v_i) = \deg^+(v_i) + \deg^-(v_i)(i=1, 2, 3, 4)$，得

D 的出度序列为 $2, 2, 1, 0$。

D 的边数 $=(2+2+3+3)/2=5$。

7.1.3　特殊图

图 7.1.4 所示的是一个以它的构造者彼得森命名的 3-正则图，由于它具有许多奇特的性质，因此又被称做单星妖怪(snark graph)。

定义 7.1.4　无向简单图 $G=\langle V, E\rangle$ 中，如果任何两个不同结点间都恰有一条边相

连，则称该图为无向完全图。n 个结点的无向完全图(complete undirected graph)记为 K_n。

无向完全图 K_4 和 K_5 分别如图 7.1.5(a)、(b)所示。

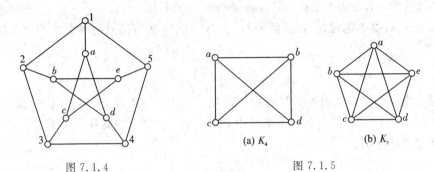

图 7.1.4 　　　　　　　　(a) K_4 　　　　(b) K_5

图 7.1.5

定义 7.1.5　若有向图 $G=\langle V,E\rangle$ 满足 $E=V\times V$，则称 G 为有向完全图(complete directed graph)，记为 D_n。图 7.1.6 所示是四个结点的有向完全图 D_4。

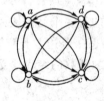

图 7.1.6

不难得到，具有 n 个结点的无向完全图 K_n 共有 $n(n-1)/2$ 条边，具有 n 个结点的有向完全图 D_n 共有 n^2 条边。

定义 7.1.6　设 $G=\langle V,E\rangle$ 是无向图，且 G 是非零图，若结点集合 V 可以划分成两个不相交的子集 X 和 Y，使得 G 中的每一条边的一个端点在 X 中而另一个端点在 Y 中，则称 G 为二部图(bipartite graph)，记为 $G=\langle X,E,Y\rangle$。

二部图必无自回路，但可以有平行边。

通过对结点进行 A-B 标号，可以简单地判定一个图是否是二部图。首先给任意一个结点标上 A，与标记为 A 的结点邻接的结点标上 B，再将标记为 B 的结点邻接的结点标上 A，如此重复下去，如果这个过程可以完成，使得没有相邻的结点标上相同的字母，则该图是二部图，否则，它就不是二部图。

例4　判断图 7.1.7(a)所示的图是否是二部图。

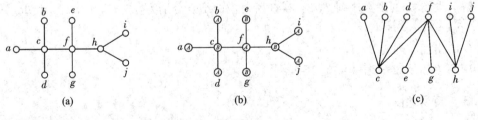

(a) 　　　　　　　(b) 　　　　　　　(c)

图 7.1.7

解　对图中的结点进行 A-B 标号，如图 7.1.7(b)所示，标号过程成功结束，该图是一个二部图。可以将其画成如图 7.1.7(c)所示的结构，这样可以直观地看出它是一个二部图。

设 $G=\langle X, E, Y\rangle$ 是一个二部图,若 G 是一个简单图,并且 X 中的每个结点与 Y 中的每个结点均邻接,则称 G 为完全二部图。如果 $|X|=m$,$|Y|=n$,则在同构的意义下,这样的完全二部图只有一个,记为 $K_{m,n}$。

完全二部图 $K_{2,4}$ 和 $K_{3,3}$ 分别如图 7.1.8(a)、(b)所示。

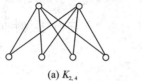 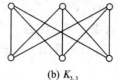

(a) $K_{2,4}$ (b) $K_{3,3}$

图 7.1.8

对于一个完全二部图 $G=\langle X, E, Y\rangle$,X 中的每一个结点与 Y 中的每个结点间恰有一条边,因此 G 中共有 $|X|\cdot|Y|$ 条边。

7.1.4 子图与补图

定义 7.1.7 设图 $G=\langle V, E\rangle$,$G'=\langle V', E'\rangle$,若有 $E'\subseteq E$ 且 $V'\subseteq V$,则称 G' 为 G 的子图(subgraph)。

设 G' 是 G 的子图,且有 $V'=V$,则称 G' 是 G 的生成子图(spanning subgraph)。

设 G' 是 G 的子图,V' 仅由 E' 中边相关联的结点组成,则称 G' 为由边集 E' 导出的子图。

设 G' 是 G 的子图,若对于 V' 中的任意结点偶对 $[u, v]$,$[u, v]\in E$ 当且仅当 $[u, v]\in E'$,则称 G' 为由结点集 V' 导出的子图。

定义 7.1.8 给定一个图 G,由 G 中所有的结点及所有能使 G 成为完全图的添加边组成的图,称为 G 相对于完全图的补图,简称为 G 的补图,记为 $\overline{G}$。

例 5 分别给出图 7.1.9(a)和(b)的补图。

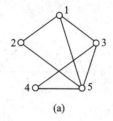 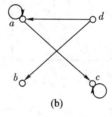

(a)   (b)

图 7.1.9

解 其补图分别如图 7.1.10(a)、(b)所示。

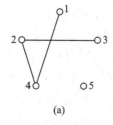 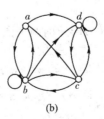

(a)   (b)

图 7.1.10

7.1.5 图的同构

定义 7.1.9 设 $G=\langle V, E\rangle$ 和 $G'=\langle V', E'\rangle$，如果存在双射函数 $f: V \rightarrow V'$ 和 $g: E \rightarrow E'$，对于任何 $e \in E$，$e=[v_i, v_j]$ 当且仅当 $g(e)=[f(v_i), f(v_j)]$，则称 G 与 G' 同构 (isomorphism)，记为 $G \cong G'$。

相互同构的图只是画法不同或结点与边的命名不同而已。例如，图 7.1.11 就给出了图 7.1.4 所示的"单星妖怪"的另一种图示方式。

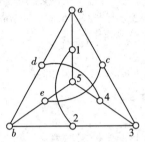

图 7.1.11

由图同构的定义可以看出，两图同构具备以下必要条件：

(1) 结点数相等。

(2) 边数相等。

(3) 度数相同的结点数目相等。

但这并不是两个图同构的充分条件，判断图之间是否同构尚未找到一种简单有效的方法。

例 6 证明如图 7.1.12(a) 和 (b) 所示的两个图是同构的。

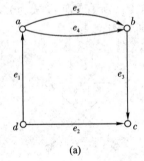 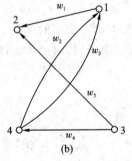

      (a)   (b)

图 7.1.12

证明 构造两个图结点集间的双射函数 f，其中 $f(a)=4$，$f(b)=1$，$f(c)=2$，$f(d)=3$。构造两个图边集间的双射函数 g，其中 $g(e_1)=w_4$，$g(e_2)=w_5$，$g(e_3)=w_1$，$g(e_4)=w_2$，$g(e_5)=w_3$。

从图 7.1.12(a)、(b) 所示的两个图中可以看出：

$$e_1=\langle d, a\rangle \leftrightarrow w_4=\langle 3, 4\rangle=\langle f(d), f(a)\rangle$$
$$e_2=\langle d, c\rangle \leftrightarrow w_5=\langle 3, 2\rangle=\langle f(d), f(c)\rangle$$
$$e_3=\langle b, c\rangle \leftrightarrow w_1=\langle 1, 2\rangle=\langle f(b), f(c)\rangle$$
$$e_4=\langle a, b\rangle \leftrightarrow w_2=\langle 4, 1\rangle=\langle f(a), f(b)\rangle$$
$$e_5=\langle a, b\rangle \leftrightarrow w_3=\langle 4, 1\rangle=\langle f(a), f(b)\rangle$$

即对于任何 $e_i (i=1, 2, 3, 4, 5)$，$e=[v_i, v_j]$ 当且仅当 $g(e)=[f(v_i), f(v_j)]$。

故以上两个图满足图同构的定义，它们是同构的图。

证毕

当 $G=\langle V, E \rangle$ 和 $G'=\langle V', E' \rangle$ 是线图时，如果存在一双射函数 $f: V \to V'$，且满足 $e=[v_i, v_j]$ 是 G 的一条边当且仅当 $e'=[f(v_i), f(v_j)]$ 是 G' 的一条边，就有 $G \cong G'$。

例 7　证明如图 7.1.13(a) 和 (b) 所示的两个图不同构。

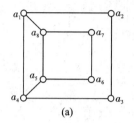 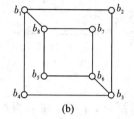

(a)　　　　　　　　(b)

图 7.1.13

证明　假设图 7.1.13(a) 与图 (b) 间存在同构映射 f。

观察得知，图 7.1.13(a) 和图 (b) 满足图同构的必要条件，即它们的边数相等，结点个数相等且度数相同的结点数目也相等。其中度为 3 的结点集分别为 $\{a_1, a_4, a_5, a_8\}$ 和 $\{b_1, b_3, b_6, b_8\}$。根据图同构的定义，必有

$$f(\{a_1, a_4, a_5, a_8\})=\{b_1, b_3, b_6, b_8\}$$

并且 $f(a_1)$ 必然与 $f(a_4)$ 和 $f(a_8)$ 这两个结点都邻接。但是在 b_1、b_3、b_6、b_8 这 4 个结点中，任意一个结点都不同时与另外两个结点邻接。因此，同构映射 f 是不可能建立的，故图 7.1.13(a) 与图 (b) 不同构。

证毕

习　题

7.1-1　设 $G=\langle V, E \rangle$ 是简单无向图，其中，$|E|=21$，有 3 个结点度数为 4，其余结点度数均为 3，图 G 中有多少个结点？

7.1-2　画出所有含有 5 个结点、3 条边且互不同构的简单无向图。

7.1-3　给出图 7.1.14 的补图。

图 7.1.14

7.1-4　判断图 7.1.15 中每一对图 $(n-a)$ 和 $(n-b)$ 是否同构，$n=1, 2, 3, 4$，若同构请给出结点集合间的映射关系，若不同构请说明理由。

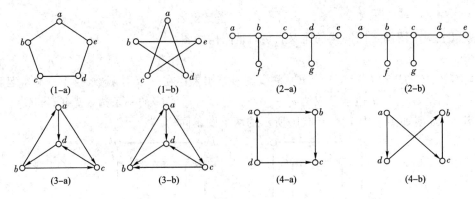

图 7.1.15

7.1-5　设 G 是简单无向图，如果对所有 $v \in V$，有 $\deg(v) = k$，称 G 是 k-正则图。设简单无向图 G 是一个 3-正则图，且结点数 n 与边数 m 间有如下关系：

$$m = 2n - 3$$

(a) G 中的结点数和边数各为多少？

(b) 在同构的意义下 G 是唯一的吗？

7.1-6　(a) 证明：对于每一个大于 2 的偶数 n，存在 n 个顶点的 3-正则图。

(b) 构造一个含有 12 个结点的简单无向图且它是 3-正则图。

7.1-7　判断图 7.1.16 所示各图是否是二部图。

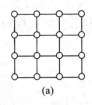 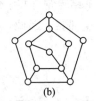 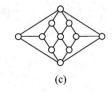

(a) (b) (c)

图 7.1.16

7.1-8　设 G 和 H 是同构的简单图，证明：它们的补图 $\overline{G}$ 和 $\overline{H}$ 也同构。

7.1-9　一个无向简单图如果同构于它的补图，则称该图为自补图。

(a) 试给出一个 4 个结点的自补图。

(b) 试给出一个 5 个结点的自补图。

(c) 是否存在 3 个结点或者 6 个结点的自补图？

(d) 证明：一个含 n 个结点的图是自补图，则 $n \equiv 0 \pmod{4}$ 或 $n \equiv 1 \pmod{4}$。

7.1-10　设 G 为由 n 个结点组成的简单有向图，而且任何两个结点之间有且仅有一条边相连。证明该图中所有结点的入度的平方之和与所有结点的出度的平方之和相等。

7.1-11　证明任何至少有两个结点的简单无向图中必有两个结点的度数相等。

7.1-12　无向图 $G = \langle V, E \rangle$，其中 $|V| = 6$，$\overline{G}$ 是 G 的补图。

(a) 证明：在 G 或 $\overline{G}$ 中必能找出一个子图为 K_3。

(b) 用(a)的结论证明任何 6 个人中，要么有 3 个人彼此认识，要么有 3 个人彼此不认识。

7.1-13　Draw a picture of the graph $G = \langle V, E \rangle$, where $V = \{a, b, c, d, e\}$, $E = \{e_1, e_2, e_3, e_4, e_5, e_6\}$, and $e_1 = e_5 = \{a, c\}$, $e_2 = \{a, d\}$, $e_3 = \{e, c\}$, $e_4 = \{a, b\}$, and $e_6 = \{e, d\}$.

7.2 图的连通性

7.2.1 路和回路

路和回路是图中两个重要的基本概念,图的很多性质与之相关。

定义 7.2.1 给定图 $G=\langle V,E \rangle$,设 $v_0,v_1,\cdots,v_n \in V$,$e_1,e_2,\cdots,e_n \in E$,e_i 是关联于结点 v_{i-1} 和 v_i 的边,则称点边交替序列 $v_0 e_1 v_1 e_2 \cdots v_{n-1} e_n v_n$ 为联结结点 v_0 到 v_n 的路(walk),其中,v_0 称为路的始点,v_n 称为路的终点,$v_1,\cdots,v_{n-1}$ 称为路的内点,v_0 和 v_n 称为路的端点。

在线图中,因为不存在多重边,所以路可仅用结点序列表示。在有向图中,结点数大于 1 的路亦可用边序列表示。

定义 7.2.2 一条路中所含的边数称为该路的长度。

若一条路中经过的所有结点 $v_0,v_1,\cdots,v_n$ 均不相同,则称该路为通路(path)。若一条路中经过的所有边 $e_1,e_2,\cdots,e_n$ 均不相同,则称该路为迹(trail)。始点与终点不同的迹称为开迹(open trail)。

由以上定义可以看出,通路一定是迹,但迹不一定是通路。

定义 7.2.3 始点与终点相同的路称为回路(circuit)。

经过的每条边均不相同的回路称为闭迹(closed trail)。除始点与终点外其余结点均不相同的闭迹称为圈(cycle)。一个长度为 k 的圈称为 k 圈,根据 k 是奇数或偶数又可分为奇圈或偶圈,而一条自回路是长度为 1 的奇圈。注意,在简单无向图中,回路 $v_i v_j v_i$ 不是圈。

例 1 在图 7.2.1 中分别找出一条路、通路、开迹、闭迹和圈。

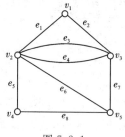

图 7.2.1

解 例如可以在图中找到以下路。

(1) 路:$v_1 e_2 v_3 e_3 v_2 e_3 v_3 e_7 v_5 e_7 v_3$。

(2) 通路:$v_4 e_8 v_5 e_6 v_2 e_1 v_1 e_2 v_3$。

(3) 开迹:$v_5 e_8 v_4 e_5 v_2 e_6 v_5 e_7 v_3 e_4 v_2$。

(4) 闭迹:$v_2 e_1 v_1 e_2 v_3 e_3 v_2 e_4 v_3 e_7 v_5 e_6 v_2$。

(5) 圈:$v_2 e_1 v_1 e_2 v_3 e_7 v_5 e_6 v_2$。

定理 7.2.1 在一个具有 n 个结点的图中,如果从结点 v_i 到 v_j 存在一条路,则从结点 v_i 到结点 v_j 必存在一条长度小于 n 的路。

证明 先考虑有向图的情况。设结点 v_i 到结点 v_j 存在一条路 P,且 P 中含有 $l(l \geqslant 0)$ 条边,则该路上必通过 $l+1$ 个结点。

(1) 若 $l < n$，则 P 就是满足要求的一条路。

(2) 若 $l \geqslant n$，则路 P 通过的结点数大于等于 $n+1$。根据鸽巢原理，必存在结点 v_s，它在 P 中不止一次出现，即该路必有结点序列 $v_i \cdots v_s \cdots v_s \cdots v_j$，如图 7.2.2 所示。从路 P 中去掉从 v_s 到 v_s 之间出现的这些边，得到从 v_i 到 v_j 的路 P'，P' 比 P 的长度短。

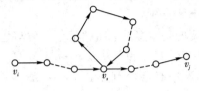

图 7.2.2

如此重复进行下去，必定可以得到从结点 v_i 到结点 v_j 的一条长度小于 n 的路。

对于无向图的证明与此类似。

证毕

推论 1　在一个具有 n 个结点的图中，如果从结点 v_i 到 v_j 存在一条路，则从结点 v_i 到结点 v_j 必存在一条长度小于 n 的通路。

推论 2　在一个具有 n 个结点的图中，如果存在闭迹，则必存在一条长度小于等于 n 的圈。

定理 7.2.2　设 G 是一个无向图，若 G 中每个结点的度数大于等于 2，则 G 中必含有圈。

证明　在图 G 中找一条最长通路 $P = v_0, v_1, \cdots, v_{p-1}, v_p$。由于 P 是最长通路，因此结点 v_p 关联的结点均在 $\{v_0, v_1, \cdots, v_p\}$ 中；否则，可以延长通路 P 得到长度更长的一条通路。又由于 v_p 的度数大于 2，因此必然存在除通路 P 中边 $\{v_{p-1}, v_p\}$ 外的另外一条边 e，使得 $e = \{v_p, v_i\}$，$v_i \in \{v_0, v_1, \cdots, v_p\}$。所以，$v_i, v_{i+1}, \cdots, v_{p-1}, v_p, v_i$ 构成一个圈。

证毕

定义 7.2.4　给定图 $G = \langle V, E \rangle$，结点 $v_i, v_j \in V$，从 v_i 到 v_j 的最短通路长度称为结点 v_i 到 v_j 的距离，记为 $d(v_i, v_j)$。若不存在从 v_i 到 v_j 的路，则令 $d(v_i, v_j) = \infty$。

结点间的距离满足以下性质：

(1) $d(v_i, v_j) \geqslant 0$。

(2) $d(v_i, v_i) = 0$。

(3) $d(v_i, v_k) + d(v_k, v_j) \geqslant d(v_i, v_j)$（三角不等式）。

定理 7.2.3　设 $G = \langle V, E \rangle$ 是无向图，且 $|E| > 0$，G 是二部图当且仅当 G 中不含奇圈。

证明　必要性。设 G 是二部图，且 $G = \langle X, E, Y \rangle$。设 $C = (v_0, v_1, v_2, \cdots, v_k, v_0)$ 是 G 中的任一圈，则 $v_0, v_1, v_2, \cdots, v_k$ 是互不相同的结点。

C 中共有 $k+1$ 条边 $(k \geqslant 1)$，若 C 是奇圈，则 k 为偶数。不妨设 $v_0 \in X$，则有结点 $v_2, v_4, \cdots \in X$，$v_1, v_3, \cdots \in Y$，显然 $v_0, v_k \in X$ 且 $\{v_k, v_0\} \in E$，这与 G 是二部图矛盾。

充分性。设 $G = \langle V, E \rangle$ 是连通图，否则对 G 的每个连通分支进行证明。设 $G = \langle V, E \rangle$ 不含奇圈，任取 $v_0 \in V$，定义结点集 X, Y 如下：

$$X = \{v \mid d(v_0, v) \text{ 为偶数}\}, Y = \{v \mid d(v_0, v) \text{ 为奇数}\}$$

显然，$V = X \cup Y$，$X \cap Y = \varnothing$。下面证明 $G = \langle X, E, Y \rangle$。

假设存在结点 $v_i, v_j \in Y$，$v_i \neq v_j$，且 $\{v_i, v_j\} \in E$。由于 G 是连通的，并且 v_0 到 v_i 和 v_0 到 v_j 的距离均为奇数，所以从 v_0 到 v_i 有一条最短通路 P，其长度为奇数，从 v_0 到 v_j 也有一条最短通路 Q，其长度为奇数。

· 224 ·

若 P 和 Q 除 v_0 外没有公共结点，则 P、Q、$\{v_i, v_j\}$ 构成一条长度为奇数的圈，如图 7.2.3 所示。这与 G 中不含奇圈矛盾。

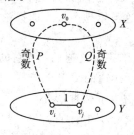

图 7.2.3

若 P 和 Q 除 v_0 外含有公共结点，设 w 为 P 和 Q 最后的一个公共结点，令：P_1 表示 P 中从 v_0 到 w 的一段，P_2 表示 P 中从 w 到 v_i 的一段，Q_1 表示 Q 中从 v_0 到 w 的一段，Q_2 表示 Q 中从 w 到 v_j 的一段。

因为 P 和 Q 是最短路，所以 P_1 和 Q_1 都是从 v_0 到 w 的最短路，故长度一定相等。又因为 P 和 Q 的长度均为奇数，推出 P_2 和 Q_2 的奇偶性相同，则 P_2、Q_2、$\{v_i, v_j\}$ 构成一条长度为奇数的圈，与 G 中不含奇圈矛盾。

从而得到，Y 中任意两个结点间不存在边。

同理可证，X 中任意两个结点间不存在边。

根据二部图的定义有 G 是二部图。

证毕

7.2.2　无向图的连通性

定义 7.2.5　在一个无向图 $G = \langle V, E \rangle$ 中，若结点 u 和结点 v 之间存在一条路，则称 u 和 v 可达，或者称结点 u 和结点 v 是连通的（connected）。

不难验证，一个无向图 $G = \langle V, E \rangle$ 中结点集 V 上的连通关系是一个等价关系，这个等价关系诱导了 V 的一个划分 $\pi = \{V_1, V_2, \cdots, V_m\}$，使得两个结点 v_i 和 v_j 是连通的当且仅当它们属于同一个 $V_k \in \pi$，并且称由结点集 V_1，V_2，$\cdots$，V_m 导出的子图 $G(V_1)$，$G(V_2)$，$\cdots$，$G(V_m)$ 为图 G 的连通分支。G 的连通分支个数记为 $\omega(G)$。

定义 7.2.6　若一个无向图 $G = \langle V, E \rangle$ 的任意两个结点都是连通的，则称之为一个连通无向图。

图 7.2.4(a) 所示是一个连通无向图，它恰有一个连通分支。图 7.2.4(b) 所示是一个非连通的无向图，它有三个连通的分支。

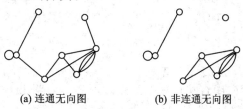

(a) 连通无向图　　　　　(b) 非连通无向图

图 7.2.4

例 2　设 $G = \langle V, E \rangle$ 是无向图，若 G 中恰有两个奇度数的结点，证明这两个结点一定连通。

证明 设 $G=\langle V,E\rangle$ 是无向图，u 和 v 是 G 中仅有的两个奇度数结点。假设 u、v 是不连通的，那么 u 和 v 分别处于两个互不连通的分支中，不妨设 u 所在的连通分支为 $G(V_1)$，$G(V_1)$ 中仅有一个奇度数结点 u，这与定理 7.1.1 的推论矛盾。故 u 和 v 一定连通。

证毕

例 3 证明如果一个简单无向图是不连通的，则它的补图一定连通。

证明 设 $G=\langle V,E\rangle$ 是一个不连通的简单无向图，那么 G 至少有两个以上连通分支。任取 G 中的两个结点 v_i 和 v_j，考虑以下两种情况：

(a) 如果 v_i 和 v_j 在不同的连通分支中，那么 $\{v_i,v_j\}$ 必不是图 G 中的边，所以 $\{v_i,v_j\}$ 是 G 的补图 $\bar{G}$ 中的边。因此，在 $\bar{G}$ 中 v_i 和 v_j 是连通的。

(b) 如果 v_i 和 v_j 在同一个连通分支中，那么任取 G 的另外一个连通分支中的结点 v_k，$\{v_i,v_k\}$ 和 $\{v_j,v_k\}$ 是 $\bar{G}$ 中的边，因此 $v_i v_k v_j$ 是 $\bar{G}$ 中从结点 v_i 到 v_j 的一条路。所以，在 $\bar{G}$ 中 v_i 和 v_j 是连通的。

故一个简单无向图若不是连通的，则它的补图一定连通。

证毕

定义 7.2.7 设无向图 $G=\langle V,E\rangle$ 为连通图，$V_1\subset V$，若在图 G 中删除了 V_1 的所有结点后，所得子图变为非连通的，而删除了 V_1 的任何真子集后，所得子图仍是连通的，则称 V_1 为 G 的一个点割集(cut vertices)。若某一个结点构成一个点割集，则称该结点为割点(cut vertex)。

若 G 不是完全图，则定义 $\kappa(G)=\min\{|V_1|\,|\,V_1$ 是 G 的点割集$\}$ 为图 G 的点连通度。显然，$\kappa(G)$ 是为产生 G 的一个不连通子图需要删去的结点的最少数目。另外规定：① $\kappa(K_n)=n-1$；② 若 G 是不连通无向图，则 $\kappa(G)=0$。

如果图 G 的点连通度至少为 k，则称图 G 为 k 连通的。

讨论连通度最经典的例子是 Harary 图 $H_{k,n}$，其中 k 为各结点的度，n 为结点个数。$H_{3,6}$ 和 $H_{3,12}$ 如图 7.2.5 所示。对于 $H_{k,n}$，若 n 为偶数且 $k=3$，可以给出一种构造方法，即将 n 个结点等间距地排成一个圆圈，分别给结点编号 $0,\cdots,n-1$，先将每个结点与左右相邻 2 个结点联结，再将结点 i 与结点 $j=i+n/2$ 联结，$i<n/2$。

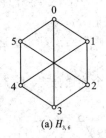 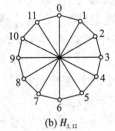

(a) $H_{3,6}$ (b) $H_{3,12}$

图 7.2.5

请读者思考 $H_{3,6}$ 和 $H_{3,12}$ 的连通度。

定理 7.2.4 连通无向图 G 中的一个结点 w 是割点，当且仅当 G 中存在两个不同于 w 的结点间的每条路都要通过该结点。

证明 必要性。若结点 w 是连通图 $G=\langle V,E\rangle$ 的一个割点，设删除 w 得到子图 $G-w$，则 $G-w$ 中至少包含两个连通的分支，不妨设为 $G_1=\langle V_1,E_1\rangle$ 和 $G_2=\langle V_2,E_2\rangle$。任取 $u\in V_1$，$v\in V_2$，因为 G 是连通的，任取 G 中一条连接 u 和 v 的路 P，假设 P 不通过 w，这与 u 和 v 在

$G-w$ 中不连通矛盾,所以 P 必通过 w。故 u 和 v 之间的任意一条路都要经过 w。

充分性。若连接图 G 中两个结点 u 和 v 的每一条路都经过 w,则删去 w 得到的子图 $G-w$ 中 u 和 v 必不连通,故 w 是图 G 的一个割点。

证毕

定义 7.2.8　设无向图 $G=\langle V,E\rangle$ 为连通图, $E_1\subset E$,若从 G 中删除 E_1 中的所有边后所得子图是不连通的,而删除了 E_1 的任一真子集后所得的子图仍是连通的,则称 E_1 为 G 的一个边割集(cut edges)。若某条边构成边割集,则称该边为割边(cut edge)或桥(bridge)。

若 G 是非平凡图,则称 $\kappa'(G)=\min\{|E_1| \mid E_1$ 是 G 的边割集$\}$ 为图 G 的边连通度。显然, $\kappa'(G)$ 是为产生 G 的一个不连通子图需要删去的边的最少数目。另外规定:① 若 G 是平凡图,则 $\kappa'(G)=0$;② 若 G 是不连通无向图,则 $\kappa'(G)=0$。

如果图 G 的边连通度至少为 k,则称图 G 为 k 边连通的。

定理 7.2.5　无向图 G 中的一条边是割边,当且仅当它不包含在 G 的任一圈中。

证明　必要性。设 e 是 G 中的一条割边,假设 e 包含在某一圈中,则删除 e 后将不影响图 G 的连通性,这显然与 e 是割边矛盾。所以 e 不包含在 G 的任一圈中。

充分性。设图 G 是连通图,边 $e=\{u,v\}$, e 不包含在 G 的任一圈中。令 $G'=G-e$,则在 G' 中, u 和 v 不连通,否则, u 和 v 之间在 G' 中存在通路,那么该通路加上边 e 将构成 G 的一个圈,与题设矛盾。因此,从图 G 中删除边 e 后,结点 u 与 v 将不连通,得到 $G'=G-e$ 不连通,故 e 是 G 的一条割边。

证毕

7.2.3　有向图的连通性

定义 7.2.9　设 $G=\langle V,E\rangle$ 是有向图, $u,v\in V$,如果存在一条以 u 为始点且以 v 为终点的路,则称从 u 到 v 可达。

定义 7.2.10　在有向图 $G=\langle V,E\rangle$ 中,若对于任意结点偶对都是相互可达的,则称图 G 是强连通的。若对于任意结点偶对,至少有一个结点到另一个结点是可达的,则称图 G 是单侧连通的。如果图 G 的底图是连通的,则称 G 是弱连通的,也称 G 是连通的。

图 7.2.6(a)、(b)、(c) 分别是强连通、单侧连通和弱连通有向图的例子。

(a) 强连通有向图　　(b) 单侧连通有向图　　(c) 弱连通有向图

图 7.2.6

由以上定义可知,若图 G 是强连通的,则它必是单侧连通的;若图 G 是单侧连通的,则它必是弱连通的。

定理 7.2.6　一个有向图是强连通的,当且仅当图中存在一条回路,它至少包含图中每个结点一次。

证明　设 G 是一个有向图。

充分性。如果图 G 中存在一条至少包含每个结点至少一次的回路,则 G 中任意两个结点通过这条回路是相互可达的，故 G 是强连通的。

必要性。如果有向图是强连通的，则任意两个结点都是相互可达的。假设图 G 中不存在包含每个结点至少一次的回路。

在图 G 中找到一条包含不同结点最多的回路 C，假设 C 不包含结点 v。因为 G 是强连通的，所以有 v 与 C 中任一结点 u 必然相互可达，即 u 和 v 之间可以构成一条有向回路 C'，那么可由 C 和 C' 构造出一条除 C 中结点外至少还包含结点 v 的回路，这与 C 是包含结点最多的回路矛盾。

故图 G 中存在包含每个结点至少一次的回路。

证毕

定义 7.2.11 在有向图 $G=\langle V, E\rangle$ 中，G' 是 G 的子图，若 G' 是强连通（单侧连通、弱连通）的，且不存在 G 的子图 $G''\supset G'$ 并且 G'' 也是强连通（单侧连通、弱连通）的，则称 G' 为 G 的强（单侧、弱）分图。

不难验证，一个有向图 $G=\langle V, E\rangle$ 中结点集 V 上的"结点偶对相互可达"关系是一个等价关系，这个等价关系诱导了 V 的一个划分 $\pi=\{V_1, V_2, \cdots, V_m\}$，使得两个结点 v_i 和 v_j 是相互可达的当且仅当它们属于同一个 $V_k\in\pi$。由结点集 $V_1, V_2, \cdots, V_m$ 导出的子图 $G(V_1), G(V_2), \cdots, G(V_m)$ 即为图 G 的强连通分图。一个有向图 $G=\langle V, E\rangle$ 中的结点集 V 上的"结点偶对间至少有一个结点到另一个结点是可达的"关系仅满足自反性和对称性，此关系诱导了 V 的一个覆盖 $\pi=\{V_1, V_2, \cdots, V_m\}$。由结点集 $V_1, V_2, \cdots, V_m$ 导出的子图 $G(V_1), G(V_2), \cdots, G(V_m)$ 即为图 G 的单侧连通分图。求有向图 $G=\langle V, E\rangle$ 中的弱连通分图等价于求 G 的底图中的连通分支。

例 4 有向图 $G=\langle V, E\rangle$ 如图 7.2.7 所示，求 G 的强分图、单侧分图和弱分图。

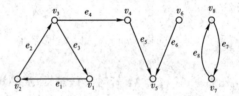

图 7.2.7

解 （a）G 的强分图有 5 个，如图 7.2.8(a) 所示。

（b）G 的单侧分图有 3 个，如图 7.2.8(b) 所示。

（c）G 的弱分图就是 G。

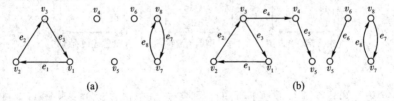

(a)　　　　　　　　　　　　　(b)

图 7.2.8

7.2.4 最短路问题

设 $G=\langle V, E, \omega\rangle$ 是一个边赋权简单图，ω 是从边集 E 到正实数集合上的函数，边 $[u, v]$ 上的权值记为 $\omega(u, v)$。若结点 u 到 v 没有边，则指定 $\omega(u, v)=\infty$。

边赋权图可以用来对很多现实问题进行建模。例如，在铁路交通网络图中，边上的权值可以用来表示两个城市间铁路线的长度；在通信线路图中，边上的权值可以表示通信线路的建造费用、使用时间等。

定义 7.2.12 设 $G=\langle V, E, \omega\rangle$ 是一个边赋权简单图，P 是 G 中的一条路，P 中所有边的权值之和称为路 P 的长度，记为 $\omega(P)$。图 G 中从结点 u 到结点 v 的长度最小的路称为 u 到 v 的最短路，u 到 v 的最短路的长度称为 u 到 v 的距离，记为 $d(u,v)$。当图 G 中边上的权均为 1 时，此距离与 7.2.1 节的距离就完全相同。特别地，当 u 到 v 不可达时，令 $d(u,v)=\infty$。$d(u,v)$ 的表达式如下：

$$d(u,v)=\begin{cases} \min\{\omega(P) \mid P \text{ 是从 } u \text{ 到 } v \text{ 的路}\} & \text{若 } u \text{ 到 } v \text{ 可达}\\ \infty & \text{若 } u \text{ 到 } v \text{ 不可达}\end{cases}$$

最短路问题就是在一个边赋权图中求给定结点 s（源）到其他结点的最短路或距离，通常称为单源最短路问题。下面介绍求最短路的狄杰斯特拉算法，它是由荷兰计算机科学家爱德思葛·韦伯·狄杰斯特拉（Edsger Wybe Dijkstra）于 1959 年提出的。

狄杰斯特拉算法基于这样一个事实：从 s 到 t 的最短路如果通过结点 v，那么 s 到 v 的部分必然也是从 s 到 v 的最短路，这样就可以按照距离递增的顺序依次寻找 s 到其他结点的最短路。算法维护一个已计算出从 s 到其最短路的结点集 T，显然 $V-T$ 表示尚未计算出从 s 到其最短路的结点集。初始时 $T=\{s\}$，每次迭代计算从 s 到 $V-T$ 中每个结点 x 且所有内点属于 T 的最短路 $p(s,x)$ 及其长度 $l(s,x)$，并将 $l(s,x)$ 值最小的结点 x 转移到集合 T 中。此时的 $p(s,x)$ 为从 s 到 x 的一条最短路，$l(s,x)$ 等于 s 到 x 的距离。当 $T=V$ 时算法结束。算法的具体过程如下：

(1) 令 $T=\{s\}$，并对于 $V-T$ 中的每个结点 v，令 $l(s,v)=\omega(s,v)$，$p(s,v)=\{s,v\}$。

(2) 选取满足 $l(s,x)=\min\limits_{v\in V-T}\{l(s,v)\}$ 的结点 x，并令 $T=T\bigcup\{x\}$。

(3) 若 $T=V$，算法结束。

(4) 对于 $V-T$ 中的每个结点 v，令

$$\begin{cases} l(s,v)=l(s,v),\ p(s,v)=p(s,v) & \text{若 } l(s,v)\leqslant l(s,x)+\omega(x,v)\\ l(s,v)=l(s,x)+\omega(x,v),\ p(s,v)=p(s,x)\bigcup\{v\} & \text{若 } l(s,x)+\omega(x,v)<l(s,v)\end{cases}$$

并转至步骤(2)。

定理 7.2.7 给定一个边赋权简单图 $G=\langle V, E, \omega\rangle$ 和源点 $s\in V$，利用对于任意结点 $v\in V$，利用狄杰斯特拉算法得到 s 到 v 的距离 $d(s,v)$。

证明略。

例 5 设边赋权图 $G=\langle V, E, \omega\rangle$ 如图 7.2.9 所示，求结点 a 到其他结点的最短路和距离。

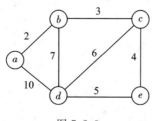

图 7.2.9

解 为了说明算法的原理，先求 a 到 b、c、d、e 的距离。

（1）初始令 $T=\{a\}$，$l(a,b)=2$，$l(a,c)=\infty$，$l(a,d)=10$，$l(a,e)=\infty$。

（2）选择结点 b，$d(a,b)=2$。令 $T=\{a,b\}$，则 $l(a,c)=l(a,b)+\omega(b,c)=5$，$l(a,d)=l(a,b)+\omega(b,d)=9$，$l(a,e)=\infty$。

（3）选择结点 c，$d(a,c)=5$。令 $T=\{a,b,c\}$，则 $l(a,d)=9$，$l(a,e)=l(a,c)+\omega(c,e)=9$。

（4）由于 $l(a,d)=l(a,e)$，此时选择结点 d 和 e 均可，不妨选择结点 e，$d(a,e)=9$。令 $T=\{a,b,c,d\}$，则 $l(a,d)=9$。

（5）选择结点 d，$d(a,d)=9$。令 $T=\{a,b,c,d,e\}$，算法结束。

在算法的执行过程中可以同时保存已找到的最短路，此过程概括在表 7.2.1 中。

表 7.2.1

重复次数	T	x	b	c	d	e
初始	$\{a\}$	—	2 $\{a,b\}$	∞ $\{a,c\}$	10 $\{a,d\}$	∞ $\{a,e\}$
1	$\{a,b\}$	b		5 $\{a,b,c\}$	9 $\{a,b,d\}$	∞ $\{a,e\}$
2	$\{a,b,c\}$	c			9 $\{a,b,d\}$	9 $\{a,b,c,e\}$
3	$\{a,b,c,e\}$	e			9 $\{a,b,d\}$	
4	$\{a,b,c,d,e\}$	d				
结束			2 $\{a,b\}$	5 $\{a,b,c\}$	9 $\{a,b,d\}$	9 $\{a,b,c,e\}$

以上求最短路的狄杰斯特拉算法对简单有向图同样适用。

习　　题

7.2-1　设 G 是一个有 n 个结点的简单无向图，如果每一对结点的度数之和均大于等于 $n-1$，则 G 必是连通图。

7.2-2　试求图 7.2.10 所示的有向图 G 的强分图、单侧分图和弱分图。

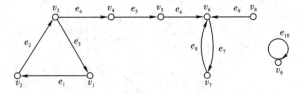

图 7.2.10

7.2-3　证明每个结点的度数至少为 2 的无向图必包含一条回路。

7.2-4　设 $G=\langle X,E,Y\rangle$ 是一个二部图。证明若 G 是一个 k-正则图，$k>0$，则必有

$|X| = |Y|$。

7.2-5 设 $G = \langle V, E \rangle$ 是连通简单无向图,且 G 不是完全图,$|V| \geqslant 3$。证明 G 中存在三个不同的结点 u、v 和 w,使得 $\{u, v\}$,$\{v, w\} \in E$,而 $\{u, w\} \notin E$。

7.2-6 证明一个有向图 G 是单侧连通的,当且仅当它有一条经过每一结点的路。

7.2-7 证明连通图 G 中的任意两条最长通路必有公共结点。

7.2-8 设 $G = \langle V, E \rangle$ 是一个含有 n 个结点、m 条边的简单无向图,并且满足条件 $m > \frac{1}{2}(n-1) \cdot (n-2)$。

(a) 证明:G 必是连通的。

(b) 构造一个具有 n 个结点而不连通的简单无向图,使得其边数恰为 $\frac{1}{2}(n-1)(n-2)$ 条。

7.2-9 设 G 是 n 个结点的无向简单图,已知 G 中结点的最小度数 $\delta(G) \geqslant 3$,证明 G 中存在偶圈。

7.2-10 设 G 是无向完全图,若对 G 的每条边指定一个方向,所得到的图称为竞赛图。证明无有向回路的竞赛图 $D = \langle V, E \rangle$ 中,对于任意两个不同的结点 $u, v \in V$ 都有 $\deg^+(u) \neq \deg^+(v)$。

7.2-11 设 $G = \langle V, E \rangle$ 是连通无向图,G 中至少有 3 个顶点。证明 G 中存在两个顶点,将它们删除后,图仍然是连通的。

7.2-12 设 G 为非平凡有向图,$V(G)$ 为 G 的结点集合,若对 $V(G)$ 的任一非空子集 S,G 中起始结点在 S 中,终止结点在 $V(G) - S$ 中的有向边至少有 k 条,则称 G 是 k 边连通的。证明非平凡有向图是强连通的充要条件为它是一边连通的。

7.2-13 求图 7.2.11 所示结点 a 到其他结点的距离和最短路。

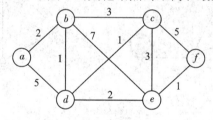

图 7.2.11

7.2-14 修改狄杰斯特拉算法使其能够求图中任意两个结点间的距离和最短路。

7.2-15 Prove that if an edge e is in a closed trail of G, then e is in a cycle of G.

7.2-16 A company has branches in each of six cities $C_1, C_2, \cdots, C_6$. The fare for a direct flight from C_i to C_j is given by the (i, j)th entry in the following matrix (∞ indicates that there is no direct flight):

$$\begin{bmatrix} 0 & 45 & \infty & 50 & 15 & 20 \\ 45 & 0 & 15 & 25 & \infty & 25 \\ \infty & 15 & 0 & 15 & 30 & \infty \\ 50 & 25 & 15 & 0 & 20 & 30 \\ 15 & \infty & 30 & 20 & 0 & 60 \\ 20 & 25 & \infty & 30 & 60 & 0 \end{bmatrix}$$

The company is intrested in computing a table of cheapest routes between pairs of cities. Prepare such a table.

7.2 – 17   Given an example of a 3-regular, connected graph on ten vertices.

7.3   图的矩阵表示

采用矩阵表示图，既便于计算机存储和处理图的信息，也便于运用代数的方法研究图的性质。例如，可以通过矩阵计算结果判定图的连通性、可达性等问题。

7.3.1   邻接矩阵

定义 7.3.1   设 $G = \langle V, E \rangle$ 是一个线图，结点集 $V = \{v_1, v_2, \cdots, v_n\}$，令 $A(G) = [a_{ij}]_{n \times n}$，其中：

$$a_{ij} = \begin{cases} 1 & 若 [v_i, v_j] \in E \\ 0 & 若 [v_i, v_j] \notin E \end{cases}$$

则称 $A(G)$ 为 G 的邻接矩阵（adjacency matrix）。

例 1   设 G_1 是有向图，G_2 是无向图，分别如图 7.3.1(a) 和 (b) 所示，写出 G_1 和 G_2 的邻接矩阵。

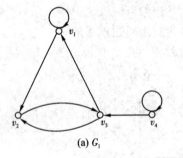
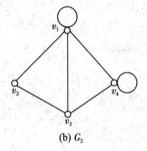

(a) G_1 (b) G_2

图 7.3.1

解

$$A(G_1) = \begin{array}{c} \\ v_1 \\ v_2 \\ v_3 \\ v_4 \end{array} \begin{array}{cccc} v_1 & v_2 & v_3 & v_4 \\ \end{array} \begin{bmatrix} 1 & 1 & 0 & 0 \\ 0 & 0 & 1 & 0 \\ 1 & 1 & 0 & 0 \\ 0 & 0 & 1 & 1 \end{bmatrix} \qquad A(G_2) = \begin{array}{c} \\ v_1 \\ v_2 \\ v_3 \\ v_4 \end{array} \begin{array}{cccc} v_1 & v_2 & v_3 & v_4 \\ \end{array} \begin{bmatrix} 1 & 1 & 1 & 1 \\ 1 & 0 & 1 & 0 \\ 1 & 1 & 0 & 1 \\ 1 & 0 & 1 & 1 \end{bmatrix}$$

当结点编号次序不同时，同一个图所得的邻接矩阵可能不同，但可以通过有限次的行、列变换而得到相同的邻接矩阵。

通过图的邻接矩阵运算可以判断图的一些性质。设 $G = \langle V, E \rangle$ 是有向线图，$|V| = n$，A 是 G 的邻接矩阵。

1. AA^T 的元素的意义

$$AA^T = [b_{ij}] = \begin{bmatrix} a_{11} & a_{12} & \cdots & a_{1k} & \cdots & a_{1n} \\ a_{21} & a_{22} & \cdots & a_{2k} & \cdots & a_{2n} \\ \vdots & \vdots & & \vdots & & \vdots \\ a_{i1} & a_{i2} & \cdots & a_{ik} & \cdots & a_{in} \\ \vdots & \vdots & & \vdots & & \vdots \\ a_{n1} & a_{n2} & \cdots & a_{nk} & \cdots & a_{nn} \end{bmatrix} \begin{bmatrix} a_{11} & a_{21} & \cdots & a_{j1} & \cdots & a_{n1} \\ a_{12} & a_{22} & \cdots & a_{j2} & \cdots & a_{n2} \\ \vdots & \vdots & & \vdots & & \vdots \\ a_{1k} & a_{2k} & \cdots & a_{jk} & \cdots & a_{nk} \\ \vdots & \vdots & & \vdots & & \vdots \\ a_{1n} & a_{2n} & \cdots & a_{jn} & \cdots & a_{nn} \end{bmatrix}$$

若有 $b_{ij} = \sum_{k=1}^{n} a_{ik} \cdot a_{jk}$，如图 7.3.2 所示，则在 G 中恰好有 b_{ij} 个结点，从 v_i 和 v_j 均有边引出到这些结点。特别地，当 $i=j$ 时 b_{ij} 表示 v_i 的出度。

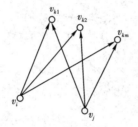

图 7.3.2

2. A^TA 的元素的意义

$$A^TA = [b_{ij}] = \begin{bmatrix} a_{11} & a_{21} & \cdots & a_{k1} & \cdots & a_{n1} \\ a_{12} & a_{22} & \cdots & a_{k2} & \cdots & a_{n2} \\ \vdots & \vdots & & \vdots & & \vdots \\ a_{1i} & a_{2i} & \cdots & a_{ki} & \cdots & a_{nk} \\ \vdots & \vdots & & \vdots & & \vdots \\ a_{1n} & a_{2n} & \cdots & a_{kn} & \cdots & a_{nn} \end{bmatrix} \begin{bmatrix} a_{11} & a_{12} & \cdots & a_{1j} & \cdots & a_{1n} \\ a_{21} & a_{22} & \cdots & a_{2j} & \cdots & a_{2n} \\ \vdots & \vdots & & \vdots & & \vdots \\ a_{i1} & a_{i2} & \cdots & a_{ij} & \cdots & a_{in} \\ \vdots & \vdots & & \vdots & & \vdots \\ a_{n1} & a_{n2} & \cdots & a_{nj} & \cdots & a_{nn} \end{bmatrix}$$

若有 $b_{ij} = \sum_{k=1}^{n} a_{ki} \cdot a_{kj}$，如图 7.3.3 所示，则在 G 中恰好有 b_{ij} 个结点，以这些结点为始点既有边引入到 v_i，又有边引入到 v_j。特别地，当 $i=j$ 时 b_{ij} 表示 v_i 的入度。

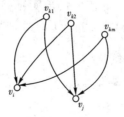

图 7.3.3

3. $A^{(2)}=A\times A$ 的元素的意义

$$A^{(2)}=[b_{ij}]=\begin{bmatrix} a_{11} & a_{12} & \cdots & a_{1k} & \cdots & a_{1n} \\ a_{21} & a_{22} & \cdots & a_{2k} & \cdots & a_{2n} \\ \vdots & \vdots & & \vdots & & \vdots \\ a_{i1} & a_{i2} & \cdots & a_{ik} & \cdots & a_{in} \\ \vdots & \vdots & & \vdots & & \vdots \\ a_{n1} & a_{n2} & \cdots & a_{nk} & \cdots & a_{nn} \end{bmatrix} \begin{bmatrix} a_{11} & a_{12} & \cdots & a_{1j} & \cdots & a_{1n} \\ a_{21} & a_{22} & \cdots & a_{2j} & \cdots & a_{2n} \\ \vdots & \vdots & & \vdots & & \vdots \\ a_{k1} & a_{k2} & \cdots & a_{kj} & \cdots & a_{kn} \\ \vdots & \vdots & & \vdots & & \vdots \\ a_{n1} & a_{n2} & \cdots & a_{nj} & \cdots & a_{nn} \end{bmatrix}$$

若有 $b_{ij}=\sum\limits_{k=1}^{n}a_{ik}\cdot a_{kj}$，如图 7.3.4 所示，则从 v_i 到 v_j 长度为 2 的路有 b_{ij} 条。特别地，当 $i=j$ 时 v_i 到自身长度为 2 的回路有 b_{ij} 条。

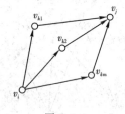

图 7.3.4

对于 $A^{(m)}=\overbrace{A\times A\times\cdots\times A}^{m\uparrow A}$，$m\geqslant 1$，有如下结论。

定理 7.3.1　设 $G=\langle V,E\rangle$ 为有向线图，结点集 $V=\{v_1,v_2,\cdots,v_n\}$。$A=[a_{ij}]_{n\times n}$ 为 G 的邻接矩阵，$A^{(m)}=[a_{ij}^{(m)}]_{n\times n}$，则 G 中从 v_i 到 v_j 有 $a_{ij}^{(m)}$ 条长度为 m 的路。

证明　对 m 进行归纳。

当 $m=1$，$m=2$ 时，由定义和上面的分析可知，显然成立。

设当 $m=t$ 时，$t\geqslant 2$，命题成立。

当 $m=t+1$ 时，由

$$A^{(t+1)}=A\cdot A^{(t)}=[a_{ij}^{(t+1)}]_{n\times n}=\left[\sum_{k=1}^{n}a_{ik}\cdot a_{kj}^{(t)}\right]$$

故 $a_{ij}^{(t+1)}=\sum\limits_{k=1}^{n}a_{ik}\cdot a_{kj}^{(t)}$。根据邻接矩阵的定义可知，$a_{ik}$ 表示结点 v_i 与 v_k 的长度为 1 的路的条数。根据归纳假设知，$a_{kj}^{(t)}$ 是连接 v_k 与 v_j 的长度为 t 的路的条数。因此，$a_{ik}\cdot a_{kj}^{(t)}$ 表示从结点 v_i 出发经过 v_k 到达结点 v_j 的长度为 $t+1$ 的路的条数。

对所有的 $k\in\{1,2,\cdots,n\}$ 求和得 $a_{ij}^{(t+1)}=\sum\limits_{k=1}^{n}a_{ik}\cdot a_{kj}^{(t)}$，$a_{ij}^{(t+1)}$ 就是从结点 v_i 到结点 v_j 的所有长度为 $t+1$ 的路的条数。故当 $k=t+1$ 时命题也成立。

证毕

例 2　有向图 $G=\langle V,E\rangle$ 如图 7.3.5 所示，用 G 的邻接矩阵计算从顶点 v_3 到 v_1 的所有有向通路。

第 7 章 图 论

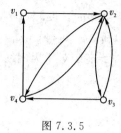

图 7.3.5

解 图 G 的邻接矩阵为

$$A = \begin{bmatrix} 0 & 1 & 0 & 0 \\ 0 & 0 & 1 & 1 \\ 0 & 1 & 0 & 1 \\ 1 & 1 & 0 & 0 \end{bmatrix}$$

由 $A(3,1)=0$ 知，从顶点 v_3 到 v_1 没有长度为 1 的通路。

计算 $A^{(2)}$：

$$A^{(2)} = \begin{bmatrix} 0 & 0 & 1 & 1 \\ 1 & 2 & 0 & 1 \\ 1 & 1 & 1 & 1 \\ 0 & 1 & 1 & 1 \end{bmatrix}$$

由 $A^{(2)}(3,1)=1$ 知，从顶点 v_3 到 v_1 长度为 2 的路有 1 条。根据计算过程：

$$A^{(2)}(3,1) = A(3,1) \times A(1,1) + A(3,2) \times A(2,1)$$
$$+ A(3,3) \times A(3,1) + A(3,4) \times A(4,1)$$
$$= 0 \times 0 + 1 \times 0 + 0 \times 0 + 1 \times 1 = 1$$

得到从顶点 v_3 到 v_1 长度为 2 的有向路为 (v_3, v_4, v_1)。显然，它也是一条通路。

再计算 $A^{(3)}$：

$$A^{(3)} = \begin{bmatrix} 1 & 2 & 0 & 1 \\ 1 & 2 & 2 & 2 \\ 1 & 3 & 1 & 2 \\ 1 & 2 & 1 & 2 \end{bmatrix}$$

由 $A^{(3)}(3,1)=1$ 知，从顶点 v_3 到 v_1 长度为 3 的路有 1 条。根据计算过程：

$$A^{(3)}(3,1) = A^{(2)}(3,1) \times A(1,1) + A^{(2)}(3,2) \times A(2,1)$$
$$+ A^{(2)}(3,3) \times A(3,1) + A^{(2)}(3,4) \times A(4,1)$$
$$= 1 \times 0 + 1 \times 0 + 1 \times 0 + 1 \times 1 = 1$$

得到从顶点 v_3 到 v_1 长度为 3 的有向路为从顶点 v_3 到 v_4 的 1 条长度为 2 的有向路再加上 (v_4, v_1)。再根据计算过程：

$$A^{(2)}(3,4) = A(3,1) \times A(1,4) + A(3,2) \times A(2,4)$$
$$+ A(3,3) \times A(3,4) + A(3,4) \times A(4,4)$$
$$= 0 \times 0 + 1 \times 1 + 0 \times 1 + 1 \times 0 = 1$$

得到从顶点 v_3 到 v_4 的 1 条长度为 2 的有向路是 (v_3, v_2, v_4)。所以，从顶点 v_3 到 v_1 的长度为 3 的有向路是 (v_3, v_2, v_4, v_1)。显然，它也是一条通路。

因为，对于 4 个结点的有向图，当路的长度超过 3 时，必定不是通路，所以从顶点 v_3 到 v_1 的通路共有两条：(v_3,v_4,v_1) 和 (v_3,v_2,v_4,v_1)。

以上仅给出有向线图的一些基本结论，对于无向线图也有类似结论。

7.3.2 可达矩阵

定义 7.3.2 设 $G=\langle V,E\rangle$ 是一个线图，$V=\{v_1,v_2,\cdots,v_n\}$，令 $\boldsymbol{P}(G)=[p_{ij}]_{n\times n}$，其中

$$p_{ij}=\begin{cases}1 & \text{若从 } v_i \text{ 到 } v_j \text{ 可达}\\ 0 & \text{若 } v_i \text{ 到 } v_j \text{ 不可达}\end{cases}$$

则称 $\boldsymbol{P}(G)$ 为图 G 的可达矩阵。

可达矩阵用于描述一个线图中从任一结点到另一结点之间是否存在路。由于在图中两个结点之间有路，则必存在长度小于等于 $n-1$ 的通路，另外认为同一个结点到自身可达，因此，$\boldsymbol{P}(G)$ 可以用以下公式计算：

$$\boldsymbol{P}(G)=[p_{ij}]_{n\times n}=\boldsymbol{A}^{(0)}\vee \boldsymbol{A}^{(1)}\vee\cdots\vee \boldsymbol{A}^{(n-1)}$$

其中，$\boldsymbol{A}^{(0)}$ 是 $n\times n$ 的单位阵，$\vee$ 是逻辑加运算。

利用邻接矩阵 $\boldsymbol{A}$ 和可达矩阵 $\boldsymbol{P}$，可以判断图的连通性。

(1) 无向线图 G 是连通图，当且仅当它的可达矩阵 $\boldsymbol{P}$ 的所有元素均为 1。

(2) 有向线图 G 是强连通图，当且仅当它的可达矩阵 $\boldsymbol{P}$ 的所有元素均为 1。

(3) 有向线图 G 是单向连通图，当且仅当 $\boldsymbol{P}\vee \boldsymbol{P}^{\mathrm{T}}$ 的所有元素均为 1。

(4) 有向线图 G 是弱连通图，当且仅当以 $\boldsymbol{A}\vee \boldsymbol{A}^{\mathrm{T}}$ 作为邻接矩阵求得的可达矩阵 $\boldsymbol{P}'$ 中的所有元素均为 1。

利用可达矩阵 $\boldsymbol{P}$，可以求得有向图的强分图，步骤如下：

设 $G=\langle V,E\rangle$，$\boldsymbol{P}$ 为图 G 的可达矩阵。考察 $\boldsymbol{P}\wedge \boldsymbol{P}^{\mathrm{T}}$，对于任何 $i\in=\{1,2,\cdots,n\}$，设第 i 行的非零元素所在的列分别是 $i_1,i_2,\cdots,i_k$ 列，则结点集 $V_i=\{v_{i_1},v_{i_2},\cdots,v_{i_k}\}$ 导出的子图 $G(V_i)$ 是图 G 的一个强分图。

例 3 设有向线图 $G=\langle V,E\rangle$ 的邻接矩阵 $\boldsymbol{A}$ 如图 7.3.6 所示，求 G 的强分图。

$$\boldsymbol{A}=\begin{array}{c}\\v_1\\v_2\\v_3\\v_4\\v_5\end{array}\overset{\begin{array}{ccccc}v_1&v_2&v_3&v_4&v_5\end{array}}{\begin{bmatrix}0&0&1&0&0\\0&0&0&1&0\\0&0&0&1&0\\0&0&1&0&1\\0&0&0&1&0\end{bmatrix}}$$

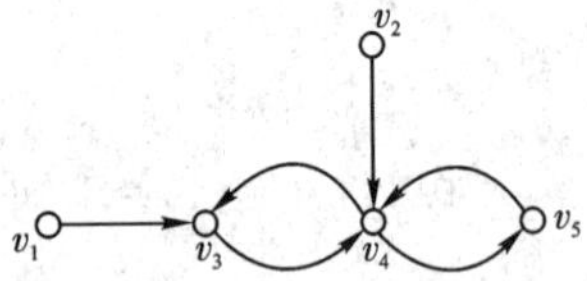

图 7.3.6

解 首先求邻接矩阵 $\boldsymbol{A}$ 的幂次。

$$\boldsymbol{A}^{(0)}=\begin{bmatrix}1&0&0&0&0\\0&1&0&0&0\\0&0&1&0&0\\0&0&0&1&0\\0&0&0&0&1\end{bmatrix},\quad \boldsymbol{A}^{(2)}=\begin{bmatrix}0&0&0&1&0\\0&0&1&0&1\\0&0&1&0&1\\0&0&0&1&0\\0&0&1&0&1\end{bmatrix},\quad \boldsymbol{A}^{(3)}=\begin{bmatrix}0&0&1&0&1\\0&0&0&1&0\\0&0&0&1&0\\0&0&1&0&1\\0&0&0&1&0\end{bmatrix}$$

$$\boldsymbol{A}^{(4)}=\begin{bmatrix}0 & 0 & 0 & 1 & 0\\ 0 & 0 & 1 & 0 & 1\\ 0 & 0 & 1 & 0 & 1\\ 0 & 0 & 0 & 1 & 0\\ 0 & 0 & 1 & 0 & 1\end{bmatrix},\quad \boldsymbol{A}^{(4)}=\boldsymbol{A}^{(2)}$$

可求得图 G 的可达矩阵

$$\boldsymbol{P}=\boldsymbol{A}^{(0)}\bigvee\boldsymbol{A}^{(1)}\bigvee\boldsymbol{A}^{(2)}\bigvee\boldsymbol{A}^{(3)}$$

$$\boldsymbol{P}=\begin{bmatrix}1 & 0 & 1 & 1 & 1\\ 0 & 1 & 1 & 1 & 1\\ 0 & 0 & 1 & 1 & 1\\ 0 & 0 & 1 & 1 & 1\\ 0 & 0 & 1 & 1 & 1\end{bmatrix},\quad \boldsymbol{P}^{\mathrm{T}}=\begin{bmatrix}1 & 0 & 0 & 0 & 0\\ 0 & 1 & 0 & 0 & 0\\ 1 & 1 & 1 & 1 & 1\\ 1 & 1 & 1 & 1 & 1\\ 1 & 1 & 1 & 1 & 1\end{bmatrix},\quad \boldsymbol{P}\bigwedge\boldsymbol{P}^{\mathrm{T}}=\begin{bmatrix}1 & 0 & 0 & 0 & 0\\ 0 & 1 & 0 & 0 & 0\\ 0 & 0 & 1 & 1 & 1\\ 0 & 0 & 1 & 1 & 1\\ 0 & 0 & 1 & 1 & 1\end{bmatrix}$$

由此可知，G 的强分图有 3 个：$\{v_1\}$，$\{v_2\}$，$\{v_3,v_4,v_5\}$。

例 4 设有向图 $D=\langle V,E\rangle$ 如图 7.3.7 所示，请回答下列问题：

(a) D 中 v_1 到 v_4 长度为 3 的通路有多少条？

(b) D 是哪种类型的连通图？

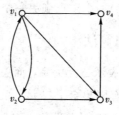

图 7.3.7

解 (a) G 的邻接矩阵为

$$\boldsymbol{A}=\begin{bmatrix}0 & 1 & 1 & 1\\ 1 & 0 & 1 & 0\\ 0 & 0 & 0 & 1\\ 0 & 0 & 0 & 0\end{bmatrix}$$

分别计算 $\boldsymbol{A}^{(2)}$、$\boldsymbol{A}^{(3)}$ 得：

$$\boldsymbol{A}^{(2)}=\begin{bmatrix}1 & 0 & 1 & 1\\ 0 & 1 & 1 & 2\\ 0 & 0 & 0 & 0\\ 0 & 0 & 0 & 0\end{bmatrix},\quad \boldsymbol{A}^{(3)}=\begin{bmatrix}0 & 1 & 1 & 2\\ 1 & 0 & 1 & 1\\ 0 & 0 & 0 & 0\\ 0 & 0 & 0 & 0\end{bmatrix}$$

由 $\boldsymbol{A}^{(3)}(1,4)=2$ 知，v_1 到 v_4 共有 2 条长度为 3 的路。计算过程如下：

$$\boldsymbol{A}^{(3)}(1,4)=\boldsymbol{A}^{(2)}(1,1)\times\boldsymbol{A}(1,4)+\boldsymbol{A}^{(2)}(1,2)\times\boldsymbol{A}(2,4)$$
$$+\boldsymbol{A}^{(2)}(1,3)\times\boldsymbol{A}(3,4)+\boldsymbol{A}^{(2)}(1,4)\times\boldsymbol{A}(4,4)$$
$$=1\times1+0\times0+1\times1+1\times0=2$$

$$\boldsymbol{A}^{(2)}(1,1)=\boldsymbol{A}(1,1)\times\boldsymbol{A}(1,1)+\boldsymbol{A}(1,2)\times\boldsymbol{A}(2,1)$$
$$+\boldsymbol{A}(1,3)\times\boldsymbol{A}(3,1)+\boldsymbol{A}(1,4)\times\boldsymbol{A}(4,1)$$

$$=0×0+1×1+1×0+1×0=1$$

$$\boldsymbol{A}^{(2)}(1,3)=\boldsymbol{A}(1,1)×\boldsymbol{A}(1,3)+\boldsymbol{A}(1,2)×\boldsymbol{A}(2,3)$$
$$+\boldsymbol{A}(1,3)×\boldsymbol{A}(3,3)+\boldsymbol{A}(1,4)×\boldsymbol{A}(4,3)$$
$$=0×1+1×1+1×0+1×0=1$$

即这两条长度为 3 的路为 (v_1,v_2,v_1,v_4) 和 (v_1,v_2,v_3,v_4)。其中，(v_1,v_2,v_3,v_4) 是一条通路，所以 D 中 v_1 到 v_4 长度为 3 的通路有 1 条。

（b）计算 G 的可达矩阵：

$$\boldsymbol{P}=\boldsymbol{A}^{(0)}\vee\boldsymbol{A}^{(1)}\vee\boldsymbol{A}^{(2)}\vee\boldsymbol{A}^{(3)}=\begin{bmatrix}1&1&1&1\\1&1&1&1\\0&0&1&1\\0&0&0&1\end{bmatrix}$$

显然，G 不是强连通的，因为 v_3 到 v_1 是不可达的。G 是单侧连通的，因为

$$\boldsymbol{P}\vee\boldsymbol{P}^{\mathrm{T}}=\begin{bmatrix}1&1&1&1\\1&1&1&1\\1&1&1&1\\1&1&1&1\end{bmatrix}$$

这说明对于任意顶点偶对，至少一个结点到另一个结点是可达的。

*7.3.3　求解传递闭包的快速算法

在第 3 章中曾经使用关系图来表示二元关系，而关系图就是有向图。本节我们将利用图的矩阵表示及其运算，讨论求解有限集合上二元关系的传递闭包的快速算法。

定理 7.3.2　设 R 是集合 V 上的二元关系，$n\in\mathbf{Z}^+$，对于任意 $a,b\in V$，$\langle a,b\rangle\in R^n$ 当且仅当 R 的关系图 $G=\langle V,E\rangle$ 中存在从 a 到 b 的长度为 n 的有向路。

证明　对 n 进行归纳。

（1）（归纳基础）根据关系图的定义，从 a 到 b 存在一条长为 1 的路，当且仅当 $\langle a,b\rangle\in R$。故当 $n=1$ 时命题成立。

（2）（归纳假设）假设当 $n=k(k\geqslant1)$ 时，命题成立。

（3）（归纳推理）当 $n=k+1$ 时，从 a 到 b 存在一条长为 $k+1$ 的路，当且仅当存在元素 $c\in V$，使得从 a 到 c 存在一条长度为 k 的路；从 c 到 b 存在一条长为 1 的路，当且仅当存在元素 $c\in V$，$\langle a,c\rangle\in R^k$；$\langle c,b\rangle\in R$，当且仅当 $\langle a,b\rangle\in R^k\cdot R=R^{k+1}$。

因此，从 a 到 b 存在一条长为 $k+1$ 的路，当且仅当 $\langle a,b\rangle\in=R^{k+1}$。

证毕

由邻接矩阵的定义可知，集合 V 上的二元关系 R 的关系矩阵就是其关系图的邻接矩阵。

设 $\boldsymbol{M}_R$ 是 n 元素集合 V 上的二元关系 R 的关系矩阵，$t(R)=R\cup R^2\cup\cdots\cup R^n$，$R$ 的传递闭包 $t(R)$ 的关系矩阵 $\boldsymbol{M}_{t(R)}=\boldsymbol{M}_R\vee\boldsymbol{M}_R^{(2)}\vee\cdots\vee\boldsymbol{M}_R^{(n)}$。

例 5　已知集合 $V=\{a,b,c\}$，集合 V 上二元关系 R 的关系图如图 7.3.8(a)所示，求关系 R 的传递闭包 $t(R)$ 的关系矩阵和关系图。

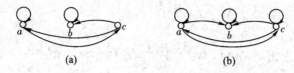

图 7.3.8

解 R 的关系矩阵 $\boldsymbol{M}_R = \begin{bmatrix} 1 & 0 & 1 \\ 0 & 1 & 0 \\ 1 & 1 & 0 \end{bmatrix}$，而

$$\boldsymbol{M}_{t(R)} = \boldsymbol{M}_R \vee \boldsymbol{M}_R^{(2)} \vee \boldsymbol{M}_R^{(3)} = \begin{bmatrix} 1 & 0 & 1 \\ 0 & 1 & 0 \\ 1 & 1 & 0 \end{bmatrix} \vee \begin{bmatrix} 1 & 1 & 1 \\ 0 & 1 & 0 \\ 1 & 1 & 1 \end{bmatrix} \vee \begin{bmatrix} 1 & 1 & 1 \\ 0 & 1 & 0 \\ 1 & 1 & 1 \end{bmatrix} = \begin{bmatrix} 1 & 1 & 1 \\ 0 & 1 & 0 \\ 1 & 1 & 1 \end{bmatrix}$$

$t(R)$ 的关系图如图 7.3.8(b) 所示，它其实是图 7.3.8(a) 中结点间"有长度大于 0 的路可达"关系的关系图。

虽然可以使用计算机编程自动实现有限集合上二元关系传递闭包的计算，但是仍需要进行大量的位运算。下面介绍一个高有效的求解传递闭包的算法，它是由英国人史蒂芬·沃舍尔(Stephen Warshall)于 1960 年提出的。

沃舍尔算法的实现用到了内点的概念。给定有向图 $G = \langle V, E \rangle$，$V = \{v_1, v_2, \cdots, v_n\}$，$x, y \in V$，若 $x, v_{i1}, v_{i2}, \cdots, v_{is}, y$ 是 G 中一条从 x 到 y 的有向路，则称 $v_{i1}, v_{i2}, \cdots, v_{is}$ 为从 x 到 y 的有向路的内点。

定理 7.3.3 设有向图 $G = \langle V, E \rangle$，$V = \{v_1, v_2, \cdots, v_n\}$，$1 \leqslant k \leqslant n$，$v_i, v_j \in V$，若从 v_i 到 v_j 存在所有内点属于 $\{v_1, v_2, \cdots, v_k\}$ 的路，当且仅当存在从 v_i 到 v_j 的路并且所有内点属于 $\{v_1, v_2, \cdots, v_{k-1}\}$，或者存在从 v_i 到 v_k 的路和从 v_k 到 v_j 的路并且两者所有内点均属于 $\{v_1, v_2, \cdots, v_{k-1}\}$。

证明留作练习。

在定理 7.3.3 中，从 v_i 到 v_j 并且内点属于 $\{v_1, v_2, \cdots, v_{k-1}\}$ 的路如图 7.3.9(a) 所示，从 v_i 到 v_k 并且两者所有内点均属于 $\{v_1, v_2, \cdots, v_{k-1}\}$ 的路如图 7.3.9(b) 所示。

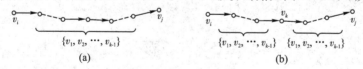

图 7.3.9

给定 $\boldsymbol{M}_R$ 是 n 元素集合 V 上的二元关系 R 的关系矩阵，$V = \{v_1, v_2, \cdots, v_n\}$，其关系图是有向图 $G = \langle V, E \rangle$，设 $1 \leqslant k \leqslant n$，构造矩阵 $\boldsymbol{W}^{(k)} = [W_{ij}^{(k)}]_{n \times n}$，其中 $W_{ij}^{(k)} = 1$ 表示存在从 v_i 到 v_j 的路并且内点属于 $V = \{v_1, v_2, \cdots, v_k\}$，则 $\boldsymbol{M}_{t(R)} = \boldsymbol{W}^{(n)}$。根据以上知识我们知道，$W_{ij}^{(k)} = 1$ 当且仅当存在从 v_i 到 v_j 的路并且所有内点属于 $\{v_1, v_2, \cdots, v_{k-1}\}$，或者存在从 v_i 到 v_k 的路和从 v_k 到 v_j 的路并且两者所有内点均属于 $\{v_1, v_2, \cdots, v_{k-1}\}$。所以有：$W_{ij}^{(k)} = W_{ij}^{(k-1)} \vee (W_{ij}^{(k-1)} \wedge W_{kj}^{(k-1)})$。

显然，$\boldsymbol{W}^{(0)} = \boldsymbol{M}_R$。

当 $k = 1$ 时，$W_{ij}^{(1)} = W_{ij}^{(0)} \vee (W_{i1}^{(0)} \wedge W_{1j}^{(0)})$

当 $k=2$ 时，$\boldsymbol{W}_{ij}^{(2)}=\boldsymbol{W}_{ij}^{(1)} \bigvee (\boldsymbol{W}_{i2}^{(1)} \bigwedge \boldsymbol{W}_{2j}^{(1)})$

...

如此下去，直到求出 $k=n$ 时，$\boldsymbol{W}_{ij}^{(n)}=\boldsymbol{W}_{ij}^{(n-1)} \bigvee (\boldsymbol{W}_{in}^{(n-1)} \bigwedge \boldsymbol{W}_{nj}^{(n-1)})$，就得到传递闭包的关系矩阵 $\boldsymbol{M}_{t(R)}=\boldsymbol{W}^{(n)}$。

算法的过程描述如下：

(1) 置新矩阵 $\boldsymbol{W}=(\boldsymbol{M}_R)_{n \times n}$。

(2) 置 $k=1$。

(3) 对 $i=1, 2, \cdots, n$，如果 $\boldsymbol{W}[i, k]=1 (i=1, 2, \cdots, n)$，则对 $j=1, 2, \cdots, n$，有

$$\boldsymbol{W}[i, j]=\boldsymbol{W}[i, j] \bigvee \boldsymbol{W}[k, j]$$

(4) $k=k+1$。

(5) 如果 $k \leqslant n$，则转步骤(3)，否则停止。

以上沃舍尔算法可以简述为：按列号顺序对 R 的关系矩阵 $\boldsymbol{W}$ 的每一列中的元素从上至下依次扫描。如果当前扫描的是第 k 列，那么当遇到 1 时，将 1 所对应的行析取上第 k 行作为该行的新值。

例 6 设二元关系 R 的关系矩阵 $\boldsymbol{M}_R=\begin{bmatrix} 0 & 0 & 0 & 1 \\ 1 & 0 & 1 & 0 \\ 1 & 0 & 0 & 1 \\ 0 & 0 & 1 & 0 \end{bmatrix}$，求 R 的传递闭包。

解

$$k=1 \qquad k=2 \qquad k=3 \qquad k=4$$

$$\boldsymbol{M}_R=\begin{bmatrix} 0 & 0 & 0 & 1 \\ 1 & 0 & 1 & 0 \\ 1 & 0 & 0 & 1 \\ 0 & 0 & 1 & 0 \end{bmatrix} \rightarrow \begin{bmatrix} 0 & 0 & 0 & 1 \\ 1 & 0 & 1 & 1 \\ 1 & 0 & 0 & 1 \\ 0 & 0 & 1 & 0 \end{bmatrix} \rightarrow \begin{bmatrix} 0 & 0 & 0 & 1 \\ 1 & 0 & 1 & 1 \\ 1 & 0 & 0 & 1 \\ 0 & 0 & 1 & 0 \end{bmatrix} \rightarrow \begin{bmatrix} 0 & 0 & 0 & 1 \\ 1 & 0 & 1 & 1 \\ 1 & 0 & 0 & 1 \\ 1 & 0 & 1 & 1 \end{bmatrix}$$

$$\longrightarrow \boldsymbol{M}_{t(R)}=\begin{bmatrix} 1 & 0 & 1 & 1 \\ 1 & 0 & 1 & 1 \\ 1 & 0 & 1 & 1 \\ 1 & 0 & 1 & 1 \end{bmatrix}$$

习 题

7.3-1 设有向图 G 如图 7.3.10 所示。

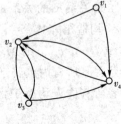

图 7.3.10

(a) 写出 G 的邻接矩阵。

(b) 计算 G 中所有结点的入度和出度。

(c) G 中长度为 3 的路有多少条？其中回路有几条？

7.3 - 2 设有向图 $G = \langle V, E \rangle$ 如图 7.3.11 所示。

(a) 求 G 的邻接矩阵 $\boldsymbol{A}$。

(b) 求 $\boldsymbol{A}^{(1)}$、$\boldsymbol{A}^{(2)}$、$\boldsymbol{A}^{(3)}$，说明从 v_1 到 v_4 的长度分别为 1、2、3、4 的路各有多少条。

(c) 说明 $\boldsymbol{A}^{(2)}$、$\boldsymbol{A}\boldsymbol{A}^{\mathrm{T}}$ 和 $\boldsymbol{A}^{\mathrm{T}}\boldsymbol{A}$ 中第 2 行和第 3 列交叉元素的意义。

(d) 求可达矩阵 $\boldsymbol{P}$。

(e) 求 G 的强分图。

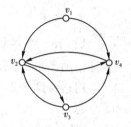

图 7.3.11

7.3 - 3 有向图 $G = \langle V, E \rangle$ 如图 7.3.12 所示，请通过计算回答下列问题：

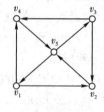

图 7.3.12

(a) G 中 v_2 到 v_5 长度小于等于 3 的通路有多少条？

(b) G 中长度为 3 的通路共有多少条？其中有多少条是回路？

(c) G 是哪类连通图？

7.3 - 4 Are the simple graphs with the following adjacency matrices isomorphic?

$$\begin{bmatrix} 0 & 0 & 1 \\ 0 & 0 & 1 \\ 1 & 1 & 0 \end{bmatrix} \quad \begin{bmatrix} 0 & 1 & 1 \\ 1 & 0 & 0 \\ 1 & 0 & 0 \end{bmatrix}$$

7.4 欧拉图与汉密尔顿图

7.4.1 欧拉图

18 世纪，德国的东普鲁士有座著名的哥尼斯堡（Konigsberg）城（现俄罗斯加里宁格勒），横贯全城的普雷格尔河的两条支流将整个城市分为南区、北区、东区和岛区（奈佛夫岛），人们在河的两岸和两个岛之间架设了七座桥，把四个城区连接起来，如图 7.4.1(a) 所示。当时流传这样一个问题：是否有一种走法，从城中某个位置出发，通过每座桥一次且仅一次，最后回到出发地。这就是著名的哥尼斯堡七桥问题。

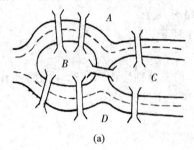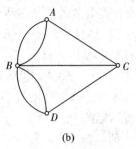

(a)　　　　　　　　　　　(b)

图 7.4.1

问题似乎并不复杂，但当时无人能够解决。瑞士数学家列昂哈德·欧拉（Leonhard Euler）仔细研究了这个问题，他用一种抽象的图形方式来描述上述四个城区和桥之间的关系，其中四个城区分别用四个点来表示，用连接两个点的一条线来表示这两个点对应的区域间有一座桥相连，如图 7.4.1(b) 所示。这样上述的哥尼斯堡七桥问题就变成了在图(b)中是否存在经过每条线一次且仅一次的回路问题，从而使得问题显得简洁很多。在此基础上，欧拉得出了此问题无解的结论。

1736 年，欧拉针对哥尼斯堡七桥问题发表了一篇学术论文《一个与位置几何相关的问题的解》，被公认为是第一篇关于图论的论文。正是在这篇论文中，欧拉提出并解决了一个更为一般性的问题：在什么形式的图中可以找到一条通过其中每条边一次且仅一次的回路呢？后来人们将具有这种特点的图称为欧拉图。

定义 7.4.1　包含图中所有边的开迹称为该图中的一条欧拉迹（Eulerian trail）或欧拉路。包含图中所有边的闭迹称为欧拉回路（Eulerian circuit）。含欧拉回路的图称为欧拉图（Eulerian graph）。

以上定义对无向图和有向图均适用。下面讨论欧拉图时不考虑 G 是零图的情况。

定理 7.4.1　无向图 $G = \langle V, E \rangle$ 是欧拉图当且仅当 G 是连通的并且每个结点的度均为偶数。

证明　必要性。如果 G 是欧拉图，显然 G 是连通的。设 C 为包含图 G 中每条边一次且仅一次的一条欧拉回路，如图 7.4.2 所示，当沿着 C 移动时，每通过一个结点一次，需使用关联于这个结点的以前从未走过的两条边，即会用去该结点的 2 个度数。当最终回到起点时，计算每个结点的度数，就等于它在欧拉回路中出现的次数乘以 2，因此图中所有结点的度数均为偶数。

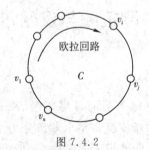

图 7.4.2

充分性。设 G 连通，并且每个结点的度数均为偶数，则 G 中每个结点的度数均为大于等于 2 的偶数。根据定理 7.2.2 可知，G 中必含圈。

在图 G 中找到一个圈 C_1，设 C_1 的边集为 E_1，若 $E-E_1=\varnothing$，即 C_1 包含了 G 中的所有边，则 C_1 即为一条欧拉回路。

否则，从图 G 中删掉 C_1 中的所有边 E_1，得到 G 的子图 $G-E_1$，$G-E_1$ 是非零图，并且每个结点的度数仍然均为偶数。在 $G-E_1$ 中，任意选择一个边集不空的连通分支，找出一个圈 C_2，设 C_2 的边集为 E_2，若 $E-E_1-E_2=\varnothing$，即 C_1 和 C_2 中包含 G 中的所有边，可由 C_1 和 C_2 构造出 G 的一条欧拉回路。

否则，……

……

如此下去，直到所有结点度数均为 0。这样可以从 G 中找到一组圈 C_1，C_2，…，C_m 且满足：

$$E=E_1 \cup E_2 \cup \cdots \cup E_m \tag{1}$$

$$E_i \cap E_j=\varnothing \quad i\neq j, i, j \in \{1, 2, \cdots, m\} \tag{2}$$

即 G 中的每一条边在且仅在 E_1，E_2，…，E_m 的一个之中。

现将闭迹集 $\{C_1, C_2, \cdots, C_m\}$ 连接成一条欧拉回路。从 C_1 开始，由于 G 是连通的，所以在 $\{C_2, \cdots, C_m\}$ 中至少有一个，设为 C_p，满足 C_1 与 C_p 至少有一个公共结点，该结点设为 v。

设 $C_1=(v, v_{i_1}, v_{i_2}, v_{i_3}, \cdots, v_{i_m}, v)$，$C_p=(v, v_{j_1}, v_{j_2}, v_{j_3}, \cdots, v_{j_t}, v)$ 则 $(v, v_{i_1}, v_{i_2}, v_{i_3}, \cdots, v_{i_m}, v, v_{j_1}, v_{j_2}, v_{j_3}, \cdots, v_{j_t}, v)$ 是一条恰包含 C_1 和 C_p 中所有边的闭迹，如图 7.4.3 所示，记为 $T^{(1)}$。

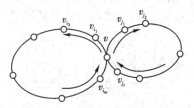

图 7.4.3

将 C_1 与 C_p 从闭迹集 $\{C_1, C_2, \cdots, C_m\}$ 中删除，将 $T^{(1)}$ 加入其中，得到闭迹集 $\{T^{(1)}, C_2, \cdots, C_{p-1}, C_{p+1}, \cdots, C_m\}$。再开始考察 $T^{(1)}$，依然会得到一个包含更多边的闭集。

……

重复此过程，直到闭迹集中仅剩下一条回路，即为欧拉回路。

故 G 是欧拉图。

证毕

推论 无向图 G 中存在一条欧拉迹，当且仅当 G 是连通的，并且图中恰有两个奇数度的结点。

证明过程留作练习。特别指出：两个奇数度的结点正是欧拉迹的起点和终点。

根据上述结论，很容易判断哥尼斯堡七桥问题是不可解的，因为从图 7.4.1(b) 中可以看出，$\deg(A)=5$，$\deg(B)=\deg(C)=\deg(D)=3$，故图中不存在欧拉回路。

与七桥问题类似的还有一笔画问题：要判定一个图 G 是否可一笔画出，即存在从图 G 中某一结点出发，经过图 G 的每条边一次且仅一次的路。该问题可以用以上欧拉图的判定定理和推论予以解决。

例 1 图 7.4.4 所示的各图中,哪些图可以一笔画出?若能,请给出画法。

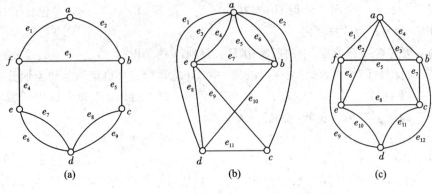

图 7.4.4

解 若图中存在欧拉迹,则该图是可一笔画出的。在图 7.4.4(a)中有 b、c、e、f 四个奇度数的结点,因此它是不可一笔画出的。图 7.4.4(b)中有恰有两个奇度数的结点 c 和 e,因此从这两个结点中的一个结点出发,能够构造出到达另一个结点的欧拉迹,如 $e_3e_1e_8e_4e_5e_6e_2e_{11}e_{10}e_7e_9$。图 7.4.4(c)中所有的结点均为偶数,所以从任一结点出发都存在欧拉回路,如 $e_1e_9e_{12}e_4e_3e_8e_6e_5e_7e_{11}e_{10}e_2$。

例 2 一块多米诺骨牌由两个半面组成,每个半面被标记 n 个圆点,$0 \leqslant n \leqslant 6$,如图 7.4.5所示,共可产生多少块不同的多米诺骨牌?能否将这些不同的多米诺骨牌排成一个圆环,使得每两块相邻的多米诺骨牌的相邻两个半面是相同的?

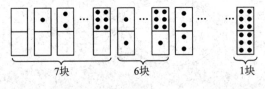

图 7.4.5

解 多米诺骨牌只与两个半面的点数组合相关,而与两个半面的次序无关。一个半面为 0 点的不同的多米诺骨牌共有 7 块,一个半面为 1 点的不同的多米诺骨牌也有 7 块,但其中一个半面为 1 点而另一个半面为 0 点的已经计算,这样去掉这一块共有 6 块。如此下去,不同的多米诺骨牌共有 28 块。另外一种计算方法为 $7+C_7^2=28$(块)。

如果将 7 种不同的半面抽象成 7 个结点,那么关联于任意两个结点的无向边可以看做是一张多米诺骨牌。每个结点与图中所有的结点都恰有一条边关联,如图 7.4.6 所示。

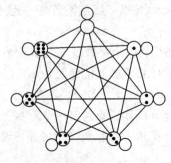

图 7.4.6

图 7.4.6 中恰有 28 条不同的边，与 28 块多米诺骨牌一一对应。将 28 块不同的多米诺骨牌排成一个圆形，使得每两块相邻的多米诺骨牌的相邻两个半面是相同的，其实就是在图中找一条欧拉回路。由于图中每个结点的度数均为 8，所以必然存在欧拉回路，问题是有解的。

定理 7.4.2 有向图 G 是欧拉图，当且仅当它是连通的，并且每个结点的入度等于其出度。本定理证明过程与定理 7.4.1 类似，从略。

例 3 若图 7.4.7(a) 表示一个乡镇的地图，结点表示交叉路口，边表示街道，邮递员每天骑自行车沿着街道两侧投递邮件。能否为邮递员找到一条沿街道的每一侧恰好骑行一次就可以完成全部投递工作的路线。

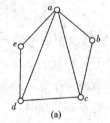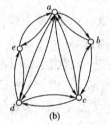

图 7.4.7

解 将图 7.4.7(a) 中的每条代表街道的无向边分别用两条方向相反的有向边代替，表示每条街道的两侧，结果如图 7.4.7(b) 所示。这样就将邮递员问题转化为寻找有向欧拉回路问题。由于该图连通且每个结点的入度等于其出度，所以图中存在欧拉回路。其中一种有效的投递路线是：$a \to b \to c \to d \to e \to a \to d \to a \to c \to a \to e \to d \to c \to b \to a$。

7.4.2 汉密尔顿图

1859 年爱尔兰数学家威廉·汉密尔顿(Willian Hamilton)爵士在给他的朋友的一封信中，谈到一个称为"周游世界"的数学游戏。他将正十二面体的 20 个结点均标上重要城市的名称，希望能够沿着正十二面体的棱行走，找到一个遍历每个城市恰一次的周游路线。

如果将正十二面体的结点和边画在一个平面，如图 7.4.8(a) 所示，"周游世界"游戏相当于在图 7.4.8(a) 中找到一条经过每个结点一次且仅一次的回路。这个问题是有解的，如图 7.4.8(b) 的粗线所示。

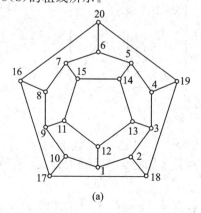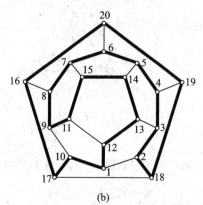

图 7.4.8

定义 7.4.2 包含图中每个结点一次且仅一次的通路称为汉密尔顿路(Hamiltonian path)。包含图中所有结点一次且仅一次的圈称为汉密尔顿圈(Hamiltonian cycle)。含汉密尔顿圈的图称为汉密尔顿图(Hamiltonian graph)。

由于自回路和平行边对于寻找汉密尔顿路没有意义，因此以下仅讨论简单图。

虽然汉密尔顿图与欧拉图问题颇为相似且同样有趣，但是汉密尔顿图问题到目前为止尚未完全解决，即还没有找到一个简单的判定汉密尔顿路或回路的存在性的充分必要条件。以下分别介绍汉密尔顿图的必要条件和充分条件。

定理 7.4.3 设 $G = \langle V, E \rangle$ 是无向图，若图 G 是汉密尔顿图，则对于结点集 V 的每个非空子集 S 均满足：

$$\omega(G-S) \leqslant |S|$$

其中，$|S|$ 表示 S 中的结点数，$\omega(G-S)$ 表示 G 删除 S 中所有结点后得到的连通分支个数。

证明 设 C 是 G 中的一条汉密尔顿圈，则对于 V 的任一非空子集 S，在 C 中删除任一个 S 中的结点 v_i，如图 7.4.9 所示，则 $C-v_i$ 是一条通路。若再删去 S 中另一结点 v_j，最多形成 2 条通路，则 $\omega(C-\{v_i, v_j\}) \leqslant 2$(当 v_j 为 $C-v_i$ 的起点或终点时，$\omega(C-\{v_i, v_j\}) = 1$，当 v_j 为 $C-v_i$ 的中间结点时，$\omega(C-\{v_i, v_j\}) = 2$)。重复此过程，不难得出 $\omega(C-S) \leqslant |S|$。

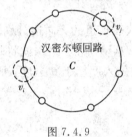

图 7.4.9

同时，由于 $C-S$ 是 $G-S$ 的一个子图，因而 $\omega(G-S) \leqslant \omega(C-S) \leqslant |S|$。

证毕

由以上定理可知，存在割点的图必不是汉密尔顿图。

例4 判断图 7.4.10(a)、(b)所示的图是否是汉密尔顿图。

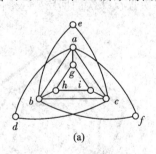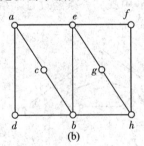

图 7.4.10

解 (a) 从图中删除 a、b、c 这 3 个结点后，所得子图包含 4 个连通分支，如图 7.4.11 (a)所示。

(b) 从图中删除 a、b 这 2 个结点后，所得子图包含 3 个连通分支，如图 7.4.11(b)所示。

因此以上两图均不是汉密尔顿图。

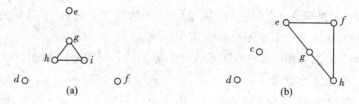

图 7.4.11

需要说明的是，以上定理仅是汉密尔顿图的一个必要条件，它只能用来判断某些不满足该性质的图不是汉密尔顿图，而满足该性质的图并不一定就是汉密尔顿图。例如，从图 7.1.4 所示的彼得森图中任意删除 $1 \sim 10$ 个结点所得连通分支个数均小于等于删除结点数，但是可以证明它不是汉密尔顿图（此证明留作练习）。

定理 7.4.4 设 $G = \langle X, E, Y \rangle$ 是无向连通二部图，其中，设 $|X| = m$，$|Y| = n$。若 $m \neq n$，则 G 必不是汉密尔顿图。

证明 方法 1：用汉密尔顿图的性质证明。

因为 $|X| \neq |Y|$，不妨设 $|X| < |Y|$，显然有 $\omega(G - X) = |Y| > |X|$，这与汉密尔顿图的必要条件 $\omega(G - X) \leqslant |X|$ 矛盾。因此 G 必不是汉密尔顿图。

方法 2：用二部图的性质证明。

因为 $|X| \neq |Y|$，不妨设 $|X| < |Y|$。

假设 G 是汉密尔顿图，则 G 中存在汉密尔顿圈 C。因为 $|X| < |Y|$，所以在 C 中必然存在 $u, v \in Y$，且 u、v 在 C 中邻接。因此边 $(u, v) \in E$，这与二部图中任何一条边一个端点在 X 中而另一个端点在 Y 中矛盾。

因此 G 必不是汉密尔顿图。

证毕

推论 设 $G = \langle X, E, Y \rangle$ 是无向二部图，其中，$|X| = m$，$|Y| = n$。若 $|m - n| > 1$，则 G 中必不存在汉密尔顿路。

在图中，有一种称为 A-B 标号法的操作，其过程是：选择图中任意一个结点标记 A，给与 A 邻接的结点标记 B，再给与 B 邻接的结点标记 A，重复此过程，直至给图中所有结点给予标记。对于一个图进行 A-B 标记，若使得图中任意两个邻接结点的标记均不相同，则称该图是可 A-B 标记的，反之，称为不可 A-B 标记的。不难得出，一个图是二部图当且仅当它是可 A-B 标记的。此外，A-B 标号法还有其他应用。

假设一个图 G 是可 A-B 标记的，可以证明：如果 G 是汉密尔顿图，则 G 中标记 A 和 B 的结点数一定相等；如果 G 存在汉密尔顿路，则 G 中标记 A 和 B 的结点数之差一定小于等于 1。

例 5 判断图 7.4.12 所示是否是汉密尔顿图。

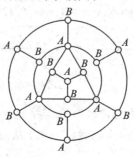

图 7.4.12

解 图 7.4.12 是可 A-B 标记的，而图中标 A 的结点个数为 7，标 B 的结点个数为 9，因此该图既不是汉密尔顿图，也不存在汉密尔顿路。

另外一种解法：因为图 7.4.12 是可 A-B 标记的，则它是二部图，利用定理 7.4.4，同样得出该图不是汉密尔顿图。

1960 年奥尔(Ore)建立了汉密尔顿图的以下充分条件：

定理 7.4.5 设 $G = \langle V, E \rangle$ 是含有 $n(n \geq 3)$ 个结点的简单无向图，如果 G 中的任何两个不同结点的度数之和都大于等于 $n-1$，则 G 中存在汉密尔顿路。

证明 (1) 证明 G 是连通的，采用反证法。

假设 G 中存在两个或更多个互不连通的分支。设 G 中的结点 v_i 和 v_j 分别属于两个不同的连通分支 G_1 和 G_2，其中 G_1 和 G_2 分别有 n_1 和 n_2 个结点。

显然，$n_1 + n_2 \leq n$，又有 $\deg(v_i) \leq n_1 - 1$ 且 $\deg(v_j) \leq n_2 - 1$，于是有：

$$\deg(v_i) + \deg(v_j) \leq n_1 + n_2 - 2 = n - 2$$

这与已知题设矛盾，所以 G 是连通的。

(2) 证明 G 中存在汉密尔顿路。

在 G 中找到一条长度为 $p-1(0 < p < n)$ 的通路，如图 7.4.13 所示，则该通路中含 p 个结点，设这些结点为 $v_1, v_2, \cdots, v_p$。

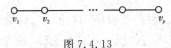

图 7.4.13

扩充这条通路，构造 G 中的汉密尔顿路，方法如下：

① 如果 v_1 或 v_p 还邻接于不在这条路上的某个结点，则可立即延伸这条路以包含该结点，得到 p 条边、$p+1$ 个结点的通路。

② 如果 v_1 和 v_p 均只与该通路中的结点邻接，那么接下来证明"存在一条包含结点 v_1，$v_2, \cdots, v_p$ 的圈"。

a. 如果 v_1 与 v_p 邻接，则得到一条包含结点 $v_1, v_2, \cdots, v_p$ 的圈。

b. 如果 v_1 与 v_p 不邻接。不妨设 v_1 除邻接 v_2 外，还与 $v_{i1}, v_{i2}, \cdots, v_{ik}(3 \leq i_1 < i_2 < \cdots < i_k \leq p-1)$ 这 $k(k \leq p-3)$ 个结点邻接，则 v_p 至少与 $v_{i_1-1}, v_{i_2-1}, \cdots, v_{i_k-1}$ 中之一邻接，否则，v_p 至多与 $p-2-k$ 个结点(除 $v_1, v_{i_1-1}, v_{i_2-1}, \cdots, v_{i_k-1}, v_p$ 外)邻接。因而 $\deg(v_1) + \deg(v_p) \leq (k+1) + (p-2-k) = p-1 \leq n-2$，这与已知题设矛盾。

因此，v_p 至少与 $v_{i_1-1}, v_{i_2-1}, \cdots v_{i_k-1}$ 中之一邻接。设 v_1 与 v_{i_t} 邻接且 v_p 与 v_{i_t-1} 邻接，如图 7.4.14 所示，可以得到圈 $(v_1, v_2, \cdots, v_{i_t-1}, v_p, v_{p-1}, \cdots, v_{i_t}, v_1)$。

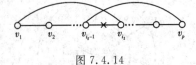

图 7.4.14

由于 G 是连通的，因此在该回路之外存在某结点 x 与回路中的结点 v_j 邻接。可以用如图 7.4.15 所示的方法将结点 x 引入到通路中来，从而得到一条长度为 p 的通路 $x v_i v_{i-1} \cdots v_1 v_p v_{p-1} \cdots v_{i+1}$。

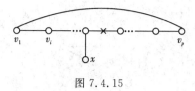

图 7.4.15

重复上述过程，就一定能够得到一条包含图中所有 n 个结点的通路。

证毕

推论 设 G 是具有 $n(n\geqslant 3)$ 个结点的简单无向图，如果 G 中每一对结点的度数之和大于等于 n，则 G 中存在一条汉密尔顿圈。

证明 由定理 7.4.5 可知，G 中必存在汉密尔顿路，设为 $(v_1, v_2, \cdots, v_n)$，如果 v_1 与 v_n 邻接，则定理得证。

如果 v_1 与 v_n 不邻接，不妨设 v_1 除邻接 v_2 外，还邻接于 $v_{i_1}, v_{i_2}, \cdots, v_{i_k}(3\leqslant i_1<i_2<\cdots<i_k\leqslant n-1)$ 总共 k 个结点，则 v_n 至少与 $v_{i_1-1}, v_{i_2-1}, \cdots, v_{i_k-1}$ 中之一邻接，否则，v_p 至多与 $n-2-k$ 个结点(除 $v_1, v_{i_1-1}, v_{i_2-1}, \cdots, v_{i_k-1}, v_p$ 外)邻接。因而

$$\deg(v_1)+\deg(v_n)\leqslant (k+1)+(n-2-k)=n-1<n$$

这与已知题设矛盾。

因此，v_n 至少与 $v_{i_1-1}, v_{i_2-1}, \cdots, v_{i_k-1}$ 中之一邻接。设 v_1 与 v_{i_t} 邻接且 v_n 与 v_{i_t-1} 邻接，如图 7.4.16 所示。

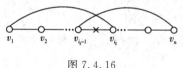

图 7.4.16

可以得到一条汉密尔顿圈 $(v_1, v_2, \cdots, v_{i_t-1}, v_n, v_{n-1}, \cdots, v_{i_t}, v_1)$，故图 G 是汉密尔顿图。

证毕

例 6 设 $G=\langle V, E\rangle$ 是简单无向图，其中 $|V|=n$。

(a) 证明：如果 $|E|=\frac{1}{2}(n-1)(n-2)+2$，那么 G 一定是汉密尔顿图。

(b) 如果 $|E|=\frac{1}{2}(n-1)(n-2)+1$，那么 G 是否一定是汉密尔顿图？请阐明你的理由。

解 (a) 设结点 u 和 v 是 G 中任意两个结点。假设 u 和 v 的度数和小于 n，则与 u 和 v 关联的边数和小于 n。

现将结点 u 和 v 及其关联的边从图 G 中删除，当 $G-\{u, v\}$ 为 K_{n-2} 时边数最多。无向完全图 K_{n-2} 的边数为 $\frac{1}{2}(n-2)(n-3)$ 条，则图 G 的边数 $|E|<\frac{1}{2}(n-2)(n-3)+n=\frac{1}{2}(n-1)(n-2)+2$，这与已知条件矛盾。

因此 u 和 v 的度数和一定大于或等于 n，利用定理 7.4.5 的推论得知，图 G 必是汉密尔顿图。

(b) 如果 $|E|=\frac{1}{2}(n-1)(n-2)+1$，那么 G 不一定是汉密尔顿图。例如，图 7.4.17 含

4 个结点、4 条边，满足 $|E|=\frac{1}{2}(n-1)(n-2)+1$，但不是汉密尔顿图。

图 7.4.17

例 7 某班同学选修了 7 门课程，每一门课程由一位教师讲授，每位教师最多讲授 4 门课程。要求用连续的七天安排这 7 门课程的考试，限每天安排 1 门。试证明：总存在合适的考试安排，使得同一位教师所讲授的两门课程考试不排在连续两天内。

证明 设 G 为具有七个结点的图，每个结点对应一门课程的考试，对于任意两个结点，若这两个结点对应的课程不由同一个教师担任，那么这两个结点之间连一条边。因为每个教师所任课程数目不超过 4，故每个结点的度数至少是 3，则任意两个结点的度数之和至少等于 6。故 G 中必包含一条汉密尔顿路，它就是满足以上要求的一个考试安排。

证毕

习 题

7.4-1 一个艺术博物馆有 5 个展厅，每个展厅开有若干扇门，如图 7.4.18 所示，游客可以通过这些门穿行在各个展厅之间。请问是否存在穿过每扇门一次且仅一次的参观路线？是否存在穿过每扇门一次且仅一次最后回到起点的参观路线？如果有，请给出你的方案；如果没有，请说明理由。

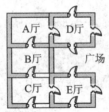

图 7.4.18

7.4-2 设 G 是一个具有 $k(k>0)$ 个奇度数结点的连通无向图。证明能够在 G 中得到 $k/2$ 条迹，它们包含了 G 中所有边，并且任意两条迹间没有相同的边。

7.4-3 设连通有向图 $G=\langle V,E\rangle$，$|V|=n$，$|E|=m$，且有 $m,n>0$。G 中每个顶点的入度均大于 0。证明 G 中必存在闭迹。

7.4-4 设 $G=\langle V,E\rangle$ 是一个 4-正则图，证明可用红、黄两种颜色对 G 中的所有边进行着色，每条边只着一种颜色，使得每个结点所关联的边恰有两条着红色而另外两条着黄色。

7.4-5 分别画出满足以下要求的含有 6 个结点的连通无向图 G。

(a) G 是欧拉图但非汉密尔顿图。

(b) G 是汉密尔顿图但非欧拉图。

(c) G 既是汉密尔顿图又是欧拉图。

(d) G 既非汉密尔顿图又非欧拉图。

7.4-6 K_n 是 n 个结点的完全无向图，$K_{m,n}$ 是完全二部图。

(a) 当 n 取什么值时，K_n 是欧拉图？

(b) 当 n 取什么值时，K_n 是汉密尔顿图？

(c) 当 n 取什么值时，$K_{m,n}$ 是欧拉图？

(d) 当 n 取什么值时，$K_{m,n}$ 是汉密尔顿图？

7.4-7 设无向图 $G=\langle V,E\rangle$ 中存在汉密尔顿路，证明对于结点集 V 的每个非空子集 S 均满足：

$$\omega(G-S)\leqslant|S|+1$$

其中，$|S|$ 表示 S 中的结点数，$\omega(G-S)$ 表示 G 删除 S 中所有结点后得到的连通分支个数。

7.4-8 判断图 7.4.19 所示的各图是否为汉密尔顿图，如果是，则找出图中的一条汉密尔顿圈，否则证明其不是汉密尔顿图。

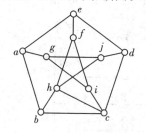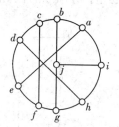

图 7.4.19

7.4-9 证明彼得森图不是汉密尔顿图，但删除任何一个结点及其关联的边所得的图是汉密尔顿图。

7.4-10 设 G 连通，且每个结点的度数均为偶数，则对任一结点 v，图 $G-v$ 的连通分支数 $\omega(G-v)\leqslant\dfrac{1}{2}\deg(v)$，其中 $\deg(v)$ 为结点 v 的度数。

7.4-11 设 $G=\langle V,E\rangle$ 是 $n(n\geqslant3)$ 个结点的简单无向图，设 G 中最长的通路 M 的长度为 $p(p\geqslant2)$，起点与终点分别为 u 和 v，而且 $\deg(u)+\deg(v)>p$。证明 G 中必有与 M 不完全相同，但长度也为 p 的通路。

7.4-12 证明任意 $n(n>1)$ 维立方体是汉密尔顿图。

7.4-13 英国的亚瑟王在王宫中召见他的 $n(n\geqslant3)$ 名骑士，其中某些骑士间曾结下怨仇。已知对于任意两名骑士，剩下的 $n-2$ 名骑士都至少与其中一名是朋友。请问亚瑟王的谋士摩尔林能够将这些骑士排成一排，使得每名骑士的身边都是自己的朋友吗？

7.4-14 m 和 n 是大于 1 的正整数，排成 m 行 n 列的 $m\times n$ 颗珍珠构成一个集合 $X=\{\langle i,j\rangle\mid i\in\{1,2,\cdots,m\},\ j\in\{1,2,\cdots,n\}\}$，对于每对珍珠 $\langle x_1,y_1\rangle\in X$ 和 $\langle x_2,y_2\rangle\in X$，若满足 $|x_1-x_2|+|y_1-y_2|=1$，则用丝线将这对珍珠串接在一起，从而构成一个网（如图 7.4.20 所示）。

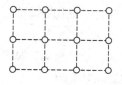

图 7.4.20

问题是能否通过剪断一些珍珠间的丝线得到一个由所有珍珠串成的环形项链。

(a) 对于如图所示的 3×4 的珍珠网请构造一个问题的解。

(b) 证明当 m、n 都是奇数时，问题无解。

7.4-15 当 n 是大于 2 的偶数时，无向完全图 K_n 中共有多少条两两无公共边的汉密尔顿回路？

7.4-16 设连通简单无向图 G 的结点数为 n，G 中结点的最小度数 $\delta(G)=k$。证明若 $n>2k$，则 G 中必存在一条长度为 $2k$ 的通路。

7.4-17 设 $G=\langle V, E\rangle$ 是有向图，若 G 的底图是无向完全图，则称 G 为竞赛图。证明竞赛图中必存在有向汉密尔顿路。

7.4-18 如何用邻接矩阵判定一个图是否是欧拉图？

7.4-19 An art museum arranged its current exhibit in the five rooms shown in Figure 7.4.21.

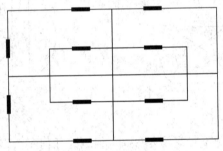

Figure 7.4.21

Is there a way to tour the exhibit so that you pass through each door exactly once? If so, give a sketch of your tour.

7.4-20 Give an example of a graph that has an Euler circuit and a Hamiltonian circuit that are not the same.

7.4-21 Prove that K_n, the complete graph on n vertices with $n \geq 3$, has $(n-1)!$ Hamiltonian circuits.

7.5 平 面 图

运用图来解决实际问题时，往往希望边与边之间尽量减少或完全避免交叉的情况发生，例如印刷电路板上的布线、交通管道的设计等。近些年来，大规模集成电路的发展进一步促进了图的平面性的研究。

定义 7.5.1 设 $G=\langle V, E\rangle$ 是一个无向图，如果能够把图 G 图示在一个平面上，且除端点外任意两条边均不相交，则称 G 为平面图(planar)，这样的表示称为 G 的一个平面嵌入(planar embedding)。

应该注意，有些图虽然有边在非端点处相交，如图 7.5.1(a)所示，但是可以通过移动图中结点和边的位置得到一个平面嵌入，如图 7.5.1(b)所示，这样的图是平面图。

有些图无论怎样表示，总有边在非端点处相交，这样的图是非平面图。例如有三间房子，拟分别连接水、电、煤气三种管线，如图 7.5.2(a)所示，该图无论如何画，总有边在非端点处相交，如图 7.5.2(b)所示，它是非平面图(nonplanar)。

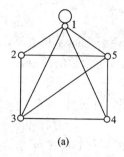 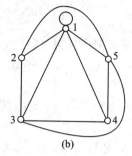

(a)   (b)

图 7.5.1

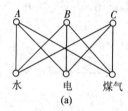 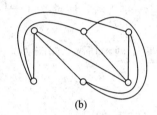

(a)   (b)

图 7.5.2

定义 7.5.2 设 G 是一连通平面图，由图 G 中的若干条边包围形成了一个区域，在该区域内不再包含图 G 中的边和结点，这样的区域称为图 G 的面(face)。设 r 是连通平面图 G 的一个面，包围面 r 的所有边构成的回路称为该面的边界，面 r 的边界回路长度称为该面的次数，记为 $\deg(r)$。

区域面积有限的面称为有限面。区域面积无限的面称为无限面。

例 1 求图 7.5.3 所示平面图 G 中的所有面的次数。

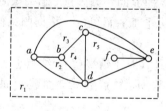

图 7.5.3

解 平面图 G 中共有 5 个面，分别是图中由 r_1、r_2、r_3、r_4、r_5 所标记的区域，各个面的边界和次数如表 7.5.1 所示，其中 r_1 是一个无限面，其余都是有限面。

表 7.5.1

面	次数 $\deg(r_i)$	边界	注解
r_1	3	$\{\{a,e\},\{e,d\},\{d,a\}\}$	
r_2	3	$\{\{a,b\},\{b,d\},\{d,a\}\}$	
r_3	4	$\{\{a,b\},\{b,c\},\{c,e\},\{e,a\}\}$	
r_4	3	$\{\{b,c\},\{c,d\},\{d,b\}\}$	
r_5	5	$\{\{c,b\},\{d,e\},\{e,f\},\{f,e\},\{e,c\}\}$	边 $\{e,f\}$ 作为面 r_5 的边界被计算两次

定理 7.5.1　设 $G=\langle V,E\rangle$ 是一连通平面图，则图 G 中所有面的次数之和等于边数的两倍，即

$$\sum_{r\in G}\deg(r)=2|E|$$

证明　在连通平面图中任何一条边，它或者是两个面的公共边界，或者在一个面中作边界重复计算两次。所以图 G 中所有面的次数之和等于边数的两倍。

证毕

定理 7.5.2　设 $G=\langle V,E\rangle$ 是一连通平面图，有 n 个结点、m 条边和 r 个面，则 $n-m+r=2$ 成立。

证明　对边数 m 进行归纳。设 n_m 和 r_m 分别表示一个具有 m 条边的连通平面图的结点数和面数，即证明 $n_m-m+r_m=2$。

（归纳基础）当 $m=0$ 时，连通图 G 是一个孤立结点，则有 $n_0=1$，$m=0$，$r_0=1$，故 $n_0-0+r_0=2$。

当 $m=1$ 时有以下两种情况，如图 7.5.4(a)、(b)所示。

图 7.5.4

对于图 7.5.4(a)，$n_1=1$，$m=1$，$r_1=2$，对于图 7.5.4(b)，$n_1=2$，$m=1$，$r_1=1$，因此，均有 $n_1-1+r_1=2$ 成立。

（归纳假设）假设 $m=k(k\geqslant1)$ 时公式成立，即 $n_k-k+r_k=2$。

（归纳推理）考察 $m=k+1$ 时的情况。用以下方法，从 $k+1$ 条边的连通平面图 G 中去掉一条边 e。

(1) 如果 G 中有度数为 1 的结点，则删去该结点及其关联的边；否则执行(2)。

(2) 选择 G 中一个面的边界构成的一条闭迹，删去该闭迹上的一条边。

因此得到一个具有 k 条边的连通平面图 G'。根据归纳假设可知，G' 满足欧拉公式，即 $n_k-k+r_k=2$。

(3) 将删去的一条边放回原图(对于情况(1)，结点也还原)，从而恢复图 G。根据(1)、(2)两种不同的删去方法，其边数 m、结点数 n_k、面数 r_k 的变化情况分别如图 7.5.5(a)、(b)所示。

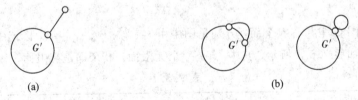

图 7.5.5

① 如图 7.5.5(a)所示，在这种情况下有：边数加 1，结点加 1，面数不变。

$$n_{k+1}-(k+1)+r_{k+1}=(n_k+1)-(k+1)+r_k=2$$

② 如图 7.5.5(b)所示，在这种情况下有：边数加 1，结点数不变，面数加 1。

$$n_{k+1}-(k+1)+r_{k+1}=n_k-(k+1)+r_k+1=2$$

不论哪种情况，欧拉公式均成立。

由(1)、(2)、(3)可知，$n_m - m + r_m = 2$ 成立，即对于任意连通平面图 G 恒有 $n - m + r = 2$。

证毕

例 2 设连通简单平面图 G 有 20 个结点，如果 G 是 3 -正则图，那么它将平面分割成多少个不同的区域？

解 图 G 的结点个数 $n = 20$。G 中每个结点的度数均为 3，则有 $2m = 3n = 60$，可得 $m = 30$。根据欧拉公式有

$$r = m - n + 2 = 30 - 20 + 2 = 12$$

所以平面图 G 将平面分割成 12 个不同的区域。

定理 7.5.3 设 G 是一个有 n 个结点、m 条边的连通简单平面图，若 $n \geqslant 3$，则有 $m \leqslant 3n - 6$。

证明 由于 G 是结点数大于等于 3 的连通简单图，该平面图中不可能包含由 1 条边和 2 条边围成的面，如图 7.5.6 所示，因此该平面图 G 的每个面至少由 3 条边围成。

(a) 1条边围成的面　　　　　　　　(b) 2条边围成的面

图 7.5.6

设 G 中有 r 个面，分别为 $f_1, f_2, \cdots, f_r$，因为连通平面图中所有面的次数和等于边数的两倍，所以有：

$$\sum_{i=1}^{r} \deg(f_i) = 2m$$

又 $\sum_{i=1}^{r} \deg(f_i) \geqslant 3r$，故有 $2m \geqslant 3r$，即有 $r \leqslant \dfrac{2}{3} m$。

将此不等式代入欧拉公式得：

$$2 = n - m + r \leqslant n - m + \frac{2}{3}m, \quad 2 \leqslant n - \frac{1}{3}m, \quad m \leqslant 3n - 6$$

证毕

定理 7.5.4 设 G 是一个有 n 个结点和 m 条边的连通简单平面图，若 G 中每个面至少由 k 边围成，则有 $m \leqslant \dfrac{k(n-2)}{k-2}$。

证明 由于 G 中每个面至少由 k 边围成，又由于连通平面图中所有面的次数和等于边数的两倍，所以 $2m \geqslant kr$，即有 $r \leqslant \dfrac{2}{k} m$。

将此不等式代入欧拉公式，得到

$$2 = n - m + r \leqslant n - m + \frac{2}{k}m, \quad 2 \leqslant n - \frac{k-2}{k}m, \quad m \leqslant \frac{k(n-2)}{k-2}$$

证毕

连通简单平面图中结点数与边数之间满足的不等式是平面图的一个必要条件，是用来判定某些图是非平面图的一个有效的方法。

例 3 证明图 7.5.7(a)、(b)所示的 $K_{3,3}$ 和 K_5 不是平面图。

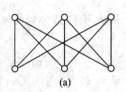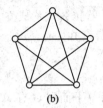

图 7.5.7

证明 （a）假设如图 7.5.7(a)所示的 $K_{3,3}$ 是平面图，由于 $K_{3,3}$ 是简单无向二部图，因此每个面的次数均大于等于 4。根据定理 7.5.4，$K_{3,3}$ 应该满足不等式：

$$m \leqslant 2n - 4$$

而在 $K_{3,3}$ 中，$n=6$，$m=9$，该不等式不成立，故 $K_{3,3}$ 不是平面图。

（b）假设图 7.5.7(b)所示的 K_5 是平面图，由于 K_5 是简单图，每个面的次数均大于等于 3。根据定理 7.5.4，K_5 应该满足不等式：

$$m \leqslant 3n - 6$$

而在 K_5 中，$n=5$，$m=10$，该不等式不成立，故 K_5 也不是平面图。

证毕

虽然欧拉公式以及以上推出的不等式可以用来判定某个图是非平面图，但是它不能确定一个图是平面图。关于平面图的一个充要条件是由波兰数学家卡兹米尔兹·库拉托夫斯基(Kazimierz Kuratowski)在 1930 年给出的，它用到图同胚的概念。

定义 7.5.3 给定两个图 G_1 和 G_2，如果它们本身是同构的，或者通过反复嵌入度为 2 的结点(在某边上嵌入结点)或反复摘除度为 2 的结点(仅去除结点，其关联边拼接)后，能够使 G_1 和 G_2 同构，则称 G_1 和 G_2 在 2 度结点内同构，亦称同胚。

嵌入度为 2 的结点如图 7.5.8(a)所示，摘除度为 2 的结点如图 7.5.8(b)所示。

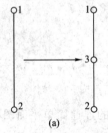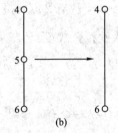

图 7.5.8

图 7.5.9(a)和(b)所示的两个图同胚。

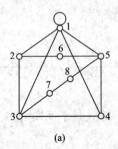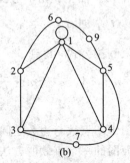

图 7.5.9

注意：在任意给定的一个无向图上嵌入或摘除度为 2 的结点不影响图的平面性。

定理 7.5.5(库拉托夫斯基定理) 一个图是平面图，当且仅当它不包含与 $K_{3,3}$ 和 K_5 同胚的子图。

该定理的证明过程很长，故省略。

例 4 证明图 7.5.10(a)所示的彼德森图是非平面图。

证明 (a) 从图 7.5.10(a)中删除边 (7,8) 和 (9,10)，所得图如图 7.5.10(b)所示。

(b) 从图 7.5.10(b)所示的图中摘除所有度为 2 的结点，所得子图如图 7.5.10(c)所示，它是 $K_{3,3}$。

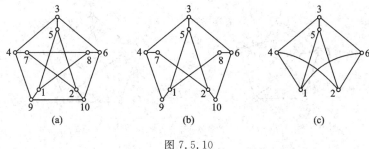

图 7.5.10

因此彼德森图存在与 $K_{3,3}$ 在二度结点内同构的子图，它是非平面图。

证毕

习 题

7.5-1 一个连通平面图有 9 个结点，它们的度分别为 2、2、2、2、3、3、3、4、5，此图共有多少个面？

7.5-2 判断图 7.5.11(a)、(b)是否为平面图。若是平面图，请给出一平面嵌入；若不是平面图，请说明理由。

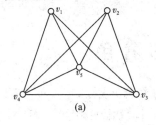

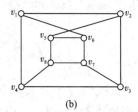

图 7.5.11

7.5-3 证明图 7.5.12 不是平面图。

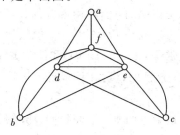

图 7.5.12

7.5-4 一个连通简单无向图 $G=\langle V,E\rangle$ 如图 7.5.13 所示。是否能够将图 G 画在一个平面上且边只在端点处相交？如果能请画出，如果不能请说明理由。

7.5-5 证明从 K_5 和 $K_{3,3}$ 中去掉任何一条边得到的图都是平面图。

7.5-6 证明在 6 个结点、12 条边的连通简单平面图中，每个面均由 3 条边围成。

7.5-7 设简单平面图 G 中结点数 $n=7$，边数 $m=15$，证明 G 是连通图。

7.5-8 证明当每个结点的度数均大于等于 3 时，不存在 7 条边的连通简单平面图。

7.5-9 利用不等式证明图 7.5.14 所示的彼得森图是非平面图。

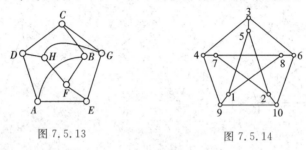

图 7.5.13   图 7.5.14

7.5-10 设 G 为连通的简单平面图，结点数为 n，区域数为 r，证明：

(a) 若 $n\geqslant3$，则 $r\leqslant2n-4$。

(b) 若 G 的结点最小的度 $\delta(G)=4$，则 G 中至少有 6 个结点的度数小于等于 5。

7.5-11 证明边数小于 30 的连通简单平面图至少有一个度数小于或等于 4 的结点。

7.5-12 设 G 是一个具有 n 个结点的简单图，$n\geqslant11$，$\overline{G}$ 是 G 的补图。证明 G 和 $\overline{G}$ 中至少有一个是非平面图。

7.5-13 (a) Prove that $K_{3,3}-e$ is planar for any edge e of $K_{3,3}$.

(b) Prove K_5-e is planar for any edge e of K_5.

7.5-14 Suppose that a connected bipartite planar simple graph has e edges and v vertices. Show that $e\leqslant2v-4$, if $v\geqslant3$.

7.6 图的着色

与平面图密切相关的一个重要问题是图的着色问题。1852 年，英国大学生格思里(Guthrie)通过观察地图着色提出了"四色猜想"，即仅用四种颜色就能对地图着色使得相邻国家着色不同。1879 年，肯普(Kemple)发表了一篇论文宣称自己完成了四色猜想成立的证明。肯普的证明方法很巧妙，人们普遍相信此问题已圆满解决。但是，1890 年，希伍德(Heawood)发现肯普的证明是错误的，但借用肯普的技巧证明了五色定理。此后的几十年时间里虽然不少人在四色猜想上耗费了大量精力，但依然一无所获。直到 1976 年，美国伊利诺伊大学的肯尼斯·阿佩尔(Kenneth Appel)和沃尔夫冈·哈肯(Wolfgang Haken)给出了四色猜想为真的机器证明，该证明过程在计算机上运行了 1200 多个机时，完成了一百多亿次逻辑判断。

图的着色分为结点着色和边着色两种，下面我们仅介绍关于图的结点着色的概念和基本理论。

7.6.1 图的结点着色

定义 7.6.1 设 $G=\langle V,E\rangle$ 是无向图，给图 G 中的每个结点指定一种颜色，若满足两个邻接的结点着色不同，则称为图 G 的结点正常着色（proper coloring）。如果可以用 k 种不同的颜色给图 G 的结点正常着色，则称 G 是结点可 k-着色的（k-colorable）。对图 G 的结点正常着色所需要的最少的颜色数，称为 G 的顶着色数，简称为色数（chromatic number），记为 $\chi(G)$。色数为 k 的图称为 k 色图。

用韦尔奇·鲍威尔（Welch Powell）法可对任意图 G 的结点进行正常着色，该方法的步骤如下：

（1）将图 G 中的结点按度数递减的次序进行排列。当然，如果有相同度数的结点，这种排列是不唯一的，但不影响算法的最终结果。

（2）用一种与已着色结点所着颜色不同的新的颜色 C 对排列最靠前的尚未着色的结点着色，并按排列次序对与前面已着上颜色 C 的结点均不邻接的每一结点着同样的颜色 C。

（3）反复重复步骤（2），直到所有结点全部着上颜色为止。

例 1 分别求图 7.6.1 所示的图 G 和 H 中的结点进行正常着色。

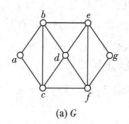 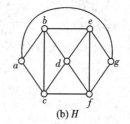

(a) G　　　(b) H

图 7.6.1

解 （a）用韦尔奇·鲍威尔法对 G 进行着色，整个过程如图 7.6.2 所示。

首先将 G 中结点按照度数由大到小排序，得到序列 $\{b,c,d,e,f,a,g\}$。首先，将结点 b 着上红色，并且将与 b 不邻接的结点 f 也着上红色；其次，将结点 c 着上黄色，并将与 c 不邻接的 e 着上黄色；接下来，将结点 d 着上蓝色，并将与 d 不邻接的 a 着上蓝色，g 与 d 和 a 均不邻接，因此它也可以着上蓝色。这样整个着色过程就结束了，G 是可 3-着色的。

结点	颜色		结点	颜色		结点	颜色		结点	颜色
b	红		b	红		b	红		b	红
c	—		c	—		c	黄		c	黄
d	—		d	—		d	—		d	蓝
e	—		e	—		e	黄		e	黄
f	—		f	红		f	红		f	红
a	—		a	—		a	—		a	蓝
g	—		g	—		g	—		g	蓝
(a)			(b)			(c)			(d)	

图 7.6.2 韦尔奇·鲍威尔法对图进行着色的过程

（b）对于图 H 可以用与 G 同样的着色过程，只是在对结点 g 着色时，因为 g 与 a 邻接，所以它不能着蓝色，必须使用一种新的颜色对其着色，因此 G 是可 4 -着色的。

利用图的色数可以解决很多现实问题。例如，学校期末考试安排各门课程的考试时间时，不能把同一位学生选修的两门课安排在同一个时间考试。我们可以将每门课程抽象为一个结点，如果两门课程有同一个学生选修则在这两个结点间连上一条边，构成图 G。如果 G 的色数为 k，那么相同颜色的课程可以在同一时间开考，所需考试时间的最小数目即为 k。

定理 7.6.1 任何图 $G=\langle V, E\rangle$ 均满足 $\chi(G)\leqslant\Delta(G)+1$。$\Delta(G)=\max\{\deg(u)\mid u\in V\}$。

定理 7.6.2 无向图 G 的色数 $\chi(G)=2$，当且仅当 G 是一个二部图。

以上定理的证明留作练习。

7.6.2　平面图的着色

地图着色问题其实就是对一个平面图中的面进行着色，它可以通过对偶图转换为与之等价的平面图的结点着色问题。

定义 7.6.2 设 $G=\langle V, E\rangle$ 是平面图，G' 是 G 的一个平面嵌入，$F(G')$ 是 G' 的面集合。构造图 G^*，若 G^* 的结点集合 $V(G^*)=F(G')$，且任取两个结点 f_1, $f_2\in V(G^*)$，f_1 和 f_2 之间存在边 e 当且仅当 f_1 和 f_2 在 G' 中有一条公共边，则称 G^* 是 G 的对偶图。

求平面图 G 的一个平面嵌入 G' 所对应的对偶图 G^* 的一般步骤如下：

（1）对于图 G 的每个面 r_i，在 r_i 的内部作一结点 $v_i^*\in V(G^*)$。

（2）对于任何两个面 r_i 和 r_j 的每一条公共边界 e_k，都作一条与 e_k 相交的边 $e_k^*=\{v_i^*, v_j^*\}\in E(G^*)$。

（3）当 e_k 仅是面 r_i 的边界时，给 v_i^* 作一条与 e_k 相交的自回路 $e_k^*=\{v_i^*, v_i^*\}\in E(G^*)$。

图 7.6.3 给出了由图 G 构造其对偶图 G^* 的一个实例，其中，图 G 的结点和边分别用"。"和实线表示，而它的对偶图 G^* 的结点和边分别用"•"和虚线表示。

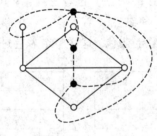

图 7.6.3

由对偶图的定义可知，一个连通平面图 G 的对偶图 G^* 也是平面图，G^* 的对偶图是 G，并且一个平面图的不同平面嵌入，可能得到不同的对偶图。

1890 年希伍德证明了任何连通简单平面图都是可 5 -着色的。下面给出其证明过程。

定理 7.6.3 设 $G=\langle V, E\rangle$ 是一个连通简单平面图，且 $|V|\geqslant3$，$|E|=m$，则 G 中必存在结点 $u\in V$，满足 $\deg(u)\leqslant5$。

证明　假设 G 中所有结点的度均大于等于 6。

因为 $\sum_{v_i \in V} \deg(v_i) = 2m$，故 $2m \geqslant 6|V|$，所以 $m \geqslant 3|V| > 3|V| - 6$。这与定理 7.5.3 的结论矛盾。

因此，G 中必存在结点 $u \in V$，满足 $\deg(u) \leqslant 5$。

证毕

定理 7.6.4(希伍德五色定理)　任一连通简单平面图 $G = \langle V, E \rangle$ 都是可 5-着色的。

证明　对图 G 中的结点数进行归纳。

当 $|V| \leqslant 5$ 时，显然成立。

假设当 $|V| = k$ 时成立，$k \geqslant 5$。

考察 $|V| = k+1$ 时的情况。由引理知，G 中必然存在结点 $u \in V$，满足 $\deg(u) \leqslant 5$。将结点 u 从图中删去得到图 $G-u$。由归纳假设知 $G-u$ 可以用 5 种颜色正常着色。现将 u 放回从而恢复原图 G，分情况讨论：

(1) $\deg(u) < 5$，或者 $\deg(u) = 5$ 但与 u 邻接的 5 个结点所着颜色数目小于 5，则在 $G-u$ 所用 5 种颜色中，只要选择一种 u 所邻接的结点未着的颜色着色即可。

(2) $\deg(u) = 5$ 并且与 u 相邻的 5 个结点着了 5 种不同的颜色。不妨设使用红色、黄色、蓝色、白色和黑色这五种颜色对图进行着色，如图 7.6.4 所示。

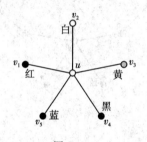

图 7.6.4

约定图 $G-u$ 中所有着红色或黄色的结点集为红黄集，$G-u$ 中所有着黑色或白色的结点集为黑白集。有以下两种情况：

(1) v_1 和 v_3 属于红黄集导出的 G 的子图的两个不同的连通分支，如图 7.6.5 所示，将 v_1 所在分图中的红、黄色对调，并不影响 $G-u$ 的着色。将结点 u 着上红色即可对图 G 进行正常着色，如图 7.6.6 所示。

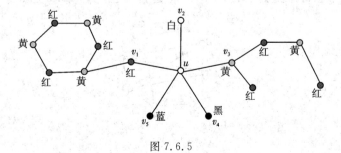

图 7.6.5

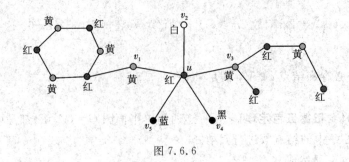

图 7.6.6

（2）v_1 和 v_3 属于红黄集导出的 G 的子图的同一个连通分支，则 v_1 和 v_3 之间必有一条由红黄集中结点构成的路 P，它加上 u 可构成一个回路 $C(u, P, u)$。由于 G 是平面图，因此回路 C 会将黑白集分为两个子集，一个在 C 内，另一个在 C 外，如图 7.6.7 所示。这样黑白集导出的子图至少有两个分图，从而将问题转化为(1)类问题，将 v_2 所在分图中的黑、白色对调，并不影响 $G-u$ 的着色，然后将结点 u 着上白色即可对图 G 进行正常着色。

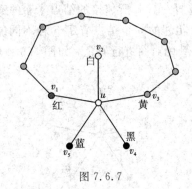

图 7.6.7

证毕

定理 7.6.5(四色定理)　平面图的色数不超过 4。
关于该定理的证明有兴趣的读者可以参考相关文献。

习　　题

7.6−1　用韦尔奇·鲍威尔法对图 7.6.8 进行着色，并求图的色数。

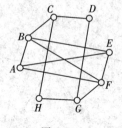

图 7.6.8

7.6−2　对彼德森图的结点进行着色，并求它的色数。
7.6−3　完全二部图 $K_{m, n}$ 的色数等于多少？
7.6−4　画出图 7.6.9 所示 3 个平面图的对偶图。

图 7.6.9

7.6-5　证明平面图 G 与它的对偶图 G^* 的对偶图 G^{**} 同构,当且仅当 G 是连通平面图。

7.6-6　试分别构造一个满足以下条件的无向图 G。

(a) G 的色数 $\chi(G) < 4$ 且 G 是非平面图。

(b) G 的色数 $\chi(G) = 3$ 且 G 是平面图。

7.6-7　证明一个无向图是可 2-着色的,当且仅当 G 中不包含长度为奇数的回路。

7.6-8　设无向图 G 中任意两个奇数长度的通路都有公共结点,则 $\chi(G) \leqslant 5$。

7.6-9　Schedule the final exams for c_1, c_2, $\cdots$, c_8. There are no students taking both c_1 and c_8, both c_2 and c_8, both c_3 and c_5, both c_4 and c_6, both c_4 and c_7, both c_1 and c_3 and both c_3 and c_4. But there students in every other combination of courses.

7.6-10　An edge coloring of a graph is an assignment of colors to edges so that edges incident with a common vertex are assigned different colors. The edge chromatic number of a graph is the smallest number of colors that can be used in an edge coloring of the graph. Find the edge chromatic numbers of K_n, $K_{m,n}$ and n-Cycle.

7.7　树

树是图论中重要的概念之一,它在计算机科学中的应用非常广泛,树可用来对搜索、排序和排序过程进行建模,操作系统中一般采用树型结构来组织文件和文件夹,同时树模型在其他各个领域也都有广泛的应用。例如,图 7.7.1(a) 是碳氢化合物 C_4H_{10} 的分子结构图,图 7.7.1(b) 是表达式 $(a \times b) + ((c-d) \div e)) - r$ 的树型表示,图 7.7.1(c) 是一棵决策树。

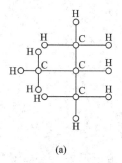　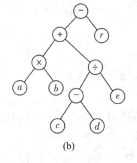　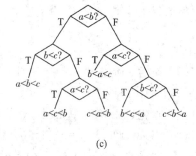

图 7.7.1

本节将介绍树的基本概念、性质和应用。

7.7.1　无向树的定义

定义 7.7.1　无圈的连通无向图称为树(tree)。树中度为 1 的结点称为树叶(leaf)，度数大于 1 的结点称为分支点或内点。仅含单个孤立结点的树称为平凡树（trival tree）。

通常将无圈的无向图称为森林(forest)。显然，森林中的每个连通分支都是一棵无向树。

定理 7.7.1　给定一个具有 n 个结点 m 条边的无向图 T。以下关于 T 是无向树的定义是等价的。

(1) 无圈且连通。

(2) 无圈且 $m=n-1$。

(3) 连通且 $m=n-1$。

(4) 无圈，但增加任一新边，恰得到一个圈。

(5) 连通且每条边都是割边($n \geqslant 2$)。

(6) 每一对结点之间有且仅有一条通路($n \geqslant 2$)。

证明　采用轮转证明方法。

(a) (1)$\Rightarrow$(2)。

对树 T 中的结点数 n 进行归纳。

当 $n=1$ 时，必有 $m=0$，因此有 $m=n-1$ 成立。假设当 $n=k$ 时命题成立，现证明当 $n=k+1$ 时命题成立。

由于树 T 是无圈的连通无向图，所以在树 T 中至少有一个度为 1 的结点 v，否则根据定理 7.2.2，若 T 中每个结点度均大于等于 2，则图 T 中必含圈，这与 T 是无向树矛盾。从 T 中删除结点 v 及其关联的一条边 e，得到 k 个结点且无圈的连通图 $T-v$。根据归纳假设 $T-v$ 中有 k 个结点和 $k-1$ 条边。现将结点 v 及其关联的边 e 放回，从而恢复原图 T，这样 T 中必含有 $k+1$ 个结点和 k 条边，满足公式 $m=n-1$。

所以树是无圈且 $m=n-1$ 的图。

(b) (2)$\Rightarrow$(3)。

用反证法。假设图 T 不连通，并设 T 中有 $k(k \geqslant 2)$ 个连通分支 T_1，T_2，$\cdots$，T_k，其中结点数分别为 n_1，n_2，$\cdots$，n_k，边数分别为 m_1，m_2，$\cdots$，m_k，且有 $\sum\limits_{i=1}^{k} n_i = n$，$\sum\limits_{i=1}^{k} m_i = m$，因为每个连通分支 T_i 均是连通且无圈的无向图，由(2)知 $m_i = n_i - 1$，于是有

$$m = \sum_{i=1}^{k} m_i = \sum_{i=1}^{k} (n_i - 1) = n - k < n - 1$$

得出矛盾。所以树 T 是连通且 $m=n-1$ 的图。

(c) (3)$\Rightarrow$(4)。

首先，证明 T 中无圈，对结点数 n 进行归纳。

当 $n=1$ 时，$m=n-1=0$，显然无圈。

假设当 $n=k-1$ 时 T 中无圈，现考察当 $n=k$ 时的情况。此时 T 中至少有一个结点 v 的度数为 1，因为若 k 个结点的度数均大于等于 2，则 T 中的边数将不小于 k，这与 $m=n-1$ 矛盾。现将一个度为 1 的结点 v 及其关联的一条边 e 从 T 中删除，得到一个含

$k-1$个结点的图 $T-v$。根据归纳有 $T-v$ 中无圈，再将 v 及其关联的一条边 e 放回，恢复图 T，T 也必无圈。

其次，证明增加任一新边$\{v_i, v_j\}$得到一个且仅一个圈。

由于图 T 是连通的，从 v_i 到 v_j 有一条通路 P，这条通路 P 与$\{v_i, v_j\}$就构成了一个圈。假设增加边$\{v_i, v_j\}$后得到不止一个圈，这说明从 v_i 到 v_j 还有与 P 不同的另外一条通路 P'，那么 P 与 P' 构成的回路中必包含圈。这与 T 中无圈矛盾。

所以树中无圈，但增加任一新边，恰得到一个圈。

(d)（4）$\Rightarrow$（5）。

假设图 T 不连通，则存在两个结点 v_i 和 v_j 间互不连通，若 T 中增加一条新边 $\{v_i, v_j\}$，则不会产生圈，这与题设矛盾，所以，T 连通。

由于 T 中无圈，所以删去任一边，图便不连通。

(e)（5）$\Rightarrow$（6）。

因为 T 是连通的，所以 T 中的任意两个不同结点间至少有一条路，从而也有一条通路。

若存在两个不同结点间通路不唯一，则 T 中含圈 C，删除圈 C 上的任一条边不影响图 T 的连通性，这与题设矛盾。所以两个不同结点间通路是唯一的。

所以若树中至少有 2 个结点数，则每一对结点之间有且仅有一条通路。

(f)（6）$\Rightarrow$（1）。

显然 T 是连通的。若 T 中含有圈 C，则圈 C 上任意两点间有两条不同的通路，这与题设矛盾。

所以，若每一对不同结点之间有且仅有一条通路的图，则满足无圈且连通。

证毕

定理 7.7.2 任一棵非平凡树中至少有两片树叶。

证明 设非平凡树 $T=\langle V, E\rangle$，$|V|=n$，$|E|=m$。由于 T 是连通的，因此对任意 $v_i \in V$，$\deg(v_i) \geqslant 1$，且有 $\sum\limits_{v_i \in V} \deg(v_i) = 2m = 2(n-1) = 2n-2$。

（1）若 T 中没有树叶，则每个结点的度数均大于等于 2，有：

$$\sum_{v_i \in V} \deg(v_i) \geqslant 2n$$

这与 $\sum\limits_{v_i \in V} \deg(v_i) = 2n-2$ 矛盾。

（2）若 T 中仅有一片树叶，而其他结点的度数均大于等于 2，有：

$$\sum_{v_i \in V} \deg(v_i) \geqslant 2(n-1)+1 = 2n-1$$

这与 $\sum\limits_{v_i \in V} \deg(v_i) = 2n-2$ 也矛盾。

故任一棵非平凡树中至少有两片树叶。

证毕

7.7.2 生成树

定义 7.7.2 设 $G=\langle V, E\rangle$是无向图，若 G 的一个生成子图 T 是一棵树，则称 T 为 G

的生成树或支撑树(spanning tree)。

图 G 的生成树 T 中的边称做树枝，在图 G 中但不在生成树中的边称做弦。所有弦的集合称为生成树 T 的补。

定理 7.7.3　任一连通无向图至少有一棵生成树。

证明　设 G 是连通无向图，若无圈，则 G 本身就是生成树。

若 G 中存在圈，任选一圈 C_1，从 C_1 中删去一条边得到 G_1。若 G_1 中无圈，则 G_1 是 G 的一棵生成树，若 G_1 中仍含圈，则从 G_1 中任选一圈 C_2，从 C_2 中删去一条边得到 G_2。

重复上述过程，由于 G 中圈的个数是有限的，故最终可以得到 G 的一棵生成树。

证毕

例 1　G 是一个连通无向图，如图 7.7.2(a)所示，给出它的一棵生成树 T，并求 T 的树枝、弦和补。

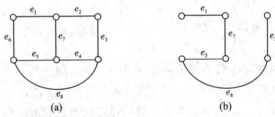

图 7.7.2

解　T 是 G 的一棵生成树，如图 7.7.2(b)所示，其中，e_1、e_7、e_5、e_8、e_3 是 T 的树枝，e_2、e_4、e_6 是 T 的弦，$\{e_2, e_4, e_6\}$ 是生成树 T 的补。

定理 7.7.4　连通图中的一个圈与其任何一棵生成树的补至少有一条公共边。

证明　假设连通图 G 中的一个圈和一棵生成树 T 的补没有公共边，那么这个圈必包含在生成树中，这与树无圈矛盾。

证毕

定理 7.7.5　一个边割集和任何一棵生成树至少有一条公共边。

证明　假设一个边割集和一棵生成树没有公共边，那么删去这个割集后，该树仍是一棵生成树，而生成树是连通的，这与割集的定义矛盾。

证毕

定义 7.7.3　设 $G=\langle V, E, W\rangle$ 是一个边赋权的连通无向图，任取 $e\in E$，e 的权为实数 $W(e)$。若 T 是 G 的一棵生成树，则 T 中树枝的权值之和称为树 T 的权，记为 $W(T)=\sum_{e\in T}W(e)$。G 的所有生成树中，权最小的生成树称为图 G 的最小生成树(minimal spanning tree)。

最小生成树可能不是唯一的。例如，图 G 的所有边上的权均相同，则 G 的任意一棵生成树都是其最小生成树。在许多实际应用问题中，关心的是如何求解连通赋权图的最小生成树。下面讨论构造最小生成树的算法。

1956 年，约瑟夫·伯纳德·克鲁斯卡尔(Joseph Bernard Kruskal)给出了一个基于贪婪(greedy)原理的最小生成树算法，通常称为克鲁斯卡尔算法。

设 $G=\langle V, E, W\rangle$ 是一个有 n 个结点的边赋权连通无向图，$W:E\rightarrow \mathbf{R}^+$ 是赋权函数。

克鲁斯卡尔算法的过程描述如下：

（1）令 $i=0$，$F=\varnothing$。

（2）$i=i+1$，从边集 $E-F$ 中选取边 e_i，e_i 是所有与 $F=\{e_1, e_2, \cdots, e_{i-1}\}$ 中的边不构成圈的边中权最小者，令 $F=F\bigcup\{e_i\}$。

（3）若 $i=n-1$，则算法终止；否则，重复步骤（2）。

例 2 $G=\langle V, E\rangle$ 是一个连通图，如图 7.7.3 所示，用克鲁斯卡尔算法求 G 的一棵最小生成树。

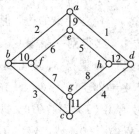

图 7.7.3

解 用克鲁斯卡尔算法求解最小生成树的过程如图 7.7.4 所示。

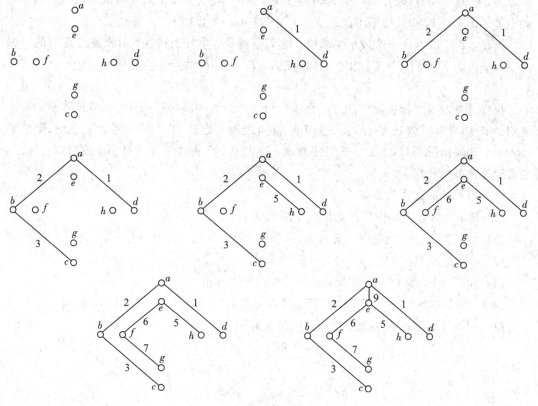

图 7.7.4

定理 7.7.6 设 $G=\langle V, E, W\rangle$ 是一个边赋权连通无向图，克鲁斯卡尔算法产生的是 G 的一棵最小生成树。

证明 设 $T_0=\langle V, F\rangle$ 是克鲁斯卡尔算法构造的一个图，它的结点是 G 中的 n 个结点，

依次产生的边是 $e_1, e_2, \cdots, e_{n-1} \in E$。

算法从 n 个结点、0 条边开始，即从 n 个孤立结点开始。每次选择的边 e_k 不与已选择的 F 中的边产生圈，这意味着边 e_k 关联的两个结点中至多有一个与 F 中的边邻接。所以，将 e_k 放入 F 后，就使得 $\langle V, F \rangle$ 的连通分支的数目减 1。当算法结束时，F 中有 $n-1$ 条边，因此 $T_0 = \langle V, F \rangle$ 是连通且 $m = n-1$ 的无向图，它是 G 的一棵生成树。

下面我们证明 T_0 是 G 的一棵最小生成树。

设 G 的最小生成树为 T，若 T 与 T_0 相同，则 T_0 就是 G 的最小生成树。若 T 与 T_0 不同，则在 T_0 中存在一条边 e_k，使得 e_k 不是 T 中的边，但 $e_1, e_2, \cdots, e_{k-1}$ 是 T 中的边。因为 T 是树，所以我们在 T 中加上边 e_k，必得到一条圈 C，圈 C 中至少存在一条边 f 是 T 的边，且 f 不是 T_0 的边。对于树 T，若以 e_k 置换 f，则得到一棵新的生成树 T'，且

$$W(T') = W(T) + W(e_k) - W(f)$$

因为 T 是一棵最小生成树，故有 $W(T) \leqslant W(T')$，即有

$$W(e_k) - W(f) \geqslant 0 \quad \text{或} \quad W(e_k) \geqslant W(f)$$

因为 $e_1, e_2, \cdots, e_k$ 是 T 中的边，$\{e_1, e_2, \cdots, e_{k-1}, e_k\}$ 和 $\{e_1, e_2, \cdots, e_{k-1}, f\}$ 中均不构成圈。根据 T_0 的构造方法，e_k 是 G 中与 $\{e_1, e_2, \cdots, e_{k-1}\}$ 中的边不构成圈的所有边中权最小者，故 $W(e_k) > W(f)$ 不可能成立。于是有 $W(e_k) = W(f)$。

因此，T' 所得也是一棵最小生成树，用 T' 置换 T，重复上述过程，能够找到 G 的一棵最小生成树为 T，使 T 与 T_0 相同，从而证明，T_0 就是 G 的最小生成树。

证毕

执行克鲁斯卡尔算法最好的方法是按边权从小到大的次序进行排序，但该算法的一个步骤是必须判断一条边是否与已选择的边构成圈。1957 年，罗伯特·克雷·普里姆 (Robert Clay Prim) 对以上算法进行了修改，给出了一个不涉及圈的最小生成树构造算法，通常称为普里姆算法。

普里姆算法的过程描述如下：

(1) 设 $F = \varnothing$，从 V 中任意选取一个结点 v_0，令 $V' = \{v_0\}$。

(2) 在 V' 与 $V - V'$ 之间选一条权最小的边 $e = \{v_i, v_j\}$，其中 $v_i \in V'$，$v_j \in V - V'$。

(3) 令 $F = F \cup \{e\}$，$V' = V' \cup \{v_j\}$。

(4) 若 $V' \neq V$，则重复步骤 (2)~(3)；否则算法终止。

例 3 用普里姆算法求图 7.7.3 所示的连通图 $G = \langle V, E \rangle$ 的一棵最小生成树。

解 用普里姆算法求解最小生成树的过程如图 7.7.5 所示。

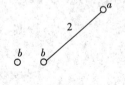 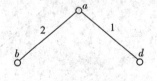 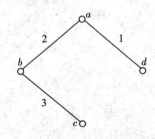

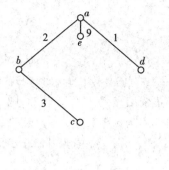
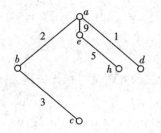
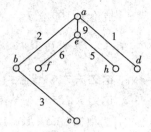

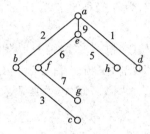

图 7.7.5

定理 7.7.7 设 $G=\langle V, E, W\rangle$ 是一个边赋权连通无向图，$W：E\rightarrow \mathbf{R}^+$ 是赋权函数，则普里姆算法产生的是 G 的一棵最小生成树。

该定理的证明方法留作练习。

例 4 某地区管辖有 6 个分布在不同位置的岛屿，为了方便各岛屿间居民的往来，相继在岛屿间建设了 9 座跨海大桥。岛屿与大桥间的关系如图 7.7.6 所示，其中结点表示岛屿，边表示大桥，边上的权值表示该桥的造价(单位为亿元)。

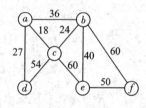

图 7.7.6

一次海潮冲毁了所有的跨海大桥，为了紧急救援，政府需要按原价重修部分大桥，并且既要求任意两个岛屿间都能够互通，又要求造价最小。请问政府应该抢修哪几座桥？总造价为多少？

解 保持一个图连通且边数最少者是该图的生成树，为了使得造价最小，必须选取所有生成树中权值最小者。因此，以上问题其实可以转化为求图 7.7.6 的最小生成树问题，其最小生成树如图 7.7.7 所示。

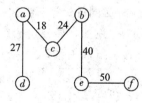

图 7.7.7

故政府应该抢修下列几座大桥：

$\{a, d\}$ 　27 亿元

$\{a, c\}$ 　18 亿元

$\{c, b\}$ 　24 亿元

$\{b, e\}$ 　40 亿元

$\{e, f\}$ 　50 亿元

合计造价为 159 亿元。

7.7.3 根树及其应用

定义 7.7.4 若一个有向图 T 的底图是一棵无向树,则称 T 为有向树(directed tree)。

定义 7.7.5 一棵有向树 T,若恰有一个结点的入度为 0,其余结点的入度均为 1,则称 T 为根树(root tree)或外向树(outward tree)。入度为 0 的结点称为树根(root),出度为 0 的结点称为树叶(leaf),出度不为 0 的结点称为分支点(branch point)或内点(interior point)。

在图 7.7.8 中,图(a)是一棵有向树,图(b)是一棵根树,其中结点 a 为树根。习惯上,我们常使用"倒置法"来画树根,即把树根画在最上方,树叶画在最下方,有向边的方向均朝下,这样可以省略掉所有的箭头。图 7.7.8(c)就是 7.7.8(b)的一种倒置画法,这样可以更方便地观察根树的结构和性质。

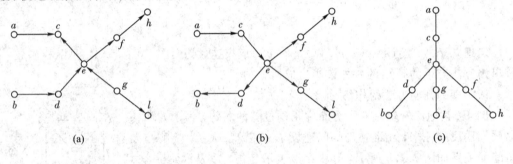

图 7.7.8

在根树中,从树根 r 到任一结点 v 的路的长度称为结点 v 的层数(layer number),记为 $L(v)$。根树中所有结点的层数最大者称为树的高度(height)。一棵根树中以任意结点为根的子树也是一棵根树。

我们可以使用家族关系中的术语来表示根树中结点间的关系。

定义 7.7.6 在根树 $T = \langle V, E \rangle$ 中,若从结点 a 到 b 可达,则称 a 是 b 的祖先(ancestor),b 是 a 的后裔(descendant)。若 $\langle a, b \rangle \in E$,则称 a 是 b 的父亲(father),b 是 a 的儿子(son)。如果两个结点 a 和 b 有相同的父亲,则称 a 与 b 是兄弟(sibling)。

根树可以用来描述很多现实问题。例如,某公司的组织结构如图 7.7.9 所示,其中以结点表示各级职务,有向边表示直接上下级关系。

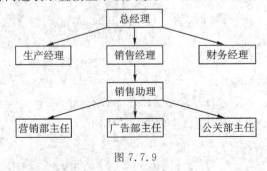

图 7.7.9

有时需要考虑同层结点间的次序关系,为此引入了有序树的概念。

定义 7.7.7 在根树中，如果规定了兄弟结点间的次序，则这样的根树称为有序树。

定义 7.7.8 每个结点的出度均小于等于 m 的根树称为 m 元树（m-ary tree）。每个结点的出度均等于 0 或 m 的根树称为正则 m 元树（regular m-ary tree）。

定理 7.7.8 设有正则 m 元树 T，其树叶数为 t，分支结点数为 i，则有 $(m-1)i=t-1$。

证明 由题设知，树 T 有 $i+t$ 个结点，则 T 中有 $i+t-1$ 条边。根据有向图的握手定理知，所有结点的出度和等于边数，则有 $m\times i=i+t-1$，即 $(m-1)i=t-1$

证毕

例 5 网球锦标赛共有 7 名选手闯入最后的总决赛。比赛采用单淘汰制，问需要多少场比赛才能决出冠军？

解 第一轮，6 名选手着对厮杀，1 人轮空，他与 3 场比赛产生的 3 名胜者参加半决赛；在半决赛中，4 名选手着对厮杀，2 场比赛产生 2 名胜者参加决赛；最后 1 场决赛产生冠军。因此共需要 6 场比赛。

如图 7.7.10 所示，可以用正则二元树对这个问题进行建模。把一棵正则二元树看做是单淘汰赛的赛程表，每片树叶表示一个参加比赛的选手，每个分支结点表示一场 2 选 1 的比赛。现树中有 t 片树叶，i 个分支结点，考虑 t 和 i 之间的关系。因为每场比赛都要淘汰 1 名选手，而比赛结束时，除 1 名冠军外，其他选手都被淘汰，所以比赛的场数比参赛的选手少 1，有 $i=t-1$。

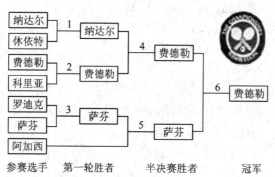

图 7.7.10

可以把例 5 的解题思路推广到正则 m 元树的情况。假设有 t 名选手参加比赛，选择每场 m 选 1 的淘汰赛，每场比赛有 1 名选手出线，另外 $m-1$ 名选手被淘汰。当所有比赛结束时，只剩下 1 名冠军。现树中有 t 片树叶，设共进行 i 场比赛，即有 i 个分支结点，故有 $(m-1)i=t-1$。

例 6 设有一台计算机，它的指令系统包含有一条加法指令，该指令最多能够一次计算 3 个浮点数的和。如果要计算 20 个浮点数的和，最少要运行该指令多少次？

解 若把这 20 个浮点数均看做是正则三元树的树叶，把该正则三元树的分支结点看做是执行一次 3 个浮点数的加法指令，设分支结点数为 i，则有

$$(3-1)i\geqslant 20-1$$

所以有 $i\geqslant 19/2$，即最少要运行该指令 10 次。

下面我们来讨论最优树，它起源于计算机科学、生产管理等领域。举一个简单的例子，地铁自动售票机使用内置的逻辑程序自动分辨用户投入的 1 角、5 角或 1 元这三种硬币（假

设分辨三种硬币的时间相同），如果以上三种硬币出现的概率分别为 0.1、0.3、0.6。问应如何设计程序中的逻辑分辨算法，使得系统在运行过程中使用的平均时间最短？

图 7.7.11 给出了两种不同的分支程序设计方法。如果用户按照正常概率向售票机中投入 100 枚硬币，其中有 10 枚 1 角、30 枚 5 角和 60 枚 1 元，用图 7.7.11(a)所示的分辨程序机器需要作 250 次硬币分辨，而使用图 7.7.11(b)所示的分辨程序机器仅需作 150 次硬币分辨。解决这个问题需要用到最优树的知识。

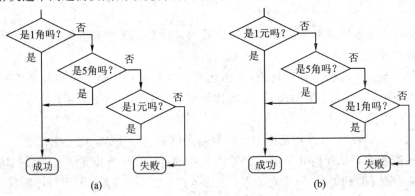

图 7.7.11

定义 7.7.9 给定一组权值 $w_1, w_2, \cdots, w_n$，不妨设 $w_1 \leqslant w_2 \leqslant \cdots \leqslant w_n$，如果一棵二元树 T 共有 n 片树叶，分别带权 $w_1, w_2, \cdots, w_n$，那么称这棵二元树为带权 $w_1, w_2, \cdots, w_n$ 的二元树。定义这棵二元树 T 的权 $W(T)$ 为

$$W(T) = \sum_{i=1}^{n} w_i L(w_i)$$

其中，$L(w_i)$ 为带权 w_i 的树叶的层数。在所有带权 $w_1, w_2, \cdots, w_n$ 的二元树中，具有最小权的二元树称为最优二元树（optimal 2-ary tree）。

定理 7.7.9 带权 $w_1, w_2, \cdots, w_n$ 的最优二元树是一棵正则二元树。

证明 设 T 是带权 $w_1, w_2, \cdots, w_n$ 的一棵最优二元树，假设 T 不是一棵正则二元树，则在 T 中至少存在一个分支结点 v，v 仅有一个儿子结点 s。显然，树 T 中结点 v 必存在后裔叶子结点。现将 v 从树 T 中删除且让 s 直接成为 v 的父亲的儿子，从而得到另一棵带权 $w_1 \leqslant w_2 \leqslant \cdots \leqslant w_n$ 的树 T'。由于 v 的所有后裔叶子结点在树 T' 中的层数均减 1，因此 T' 的权必小于 T 的权，这与 T 是最优树矛盾。

故 T 是一棵正则二元树。

证毕

1952 年，哈夫曼(D. A. Huffman)给出了一种求最优树的算法。设权值集合 $W = \{w_1, w_2, \cdots, w_n\}$，$w_1 \leqslant w_2 \leqslant \cdots \leqslant w_n$，哈夫曼算法的核心思想是：在带权 $w_1 + w_2, w_3, \cdots, w_n$ 的最优树 T 中，把带权 $w_1 + w_2$ 的叶子结点转化为一个分支结点，使它具有两个儿子结点，分别带权 w_1 和 w_2，即可得到带权 $w_1, w_2, \cdots, w_n$ 的最优二元树。这样，画一棵带有 n 个权的最优二元树可以归约为画一棵带 $n-1$ 个权的最优二元树，再归约为画一棵带 $n-2$ 个权的最优二元树，以此类推，直到归约为画一棵带 1 个权的最优二元树，就获得了带权 $w_1, w_2, \cdots, w_n$ 的最优二元树。

定理 7.7.10　设 $w_1 \leqslant w_2 \leqslant \cdots w_n$，存在带权 w_1，w_2，$\cdots$，w_n 的最优二元树，使得其中层数最大的分支结点的两个儿子所带权分别等于 w_1 和 w_2。

证明　设 T 是带权 w_1，w_2，$\cdots$，w_n 的一棵最优二元树，带权 w_1，w_2，$\cdots$，w_n 的叶子结点分别为 v_1，v_2，$\cdots$，v_n，v 是树 T 中任一层数最大的分支点，v 的两个儿子是 v_x 和 v_y，且分别带权 w_x 和 w_y，v_x 和 v_y 都是 T 中的树叶，不妨设 $x < y$，也就有 $w_x \leqslant w_y$。由于 $w_1 \leqslant w_2 \cdots \leqslant w_n$，因此能够得出 $w_1 \leqslant w_x$，$w_2 \leqslant w_y$。

若 $v_x = v_1$，$v_y = v_2$，则结论成立；否则 $v_x \neq v_1$，或者 $v_y \neq v_2$。

情形一：$v_x \neq v_1$。若 $w_1 = w_x$，可以将 v_1 与 v_x 位置互换得到一棵新的最优二元树，使得 v_1 成为 v 的儿子。若 $w_1 \neq w_x$，就有 $w_1 < w_x$，因为 v_x 的父亲是树 T 中层数最大的分支点，所以有 $L(v_1) \leqslant L(v_x)$。

在树 T 中将带权与叶子 v_x 和 v_1 的位置互换，得到新树 T'，则有

$$W(T') - W(T) = (L(v_x) \cdot w_1 + L(v_1) \cdot w_x) - (L(v_1) \cdot w_1 + L(v_x) \cdot w_x)$$
$$= (w_x - w_1)(L(v_1) - L(v_x))$$

因为 T 是一棵最优树，可得 $W(T') - W(T) = (w_x - w_1)(L(v_1) - L(v_x)) \geqslant 0$，因此有 $L(v_1) \geqslant L(v_x)$。

故有 $L(v_1) = L(v_x)$，即 v_1 与 v_x 处于同一层，此时可以将 v_1 与 v_x 的位置互换得到一棵新的最优二元树，使得 v_1 成为 v 的儿子。

情形二：$v_y \neq v_2$。与情形一类似，也可将 v_2 与 v_y 的位置互换得到一棵新的最优二元树，使得 v_2 成为 v 的儿子。

证毕

定理 7.7.11　设 $w_1 \leqslant w_2 \leqslant \cdots \leqslant w_n$，$T$ 为带权 $w_1 + w_2$，w_3，$\cdots$，w_n 的最优二元树，若在 T 中将带权为 $w_1 + w_2$ 的叶子结点替换为分支结点，并让分别带权 w_1 和 w_2 的树叶成为它的两个儿子，则得到一棵树 T'，T' 为带权 w_1，w_2，$\cdots$，w_n 的最优二元树。

证明　采用反证法。假设 T' 不是一棵带权 w_1，w_2，$\cdots$，w_n 的最优二元树。

依据已知条件

$$W(T) = W(T') - w_1 - w_2 \tag{1}$$

设 T'' 是一棵带权 w_1，w_2，$\cdots$，w_n 的最优二元树，其中层数最大的分支结点的两个儿子所带权分别等于 w_1 和 w_2。将带权 w_1 和 w_2 的叶子从树 T'' 中删除，并使父结点变为带权 $w_1 + w_2$ 的树叶，从而得到带权 $w_1 + w_2$，w_3，$\cdots$，w_n 的一棵树 $\hat{T}$，则

$$W(\hat{T}) = W(T'') - w_1 - w_2 \tag{2}$$

因为 T'' 是带权 w_1，w_2，$\cdots$，w_n 的最优二元树，故有

$$W(T'') < W(T') \tag{3}$$

由式(1)、(2)、(3)可得 $W(\hat{T}) < W(T)$，这与 T 为带权 $w_1 + w_2$，w_3，$\cdots$，w_n 的最优二元树矛盾。

所以，T' 是一棵带权 w_1，w_2，$\cdots$，w_n 的最优二元树。

证毕

例 7　给定一组权值 2、2、3、4、5、6，构造一棵最优二元树。

解　最优二元树的构造过程如图 7.7.12 所示。

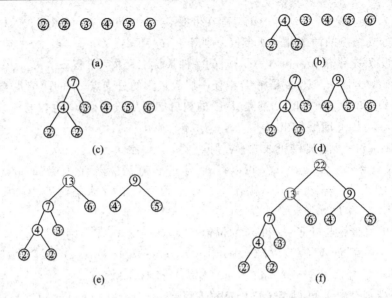

图 7.7.12

最优树在通信编码中也得到了广泛应用。在通信活动中，如果采用定长 0、1 序列表示 26 个字母，则最少需用 5 位（$2^4 < 26 < 2^5$），接收端每收到 5 位 0、1 序列就可确定一个字母。在实际应用中，每个字母被使用的频度是不同的，例如 a 和 e 使用较为频繁，而 q 和 z 使用就相对较少。如果采用变长 0、1 序列表示 26 个字母，长度不超过 4 位，因为 $2 + 2^2 + 2^3 + 2^4 = 30 > 26$，用较短的 0、1 序列表示出现频率高的字母，用较长的 0、1 序列表示出现频率低的字母，则在发送同一段文档时可以缩短总的发送信息位数。但是，变长的编码方式可能产生译码困难。例如，如果用 00 表示 a，01 表示 e，0001 表示 q，当接收到信息串 0001 时，不能决定传递的内容是 et 还是 q。下面我们使用前缀码和最优树来解决这个问题。

定义 7.7.10 给定一个以 0、1 组成序列为元素的集合，若没有一个序列是另一个序列的前缀，则称该集合为前缀码（prefix code）。

例如，可以验证集合 {01，10，11，000，001} 是前缀码，当接收端收到二进制信息串 00100010110110000011 时，可唯一地译码为 001，000，10，11，01，10，000，11。集合 {00，10，11，001，111} 就不是前缀码，因为 00 是 001 的前缀，11 是 111 的前缀。

可以用有序正则二元树来解决前缀编码问题。例如，在一棵有序正则二元树中，我们把每一分支结点的左树枝上标记为 0，而将其右树枝上标记为 1，把从根到每片树叶的通路所经过的边的标记序列作为该树叶的标记。由于这些树叶之间没有一个是另一个的祖先，因此在树叶的标记中没有一个是另一个的前缀，这些树叶的标记组成的集合就是一个前缀编码。图 7.7.13 产生的前缀码是 {01，10，11，000，001}。

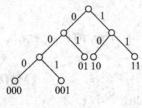

图 7.7.13

字母的最优前缀编码问题其实就是构造一棵最优二元树。如果给定了英文 26 个字母使用的平均概率 p_1，p_2，$\cdots$，p_{26}，为了能顺利进行译码且使文档编码的平均信息长度最短，应以这 26 个概率作为权值构造一棵最优二元树，叶子对应的编码即为所求。

习　题

7.7-1　画出具有 5 个结点的所有互不同构的无向树。

7.7-2　设 G 是 n 个结点的简单无向图，证明若 G 是连通的，则边数 $m \geqslant n-1$。

7.7-3　设 T 为二元树，除了叶子结点外还含有 3 个 3 度结点、1 个 2 度结点。

（a）T 中有几个 1 度结点？

（b）画出两个满足上述要求的互不同构的二元树。

7.7-4　给定一棵顶点度数最大为 $k(k>2)$ 的无向树 T，其中有 2 个度为 2 的顶点，3 个度为 3 的顶点，$\cdots$，t 个度为 k 的顶点。计算树中叶子顶点的个数（给出计算过程）。

7.7-5　设 T 是无向树，T 中结点的最大度数 $\Delta(G) \geqslant k$，证明 T 中至少有 k 片树叶。

7.7-6　设 T 是非平凡无向树，T 中结点数大于等于 2。T 中度数最大的结点有 2 个，它们的度数为 $k(k \geqslant 2)$。证明 T 中至少有 $2k-2$ 片树叶。

7.7-7　设 $T = \langle V, E \rangle$ 是一棵无向树，且 $|V| \geqslant 2$。

（a）T 是否为二部图？简要说明理由。

（b）T 是否为平面图？简要说明理由。

7.7-8　给定一个带权图，如图 7.7.14 所示，构造一棵最小生成树。

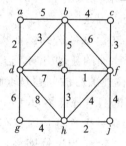

图 7.7.14

7.7-9　某城市拟在所辖的 a、b、c、d、e、f 六个区之间架设光纤通信线路，以下矩阵 A 给出了在任意两个区之间直接架设光纤通信线路的费用。试给出既要求保证任意两个区之间都能进行通信，又要求总造价最小的线路架设方案。画出架设线路图，并计算出总费用。

$$A = \begin{bmatrix} 0 & 1 & \infty & 2 & 9 & \infty \\ 1 & 0 & 4 & \infty & 8 & 5 \\ \infty & 4 & 0 & 3 & \infty & 10 \\ 2 & \infty & 3 & 0 & 7 & 6 \\ 9 & 8 & \infty & 7 & 0 & \infty \\ \infty & 5 & 10 & 6 & \infty & 0 \end{bmatrix}$$

7.7-10　设二部图 $T = \langle V, E \rangle = \langle V_1, V_2, E \rangle$ 是一棵无向树，其中 $V_1 \bigcup V_2 = V$，

$V_1 \cap V_2 = \varnothing$。试证明若 $|V_2| > |V_1|$，则在 V_2 中至少有一个度为 1 的结点。

7.7-11 设 G 是一无向赋权图且各边的权不相等，V、E 分别是 G 的结点集和边集，$\langle V_1, V_2 \rangle$ 是 V 的一个划分，即 $V_1 \cup V_2 = V$，$V_1 \cap V_2 = \varnothing$，且 $V_1 \neq \varnothing$，$V_2 \neq \varnothing$，则 V_1 与 V_2 间的最短边一定在 G 的最小生成树上。

7.7-12 设 T_1 和 T_2 是连通无向图 G 的两棵生成树，a 是在 T_1 中而不在 T_2 中的一条边。试证明存在边 b，它在 T_2 中而不在 T_1 中，使得 $(T_1 - \{a\}) \cup \{b\}$ 和 $(T_2 - \{b\}) \cup \{a\}$ 都是 G 的生成树。

7.7-13 在含有 t 片树叶的正则二元树中有多少条边？

7.7-14 给定一组权 1，4，9，16，25，36，49，64，81，100，构造一棵最优二元树。

7.7-15 给定一组权 1，2，3，4，5，6，7，8，分别构造一棵最优二元树和最优三元树。

7.7-16 给定 n 个权值，说明如何构造一棵最优 t 元树，以及 n 与 t 之间的关系。

7.7-17 Let G be the graph shown in Figure 7.7.14, use Prim's algorithm to find a minimal spanning tree with initial vertex f.

7.7-18 Modify Kruskal's algorithm so that it will product a maximal spanning tree, that is, one with the largest possible sum of the weights.

*7.8 运 输 网 络

运输网络是对各类输送系统中"物资从起点 s 出发，通过多个中转站点，到达终点 t"这类现象的数学抽象可以用有向图进行描述。例如，图 7.8.1 可以认为是一个输油管道网络的有向图，原油在码头 a 卸下并通过管道泵送到炼油场 f，结点 b、c、d 和 e 表示中间泵站，有向边表示输油管道并标明了原油的流动方向。边上的数字表示该管道单位时间内的最大输油量。在运输网络中，人们往往关心的问题是求解最大运输量。公路铁路运输系统、供水供电系统、传送数据流的计算机网络等都可以使用运输网络来建模。

定义 7.8.1 设 $G = \langle V, E, \omega \rangle$ 是一个连通边赋权有向简单图，若 G 中恰有一个入度为零的结点和一个出度为零的结点，则称 G 为运输网络(transport network)。入度为零的结点称为源(source)，记为 s。出度为零的结点称为汇(sink)，记为 t。对于任一边 $e \in E$ 上的权值，$\omega(e)$ 称为 e 的容量。

在图 7.8.1 中，源 $s = a$，汇 $t = f$，边 $\langle a, b \rangle$ 的容量 $\omega(a, b) = 4$，边 $\langle a, d \rangle$ 的容量 $\omega(a, d) = 5$，边 $\langle c, f \rangle$ 的容量 $\omega(c, f) = 4$，边 $\langle d, c \rangle$ 的容量 $\omega(d, c) = 2$，以此类推。

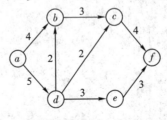

图 7.8.1

在运输网络中，考虑的主要问题是物资从源到汇的实际流通量，它除了与每条边的容量相关外，还与每个结点的转运能力相关。为此，我们引入流的概念。

定义 7.8.2　在运输网络 $G=\langle V, E, \omega \rangle$ 中，设 ϕ 是从 E 到非负实数集合上的一个函数，如果满足以下条件，则称 ϕ 为该运输网络中的一个流(flow)。

(1) 任取 $\langle u, v \rangle \in E$，$\phi(u, v) \leqslant \omega(u, v)$。

(2) 源 s 和汇 t 满足 $\sum\limits_{\langle s, u \rangle \in E} \phi(s, u) = \sum\limits_{\langle v, t \rangle \in E} \phi(v, t)$。

(3) 除源 s 和汇 t 外，其余每一结点 v 均满足 $\sum\limits_{\langle u, v \rangle \in E} \phi(u, v) = \sum\limits_{\langle v, w \rangle \in E} \phi(v, w)$。

值 $\phi(u, v)$ 称为流 ϕ 在边 $\langle u, v \rangle$ 的流量，而 $\sum\limits_{\langle s, u \rangle \in E} \phi(s, u)$ 称为流 ϕ 在整个运输网络 G 的流量(value)，记为 ϕ_G。对于边 $\langle u, v \rangle$ 来说，如果 $\phi(u, v) = \omega(u, v)$，称边 $\langle u, v \rangle$ 是饱和的；如果 $\phi(u, v) < \omega(u, v)$，称边 $\langle u, v \rangle$ 是非饱和的。

还是以上面的输油管道网络为例，条件(1)的含义是单位时间内每条管道的通油量不能超过超过管道的容量；条件(2)的含义是单位时间内泵送到炼油场的总油量等于从码头卸下并输进管道的总油量；条件(3)的含义是每个中间泵站处油的流入量等于其流出量，即原油在这些中间泵站既无消耗也无补充。

图 7.8.2 给出了图 7.8.1 所示运输网络的一个流。如果边 e 的容量是 x，而流量是 y，则边 e 上标记为"x, y"。例如，边 $\langle a, b \rangle$ 的标记为"4, 0"，表示其容量等于 4 而当前流量等于 0；边 $\langle d, c \rangle$ 的标记为"2, 1"，表示其容量等于 2 而当前流量等于 1；边 $\langle b, c \rangle$ 的标记为"3, 2"，表示其容量等于 3 而当前流量等于 2。

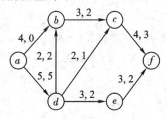

图 7.8.2

一个运输网络中能承载多种流，其中流量值最大的流称为最大流(maximum flow)。当然，最大流也可能不止一个，即可能会有多个不同的流都具有最大流量。给定运输网络求其最大流是一个颇具现实意义的问题，它可以用来确定怎样才能使网络的运输效率最高，即单位时间内网络中物资的运输量最大。为了解决这个问题，先引入割的概念和相关定理。

定义 7.8.3　设图 $G=\langle V, E, \omega \rangle$ 是一个运输网络，$X \subset V$，记 $\overline{X} = V - X$。若 $s \in X$ 且 $t \in \overline{X}$，则称集合

$$(X, \overline{X}) = \{\langle u,v \rangle \mid u \in X, v \in \overline{X}, \langle u, v \rangle \in E\}$$

为运输网络 G 的一个割，令

$$\omega(X, \overline{X}) = \sum\limits_{\langle u, v \rangle \in (X, \overline{X})} \omega(u, v)$$

则称 $\omega(X, \overline{X})$ 为割 $(X, \overline{X})$ 的容量。

显然，对于运输网络的一个割来讲，每条从源到汇的有向路至少要通过割中的一条边。

例 1　图 7.8.3 中的虚线给出了图 7.8.1 所示运输网络的一个割，该割将结点集分为 $X=\{a, b\}$ 和 $\overline{X}=\{c, d, e, f\}$。割$(X, \overline{X})=\{\langle a, d\rangle, \langle b, c\rangle\}$，该割的容量 $\omega(X, \overline{X})=5+3=8$。

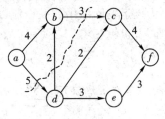

图 7.8.3

定理 7.8.1　在运输网络中任意一个流的流量均小于等于该运输网络中任意一个割的容量。

证明　设 $G=\langle V, E, \omega\rangle$ 是一个运输网络，ϕ 是该运输网络中的任意一个流，$(X, \overline{X})$ 是该运输网络的任意割。为了简明起见，我们将 $\sum\limits_{i \in X}\phi(i, j)$ 记为 $\phi(X, j)$，将 $\sum\limits_{j \in Y}\phi(i, j)$ 记为 $\phi(i, Y)$，将 $\sum\limits_{i \in X, j \in Y}\phi(i, j)$ 记为 $\phi(X, Y)$。

对于源 s，有

$$\phi(s, V)=\phi_G \qquad\qquad (1)$$

对于 X 中不是源的结点 p 均有

$$\phi(p, V)-\phi(V, p)=0 \qquad\qquad (2)$$

由式(1)、(2)可得

$$\phi_G=\phi(X, V)-\phi(V, X)=\phi(X, X\cup\overline{X})-\phi(X\cup\overline{X}, X)$$
$$=\phi(X, X)+\phi(X, \overline{X})-\phi(X, X)-\phi(\overline{X}, X)=\phi(X, \overline{X})-\phi(\overline{X}, X) \qquad (3)$$

由于 $\phi(\overline{X}, X)\geqslant 0$，所以

$$\phi_G\leqslant\phi(X, \overline{X})$$

又因为 $\phi(X, \overline{X})\leqslant\omega(X, \overline{X})$，故有 $\phi_G\leqslant\omega(X, \overline{X})$。

证毕

下面举例来说明定理 7.8.1 的含义，如果从北京到上海的所有货物都要经过武汉长江大桥或南京长江大桥，即使是用足这两座大桥的通行能力，从北京发往上海的单位时间的货物量也不能超过这两座大桥单位时间内货物的最大通行量。

考虑如图 7.8.4(a)所示的一条路，这条路是图 7.8.2 所示的运输网络中的一条从源 $s=a$ 到汇 $t=f$ 的路。如果我们将该路中每条边的流量均增加 1，相当于将这条输油管通路上的输送流量调大 1 个单位，如图 7.8.4(b)所示，可以看到每条边的流量均没有超过自身的容量，源的输出总量依然等于汇 f 的输入总量，每个中间结点的输入输出量仍守恒，这样就得到了该运输网络中的一个新的流，记为 ϕ'。ϕ' 的流量要比原来的流 ϕ 的流量大 1。

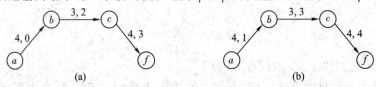

图 7.8.4

再考虑如图 7.8.5(a) 所示的一条路, 在不考虑边的方向的情况下, 这条路也是图 7.8.2 所示的运输网络中的一条从源 $s=a$ 到汇 $t=f$ 的路。如果我们将该路中方向为从源向汇流动的每条边上的流量均增加 1, 而将方向为从汇向源流动的每条边上的流量均减少 1, 如图 7.8.5(b) 所示, 则每条边的流量均没有超过自身的容量, 源的输出总量依然等于汇 f 的输入总量, 每个中间结点的输入输出量仍守恒, 该运输网络中的这一个新的流记为 ϕ''。 ϕ'' 的流量比原来的流 ϕ 的流量也大 1。

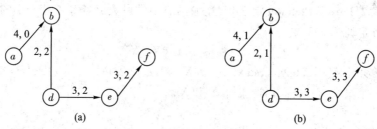

图 7.8.5

设 P 是在不考虑边的方向的情况下的一条从源 s 到汇 t 的路, x 是 P 中非源且非汇的结点。与 x 关联的两条边 e_1 和 e_2 的方向有四种可能的情况, 如图 7.8.6 所示。在第一、二种情况下, 两条边是同向的, 为了保证结点 x 的流入量和流出量恒等, 边 e_1 和 e_2 上的流量应该同时增加或减少 Δ。在第三、四种情况下, 两条边是反向的, 为了保证结点 x 的流入量和流出量恒等, 若边 e_1 上的流量增加了 Δ, 则边 e_2 上的流量就应该减少 Δ, 反之亦然。

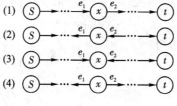

图 7.8.6

定义 7.8.4 设 $G=\langle V, E, \omega\rangle$ 是以 s 为源、以 t 为汇的运输网络, 称结点序列 $s=v_0$, $v_1, v_2, \cdots, v_{n-1}, v_n=t$ 为 G 中的一条不考虑边方向的从 s 到 t 的道路。如图 7.8.7 所示, 若 $\langle v_i, v_{i+1}\rangle \in E$, 则称 $\langle v_i, v_{i+1}\rangle$ 为一条前向边 (forward edge); 若 $\langle v_{i+1}, v_i\rangle \in E$, 则称 $\langle v_{i+1}, v_i\rangle$ 为一条后向边 (backward edge)。

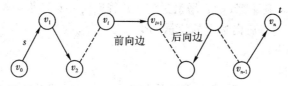

图 7.8.7

显然, 从源出发的边 $\langle s, v_1\rangle$ 和以汇终止的边 $\langle v_{n-1}, t\rangle$ 均是前向边。

对于运输网络 G 中的从源 s 到汇 t 的道路 P, 若对 P 中每一条前向边 $\langle u, v\rangle$ 均有 $\phi(u, v)<\omega(u, v)$, 且对于 P 中每一条后向边 $\langle x, y\rangle$ 都有 $\phi(x, y)>0$, 则称道路 P 是可增值的 (augmentable)。令

$$\delta_{uv}=\begin{cases} \omega(u,\ v)-\phi(u,\ v) & \text{当}\langle u,\ v\rangle\text{是前向边时} \\ \phi(u,\ v) & \text{当}\langle u,\ v\rangle\text{是后向边时} \end{cases}$$

$$\delta=\min\{\delta_{uv}\}$$

则在这条道路上每条前向边的流量均可以提高 δ，所有后向边的流量均可以减少 δ，这样就使得整个流的流量获得增加，但每条边的流量仍不超过该边的容量，还保持了每个结点流入量和流出量的平衡。总之，可增值道路的存在使得总流量可以得以增加。

定理 7.8.2(Ford-Fulkerson 定理) 运输网络中的最大流量等于其最小的割容量。

证明 由定理 7.8.1 知

$$\max\phi_G\leqslant\min\omega(X,\ \overline{X})$$

因此，只需证明对某割 $(X,\ \overline{X})$，$\max\phi_G=\omega(X,\ \overline{X})$ 成立即可。

设 ϕ 是一个最大流，我们构造集合 X 和 $\overline{X}$。

(1) 令源 $s\in X$。

(2) 若结点 $u\in X$ 且 $\phi(u,\ v)<\omega(u,\ v)$，则令 $v\in X$。若结点 $u\in X$ 且 $\phi(v,\ u)>0$，则令 $v\in X$。不在 X 中的结点属于 $\overline{X}$。

我们可以证明汇 $t\in\overline{X}$，若不然，$t\in X$，按集合 X 的定义存在一条 s 到 t 的道路(考虑 t 构造过程的回溯即可得到)，在这条道路上所有的前向边都满足 $\phi(u,\ v)<\omega(u,\ v)$，且所有的后向边均满足 $\phi(v,\ u)>0$，因而这条道路是一条可增值道路。这与 ϕ 是最大流矛盾。因此，$t\in\overline{X}$，即 $(X,\ \overline{X})$ 是该运输网络中的一个割。

按照集合 X 的定义，若 $u\in X,\ v\in\overline{X}$，则有

$$\phi(u,\ v)=\omega(u,\ v)$$

$$\phi(v,\ u)=0$$

根据定理 7.8.1 的式(3)可得

$$\phi_G=\phi(X,\ \overline{X})-\phi(\overline{X},\ X)=\omega(X,\ \overline{X})$$

故有 $\max\phi_G=\min\omega(P,\ \overline{P})$。

证毕

定理 7.8.2 的证明实际给出了一种求最大流的方法，称为标记法(labeling algorithm)。它包括两个过程：① 标记过程，通过给结点标记在寻找可增值道路的同时保存道路通过的边和增值量，首先对源结点 s 进行标记，已标记结点 x 可用来标记结点 y，且其标记为 $(x,\ \Delta y)$，若 $\Delta y>0$，表示边 $\langle x,\ y\rangle$ 上的流量可增加 Δy，若 $\Delta y<0$ 表示边 $\langle y,\ x\rangle$ 上的流量可减少 $|\Delta y|$，当汇 t 被标记为 $(v,\ \Delta t)$ 时，表示找到一条可增值道路，该道路的增值量为 Δt，道路最后由结点 v 到达汇 t；② 增值过程，沿着道路回溯，将可增值的道路上各前向边上的流量均增加 Δt，而将后向边上的流量减少 Δt。

标记法的步骤如下：

(1) 标记过程。

① 给源以标记 $(\Lambda,\ +\infty)$。表示流到源 s 的流量可以任意增加。

② 选择一个已标记结点 x，对 x 的所有尚未标记的邻接点 y 按以下规则标记：

a. 若 $\langle x,\ y\rangle$ 是前向边且是非饱和的，即 $\phi(x,\ y)<\omega(x,\ y)$，则令 $\Delta y=\min\{\omega(x,y)-\phi(x,y),|\Delta x|\}$，给结点 y 以标记 $(x,\ \Delta y)$。

b. 若 $\langle y,\ x\rangle$ 是后向边且 $\phi(y,\ x)>0$，则令 $\Delta y=-\min\{\phi(y,\ x),|\Delta x|\}$，给结点 y 以标记 $(x,\ \Delta y)$。

c. 除上述两种情况外，不标记。

③ 重复步骤②，直到 t 被标记或不能再按②的要求给任何未标记结点以标记。当汇 t 被标记时，说明存在一条可增值的道路，转入增值过程；当不能再标记且 t 未被标记时，表示已不存在可增值的道路，当前流就是最大流，同时，找到最小割 $(X, \bar{X})$，其中所有已标记结点 $u \in X$，所有未标记结点 $v \in \bar{X}$，算法结束。

（2）增值过程。

① 取出汇 t 的标记 $(x, \Delta t)$，令 $\delta = \Delta t$，$u = t$。

② 设 u 的标记是 $(v, \Delta u)$，若 $\Delta u > 0$，则

$$\phi(v, u) = \phi(v, u) + \delta$$

若 $\Delta u < 0$，则

$$\phi(u, v) = \phi(u, v) - \delta$$

③ 若 $v = s$，则把所有结点的标记清除，转回标记过程；否则，令 $u = v$，转步骤②。

下面用例子来具体说明用标记法求最大流的过程。

例 2 从零流开始用标记法求图 7.8.1 所示运输网络的一个最大流。

解 首先在运输网络中标上零流，如图 7.8.8 所示。

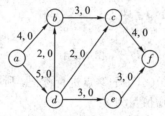

图 7.8.8

（1）标记过程。给结点 a 以标记 $(\Lambda, +\infty)$，找到与 a 邻接的两个结点 b 和 d。由于边 $\langle a, b \rangle$ 上的容量为 4 且流量为 0，$4 - 0 < \Delta a = +\infty$，因此给结点 b 以标记 $(a, 4)$，表示从 a 到 b 的流量可以增加 4。由于边 $\langle a, d \rangle$ 的容量为 5 且流量为 0，$5 - 0 < \Delta a = +\infty$，因此给结点 d 以标记 $(a, 5)$。由于与 b 邻接的结点 d 已标记，所以不再重复标记。然后，找到结点 b 邻接的另一结点 c，由于边 $\langle b, c \rangle$ 的容量等于 3 且流量等于 0，$3 - 0 < \Delta b = 4$，因此给结点 c 以标记 $(b, 3)$。与结点 d 邻接的结点 e 尚未标记，由于边 $\langle d, e \rangle$ 的容量为 3 且流量为 0，$3 - 0 < \Delta d = 5$，因此给结点 e 以标记 $\langle d, 3 \rangle$。最后，与结点 c 邻接的汇 f 尚未标记，由于边 $\langle c, f \rangle$ 的容量等于 4 且流量等于 0，而 $4 - 0 > \Delta c = 3$，因此给汇 f 标记 $\langle c, 3 \rangle$。标记过程结束，结果如图 7.8.9(a) 所示，转增值过程。

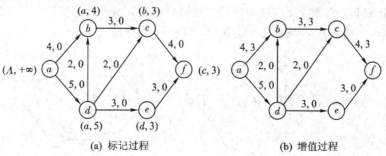

(a) 标记过程   (b) 增值过程

图 7.8.9

增值过程。由于汇 f 的标记为 $\langle c, 3 \rangle$，$\delta = 3$，表示从 a 到 f 存在一条可增值道路，其增值量为 3，因此前向边 $\langle c, f \rangle$ 上的容量增加 3。从 f 回溯到结点 c，由于 c 上的标记为 $(b, 3)$，表示这条增值道路通过了结点 b 且 $\langle b, c \rangle$ 是一条前向边，因此边 $\langle b, c \rangle$ 上的容量也增加 3。从结点 c 回溯到结点 b，由于 b 上的标记为 $(a, 4)$，表示这条增值道路通过结点 a 且 $\langle a, b \rangle$ 是一条前向边，因此边 $\langle a, b \rangle$ 上的容量也增加 3。最后，由结点 b 回溯到结点 a，由于 a 是源，故增值过程结束。清除所有结点上的标记，如图 7.8.9(b) 所示，转下一轮标记过程。

(2) 标记过程。对图 7.8.9(b) 中的结点进行标记，所得结果如图 7.8.10(a) 所示。此时，找到一条增值道路 $adcf$，增值量为 1。

增值过程。由于道路 $adcf$ 上的所有边均为前向边，因此这些边上的容量均增加 1，清除所有结点上的标记，结果如图 7.8.10(b) 所示。

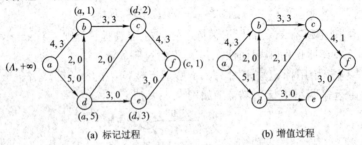

(a) 标记过程   (b) 增值过程

图 7.8.10

(3) 标记过程。对图 7.8.10(b) 中的结点进行标记，所得结果如图 7.8.11(a) 所示。此时，找到一条增值道路 $adef$，增值量为 3。

增值过程。由于道路 $adef$ 上的所有边均为前向边，因此这些边上的容量均增加 3，清除所有结点上的标记，结果如图 7.8.11(b) 所示。

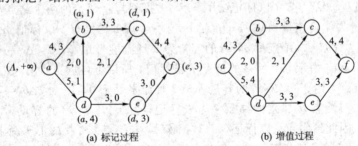

(a) 标记过程   (b) 增值过程

图 7.8.11

(4) 标记过程。对图 7.8.11(b) 中的结点进行标记，所得结果如图 7.8.12(a) 所示。此时，由于边 $\langle c, f \rangle$ 和 $\langle d, e \rangle$ 均已饱和，所以 e 和 f 不能标记。

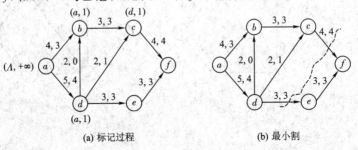

(a) 标记过程   (b) 最小割

图 7.8.12

至此，标记算法结束。这表明运输网络中已经没有可增值的道路，已得到的流即为最大流，其流量等于 7。同时，找到最小割 $(X, \overline{X})$，如图 7.8.12(b) 所示，其中 $X = \{a, b, c, d\}$，$\overline{X} = \{e, f\}$，$(X, \overline{X})$ 的容量也等于 7。

例 3 采用标记法，从图 7.8.2 给出的运输网络中的一个流开始，求该运输网络的一个最大流。

解 (1) 标记过程。对图 7.8.2 中的结点进行标记，所得结果如图 7.8.13(a) 所示。此时，找到一条增值道路 $abcf$，增值量为 1。

增值过程。由于道路 $abcf$ 上的所有边均为前向边，因此这些边上的容量均增加 1，清除所有结点上的标记，结果如图 7.8.13(b) 所示。

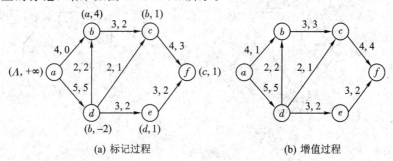

(a) 标记过程   (b) 增值过程

图 7.8.13

(2) 标记过程。给结点 a 以标记 $(\Lambda, +\infty)$，找到与 a 邻接的两个结点 b 和 d。由于边 $\langle a, b\rangle$ 上的容量为 4 且流量 1，$4-1 < \Delta a = +\infty$，因此给结点 b 以标记 $(a, 3)$，表示从 a 到 b 的流量可以增 3。由于边 $\langle a, d\rangle$ 的容量为 5 且流量为 5，所以 $\langle a, d\rangle$ 是饱和的，d 此时不作标记。然后，找到与 b 邻接的结点 c 和 d，由于 $\langle b, c\rangle$ 边已饱和，所以 c 不标记，而 $\langle d, b\rangle$ 是一条反向边，由于该边上的流量等于 2，其流量可以减小 2，且有 $2 < \Delta b = 3$，故将结点 d 标记为 $(b, -2)$。找到与 d 邻接的结点 c 和 e，此时由于前向边 $\langle d, c\rangle$ 和 $\langle d, e\rangle$ 上的容量和流量差均等于 1，而 $|\Delta d| = 2$，所以将结点 c 和 e 均标记为 $(d, 1)$。最后找到与结点 e 邻接的汇 f，由于前向边 $\langle e, f\rangle$ 上的容量和流量差等于 1，$\Delta e = 1$，所以以将结点 f 标记为 $(e, 1)$。标记过程结束，结果如图 7.8.14(a) 所示，转增值过程。

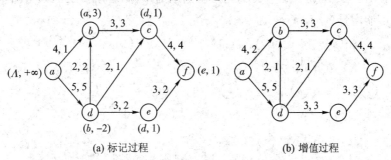

(a) 标记过程   (b) 增值过程

图 7.8.14

增值过程。由于汇 f 的标记为 $\langle e, 1\rangle$，$\delta = 1$，表示从 a 到 f 存在一条可增值道路，其增值量为 1，因此前向边 $\langle e, f\rangle$ 上的容量增加 1。从 f 回溯到结点 e，由于 e 上的标记为 $(d, 1)$，表示这条增值道路通过了结点 d 且 $\langle d, e\rangle$ 是一条前向边，因此边 $\langle d, e\rangle$ 上的容量也增加 1。从结点 e 回溯到结点 d，由于 d 上的标记为 $(b, -2)$，表示这条增值道路通过结点 b，由 $-2 < 0$ 可知结点 b 和 d 连接的是一条后向边 $\langle d, b \rangle$，因此边 $\langle d, b \rangle$ 上的容量减少 1。由结点 d 回溯到结点 b，由于 b 上的标记为 $(a, 3)$，表示这条增值道路通过了结点 a 且 $\langle a, b \rangle$ 是一条前向边，因此边 $\langle a, b \rangle$ 上的容量增加 1。最后，由结点 b 回溯到结点 a，由于 a 是源，故增值过程结束。清除所有结点上的标记，如图 7.8.14(b) 所示，转下一轮标记过程。

（3）标记过程。对图 7.8.14(b) 中的结点进行标记，所得结果如图 7.8.15(a) 所示。此时，由于边 $\langle c, f \rangle$ 和 $\langle d, e \rangle$ 均已饱和，所以 e 和 f 不能标记。

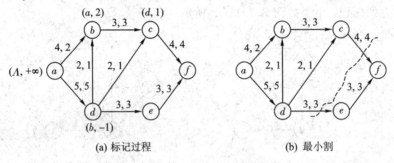

(a) 标记过程　　　　　　　　　　　　(b) 最小割

图 7.8.15

标记算法结束，已得到的流即为最大流，其流量也等于 7。同时，找到最小割与前例相同，如图 7.8.15(b) 所示。

现实中还有很多运输网络可能有多个源和多个汇。此时，只需在原运输网络中添加一个虚设的源 s' 和一个虚设的汇 t'，添加以虚源 s' 为起点到原运输网络各个源的有向边，容量均设置为 $+\infty$，添加以原运输网络各个汇为起点到虚汇 t' 的有向边，容量均设为 $+\infty$，即可将有多个源和多个汇的问题转化为本节介绍的单个源和单个汇的情况。

习　　题

7.8-1　图 7.8.16 是从某些运输网络中选取的从源 s 到汇 t 的三条道路，求每条道路流量的最大可能增量。

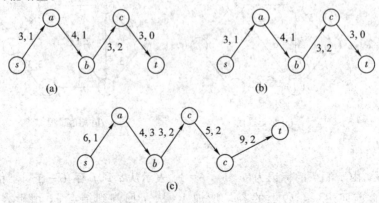

图 7.8.16

7.8-2 用标记法找出图 7.8.17 所示运输网络的最大流，并给出最小割。

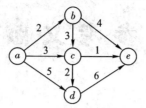

图 7.8.17

7.8-3 用标记法在图 7.8.18 所示流的基础上求该运输网络的最大流，并给出最小割。

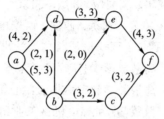

图 7.8.18

7.8-4 In Figure 7.8.19, label the network in the given figure with a flow that conserves flow at each node, except the source and the sink. Each edge is labeled with its maximum capacity.

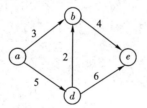

Figure 7.8.19

参 考 文 献

[1] Bondy J A，Murty U S R. Graph Theroy with Applications. The Macmillan Press LTD，1976

[2] ［美］Richard Johnsonbaugh. 离散数学. 石纯一，译. 北京：电子工业出版社，2005

[3] ［美］Herbert B E. 数理逻辑. 英文版. 2 版. 北京：人民邮电出版社，2006

[4] 黄健斌. 离散数学：精讲·精解·精练. 西安：西安电子科技大学出版社，2006

[5] 方世昌. 离散数学. 2 版. 西安：西安电子科技大学出版社，1996

[6] 左孝凌，李为鉴，刘永才. 离散数学. 上海：上海科学技术文献出版社，1982

[7] 耿素云，屈婉玲，王捍贫. 离散数学教程. 北京：北京大学出版社，2002

[8] 傅彦，顾小丰，刘启和. 离散数学. 北京：机械工业出版社，2004

[9] 洪帆. 离散数学基础. 2 版. 武汉：华中科技大学出版社，1995

[10] 许蔓苓. 离散数学. 北京：北京航空航天大学出版社，2004

[11] ［美］Rosen K H. 离散数学及其应用. 袁崇义，译. 北京：机械工业出版社，2002

[12] 王朝瑞. 图论. 北京：北京工业学院出版社，1987

[13] 王树禾. 数学思想史. 北京：国防工业出版社，2003